稀有金属矿工艺矿物学

梁冬云　李　波　编著

北　京
冶 金 工 业 出 版 社
2015

内容简介

本书系统地介绍了各种稀有金属资源的性质特点和工艺矿物学的研究方法，并分别论述了铍、锂、钛、锆铪、钽铌、钼、钒、稀土、钪、铷铯和分散元素等稀有金属矿种的矿石类型、矿物物理化学性质，元素在矿石中的赋存状态，以及与选冶相关的工艺矿物学特性。各矿种均有典型工艺矿物学研究成果实例介绍，各实例中充分体现了现代检测新技术与传统工艺矿物学研究方法相结合所取得的成就，深入且全面地剖析矿石的工艺矿物学特征。该书为我国第一部稀有金属矿工艺矿物学专著，对稀有金属资源的矿物学研究、选冶工艺研究具有重要的学术价值和应用价值。

本书适合于大学本科、研究生以及专业教师在教学和科研中参考，也可供相关矿山企业工程技术人员阅读使用。

图书在版编目(CIP)数据

稀有金属矿工艺矿物学/梁冬云，李波编著. —北京：冶金工业出版社，2015.7

ISBN 978-7-5024-6934-4

Ⅰ.①稀… Ⅱ.①梁… ②李… Ⅲ.①稀有金属矿床—工艺矿物学 Ⅳ.①P618.6

中国版本图书馆CIP数据核字(2015)第154635号

出 版 人　谭学余
地　　址　北京市东城区嵩祝院北巷39号　邮编　100009　电话　(010)64027926
网　　址　www.cnmip.com.cn　电子信箱　yjcbs@cnmip.com.cn
责任编辑　程志宏　徐银河　美术编辑　彭子赫　版式设计　孙跃红
责任校对　王永欣　责任印制　牛晓波

ISBN 978-7-5024-6934-4

冶金工业出版社出版发行；各地新华书店经销；三河市双峰印刷装订有限公司印刷
2015年7月第1版，2015年7月第1次印刷
169mm×239mm；20.25印张；4彩页；404千字；309页

73.00元

冶金工业出版社　投稿电话　(010)64027932　投稿信箱　tougao@cnmip.com.cn
冶金工业出版社营销中心　电话　(010)64044283　传真　(010)64027893
冶金书店　地址　北京市东四西大街46号(100010)　电话　(010)65289081(兼传真)
冶金工业出版社天猫旗舰店　yjgycbs.tmall.com

前　　言

工艺矿物学是应用矿物学的分支学科，同时也是介于地质学与选矿、冶金工艺学之间的边缘学科，是一门以研究天然矿石原料和矿石加工工艺过程产品的化学组成、矿物组成和矿物性状为目的的学科。稀有金属工艺矿物学是属于工艺矿物学研究的范畴，所谓稀有金属，特指在地壳中丰度很低或分布稀散的金属。稀有金属具有各种独特的性质，是发展现代尖端技术、高新技术不可缺少的原料，尤其在航天航空领域和新能源方面，稀有金属正在发挥越来越重要的作用。当前世界各国对稀有金属矿产资源的需求与日俱增，使得稀有金属的供给形势严峻，价格波动大，多数经济发达国家将稀有金属视为重要的战略物资加以储备。稀有金属资源分离提取困难和利用率低是全球普遍存在的问题，以至于加剧了资源的紧缺性，矿石选矿分离技术的提升则是制约稀有金属资源高效利用的瓶颈问题。为了提高对稀有金属矿的开发利用，必须进行矿石工艺矿物学研究，首先全面查清稀有元素在矿石中的赋存状态，掌握矿石性质的基础数据和资料，针对矿石性质特点，明确技术创新方向和目标，对成功规划稀有金属矿山以及设计高效的选冶工艺流程是极为重要的。

我国的工艺矿物学是从岩矿鉴定开始，起步于20世纪50年代，至70年代成立了工艺矿物学学术组织，经历了从单纯鉴定矿物到全面诠释工艺过程的矿物特征，从依赖显微镜人工鉴定到大型测试仪器得到广泛应用的发展过程，研究方法逐渐实现了从表象到本质，从微观到宏观表征，从定性到定量以及数据的图像化、信息化的进步，工艺矿物学理论、方法以及研究手段经过不断发展和更新，已产生了质的飞跃，形成了“现代工艺矿物学”，成为矿物工程学不可或缺的组成部分。现代工艺矿物学的趋势是朝着大型仪器和计算机结合的定量矿物学，矿物学数据图像化、信息化的方向发展，这一发展大大加快和提高了获得矿石信息的速度和检测的精度。由于定量矿物学带来精细准确的矿物学数据，工艺矿物学的革命性进步，有效地促进了稀有金属选矿工艺流程设计的精细化和分选工艺的精准化，使依据矿物性质特点进行分流分选工艺在多个稀有金属矿选矿中获得了成功。

本书作者自1982年开始从事稀有金属矿产的工艺矿物学研究工作，三十多年的工作实践，深谙稀有金属矿研究工作的高难度，秉承前辈们严谨、细致、务实的学术作风，在研究稀有金属矿物特征方面积累了丰富经验和形成专有的技术方法。本书是作者及其科研团队工作成果的结晶，同时也是对工艺矿物学前辈的研究方法和研究成果的总结。

本书编写得到了邱显扬教授的鼓励和指导，在编写过程中他给予了悉心指导和帮助；汤玉和、何晓娟、董天颂也在编写过程中给予了充分的支持和帮助；工艺矿物学前辈许志华、陈水仙予以倾心指导并对书稿细致修改，在此诚挚地表示谢意；洪秋阳、张莉莉、李玉燕、肖飞燕、于丽丽等在矿物检测和数据获取方面做了大量工作，巫锦东、李美荣、陈海亮在查阅整理资料数据、插图绘制、书稿整理和校核等方面给予充分的支持和帮助，在此作者一并表示衷心的感谢！

本书较全面介绍了稀有金属矿的性质特点和稀有金属矿工艺矿物学的研究方法，系统叙述了各种稀有金属矿石的工艺矿物学特征，并分别列举研究实例。本书适合于大学本科、研究生以及专业教师在教学和科研中参考，也可供相关矿山企业工程技术人员阅读使用。

本书的编写历时三年有余，由于作者水平所限，尤其在矿业迅猛发展的今天，作者尚未能对大量新成果和新成就进行充分的分析和更新，书中存在的不完善和欠妥之处，欢迎读者批评指正。

谨以本书献给培育过我的老师和前辈们并通过该书的出版，传承前辈学术思想，启迪后来者。

编著者
2015年5月

目　　录

1 绪 论

1.1 工艺矿物学的意义及内容

1.1.1 工艺矿物学的意义

矿物学是研究矿物的化学成分、晶体结构、形态、性质、成因、产状、共生组合、变化条件、时间与空间上的分布规律、形成与演化的历史和用途以及它们之间关系的科学。随着现代工业的发展与技术的进步，矿物学的研究范围越来越广也越来越深入，并且在矿物学理论学科的基础上，伴随着不同领域所针对的对象差异，发展形成侧重点不同的专门技术和方法，创立了新的边缘学科，如地质成因矿物学、宝石学、选矿工艺矿物学、冶金工艺矿物学等，均属应用矿物学的范畴。选矿工艺矿物学是一门以研究天然矿石原料和矿石加工工艺过程产品的化学组成、矿物组成和矿物性状为研究目的的学科，是介于地质学与选矿工艺学之间的一门边缘学科。本书内容所着重论述的就是选矿工艺矿物学，亦即工艺矿物学。工艺矿物学的基本理论不但包括如矿物学、晶体光学、矿床学、岩石学、矿相学等的地质学科的理论，而且也包含了选矿工艺学的基本方法和理论，如矿物的磁学性质、介电性质、溶解性、表面性质（可浮性）等。工艺矿物学研究对象主要为天然矿石原料和选矿产品。然而，随着各学科研究的深入与相互渗透以及研究领域之间的合作关系延伸，选矿工艺矿物学有时也涉及冶金过程及其最终产品的物质组成，例如湿法冶金浸出渣的组成、火法冶金的炉渣组成以及有用元素的赋存状态等。

工艺矿物学研究目的就是为了设计与矿石性质相适应的选矿工艺流程，通过研究矿石的化学成分、矿物组成、矿物的嵌布粒度、有用和有害元素在矿石中的赋存状态以及矿物在各种工艺过程中的行为，包括对工艺矿物学特征参数检测和矿物性状关系分析进而对矿石进行剖析和研究，以诠释选矿机理、制定选矿工艺方案并为选矿过程优化提供方向性指导。工艺矿物学是选矿工程技术人员的“眼睛”，为选矿提供矿石的矿物学基础数据和资料，是选择工艺处理方案、确定工艺理论指标、预测和控制金属损失和评价工艺处理效果的依据。工艺矿物学的研究和选矿研究相得益彰，共同为充分合理利用矿产资源，提高有用组分的利用率并尽可能避免矿产开采过程和选矿过程中产生有害金属污染提供科学依据。

稀有金属矿工艺矿物学是矿石工艺矿物学研究的组成部分，与一般矿产的工艺矿物学的内容基本相同，通过工艺矿物学特征参数检测和矿物性状关系分析对矿石进行剖析和研究，研究结果为诠释选矿机理、制定选矿工艺方案和实现选矿过程优化提供了方向性指导。然而，由于稀有金属矿的品位低，目标矿物种类多以及含量稀少等特殊性，在样品制备、实验方法和研究手段方面具有更高的要求。

1.1.2 工艺矿物学的内容

1.1.2.1 矿石的化学组成

工艺矿物学研究矿石中所含主要化学元素的种类和含量。通常采用光谱半定量方法来确定矿石所含元素的种类，进而再采用化学分析方法和化学物相分析方法定量测定矿石中组成元素或化合物的含量。

1.1.2.2 矿石的矿物组成

工艺矿物学采用显微镜鉴定、X 衍射分析、电子探针分析等方法确定矿石中组成矿物的种类，然后再采用工艺矿物学定量方法测定各种矿物的含量。自动图像分析（如 MLA 矿物自动定量检测系统）等可对矿石进行自动矿物种类识别和全矿物定量检测。

1.1.2.3 矿石中的矿物嵌布粒度

工艺矿物学一般采取矿石块矿磨制成矿石光片和薄片，在显微镜下测定主要有价矿物的嵌布粒度。对矿石进行选矿时，矿物在矿石中的嵌布粒度大小是确定磨矿细度和破碎方案的关键因素，直接影响到工艺流程方案的制订和选择。

1.1.2.4 矿石有价元素和有害元素的赋存状态

工艺矿物学还通过矿石中矿物定量测定结果和各矿物的单矿物化学分析，考查某元素在矿石中的存在形式和该元素在各组成相中的分配比例。以确定选矿选取的目的矿物和选矿的理论回收率。

1.1.2.5 矿石产品及选矿产品中有价矿物和有害矿物的解离度

在显微镜和扫描电镜下观察和测定磨矿产品中矿物的单体解离度、粒度变化、破裂面性状、与连生矿物的连生特性等是工艺矿物学的内容之一。

1.1.2.6 矿物之间的嵌布关系

在显微镜或扫描电镜下观察矿物之间的嵌布关系，并进行描述和照相，直观真实展示各目的矿物的嵌布粒度特征及对矿物解离度的影响。目的矿物与哪些矿物连生、粒度大小分布、它们之间连生界面的复杂程度等都直接影响该矿物的解离程度，而矿物解离程度对矿物的分选效果有着重要的影响。

1.1.2.7 矿物在选矿工艺过程的性状和行为

通过对选矿产品矿物组成的定量检测，查明重、磁、电、浮选等工艺过程产品的矿物归类组合等等。

近年来，随着国外先进工艺矿物学自动检测新技术——MLA 技术的引入和应用，现代工艺矿物学检测通过先进的图像分析技术和矿物相图与元素分析技术的结合，使得工艺矿物学研究内容不断拓展。不仅可获取大量的包括矿石的矿物组成及含量，有用、有害矿物的嵌布粒度分布，元素赋存状态等工艺矿物参数，同时通过检测还可追索各种金属元素的地球化学行为和工艺过程的走向。

1.2 工艺矿物学的发展历程和现状

工艺矿物学虽然是一门年轻的应用科学，但实际上它的研究和应用却具有悠长的历史。19 世纪中叶，光学显微镜被应用于矿物研究，就开始运用薄片矿物学研究矿石了。到 20 世纪初又应用 X 射线来研究矿物晶体结构，揭示了矿物内部的原子世界，为矿物分类和矿物性质研究奠定了基础。苏联的一些学者早在 20 世纪 30 年代曾论述了为选矿目的而作的矿物学研究，并编写了选矿显微镜及其目的和任务一书，Chamot E. M. 等编写了化学显微镜手册，Dayton R. W. 等论述了金相偏光显微镜应用于选冶产品检测和理论，Head R. E，Gaudin A. M. 等人总结了硫化矿浮选产品的研究方法以及金粒的存在形式，并发表了许多研究选矿产品物相的文章。

该学科的命名经历了不同的历程，美国、日本、德国等矿物学家曾提出过使用“选矿矿物学”、“选矿矿石学”、“岩相学”、“工业岩石学”等名称，这是工艺矿物学的初期阶段。1971 年苏联 Гиизберг А. И. 曾预言，在矿物学与矿物原料工艺学之间正在产生一个新的方向，稍后，Henley K. J. Бликовский Б. З. 沿用了“选矿矿物学”这一术语，提出了本学科的任务和方法，并认为本学科是矿物学的独立分支。1977 年 Гинзберг А. И. 提出了“工艺矿物学”的概念，并详细论述了工艺矿物学在矿山评价和选冶过程的任务、途径和方法。

传统的工艺矿物学采用光学显微镜微测法、矿物分离法和化学物相分析计算法进行矿物定量检测。20 世纪中期，随着现代科学技术的发展，近代物理学的晶体场理论、配位场理论、分子轨道理论、能带理论以及各种谱学检测手段、微束测试技术、计算机技术等的引入与发展，使工艺矿物学不断完善，英、美、加拿大等国通过研究 X 射线图像法、螺旋旋转光谱法、反射率色谱颜色定量等测试方法，实现了对工艺矿物学参数的自动检测，但由于测试方法适应性差等问题而未能推广应用。最近十年，工艺矿物自动检测技术发展较快，美国、加拿大、澳大利亚、南非、芬兰、德国等矿业大国，都开发出各具特色的矿物自动检测新技术，其中澳大利亚 JK 技术中心（JKTech）和加拿大 CANMET 的 W. Petruk 和 R. Lastra 的研究产品应用较为广泛。Julius Kruttschnitt 矿物研究中心（JKMRC）是澳大利亚最大的矿物研究中心，隶属于澳大利亚昆士兰大学。JKTech 是 JKM-RC 的技术中心，JKTech 开发研究的矿石自动检测技术（MLA）可用于贵金属和贱金属、各种工业矿物、煤与其他矿产的检测，样品为矿石破碎颗粒、矿石光片、矿石薄片均可。通过 MLA 软件分析，可提供样品的矿物含量，样品中有用、有害元素的赋存状态，颗粒粒度分布，共生矿物的单体解离度等工艺矿物学参数，并可给出选矿精矿品位与回收率关系曲线。其核心技术是采用扫描电子显微镜图像分析技术与能谱定量测定技术，建立工艺矿物学数学模型，通过能谱仪对矿物元素的定量测定，从矿物数据库中确定待测样品矿物组合和关系，实现对矿物自动鉴定和数量的统计，大幅度缩减了有关工艺矿物学参数测定的时间，并极大地提高数据测定的准确性。自 2000 年以来，JKTech 开发研究的矿物自动检测技术已经在澳大利亚以及欧美、南非、中国等国多个矿山和研究单位推广应用。加拿大矿产能源技术中心（CANMET）的采矿和矿物科学实验室（MMSL）开发了一种基于电子探针分析的图像分析系统，此系统应用一种电子束稳定器在每一秒不断检测和调节电子束束流，这使此系统的电子束束流非常稳定，CANMET－MMSL 应用此系统开展背散射电子图像处理分析工作，90% 的情况都可应用此系统完成工作。CANMET－MMSL 认为它比其他同类系统测定速度都要快几倍，每小时可测定 30000 个颗粒。挪威的 Norwegian 理工大学（Norwegian University of Science and Technology）开发出一种基于自动扫描电子显微镜的颗粒结构测定系统（ParticleTexture Analysis，PTA），它也是基于扫描电镜和标准半定量能谱系统，通过背散射电子图像分析和 X 射线能谱分析测定工艺矿物学参数，它的软件系统是以 Oxford Inca 软件为基础的。此系统还能够结合电子微区衍射 EBSD（Electron Back Scatter Diffraction）开展工作，以获得比 X 射线能谱分析更丰富的矿物识别能力。除此之外，许多研究机构都发展了自动扫描电镜系统，如丹麦和格陵兰地质调查所（Geological Survey of Denmark and Greenland）的计算机控制扫描电镜（Computer Controlled Scanning Electron Microscope，CCSEM）、澳大利亚的 CSIRO 的自动地质扫描电镜 Auto GeoSEM 等。目前美国的 Xradia 公司正准备推出 Veraxrm 系列的 3DX 射线成像系统。

我国在 20 世纪 50 年代开始了工艺矿物研究工作，当时一般称为岩矿鉴定，但有别于地质系统的岩矿鉴定，主要是根据选矿的需求，进行入选矿石的矿物组成检测以及矿物在矿石中的嵌布粒度和磨矿产品解离度等检测工作。20 世纪 70 年代末随着矿冶业的发展，作为矿物学分支学科的工艺矿物学，在世界范围内开始了独立的学术交流活动，并在此后获得了明显的发展，1980 年 11 月，在中国金属学会选矿学术委员会、中国地质学会矿产资源保护综合利用委员会联合举办首届工艺矿物学学术会议，会议上明确了工艺矿物学的概念及其任务。自 1982 年以来，已先后召开了 6 次全国性的工艺矿物学学术会议，通过各研究院所不断总结成果、交流经验、切磋技术，促进了我国工艺矿物学的深入研究和发展，同时注入了生机和活力。然而，20 世纪 90 年代矿业进入萧条，使我国的工艺矿物研究大多处于停滞状态，人才流失，设备废弃，仅有少数几家研究院仍保留该专业。随着近十多年来矿业兴旺发展，工艺矿物学再度得以发展，许多矿山和研究院重新配备了技术力量和研究队伍，开发研究或引进国际先进的检测设备，建设了一批现代化的工艺矿物学实验室，工艺矿物学研究水平得以迅速提高。

现代工艺矿物学发展趋势是大型仪器和计算机结合的定量矿物学，它使工艺矿物学工作者从繁琐而高难度的显微镜检测工作中解放出来，并且大大加快和提高了获得矿石信息的速度和检测的精度，更重要的是由定量矿物学带来精细准确的矿物学数据，促进选矿工艺流程设计精细化和准确性，依据矿物性质特点分流分选成为选矿发展新趋势。

今后，工艺矿物学将朝向从实验室走向矿山企业并直接与矿山企业对接，进而对矿山选矿厂工艺流程考察，对矿石选冶过程进行诊断和分析，促进矿山企业的技术进步以及规范矿产资源的有序合理利用的方向发展。

2 稀有金属矿资源

2.1 稀有金属概述

稀有金属通常指在地壳中丰度很低或分布稀散的金属，这类金属不能经济地提取。有的稀有金属总量并不稀少，但在工业制备或应用较晚。稀有金属大致可分为六类：稀有轻金属——锂（Li）、铷（Rb）、铯（Cs）、铍（Be），其比重较小，化学活性强；稀有难熔金属——钛（Ti）、锆（Zr）、铪（Hf）、钒（V）、铌（Nb）、钽（Ta）、钼（Mo）、钨（W），其熔点较高，与碳、氮、硅、硼等生成的化合物熔点也较高；稀有分散金属——简称稀散金属，包括镓（Ga）、铟（In）、铊（Tl）、锗（Ge）、铼（Re）以及硒（Se）、碲（Te），它们大部分赋存于其他元素的矿物中；稀有稀土金属——简称稀土金属，包括钪（Sc）、钇（Y）及镧系元素，它们的化学性质非常相似，在矿物中相互伴生；稀有放射性金属——天然存在的钫（Fr）、镭（Ra）、钋（Po）和锕系金属中的锕（Ac）、钍（Th）、镤（Pa）、铀（U）以及人工制造的锝、钷、锕系其他元素和104至107号元素。上述分类并不是十分严格，有些稀有金属既可以列入这一类，又可列入另一类。例如铼可列入稀散金属也可列入稀有难熔金属。

稀有金属的名称具有一定的相对性，随着人们对稀有金属的广泛研究，新的资源及新提炼方法的发现以及它们应用范围的扩大，稀有金属和其他金属的界限将逐渐消失，稀有金属所包括的金属范畴也在变化，如钛在现代技术中应用日益广泛，产量增多，所以有时也被列入轻金属。稀有金属大多数具有耐高温、抗腐蚀、硬度大、导电和导热性好等特殊性能，广泛应用于高技术产业以及原子能、航空航天、尖端武器等国防军工领域，是国际公认的战略物资。

2.2 稀有金属矿产的种类

稀有金属矿产包括三大类。

（1）具独立矿物的稀有金属矿产：钨（W）、钼（Mo）、钽（Ta）、铌（Nb）、锂（Li）、铍（Be）、锆（Zr）、锶（Sr）等，这些元素的特点是在矿石中目标矿物含量低，但有一种或多种独立矿物，工业上可采用物理选矿方法富集精矿，通过冶炼提取金属或化合物。

（2）稀土元素（REO）矿产：稀土元素以在地壳中分布少，氧化物呈土状并与碱土族元素类似而得名。稀土元素分铈族和钇族，铈族稀土包括镧（La）、铈（Ce）、镨（Pr）、钕（Nd）、钐（Sm）、钷（Pm）（人造元素）、铕（Eu）等七种性质彼此相近的元素，因其原子量相对小，故又称轻稀土；钇族稀土包括钇（Y）、钆（Gd）、铽（Tb）、镝（Dy）、钬（Ho）、铒（Er）、铥（Tu）、镱（Yb）、镥（Lu）等9种元素，因其原子量相对大，故又称重稀土。钪与稀土元素性质相似，因此被划入稀土类。

（3）分散元素矿产：锗（Ge）、镓（Ga）、铟（In）、铊（Tl）、铼（Re）、镉（Cd）、硒（Se）、碲（Te）。这8种元素由于在地壳中含量稀少，又不易形成独立矿物，而主要赋存于别的矿物中，工业上基本是通过开采煤、铁、铝、铜、镍、铅、锌、锆、钨、钼、硫（黄铁矿）等矿床并在选矿或冶炼时进行综合回收获得。

2.3　稀有金属矿的矿床类型

稀有金属元素种类多，成矿条件复杂，主要与酸性岩浆和碱性岩浆作用相关，在热液作用下成矿。我国稀有金属矿床主要成因类型如表2-1所示。随着稀有金属的需求出现增长，稀有金属矿的勘查工作有了新的进展，某些矿种（如钨、钼、铍、钽）的普查找矿取得了较大突破，发现了一些大型、超大型矿床，其中有些是新类型矿床，如凝灰岩中的铌、钽、钇、铍、镓矿床等。

表2-1　我国稀有金属矿床主要成因类型

类型			类型评价	矿产	实例
内生矿床	花岗岩型矿床	微斜长石花岗岩型矿床	工业类型	钨多金属	广西姑婆山
		钠长石花岗岩型矿床	重要工业类型	钽、铌、锂	江西横峰
		碱性花岗岩型矿床	工业类型	铌、锆、稀土	内蒙古801矿
	伟晶岩型矿床	花岗伟晶岩型矿床	重要工业类型	铍、锂、钽、铌	新疆可可托海、四川甲基卡
		碱性伟晶岩型矿床	重要工业类型	稀土	四川冕宁
	气成热液型矿床	含铍条纹岩型矿床	重要远景类型	铍、萤石	湖南香花岭
		云英岩型矿床	工业类型	钽、铌、锂	江西宜春、湖南宜丰、内蒙古加不斯
		石英脉型矿床	工业类型	钨、铋、铜、锌、硫	江西画眉坳
		矽卡岩型矿床	工业类型	钨、铋、钼、萤石	湖南柿竹园
	火山岩型矿床	火山沉积型矿床	工业类型	硒、碲、金	四川拉尔玛
	碱性岩矿床	碱性正长岩型矿床	工业类型	铌、钽、锆、稀土	新疆拜城
		碳酸盐型矿床	重要远景类型	铌、稀土	湖北庙垭
		白云鄂博型矿床	重要工业类型	铌、稀土、铁	内蒙古白云鄂博

续表 2－1

类型			类型评价	矿产	实例
外生矿床	残坡积矿及砂矿床	风化壳矿床	工业类型	铌、钽	广东博罗
		残－坡积型砂矿床	工业类型	铍	新疆阿斯喀尔特
		河流冲积型砂矿床	工业类型	钛	云南富宁
		滨海砂矿	重要工业类型	钛、锆	海南岛、广东湛江
	卤水矿床	盐湖卤水矿床	远景类型	伴生锂、铷、铯	四川汉宣
		海水卤水矿床	远景类型	伴生锂、铷、铯	浙江、广东
		井水卤水矿床	工业类型	伴生锂、铷、铯	四川自贡

2.4 世界的稀有金属矿资源概况

21 世纪以来，世界经济的高速发展使得资源消耗不断增加，国际市场对稀有金属的关注度越来越高，并已经引起某些稀有金属资源的供求失衡和价格上涨。对此，许多国家采取了多种应对措施，其中包括：（1）提高资源的利用效率，降低消耗；（2）更加重视资源的科学开发；（3）通过协调销售政策争取最大经济利益；（4）加强短缺资源的战略储备；（5）寻找新的替代产品。近 20 年来，世界各国竞相找寻更富、易采掘和易利用的稀有稀土矿产资源，并找到了一批新的优质富矿，其中有些是超大型优质矿床。这些大型、超大型矿床的发现，使世界稀有稀土资源储量显著增加。

根据美国地质调查局的统计数据，截止到 2013 年底，全球已查明的锂矿资源量为 4051.5 万吨，储量 2340.7 万吨，其中固体型锂矿储量占 21.6%；盐湖卤水型锂矿占 78.4%。固体型锂矿床又以两种形式产出：一种是产出于花岗伟晶岩脉中，主要赋存矿物为锂辉石、透锂长石和锂云母等；另一种是产出于富锂的沉积地层中，主要赋存矿物为锂蒙脱石。锂矿分布区域高度集中，就储量而言，全球近 70% 的储量都分布在南美洲的“锂三角”地区，包括智利、玻利维亚和阿根廷，其中智利锂储量位居全球首位，占据全球总储量的近 1/3，其次是玻利维亚，占据储量的 24%，阿根廷的锂矿储量占 11%，居世界第四位。

世界铍资源相当丰富，按 BeO 计算，铍资源总量 338.3 万吨，储量 116.4 万吨，主要集中在巴西、印度、俄罗斯、美国、阿根廷及澳大利亚等国家。铍以伴生矿产出居多，因而矿床类型繁多，但主要有三类：（1）含绿柱石花岗伟晶岩矿床，分布甚广，主要产在巴西、印度、俄罗斯和美国；（2）凝灰岩中羟硅铍石层状矿床，属近地表浅成低温热液矿床。美国犹他州斯波山（Spor Mountain）矿床是该类矿床的典型代表，BeO 探明储量 7.5 万吨，品位高（BeO 0.5%）。矿山年产铍矿石 12 万吨，美国铍资源几乎全部来自该矿；（3）正长岩杂岩体中含硅铍石稀有金属矿床，目前仅有在加拿大西北地区发现的索尔湖矿床，已计划开发利用。

世界钛资源也十分丰富且分布很广。钛矿资源以钛铁矿为主，钛铁矿约占世界钛资源总量的90%，其余来自金红石、锐钛矿、钛矿渣等。世界钛铁矿储量和基础储量（以TiO_2含量计）分别为42000万吨和74000万吨，钛铁矿资源主要集中于澳大利亚、南非、挪威、加拿大、印度、中国、美国和乌克兰等国；世界金红石（包括锐钛矿）储量和基础储量（以TiO_2含量计）分别为4800万吨和8700万吨，金红石资源主要集中于澳大利亚、南非、印度、美国、乌克兰等国。

世界锆储量以ZrO_2计约3800万吨。锆矿分原生矿床和砂矿床两大类，且以砂矿为主，其储量占锆矿总储量73%，原生锆矿占27%。大部分锆石赋存于滨海砂矿中，并成为当今世界工业锆石矿物的最主要来源。锆矿资源丰富的国家主要有澳大利亚、南非、美国、前苏联地区等。澳大利亚锆砂的储量998万吨，年产50万吨锆石，居世界首位，锆砂矿主要分布在东、西海岸，成群连片分布。南非锆矿储量816.4万吨，年产锆石25万~35万吨，储量和产量均居世界第二，主要分布在东部德班市以北的理查德贝及南部的理查兹湾。美国锆石资源亦较丰富（63万吨），主要分布在东海岸，以南部的佛罗里达半岛最为集中，年产锆石12万~14万吨。前苏联地区的锆矿主要分布在乌克兰第聂伯河中段，属古滨海砂矿，以钛铁矿为主，伴生锆石、金红石和白钛石。原生锆矿包括含锆石的碱性岩矿床和含斜锆石的碳酸岩矿床，碱性岩锆矿由于分选困难，利用程度较低。含斜锆石的碳酸岩锆矿赋存于火成碳酸岩中，含锆石、斜锆石、烧绿石和磷灰石，矿物结晶完整，嵌布粒度适中，尤其是产于风化壳中的矿石较为易选。在俄罗斯科拉半岛科夫多尔碳酸岩型铁矿中有伴生的斜锆石。

据美国地质调查局统计，世界钽金属储量为30.68万吨。主要分布在澳大利亚、尼日利亚、刚果、加拿大以及巴西等国。目前花岗伟晶岩型和含锡石-黑钨矿热液型钽矿是全球钽矿主要的工业开采类型。花岗伟晶岩型钽矿主要分布在澳大利亚、加拿大、巴西、俄罗斯以及非洲一些国家，其中以澳大利亚格林布希斯矿床最为著名。含锡石-黑钨矿热液矿床也是目前国外钽的重要来源，在一些富含钽的锡石-黑钨矿矿床及其外围的砂矿中，锡石中的Ta_2O_5含量可达1%~30%，一般为1.8%~15%。在冶炼粗锡剩下的炉渣中含Ta_2O_5达1.5%~10%，是提取钽的重要原料。世界上钽产量的1/3左右是从冶炼厂锡石、黑钨矿炉渣及滤渣中提取的。尽管近年来新类型的钽矿床不断发现，但基本上未被开发利用。

世界铌矿资源丰富，储量巨大。据美国地质调查局统计，1999年世界铌金属储量350万吨，基础储量560万吨（不包括中国、俄罗斯）。国外铌矿主要工业类型有碳酸岩风化壳型、铌铁矿花岗岩（伟晶岩）型和砂矿型三种，其中碳酸岩风化壳型最为重要，占铌资源量90%以上，主要产于巴西、俄罗斯、加蓬、澳大利亚以及东非大裂谷一带的非洲国家，含铌工业矿物为烧绿石；铌铁矿花岗岩及花岗伟晶岩矿床，其储量在各类铌矿床中所占比例很小，约占1%，这类矿床的铌矿物主要是铌（钽）铁矿，常与锡石伴生，一般作为开采锡石的副产品回收；含铌砂矿，一般规模较小，但砂矿易采选，并常与钽铁矿、锡石等一起产出，因而具有一定的经济意义。

全球钨资源分布极不均匀，虽然在美洲、欧洲、亚洲、大洋洲和非洲均有分布，但主要集中在中国、加拿大、俄罗斯、美国和玻利维亚等国，具有重大资源潜力的还有澳大利亚、奥地利、巴西、缅甸、哈萨克斯坦、朝鲜、韩国、葡萄牙、西班牙、土耳其、塔吉克斯坦、乌兹别克斯坦、土库曼斯坦和泰国等。据美国地质调查局资料，2013 年世界钨储量为 350 万吨（金属量），中国钨储量 190 万吨（金属量）。世界钨产量总体呈逐年递增的趋势，2013 年世界钨矿产量为 71000 吨，中国生产 60000 吨，占全球总量的 84. 50%。已开采的主要矿床有：石英脉型黑钨矿床、矽卡岩型白钨矿床、网脉浸染状斑岩型、花岗岩型钨矿床和沉积变质型钨矿床。

据美国地质调查局统计，目前世界上钼资源总量在 3000 万吨以上，已探明储量在 1300 万吨以上，世界上钼储量最为丰富的国家有美国、中国、智利、俄罗斯、加拿大，占到全世界钼资源基础储量的 92%。其中美国是世界最大产钼国，占世界总产量的 49% ~61%。中国钼储量约为 850 万吨，仅次于美国，占全球钼资源的 23% 左右。钼主要产出于大型的斑岩钼矿床中或与斑岩型铜矿床中的其他金属共生或者伴生，主要以辉钼矿的形式存在。中国的钼矿床品位偏低，多属低品位矿床，在中国约占总储量 65% 的矿床的平均品位低于 0. 1%。

目前全世界钒的可开采储量约为 1020 万吨，基础储量为 3110 万吨。世界上已知的钒储量中，98% 产于钒钛磁铁矿。除钒钛磁铁矿之外，钒还赋存于碳质页岩、磷块岩、含铀砂岩、粉砂岩、铝土矿以及含碳质的原油、煤和沥青中。钒主要蕴藏在南非、俄罗斯、中国、美国、澳大利亚西部的钒钛磁铁矿中，广泛开采并得到提取；其次在委内瑞拉、加拿大阿尔伯托、中东和澳大利亚昆士兰的油类矿藏中也有丰富的储量，少量分布在美国的钒矿石和黏土矿中，但是，美国的钒矿石和黏土矿、北欧的钒钛磁铁矿以及巴西和智利矿藏中的钒还没有进行大规模提取。世界上三大产钒国家是南非、俄罗斯和中国，全球 80% 的 V_2O_5 都产自于上述三个国家。

世界稀土资源丰富，据美国地质调查局资料显示，2009 年世界稀土储量为 9900 万吨，广泛分布在 34 个不同的国家，其中，中国是世界上稀土储量最为丰富的国家，占世界稀土储量的 36%，其次为独联体，第三位是美国。同时这些国家的稀土资源主要分布在大型和超大型矿床中，这些矿床的稀土资源量均在 100 万吨以上，这些资源的开发构成了世界稀土资源的主体。前苏联境内的科拉半岛（即独联体国家）是重要的稀土产地，以铈铌钙钛矿和磷灰石型磷酸盐形式产出，大约为1900万吨，占世界总储量的17%；美国稀土储量为1300万吨，占世界总量的12%，这包括美国东南海岸、西北河床砂矿以及大西洋大陆沉积物中的独居石资源，其中位于加利福尼亚州的芒廷帕斯稀土矿储量为430吨，占世界总储量的3.9%；澳大利亚稀土储量为160万吨，占世界总储量的2%；印度的稀土资源主要是独居石，分布在泰米尔纳德邦、喀拉拉邦、安德拉普拉德邦和奥里萨邦的海滨砂矿中，还有位于泰米尔德都、比哈尔邦和孟加拉邦内陆的砂矿以及喀拉拉邦海岸的砂矿；据美国地质调查局2012年度报告，印度稀土总储量约310万吨，占世界总储量的3%。上述统计数据来源于2012年美国地质调查局出版的矿产品报告，但我国实际的稀土储量已远远低于报告中公布的数据，尤其是近年来稀土行业滥采滥挖以及稀土走私现象比较严重，使得我国稀土资源储量直线下降。2012年6月，国务院发布的《中国稀土状况与政策》白皮书中公布的2009年中国的稀土储量为1859万吨，约占世界的23%。近年来新类型稀土矿床相继发现，如碱性花岗岩型（加拿大、美国、沙特阿拉伯等），富含稀土铌的铝土矿矿床（俄罗斯恰多贝茨）和富含稀土铌的煤层等，因而世界稀土总储量将会不断增加，同时也将引起世界各国资源比例的重大变动。

世界铷铯资源较少，铷、铯主要赋存于花岗伟晶岩，卤水和钾盐矿床中。花岗伟晶岩氧化铷资源储量约为17万吨，其中津巴布韦10万吨，占58%；纳米比亚5万吨，占29%；加拿大1.2万吨占7%。这三个国家氧化铷含量为16.2万吨，占国外铷资源的95%。花岗伟晶岩氧化铯资源储量约为18万吨，其中加拿大8万吨，占44%；津巴布韦6万吨，占33%。纳米比亚3万吨，占17%。这三个国家氧化铯含量为17万吨，占全球铯资源的64%。加拿大具有世界上最大的铯沸石矿床，其次为罗马尼亚、南非、莫桑比克、美国、瑞典等国都有铯沸石矿床。前苏联地区、德国蕴藏着巨大的含铷光卤石矿床。

2.5 我国的稀有金属矿资源概况

我国的稀有金属资源丰富，稀土、钨、锢等金属的“先天优势”最为突出，钼、锗等稀有金属的储量和产量也居全球前列。中国的稀有金属储量占全球80%左右，但全球95%的稀有金属由中国提供，某些国家禁止开采稀有金属，直接从中国低价进口稀有金属并进行战略储备。中国作为多种稀有金属的主产地，却由于恶性竞争始终不能掌握定价权。2009年以来，我国对稀有金属矿藏进行整治规划，并进行战略储备和出口定额管制，大幅度减少了开采量和出口量。政府的介入使稀有金属的价格大幅上涨，加之通货膨胀更使稀有金属一下子变成了投资市场的“白天鹅”。我国虽然拥有丰富的稀有稀土矿产资源，但部分稀有金属资源状态并不理想，如某些急需的矿种储量不足，有些矿种虽然储量很大，但由于品位偏低或选冶困难而无法利用。

我国铍的保有储量数十万吨，其中工业储量仅占9.3%，主要集中在新疆、四川、云南及内蒙古。铍的单一矿产主要为绿柱石矿，产地很广泛，但规模很小，所占储量不及总储量的1%。已探明的铍储量以伴生矿产为主，主要与锂、钽铌矿伴生（占48%），其次与稀土矿伴生（占27%）或与钨伴生（占20%），此外尚有少量与钼、锡、铅锌及非金属矿产相伴生。

我国的锂矿资源丰富，储量达到350万吨，其中78.6%存在于盐湖中。伟晶岩型锂矿以锂、铍共生为特点，伴生铌、钽、铷、铯等，主要分布在新疆、四川、河南、湖南，福建也有产出。花岗岩型锂矿，也是国内正在开发利用的类型，矿石类型为锂云母。江西宜春414矿是该类型矿床的典型代表。盐湖卤水矿床，主要产于我国青藏高原。锂矿为现代盐湖型液体矿，赋存于盐湖的晶间卤水、孔隙卤水和湖表卤水中，以锂为主的矿床含锂品位较高，LiCl含量2.2～3.1g/L，并共生钾、镁、硼、盐矿等，如青海台吉乃尔盐湖，是我国最大的以锂为主的盐湖卤水矿床。藏北高原是我国另一大盐湖区，已初步查明有大量含锂盐湖，是我国卤水锂资源重要的成矿远景区。特别值得提出的是藏北扎布耶盐湖，其储量巨大，品位亦高（金属锂1g/L），而且$m(Mg)/m(Li)$比值较低，是一个很有价值的优质锂矿资源。可以说扎布耶盐湖的开发利用将对我国21世纪锂工业发展有直接的影响。

我国的钛资源储量十分丰富，但主要是钛铁矿资源，金红石甚少。在钛铁矿储量中原生矿占主体。钛铁矿原生矿主要分布在四川、河北、云南。四川攀枝花钒钛铁矿区，钛储量占全国储量的90.5%，占世界的35%。河北承德地区有丰富的钒钛磁铁矿资源，已探明钛资源储量达2031万吨，位居国内第2位。主要分布在大庙、黑山、头沟的基性、超基性杂岩体内。云南省已经探明储量十分可观的次生内陆钛矿砂，少部分属原生矿，矿物组合简单、分选性能良好，钛精矿钙镁杂质低、品质好，是生产海绵钛优质原料。钛铁矿海滨砂矿产地主要分布在广东、广西、海南沿海一带，除了钛铁矿之外，常伴生金红石。我国仅有不多的几处金红石原生矿，以湖北、河南、陕西、江苏、山西及山东为主。湖北省枣阳市大阜山金红石矿和山西省代县碾子沟金红石矿是目前国内已发现的规模最大的两个产地，其占全国内生金红石矿资源总储量的97%。

我国锆资源相对较贫乏，储量和基础储量分别为50万吨和370万吨，占全球锆储量和基础储量的0.98%和4.81%。我国锆矿可分为砂矿和原生矿，以砂矿占多数。锆砂矿有滨海沉积砂矿、河流冲积砂矿、残坡积砂矿以及风化壳砂矿。滨海沉积砂矿分布于东南沿海一带，以广东南部海岸和海南岛东海岸最为集中，其中海南的锆矿储量占全国锆砂矿总储量的67%，重要矿床有海南文昌市的铺前、万宁县的保定、广东阳西县的南山海、徐闻的柳尾等。河流冲积砂矿也是锆矿较为重要类型，主要分布在广东、广西及海南等地，河流锆砂矿易采易选，但品位较贫，而且其开发往往受主矿种制约，因此目前利用程度不高，大部分矿床尚未开发。残坡积砂矿均属中小型，分布不广，主要产地海南，常常因矿体上有经济作物覆盖而压矿，未能开发利用；风化壳砂矿储量很少，主要分布在广东，全部与风化壳型稀土矿伴生，规模小，一般无单独开采价值。原生锆矿可分为碱性花岗岩矿床和伟晶岩矿床。碱性花岗岩型的锆矿储量巨大，集中于内蒙古巴尔哲矿床，该矿以铌、钇为主，伴生锆、铍、钽等的特大型矿床，ZrO_2 平均品位1.843%，锆石呈浸染状分布于岩体上部钠闪石花岗岩中。经半工业试验，属难选矿石，近期难以开发利用。含锆的花岗伟晶岩型矿床一般规模小，锆品位低，多为铌矿的伴生矿产，尚未利用。

我国钽工业储量为3.98万吨，占世界储量的11.5%。钽矿主要集中在江西、湖南、福建、广西、广东、新疆及内蒙古等省区。我国钽矿工业类型与国外有所不同，以花岗岩型为主，占已探明储量77.3%；而花岗伟晶岩型矿床次之，占探明储量的19.4%；也有含锡石－黑钨矿的热液型矿床，但矿石品位低，矿床规模较小。花岗岩型钽矿床是当前国内钽精矿的最主要来源，多为大中型矿床，如江西宜春414矿为特大型矿床，是目前国内最大的钽精矿产地。花岗伟晶岩型钽矿床，主要分布在新疆阿尔泰、东秦岭、川西北和闽西等地。重要矿床有新疆柯鲁木特和可可托海、福建南平、四川甲基卡等。伟晶岩矿床是目前国内钽精矿的第二个来源。含黑钨矿－锡石热液脉型矿床中的伴生钽（铌）矿，其品位相对较高，Ta_2O_5 含量为0.041%～0.13%，但储量不大，仅占全国储量的3.3%，主要集中分布在赣南地区。苏州偏碱性花岗岩型钽铌矿床是近年国内找钽矿方面的一个重大发现。该矿规模属特大型，钽铌品位高于目前国内开采的花岗岩型矿床。

我国铌工业储量为1.16万吨，占世界储量的0.36%，多为低品位矿。铌矿类型主要有白云鄂博型铁－铌－稀土矿床、碱性岩－碳酸岩型矿床和花岗岩型铌矿。白云鄂博矿床是我国最大的铌矿，占全国探明铌储量的63.4%和工业储量的82.7%，由于铌矿物嵌布颗粒细（20μm），并与铁、稀土共生，铌的选矿问题至今尚未解决，目前只能生产低级铌铁。碱性岩－碳酸岩型铌矿床，代表矿床是湖北竹山县庙垭正长岩——碳酸岩型铌、稀土矿床。主要铌矿物为铌铁矿、铌金红石，目前庙垭矿床尚未开发利用。碱性花岗岩型铌矿一般规模较大，而且品位相对较高，如内蒙古哲盟巴尔哲矿，但由于矿石成分复杂，目前尚未开发利用。花岗岩型铌矿在我国较为发育，矿产地较多，一般铌钽共生矿，比较重要的有江西宜春414矿、广西恭城栗木矿、湖南茶陵金竹垄矿、广东博罗泰美矿等，这些矿床规模以中型为主，次为小型，较少大型铌矿，品位一般较低（Nb_2O_5 为0.01%～0.02%），是我国目前铌精矿的主要来源。此外，还有一种碱性伟晶岩型铌矿，见于四川会理县路枯矿区，矿区碱性伟晶岩脉及钠长岩脉产于印支期碱性正长岩体外接触带辉长岩相带中，脉体形态复杂且分带不明显。铌矿物为铈铀烧绿石，可选性好，中型规模，品位较富（Nb_2O_5 为 0.17%）。但目前尚未开发利用。

我国为钨资源大国和产钨大国，2013 年统计，我国钨储量 190 万吨（金属量）。国内白钨矿资源主要集中在中部地区，占全国白钨矿总储量的 81.6%；西部地区占全国白钨矿总储量的 12.2%；东部地区占全国白钨矿总储量的 6.2%。全国探明有白钨矿的储量的有 16 省（区），储量最多的前三位依次是湖南、河南、江西，这三省的白钨矿储量占全国的 75.8%。黑钨矿区主要分布在江西、广东等地，以万吨储量规模为主，包括江西大吉山、西华山、漂塘和广东红岭等黑钨矿山。

我国为钼资源大国，据统计，国内共有钼矿山 232 个，钼金属储量 850 万吨，中国钼储量占世界总储量的 23%，居世界第二位。钼分布于全国 27 个省（自治区），相对集中于河南、陕西、吉林、辽宁、山东，这五省的储量占中国储量的 88%。钼产地主要有河南省的栾川、辽宁省的葫芦岛、陕西的金堆城、吉林省的大黑山及浙江省的青田。我国钼资源以原生矿为主，矿石品种单一，而且多数钼矿埋藏浅，适于露天开采，因而易采易选。中国伴生钼金属储量约占总储量 22%，品位低，较难选，回收程度极低，产量较小，国内副产钼产量不到 5%。

我国的钒资源丰富，钒储量 500 万吨，基础储量 1400 万吨，主要有钒钛磁铁矿、石煤钒矿、炼钢钒渣、燃油废渣以及废钒催化剂等类型，以钒钛磁铁矿为钒的主要来源，主要集中在四川攀枝花、河北承德、广东兴宁及山西代县等地区。攀西钒钛磁铁矿储量 100 亿吨（含超低品位矿），其中 V_2O_5 储量约 1570 万吨，其中钒资源占全球的 9.6% 和全国的 58.8%，居世界第三位；河北承德钒钛磁铁矿探明储量近 80 亿吨，钒资源占全国储量的 40%。近年来随着大量钒钛磁铁矿的开发利用，可回收利用的钒资源量还在逐渐增加。石煤型钒矿以湖北、陕西、湖南、浙江等 4 省为主，品位较高，分别为 0.89%、0.82%、0.80% 和 0.78%，最高品位达到 1% 以上，陕西商洛市商南县矿区品位超过 1.5%，这些钒矿资源已具有很高的工业利用价值，目前大多已开采利用。

2012 年 6 月，国务院发布的《中国稀土状况与政策》白皮书中公布的 2009 年中国的稀土储量为 1859 万吨，约占世界的 23%。当前我国以 23% 的稀土资源承担了世界 90% 以上的市场供应。中国并非世界上唯一拥有稀土的国家，却在过去几十年承担了世界大部分稀土供应的角色，结果付出了破坏自身天然环境与消耗自身资源的代价。我国的稀土大型矿床有内蒙古白云鄂博铁、铌、稀土矿，“牦牛坪式”单一氟碳铈矿，南方风化淋积型稀土矿以及含独居石的砂矿。白云鄂博是世界上最大的稀土矿床。南方风化淋积型离子吸附型稀土矿床是我国首次发现和确定的新类型矿床，是我国目前中、重稀土资源主要来源。与独居石、氟碳铈矿相比，它们富含镝和钐，有些铷和镨的含量很高，部分矿石特别富含钇。

我国是铷丰富的国家，据国土资源部信息中心 2011 年资料，目前我国查明 Rb_2O 资源储量约 179.4 万吨，其中伟晶岩中 Rb_2O 约 148.7 万吨，占全国铷资源储量的 82.9%。我国铷资源量以新疆居首，占全国资源量 48%，其次是江西 25%，湖南 10%，广东 9%。我国乃至全球至今都未发现富含铷单独矿物，与国外资源相比，我国的铷资源具有低品位、开发利用难度大的特点。目前，我国的铷资源主要是从固体铯沸石和锂云母等金属产出时得到副产物。新疆是我国最早的铷生产基地，江西宜春是当前最主要的产地。我国盐湖和卤水中富含大量的铷资源，母液储量大，但是铷浓度不高，通常和大量化学性质相似的锂、钠、钾、铯共存，给工业分离和利用带来困难。铯与铷常伴生，国内铯主要赋存于铯沸石、锂云母、盐湖卤水、气田水、地热泉水中。铯沸石是含铯最高矿物，我国新疆可可托海的铯沸石含 Cs_2O 可达 25%。江西宜春锂云母中铯储量占我国铯总储量的 42.5%，居全国首位。

3 稀有金属工艺矿物学的检测与分析方法

3.1 稀有金属矿石的特性

稀有金属以在地球中存量少而珍贵，大多稀有金属以伴生的形式或以类质同象的方式分散在主金属矿物或某种载体矿物中，因此，稀有金属元素存在“贫、杂、散”的特点。“贫”表现为稀有金属元素的稀有性，即工业品位低，如钽和铌矿物通常以副矿物的形式存在于花岗岩中，元素含量 $100 \sim 1000 \times 10^{-6}$ 即达到开采品位；“杂”表现了稀有金属矿物的复杂性，往往一种元素不止形成一种矿物，而是形成多种矿物，如铌矿物中铌铁矿、烧绿石、铌铁金红石常见存在于同一铌矿石中；“散”表现为稀有金属的分散性，有的稀有金属不存在独立矿物，而是以类质同象或微细包裹体形式存在于某种载体矿物中，如锗、铟、镉与锌类质同象存在于闪锌矿晶格中等等。

相应稀有金属矿石也具有类似的特点：

（1）矿石有价组分的含量低，其数量在少数情况下达到百分之几，通常只有千分之几到万分之几，有时只有十万分之几，如钽铌铁矿 Ta_2O_5 质量分数为 0.01% 就达到工业品位。选矿时需达到高度富集，富集比 100～1000 倍，甚至更高；

（2）稀有金属矿石一般是同时含有几种有价组分的复合矿石。因此，在处理稀有金属原料时应该将选矿工艺流程与化学 - 冶金工艺相结合，以保证金属的高回收率和多金属的综合回收；

（3）稀有金属矿石中常常是一个有价元素同时存在于多个矿物中，如铌元素同时存在于铌铁矿、烧绿石、铌铁金红石等多个矿物中，稀土元素同时存在于氟碳铈矿、氟碳钙铈矿和独居石等多矿物中，目标元素分散于多种矿物，各矿物可选性质具有差别，给选矿工艺流程带来复杂性。由于稀有金属矿石的“贫、杂、散”特点，大多数稀有金属矿为难选矿，与此同时，稀有金属工艺矿物学研究也具有较高的难度，要求采取综合的研究方法和先进检测技术的支撑。

3.2 稀有金属工艺矿物学的检测分析方法

3.2.1 样品的采取和制备

3.2.1.1 样品的采取

工艺矿物研究的工作样品一般有三种类型：矿石块矿、经破碎缩分后的代表性样品和选矿产品。

块矿样品主要用于观察矿石结构特征、矿物之间的连生关系和测定有用、有害矿物嵌布粒度。块矿样品应在采取选冶试验样品的矿体和工程区内，根据矿石类型和选矿试验目的，系统地选取有代表性的块样；也可根据采样说明书，以矿石类型的比例，在已采出的选矿样品矿堆上拣取有代表性块样。对于结构构造、矿物成分及化学成分均匀性差的矿石可适当增加取样量，数量以保证对选矿试验样品具有代表性为原则。稀有金属矿石一般品位较低，应适当增加切片数量，块矿样品的数量一般为30~50块，矿块体积一般不小于4cm×4cm×5cm，以适合磨制光片、薄片为原则。对低品位的稀有金属矿，块矿取样数应达到50~100块。

破碎、缩分后的代表性样品是与选矿试验样品相对应的原矿样品，主要用于进行原矿化学分析和矿物定量检测，也称定量检测样品。该样品必须与整体选矿试样完全吻合，即具备充分的代表性。定量检测样品一般取自选矿大样，选矿大样经粗碎、细碎后，破碎至小于1~3mm粒度，再混合均匀进行缩分。为了保证试样的代表性，缩分样不能过多，以尽可能减小后续定量检测的工作量，试样的最小重量可由经验公式决定：

$$Q = KD^2 \tag{3-1}$$

式中 Q——保证试样代表性所必需的试样最小重量，kg；

D——试样中最大粒度，mm；

K——与矿石性质相关的系数：对于稀有金属矿石，该系数适当取大，一般$K=0.1\sim0.5$。

化学分析样品一般采取选矿大样（破碎至-2mm），约1~2kg，经粉碎至-0.1mm后再进行缩分；矿物定量样品一般从选矿大样中采取原矿试样1~2kg，细碎至-0.2mm后，再进行缩分，最终得到矿物定量样品。

3.2.1.2 样品的制备

A 矿石光片和薄片制备

块矿样品磨制成光片或薄片用于显微镜鉴定。对于不透明的金属矿物的观察，如钽、铌矿石中钽铌铁矿、钛铁矿等，应磨制矿石光片，采用偏光显微镜反光系统观察。矿石光片的磨制采用块矿切片，光片一般切成长、宽各3~2cm，厚0.5~1cm，经粗磨、细磨、精磨、抛光制得，矿石光片中的较硬矿物应无擦痕，较软矿物可有不妨碍观察的轻微擦痕，软硬矿物之间的突起界线差别不宜太大，磨光面磨光程度基本一致，抛光后的光片光滑并具有镜面反射特点。

对于透明的金属矿物的观察，如白钨矿、绿柱石、细晶石、烧绿石等，应磨制矿石薄片。薄片磨制是将矿石块体用环氧树脂或粘片专用树胶黏合在载玻片上，以粗磨、细磨、精磨制得，矿石薄片面积一般为22mm×22mm、厚0.03mm，片面完整、无气泡、不脱粒、无裂纹，可加盖玻片或不加，根据观察需要，不加盖玻片的薄片需略为抛光可做作为光、薄两用片观察。载玻片厚度小于1.5mm，盖片应略大于相应的矿石片面积。粘片树胶的折射率应在1.537~1.540范围内，使用其他粘片树胶时应标明其折射率。

对于一些松散状或多孔的矿石，需进行注胶固化后再磨制光片或薄片，无论采用烘烤注胶还是浸泡注胶，温度不超过100℃，应注意烘烤或浸泡注胶过程中不能引起矿物的变化。

B 砂光片和砂薄片的制备

在矿石经破碎、磨细后或各种选矿产品进入显微镜鉴定程序之前必须制成砂光片或砂薄片。制砂光片或砂薄片的样品严格按四分法取样，也可根据粒度变化分级取样，被取出的样品应全部制片。制好的样品必须是矿物颗粒在片中分布均匀，尽可能减少矿物颗粒重叠和团聚。

C 矿石定量样品的制备

从破碎至2~0mm的选矿综合试验样品中缩分的矿物定量样，重量一般为1~2kg。为了保证样品的代表性和样品中目标矿物的良好解离性，须进一步将样品细碎成-0.5mm或-0.2mm的细度。当砂样中目标矿物连生体较多时，应尽量降低定量样品粒度，提高矿物的单体解离度。细碎后的样品严格按四分法缩分出定量样100~200g用于矿物定量。样品制备流程如图3-1所示。

3.2.2 矿石的矿物组成定量检测

矿石的矿物组成定量检测是工艺矿物学最重要的工作，矿石的矿物组成定量数据是基本的工艺矿物学参数，选矿研究必须依据矿石的矿物组成特点来制定选矿分离方案和流程，同时选矿各产品的矿物归类是评价工艺流程效果的重要指标。定量检测包括矿石原矿的矿物组成及含量、选矿作业过程中各流程阶段产品中的矿物组成及含量。矿物定量方法有很多种，目前最常用的矿物定量方法有：显微镜统计矿物定量法、分级重砂定量法、特征元素化学式计算法以及先进的MLA自动矿物定量法。

3.2.2.1 显微镜下直接统计矿物定量法

显微镜下直接统计矿物定量法制样简单，检测快捷，但定量检测结果有一定误差，在对矿石矿物组成和含量作一般了解的情况下可采用该方法。一般分为两种样品形式：

（1）由块矿直接制光片进行矿物定量：块矿标本切磨制成的光、薄片在显微镜下进行矿物统计，光片和薄片的检测结果综合计算；

（2）矿石破碎后矿砂镜下定量：从破碎至2~0mm的选矿大样中缩分取出1~2kg样品，然后按四分法缩分出代表性样品，分别磨制成砂光片和砂薄片，进行显微镜检测。

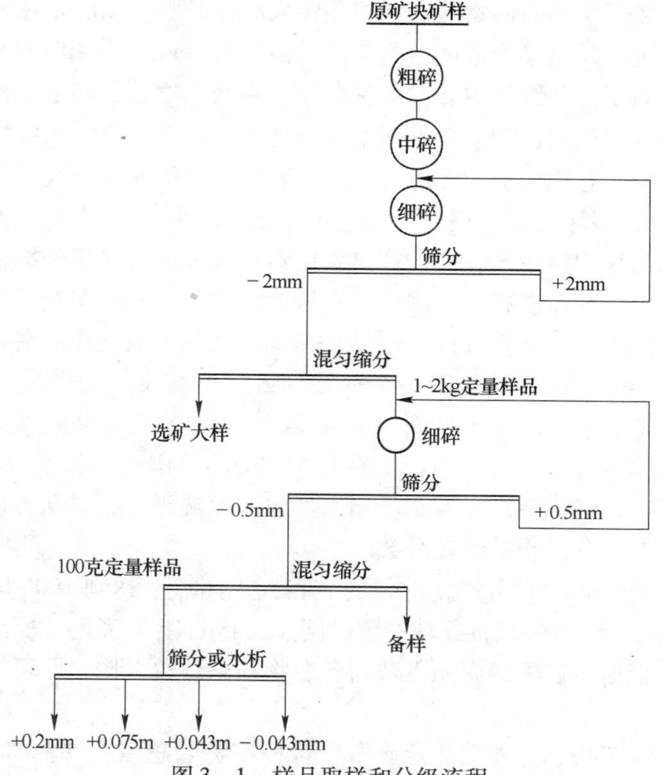

图 3-1 样品取样和分级流程

显微镜下矿物统计有线测法、点测法、面测法，亦统称为几何测定法。法国地质学家 A. 德莱塞（Deleses A.）应用几何图形及数学推导证明，如果组织中包含某一组元（相）在随机截面上测得此组元断面的面积密度 A_a 和该组元的体积密度 V_v 相等，即 $V_v=A_a$，这就是德莱塞定律。罗西瓦尔（Rosiwal）证明，一个含有随机分布组元（相）的系统，在测线上所获得该组元的线密度 L_l 等于此组元在系统中的体积密度 V_v，即 $V_v=L_l$，称为罗西瓦尔定律。后来汤姆森（Thomson）和格拉戈列夫（Glagolev）提出，用随机测试点和三维组织相截，落在某组元内的点和总点数的比率 P_p 可作为这个组元在组织中的体积密度 V_v，即 $V_v=P_p$，称为汤姆森定律。以上三个定律为岩石或矿石显微镜下和图像分析仪下的矿物定量分析的理论依据，是体视学中最重要的基本公式：$V_v=A_a=L_l=P_p$，即各矿物在代表性切面的“面积比（A_a）”、所截“线段长度比（L_l）”和所测“点数比（P_p）”都等于各矿物的体积含量（V_v）。

按照被测矿物在矿石随机分布和严格遵守测定方法的规则，被测矿物的质量分数为

$$\text{矿物质量分数}=\frac{\text{被测矿物体积分数}\times\text{被测矿物密度}}{\text{矿石密度}}$$

面测法比较适合不同矿物的含量相差较大的样品。面测法是在显微镜筒的目镜焦平面处放置一片目镜测微网，测微网的面积为1cm^2，分400小格，每个小格的面积为0.25mm^2，并统计视域中各种矿物占有的小格数，不足一格的采取目估法合并。从测片左侧测，到了右侧不足一个视域者舍去。两个相邻视域不重叠也不脱节，一行中所有视域测数完成后，顺次测数下一行的各个视域。通常一个测片要测10～20个视域。这样逐个视域将所选定的面积或光片全部测完为止。根据各矿物分别的累积格子数，即可算出各矿物分别所占的体积分数。

直线法适用于细粒矿石。直线法是在目镜筒的焦平面处安置一片目镜测微尺（尺长1cm、分成100小格，每格长度为0.1mm），测数视域中各种矿物所占的小格数。一条直线上一个视域接着一个视域测量。当测线（测微尺）只有格而无横丝时，则规定测上不测下。测完一条直线后，用机械台等间距移动测片（间距一般选取估计的颗粒平均粒径值，或在0.5～2mm范围内选择），继续测量第二条直线上各种矿物的线截距，直到所测光片或薄片被测完。根据各矿物的累积截距数，即可计算出各矿物的体积分数。

计点法适用于矿物嵌布粒度均匀的矿石，观测点数达到1000时，误差可控制在1.5%以内。计点法是将视域中测微网点（或目镜十字丝）所遇到的各种矿物分别统计。根据各矿物的累积点数与各矿物的总点数之比，即可计算出各矿物的体积分数。

面测法、线测法、点测法测定矿石中各种矿物的总量应在98%～102%范围内，每种矿物含量精确到小数点后一位，含量在小数点第二位的为微量矿物，注明微量矿物即可。

3.2.2.2 特征元素化学计算法

特征元素化学计算法又称为复合矿物化学式计算法，主要应用于矿物结晶微细，相互混杂，矿物颗粒之间无清晰界线，无法采用显微镜测定方法进行矿物定量的矿石。例如化学－胶体化学沉积型铁矿石，采用X衍射确定矿物相之后，配合使用特征元素化学计算法，能获得满意的矿物定量结果。特征元素化学计算法是根据矿物与某种元素间的独立相关性，即这种元素在矿石中只形成一种矿物，这种元素称为特征元素。该方法的实质是由矿石全分析得出各种元素含量，然后根据X衍射相分析得知矿石的组成矿物后，按矿石的各种矿物的化学式进行配分，以获得矿石中各种矿物的质量分数。运用这种方法的先决条件，一是获得矿石的化学全分析或化学多元素分析结果；二是参加计算的矿物化学式必须是矿石中的矿物实验化学式（可采用电子探针测定矿物的化学成分，然后计算矿物实验化学式）。参加计算的矿物化学式是元素配分的依据。然而自然界广泛发育的类质同象和胶体吸附作用，使矿物中的实际元素含量与其化学通式存在或大或小的偏差，必然导致用这种方法确定的矿物量有较大的误差。可以通过显微镜下准确鉴定、电子探针分析、单矿物化学分析等手段综合分析后确定参加计算矿物的准确名称，其计算步骤如下：

（1）由化学分析得出矿石各种元素氧化物含量。

（2）根据矿石中各种元素氧化物含量计算出氧化物的摩尔数（$\times 10^6$g，按1000kg 计）。例如矿石中 Al_2O_3 质量分数为2.11%，相对分子量为101.96，即算出 Al_2O_3 为207mol。

（3）根据氧化物分子的摩尔数得出元素的摩尔数，如上例 Al 元素为414mol。

（4）根据各元素总的原子摩尔数计算各矿物中该元素原子的摩尔数。按矿物的特征元素确定计算顺序的实例如表3－1所示。实例中，某一胶体化学沉积铁矿中，硫只能形成黄铁矿 FeS_2，硫元素为31.2mol，形成15.6mol 黄铁矿，用去15.6mol 铁原子，从铁元素总摩尔数中扣除15.6mol；磷元素为6.5mol，形成2.16mol 磷灰石，用去10.8mol 钙原子，从钙元素的总摩尔数中扣除10.8mol；在矿石中碳酸盐矿物有镁方解石和菱铁矿，它们的实验分子式分别为：$(Mg_{0.1}Ca_{0.9})CO_3$、$FeCO_3$，计算顺序应是镁方解石、菱铁矿。根据镁方解石实验式 $(Mg_{0.1}Ca_{0.9})CO_3$，镁和钙为特征元素，镁方解石的分子摩尔数为51.6÷0.9，约57.3mol 镁方解石，用去余下的51.6mol 钙元素和5.7mol 镁元素。钾和钠是伊利石的特征元素，46.7mol 钾元素和46.7mol 钠元素，伊利石分子为46.7mol，余下的镁和铝能够形成绿泥石，余下的2价铁的摩尔数是磁铁矿，最后余下的3价铁摩尔数为赤铁矿，硅元素为石英；

（5）计算矿石中每一种矿物的含量。如果矿石中有多种被计算的矿物，其中某种含特征元素 i 矿物的质量分数

$$W_i = \frac{N_i M_i}{10^6} \times 100\% \qquad (3-2)$$

式中 i——某种特征元素；

M_i——矿石中含特征元素 i 的矿物相对分子量；

N_i——特征元素 i 在该矿物中的摩尔数。

特征元素化学计算法实际上是对多元素化学分析过程的逆运算。计算出的矿物量总和应在95%～100%之间，精确度到小数点后第二位。

3.2.2.3 分级重砂矿物定量法

分级重砂矿物定量法实际是在矿物分级、分类富集并称量的基础上对矿物进行统计测定，其准确性较高，比较适合稀有金属矿石的矿物定量。

从碎至2～0mm 的选矿综合试验样中缩分取出矿物定量样，重量一般为1～2kg。然后严格按四分法缩分出定量样100～200g，将该样品筛分成3～5个粗细不同的粒级，各粒级的分离定量流程如图3－2所示，并可根据矿样中矿物组成

表 3－1 混合样矿物量计算（按 10^6 g 计）

（mol）

组分	含量（质量分数）/%	分子摩尔数	原子摩尔数	黄铁矿 FeS_2	磷灰石 $Ca_5(PO_4)_3(OH)$	镁方解石 $(Mg_{0.1}Ca_{0.9})CO_3$	菱铁矿 $FeCO_3$	伊利石 $KAl_2(OH)_2(AlSi_3O_4)NaAl_2(OH)_2(AlSi_3O_4)$	绿泥石 $(Fe^{2+}_{4.5},\ Mg_{0.5})Fe^{3+}(AlSi_3O_{10})(OH)_8$	磁铁矿 $FeFe_2O_4$	赤铁矿 Fe_2O_3	石英 SiO_2
SiO_2	32.06	5336	5336	—	—	—	—	140＋140 余 5056	226 余 4830	—	—	4830
Al_2O_3	2.11	207	414	—	—	—	—	140＋140 余 134	75.4 余 58.6	—	—	—
Fe_2O_3	48.62	3045	6090	—	—	—	—	—	75.4 余 6014.6	2973.2 余 3041.4	1520.7	—
FeO	14.43	2009	2009	15.6 余 1972.4	—	—	142.7 余 1829.7	—	339 余 1490.7	1490.7	—	—
MgO	0.175	43.4	43.4	—	—	5.7 余 37.7	—	—	37.7	—	—	—
CaO	0.35	62.4	62.4	—	10.8 余 51.6	51.6	—	—	—	—	—	—
K_2O	0.22	23.4	46.7	—	—	—	—	46.7	—	—	—	—
Na_2O	0.15	24.2	48.4	—	—	—	—	46.7 余 1.7	—	—	—	—
P	0.02	—	6.5	—	6.5	—	—	—	—	—	—	—
S	0.10	—	31.2	31.2	—	—	—	—	—	—	—	—
CO_2	0.88	200	200	—	—	57.3 余 142.7	142.7	—	—	—	—	—
H_2O	0.65	361	722	—	—	—	—	93.4＋93.4 余 535.2	512 余 23.2	—	—	—
合计	99.74											
矿物重量（总计：98.555%）/%				0.187	0.108	0.564	1.653	2.748	5.478	34.514	24.284	29.019
计算矿物量/%				0.19	0.11	0.57	1.68	2.79	5.26	35.02	24.64	29.44

灵活调整重砂分离流程。矿物连生体直接影响定量的准确性，当砂样中欲回收的矿物连生体较多时，应尽量降低定量样品粒度，提高矿物的单体解离度。对于 -0.043mm 粒级样品不适宜进行重液分离，应采取人工淘洗方式富集重矿物，为了尽可能避免重矿物丢失，淘洗液最好选取密度小于水的液体，如工业酒精等，轻产品应对主元素进行化学分析，然后换算矿物量，并作显微镜下检查。

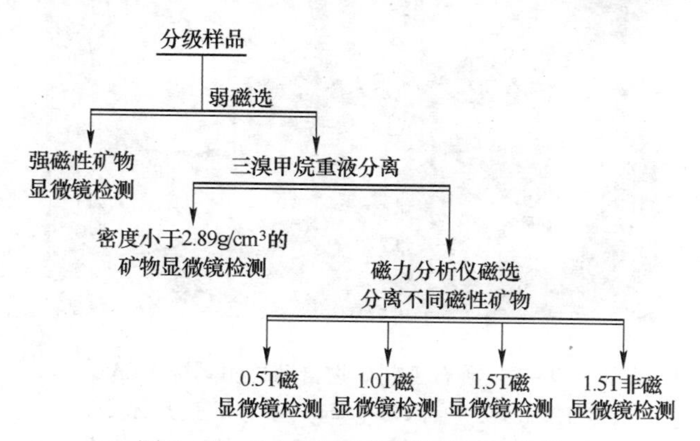

图 3-2 分级样品重砂分离定量流程

进行定量分离的各产品在精度为 1/100000 的天平上称重，在显微镜下检测后，计算出各种矿物的质量分数。

定量样品除了进行粒度分级之外，还应进行重砂分离，尽可能将相同矿物归类富集，以保证矿物定量的准确性。常用的方法有：人工淘洗、振动溜槽（最佳分选粒度为 0.15～0.074mm；被分离矿物密度差应大于 1）、重液分离、电磁重液分离（分离前去除强磁性矿物并进行脱泥）、磁力分离、介电分离（被分离矿物的介电常数相差 1.5～2）等。样品的缩分误差不得大于 3%，重砂分离定量要求矿样损耗率 <5%。

损耗率的定义：

$$损耗率=\frac{原矿质量-各种矿物的质量和}{原矿质量}\times 100\% \qquad (3-3)$$

3.2.2.4 自动图像分析

自动图像分析矿物定量包括两种：一种是光学显微镜上配置自动图像分析软件；另一种是依据扫描电镜和能谱仪的自动矿物定量系统，具代表性的有 MLA 和 Qemscan 系统。以后者作为一种高精度的矿物定量方法发展得较成熟，近十年来在国内外矿山和一些矿产研究单位广泛应用。

MLA 矿物自动检测系统的构成：该系统由一台 FEI 扫描电镜、一台或两台能谱仪以及电镜控制软件、能谱分析软件和 MLA 软件构成，如图 3-3 和图 3-4 所示。为了保证样品表面具导电性，有利于扫描电镜工作，同时需配备一台喷碳仪。

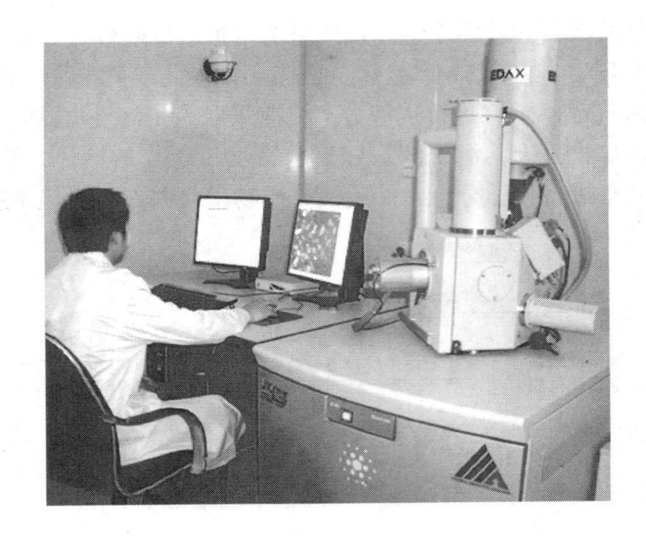

图 3－3　矿石工艺矿物自动检测系统 MLA
（主要配置：一台 FEI Quanta20 扫描电子显微镜，
一台 EDAX 能谱，电镜软件，能谱仪软件和 MLA 软件）

图 3－4　工艺矿物学自动检测系统样品仓和待测样品

MLA 工艺矿物学自动检测系统的工作原理是利用扫描电镜的背散射电子图像区分样品中不同的矿物相，利用能谱仪的元素分析能力识别矿物，建立测试样品的标准矿物序列，利用 MLA 软件中的颗粒化、解离度、粒度分析数学模型进行数据处理，图像观察软件对目的矿物的全面观察和校正，最后通过数据观察软件提供被测样品的工艺矿物学参数，其中包括：（1）矿石样品矿物组成；（2）磨矿产品粒度分布；（3）目标矿物解离度；（4）目标矿物与其他矿物的连生比例等。

3.2.3 矿石中有用矿物嵌布特征和嵌布粒度的测量

3.2.3.1 矿物的嵌布特征

矿石是由多种矿物以各种方式集合组成，大多数矿石为坚硬的固体。矿石中矿物的空间结合关系，即矿物的形状、矿物粒度大小、各矿物之间的结合关系及空间分布特征等，构成了矿物的嵌布特征。矿物的嵌布特征直接决定破碎、磨矿时有用矿物的单体解离的难易程度和连生体的特性。

A 矿物形状

自然界矿物的形状由其内部化学成分、晶体结构和生长时外界环境的控制。一方面是同一成分结晶的晶体，在一定的外界条件下，常常表现出自己习性的形态，称晶体习性，如绿柱石 $Be_3Al_2[Si_6O_{18}]$ 晶体呈六方长柱状，白钨矿 $Ca[WO_4]$晶体呈四方双锥状，钽铌铁矿晶体呈板状，如图3－5所示。另一方面，由于自然界不存在晶体理想的生长环境，矿物形状受外部生长环境影响，生成时的介质中组分、过饱和程度、温度、压力、杂质等均可使矿物晶体形状出现不同的变化。实验表明，快速生长的晶体，一般呈细长的针状或弯曲的片状，粒度小，而在结晶速度较慢或过饱和度较低的条件下生长的晶体，一般按自己的结晶习性生长，完整性较好。一般来说，矿物的结晶完整或较完整有利于破碎、磨矿和分选，反之，矿物结晶程度差，形状不规则，这些矿物多数连生关系复杂，对选矿不利。

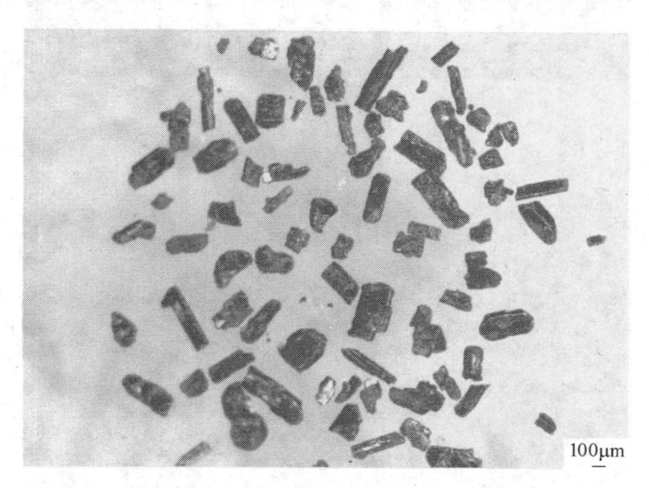

图3－5 钽铌铁矿在显微镜下的形态

B 矿物粒度大小

从传统的地质观点上看，矿物粒度大小指一个单体的矿物颗粒或具有一个结晶中心的单体矿物所占据的空间，而工艺矿物学关注的是矿物的可分离性，工艺矿物学意义上的矿物粒度，也称嵌布粒度，不是以矿物的结晶粒度来划分的，而是按照同种矿物来划分的，即凡属相同的矿物聚合在一个空间，划分为一个颗粒，统称单矿物，其嵌布粒度也称之为工艺粒度。单粒嵌布的矿物，结晶粒度与工艺粒度等同，而镶晶嵌布的矿物，工艺粒度大于结晶粒度。该颗粒范围内的矿物，可能为一个单体的矿物，也可能为两个或多个矿物的集合体。例如完整的白钨矿单晶体，如图 3－6 所示，与透闪石和方解石连生，这种白钨矿形状规则，粒度大小适中，连生界面平直，在碎磨工艺中较易分离成单独颗粒，即易解离颗粒；而黑钨矿集合体，如图 3－7 所示，由不同结晶方位的黑钨矿板状晶组成单矿物颗粒。

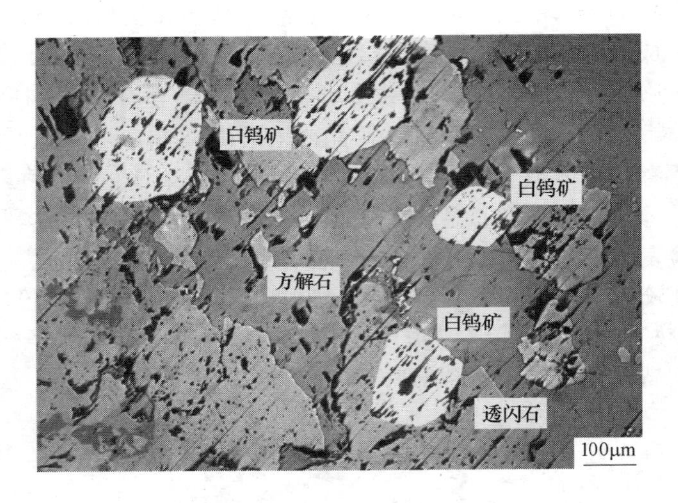

图 3－6　白钨矿单晶体

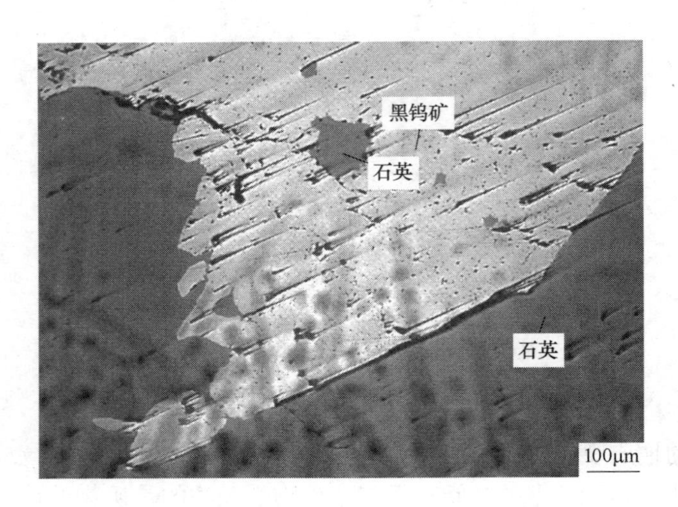

图 3－7　黑钨矿集合体

C 矿物之间的嵌布关系

矿石中矿物之间连生界面变化多端，从工艺矿物学角度可分为平直连生、交错连生和包裹三种连生关系。矿物的连生界面复杂程度与矿石的结构类型相关，一般来说，自形晶结构、斑状结构、粒状结构、共结边结构的矿物，连生边界较平直，对磨矿解离较为有利；交代结构、放射状结构的矿物，连生界面呈港湾状、孤岛状或其他复杂形状，在磨矿过程不易充分解离；乳浊状结构的矿物，如黄铜矿、磁黄铁矿呈固溶体分离形成的乳浊状结构包裹于闪锌矿中，极难在磨矿过程得到解离，而不能分选。在研究矿石的工艺特征时，不仅要了解有用矿物本身的特点，同时要了解它与其他矿物之间的关系。矿物的嵌布关系指矿物工艺粒度大小、空间关系和接触界面形态特征。嵌布关系与矿石结构是不同的，矿石结构主要是从矿物成因的角度来研究矿物之间的特征，而后者是从矿石磨矿后矿物可能形成的解离性来研究矿物之间特征的。一般将矿物之间的嵌布关系分为四个类型：

（1）毗连嵌布型：晶粒接触界线长形，弯曲度平缓，不同矿物之间毗连嵌布。根据连生矿物之间的相对粒度大小，可以分为等粒毗连与不等粒毗连嵌布，根据连生矿物接触界面的形状可分为规则与不规则毗连嵌布。一般来说，从溶液或熔融体结晶出来的矿物多为规则毗连嵌布，如石英脉型钨矿石中黑钨矿与石英，矽卡岩中白钨矿与方解石（如图3－8所示），伟晶岩型钽铌矿中钽铌铁矿与长石之间，碱长花岗岩矿石中氟碳铈矿与长石之间常呈该嵌布类型；而交代作用生成的矿物一般接触界面较复杂，多为不规则毗连，前者比后者在磨矿过程易解离。

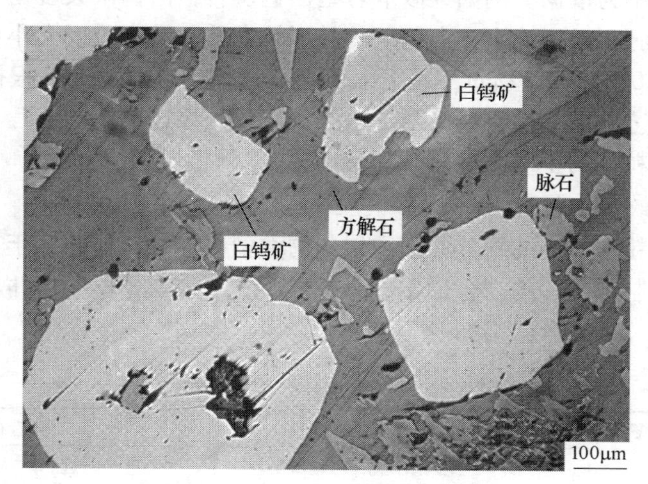

图3－8 白钨矿与方解石毗连嵌布

（2）脉状嵌布型：一种矿物呈脉状或网脉状穿插于其他矿物之中。

（3）包裹嵌布型：一种矿物作为客体包含于另一种主体矿物之中，如闪锌矿中包裹黄铜矿。

（4）皮膜嵌布型：一种矿物表面被另一种矿物所包裹，一般多为矿物次生蚀变产生，如黄铜矿表面被辉铜矿包裹。

D　矿物的空间分布

空间分布是表征矿物在矿石中分布的均匀程度，有用矿物在矿石中分布均匀，可称为均匀嵌布矿石。在这种矿石中有用矿物多稀疏分布，如花岗岩型钽铌矿中钽铌铁矿、细晶石等矿物常稀疏分布或极稀疏分布。不均匀分布矿石一般指有用矿物在矿石中成脉状、充填状等局部密集分布。有时可利用矿物分布的不均匀来达到对有用矿物预富集的目的，特别对结晶微细的有用矿物，呈集合嵌布，如某铂钯矿，铂、钯矿物呈微细粒包含于黄铜矿或镍黄铁矿中，可通过选铜、镍矿物达到将铂、钯富集的目的。

3.2.3.2　矿物嵌布粒度的测量

矿石中包括有用矿物和脉石矿物，选矿的目的就是富集有用矿物，丢弃脉石矿物，选矿工艺中最重要的一个环节，就是将矿石中的有用矿物在机械粉碎时与其他矿物之间分离成单一的矿物颗粒，以便采用选矿工艺对有用矿物进行富集，碎磨工艺的合理选择非常重要。既要使有用矿物得到解离，而又不能过粉碎以至于增加磨矿成本和影响分选效果，矿石须磨至多大粒度才能分离，主要与目的矿物的嵌布粒度相关。矿物的嵌布粒度粗，在粗磨的条件下即可获得解离，而嵌布粒度细的矿物，必须细磨才能解离。磨矿条件、磨矿工艺的选择主要以目的矿物的嵌布粒度大小为依据。例如某矽卡岩型白钨矿石，白钨矿大多与石榴石、透辉石、透闪石等脉石矿物连生，白钨矿的晶形较完整，嵌布粒度大小中等偏粗，主要粒度范围为0.01～0.32mm，属于中－细粒较均匀嵌布类型，根据该粒度测定结果，选矿工艺采取一段粗磨，强磁抛尾预富集－浮选白钨的流程。可见矿石中有用矿物嵌布粒度的正确测量对合理设计选矿流程起着重要作用。

A　矿物嵌布粒度划分原则和类型

矿物嵌布粒度大小的划分原则和划分的类型有多种，目前处于一个较混乱的状态，有必要制定统一的划分原则，根据不同的选矿工艺对矿物嵌布粒度要求，矿物嵌布粒度分级划分原则如表3－2所示。

表3－2　矿物嵌布粒度分级划分原则

粒度类型	粒级/mm	测量方法	一般选矿方法
粗粒嵌布	5～1	肉眼观察和直尺测量	重介质选、跳汰选、干式磁选
中粒嵌布	1～0.1	显微镜观察和测量	重选、磁选、电选、台浮、重介质选
细粒嵌布	0.1～0.045	显微镜观察和测量	浮选、湿式磁选、细粒摇床重选
微粒嵌布	0.045～0.003	显微镜观察和测量	浮选、高梯度湿式磁选
超微粒嵌布	0.003～0.0002	高倍显微镜或扫描电镜观察和测量	湿法冶金
胶体分散	<0.0002	透射电镜观察和测量	湿法冶金或火法冶金

B 矿物粒度的测量方法

工艺矿物学意义上的矿物粒度是指矿物的嵌布粒度，一般在碎矿前拣取代表性矿块样品，磨制矿石光片或薄片在显微镜下测量，即在矿石切面上测量有用矿物的截面粒度。矿物嵌布粒度测量方法主要有直径测量法、面积测量法、弦长测量法等，采用显微镜测定矿物嵌布粒度最常用的是弦长测量法。

弦长测量法最先由 A. Г. СПЕКТОР 提出，该方法假设当测量的颗粒截面足够多时，测量最长随机截距可以与颗粒的最大直径相等，通过对颗粒截面的定向随机截距观测实现粒度测量。东北大学周乐光在弦长测量法的基础上，结合研究结果，提出采用定向最大截距的弦长作为粒径来统计，就作者的经验来看，该方法所测得的结果与实际较吻合。以下介绍周乐光提出的最大截距弦长粒度测定法。

第一步，标定目镜测微尺的格值：

（1）将物镜尺（一个有刻度的圆形玻璃片）置于显微镜的旋转载物台上，调焦到清晰看清物镜尺，并观察到物镜尺上 100 个分格。

（2）旋转载物台（或目镜筒），使物镜尺与目镜尺相互平行，并将两尺的一端彼此对齐，然后统计其中较短的尺在较长的尺上截获的格数。

（3）目镜尺的格值

$$W = \frac{\text{物镜尺的格数} \times \text{物镜尺的格值}}{\text{目镜尺的格数}}$$

第二步，矿物的镜下识别和测量：

（1）显微镜下认准矿物，仔细区分类似光学性质的矿物。

（2）待测矿物截面形态处理方法：颗粒截面中尺寸小于一格的包裹体，可忽略不计。边界间隙小于一格的待测矿物颗粒，可视作一个颗粒统计。形状复杂的颗粒，如港湾状颗粒，可从颗粒的最狭窄处适当分割成数个颗粒分别统计。

（3）粒级间隔（步长）的选取：从测视的方便和所测粒度分布与碎磨作业相吻合的角度，一般以目镜尺格值的整数倍取步长，如 20 倍物镜，目镜 1 小格为 10μm，步长：10μm，20μm，40μm，80μm，以等比级数划分粒级步长。

（4）绘制粒度测量统计表，如表 3－3 所示。

表 3－3 粒度测量统计表

粒级/mm	颗粒数	步 长
+0.32		
-0.32 ~ +0.16		
-0.16 ~ +0.08		
-0.08 ~ +0.04		
-0.04 ~ +0.02		
-0.02 ~ +0.01		
-0.01		
合 计		

(5) 测视路线：总的原则是应使测视路线均匀覆盖整个光片（或薄片），路线设置以所有光片（或薄片）能观测到200～300个目标矿物颗粒为宜，测线为若干根彼此平行的直线。对于稀有金属矿物，由于矿物量较少，一般设置测线的密度要较大，以每个视域作一条测线，所见到的目标矿物都要测定。

第三步，绘制粒度分布图：为了更直观地反映矿物的嵌布粒度测量结果，需绘制半对数粒度分布图，作图时，纵向数轴用自然数表示含量；横向数轴用对数表明颗粒粒度。

粒度分布图可以有不同的形态。如图3－9有用矿物粒度累计曲线类型。

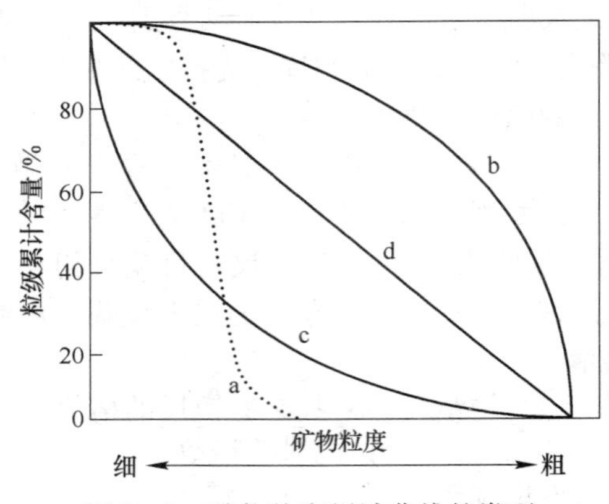

图3－9　矿物粒度累计曲线的类型

均匀嵌布粒度曲线是最简单的矿石，矿物粒度绝大部分集中在某一个粒级上，曲线a代表均匀嵌布类型，一般在海砂中钛铁矿、独居石等矿物可属此嵌布类型；

粗粒不均匀嵌布粒度曲线，在各粒级中，以粗粒是主要部分，曲线b代表此类型；

细粒不均匀嵌布粒度曲线，其形状明显地弯向细粒区，曲线c代表此类型；

极不均匀度曲嵌布粒度曲线，构成平直的线型，矿物中各粒级中占有大致相等的含量，曲线d代表此类型。

3.2.4　矿物的解离性和单体解离度测定

A　矿物的解离性

矿石选矿的目的就是为了富集矿石中有用矿物，以降低有用金属的冶金成本。选矿的首要环节就是破碎、磨矿使回收的目标矿物与其他矿物之间相互解离。矿物的磨矿解离性在很大程度上决定于矿物的嵌布粒度、嵌镶关系和矿物本身的物性，粒度粗的矿物比粒度细矿物易解离，简单嵌布的矿物比复杂嵌布（如浸染状嵌布）的矿物易解离，硬度大的刚性矿物比硬度小的、质软的矿物易解离，矿物之间紧密连生的矿物比嵌布松弛的矿物难解离。总之，矿物的磨矿解离性十分复杂，除了与矿物本身的性质相关，还与矿石中矿物组合以及采用的磨矿条件，如磨矿浓度、磨矿方式、磨矿时间等的选择相关，解离度的好坏，主要表现为磨矿后产品所形成单体的相对数量上，因此，在进行选矿试验和矿石选矿流程考查中一般需要测定磨矿后目的矿物的实际解离度，以了解磨矿效果。

磨矿产品中，某种矿物的单体数量与该矿物总含量比值的百分数，称之为该矿物的单体解离度。也可以某种元素的单体金属量与总金属量的比值百分数来表示某种金属的单体解离度。

$$\text{某矿物的单体解离度} = \frac{\text{单体含量}}{\text{矿物的总含量}} \times 100\%$$

B 矿物单体解离度测定

矿物单体解离度的测定有全样测定法和分级样品测定法。

(1) 全样测定法。取未经分级的样品，制成砂光片，采用横尺面测法分别统计不同粒级的目的矿物的单体和连生体颗粒数量，然后按面测法（体积含量 = nd^2）计算出整个样品中该矿物的单体和连生体的体积含量，进而根据单体体积与总体积（单体体积 + 连生体中的体积）之比值，即得整个样品中该矿物的单体解离度。该方法不用分级和化验，操作简单，但误差较大，一般用于需对某矿物的解离度作出快速检测的情况。

(2) 分级样品测定法。第一步，将样品进行筛析，分成若干粒级，并将各粒级样品进行烘干称重，计算出各粒级产率，然后每个粒级取样化验需测定的矿物主元素，如测白钨矿的解离度，则化验钨含量。第二步，各个粒级取样分别磨制砂光片，每个粒级样品采用横尺面测法统计目的矿物的单体和连生体颗粒数量，然后按面测法（体积含量 = nd^2）计算出该粒级样品中该矿物的单体和连生体的体积含量，进而根据单体体积与总体积（单体体积 + 连生体中的体积）之比值，计算出该矿物的粒级解离度 c。第三步，根据各粒级的产率 γ 和品位 α，计算出整个样品中该矿物的总解离度。某钨矿中白钨矿解离度计算如表 3 - 4 所示。

表 3 - 4 分级样品白钨矿解离度测量计算表

粒级/mm	产率 γ/%	WO_3 品位[①] α/%	粒级解离度 c/%	粒级钨含量 ($\gamma \times \alpha$)/%	解离钨含量 ($\gamma \times \alpha \times c$)/%
+0.1	12.60	0.11	51.51	0.014	0.007
-0.1 ~ +0.075	15.07	0.16	72.73	0.024	0.017
-0.075 ~ +0.043	10.93	0.20	93.33	0.022	0.020
-0.043 ~ +0.02	33.00	0.33	96.11	0.109	0.105
-0.02 ~ +0.01	13.38	0.19	97.18	0.025	0.025
-0.01	15.02	0.22	97.96	0.033	0.032
合 计	100.00	0.23	91.19	0.227	0.207

①若矿石中同时含白钨矿和黑钨矿，需采用物相分析法分别测出各粒级白钨矿中 WO_3 和黑钨矿中 WO_3。

$$全样品中某矿物解离度 = \frac{\Sigma(\alpha \times \gamma \times c)}{\Sigma(\alpha \times \gamma)} \times 100\%$$

即

$$全样品中白钨矿解离度 = \frac{0.207}{0.227} \times 100\% = 91.19\%$$

3.2.5　矿物嵌布特征与矿石分选类型

矿石中矿物的嵌布特性直接影响矿石的可选性能，根据矿石的嵌布特征和可选性，可将矿石划分为以下类型。

A　粗粒易选矿石

粗粒易选矿石一般说来矿物组成简单，有用矿物晶形较完整，嵌布粒度较粗，有用矿物与其他矿物之间连生界面平直。如石英脉型黑钨矿大多属于该类型，黑钨矿嵌布在石英脉中，呈板状粗晶，一般采用粗磨－重选（跳汰、摇床）－脱硫－干式磁选工艺，钨的回收率一般可达85%以上。但随着钨资源的衰竭，目前已极少单纯的黑钨矿矿石，大多为黑、白钨伴生的低品位复杂矿石。

B　低品位中细粒简单连生关系矿石

该类型矿石有用矿物以火成岩中副矿物形式存在，具有有用金属品位低，有用矿物数量少，但有用矿物晶形较完整，嵌布粒度较粗或适中，连生关系较简单，有用矿物密度大或具有不同程度的磁性，而脉石矿物密度小，无磁性。如伟晶岩型的钽铌矿石，有用矿物为钽铌铁矿、重钽铁矿、细晶石、钛铁矿、磁铁矿、锡石、锆石等。可采用重选或强磁选粗选（若细晶石含量较多时，强磁选不能富集细晶石）抛尾，磁选、电选精选获钽铌精矿、锡精矿等，该类型矿石选矿难度在于精选分离。

C　多金属伴生复杂矿石

大多数稀有金属矿属于该类型，矿物组成复杂，有价金属包括硫化矿物、氧化矿物，各有用矿物嵌布关系复杂，嵌布粒度粗细不均匀。如矽卡岩型钨钼多金属矿石，主要有用矿物为辉钼矿、白钨矿，并常伴生可综合回收的黄铜矿、黄铁矿等，一般为白钨矿自形晶至半自形晶结构，具有较完整的晶形，嵌布粒度略粗于辉钼矿。辉钼矿为叶片状或鳞片状晶形，有些为揉皱状晶形，嵌布粒度微细，嵌布关系较复杂。该类型矿石的选矿工艺流程较复杂，一般采取浮选工艺，先浮选硫化矿物，再精选钼或铜硫分选，最后选出属于氧化矿物的白钨矿，也有先浮选硫化矿物，再采用重选回收白钨矿，但后者因白钨矿的重选回收率较低而很少采用。

D　微细粒嵌布的复杂多金属矿石

该类型矿石为极难选矿石，一般为成矿温度较高，金属矿物分异程度较差，有用矿物嵌布粒度极微细，各有价金属之间类质同象替代，形成复杂的矿物组合。大多数碱性花岗岩型稀土－稀有金属矿床属于该类型。典型矿山如内蒙古801稀土－稀有金属矿，铌矿物有钽铌锰矿、钇复稀金矿、铅钍复稀金矿、铈烧绿石、铌铁金红石，铍稀土矿物有独居石、钇兴安石、铈铍兴安石、铈铍钇兴安石、锌日光榴石、氟碳铈矿、氟碳钇铈矿、氟铈矿。此外，还有锆石、含铁锆石和一些钛铁矿物，有用矿物嵌布粒度细－微细，嵌布关系复杂。此类型矿石为极难选矿石，一般选矿预富集后再采用冶金方法提取有用金属。

E 无独立矿物的分散元素矿石

一些稀有金属，如钒、锗、镓、铟、铼等，不易形成独立矿物，主要以类质同象的方式赋存于别的矿物中。在矿石中，这些元素一般以某种矿物或多种矿物为载体，首先采用工艺矿物学方法查清目标元素的载体矿物，通过分选其载体矿物，达到该元素的选矿富集，再采用冶金方法提取分散元素的氧化物。如铼是以辉钼矿为载体，选矿富集辉钼矿精矿，达到铼的富集，在钼精矿焙烧烟尘和浸液中回收铼，而钒大多以云母类矿物为载体，有时也有水钒铁矿、钒钙榴石等含钒矿物，可采用强磁选或浮选云母使钒得以富集，再采取水冶方法提取，但当云母类矿物嵌布粒度微细，解离性差时，只能采取直接水冶方法提钒。

F 离子吸附型矿石

此类矿石最典型的是离子吸附型稀土矿，离子吸附型稀土是我国南方特有的稀土矿石类型，稀土元素以羟基水合离子吸附在高岭土等黏土类矿物中，稀土具有可交换性，可采用电解质溶液提取。

3.2.6 单矿物分离

单矿物分离是工艺矿物学研究中不可缺少的重要环节，单矿物分离就是对某一研究对象的矿物进行分离和提纯，从而为分析研究某一目标矿物提供单矿物样品。一般是利用矿物本身的物理化学性质进行分离，对于目标矿物不同的共生组合，其分离的方法也不同。一般要求单矿物中的目的矿物富集的纯度达到95%以上，若能达到纯度100%，即称之为纯矿物。在地质科学研究中采用单矿物测试研究成因方面信息，新发现的矿物也需进行单矿物研究，在对矿石研究中，利用单矿物来查明有用有害元素在矿石中的赋存状态。单矿物分选是研究稀有金属矿的重要手段和技术，特别是对于分散的稀有金属元素赋存状态的查定尤其重要。

一般来说，单矿物分离主要是针对重矿物，是在重砂分离的基础上，把各种不同矿物进一步分离提纯，但是对于稀有金属矿的有价矿物，如锂矿的锂云母、铍矿中的绿柱石，它们的密度较小，不能从重砂中富集，需根据这些矿物特有的物理性质，各种方法综合应用。单矿物分离的方法主要有重选分离法、磁选分离法、电性分离法、浮选分离法、选择性溶解化学分离法等，以下分别叙述。

A　重选分离法

利用矿物之间密度差分离矿物的方法。矿物的密度是由矿物的化学成分和晶体结构决定的，它主要与组成矿物的元素的原子量、原子或离子半径和堆积方式相关，此外，矿物的形成条件——温度和压力对密度的变化也起重要作用。基于大多数有用矿物的密度比一般脉石矿物（地质上称造岩矿物）大得多，即我们要分离出来的目标矿物与其他矿物之间存在密度差，就可采用重选来分离单矿物。一般来说，重选是分离单矿物的首选方法，重选分离的难易程度是以矿物在介质中相对密度的比值 A（可选性比值）来表示：

$$A = (d_{重} - d_{介})/(d_{轻} - d_{介}) \tag{3-4}$$

式中　$d_{重}$——重矿物密度；

$d_{轻}$——轻矿物密度；

$d_{介}$——介质密度。

A 值越大，重选分离矿物越容易，A 值越小，分离的难度则越大。同时由于矿物的分选速度与矿粒的重量相关，粒度过小的矿粒，其在介质中的运动速度越低，分离的效果也越差。重选难易程度分级见表 3-5，重选分离方法及主要分选设备如表 3-6 所示。

表 3-5　矿物重选难易程度分级

可选性比值 A	>2.5	2.5~1.75	1.75~1.5	1.5~1.25	<1.25
分选难易程度	极易选	易选	可选	难选	极难选
分选矿物和 A 值（在水介质中）	锡石/石英（3.8）	闪锌矿/石英（1.9）	褐帘石/石英（1.7）	黄铁矿/黄铜矿（1.3）	黑钨矿/白钨矿（1.2）
矿物适选粒度	1~0.04mm	0.5~0.04mm	0.3~0.04mm	较难选，采用小密度介质（如酒精）可分选	难以重选

表 3-6　重选分离单矿物的方法和设备

分选方法	基 本 原 理	分 选 设 备
人工淘洗	利用矿物密度的差异在水（或酒精等）介质中受外力作用产生不同的运动效果，使矿物按其密度大小产生分层或分带，而达到矿物分离	不同尺寸的淘洗盘，一般采用铝合金制作，也有木质淘洗盘
重液分离	不同密度的矿物在某种重介质（也称重液）中，小于介质密度的矿物浮于介质表面，而密度大于介质的矿物则沉于底部，因此不同矿物得以分离	重液分离主要用具：漏斗、烧杯、胶管、夹钳、滤纸、玻璃棒等。常用重液：三溴甲烷（密度 2.89g/cm^3）、二碘甲烷（密度 3.32g/cm^3）
重液淘洗分离	以重液作为介质进行人工淘洗而达到矿物分离的目的，适用于两种密度均较大而且密度差小的矿物分离，主要达到提高密度差的效果	利用蒸发皿或淘洗盘进行

续表 3－6

分选方法	基本原理	分选设备
机械重力分离	在矿物样品较多的情况下，采用机械设备进行单矿物分离	摇床、振动溜槽、离心机、机械淘洗盘等。现代的重选设备有：多重力分选机、尼尔森选矿机等
吹物分离	利用风力的作用，按矿物密度和形状差进行分离，多用于分离薄片状轻矿物或分选沙金	风力分级机、斜槽式砂金吹选机等
重液离心分离	借助离心力加速矿物在重液中分层而达到分离的效果，适用于分离小于 0.074mm 的矿物颗粒	采用离心机和重液，离心机转速为 3000～4000r/min
固熔体分离	利用某些密度大的固熔体在加热条件下变成熔融体，矿物在熔融体中按密度分层	常用的固熔体有：硝酸银、硝酸银与碘化银混合体

B 磁选分离法

磁选是利用矿物颗粒之间的磁性差异来进行分选的一种方法。矿物在磁场中产生磁性的性质称之为矿物的磁性，产生磁性矿物多为含铁、钴、镍、钛、稀土等元素的矿物，但也并非完全如此，如磁黄铁矿（FeS_{1-x}）具磁性，而黄铁矿（FeS_2）是不具磁性的矿物。矿物的磁性主要由矿物的原子结构起决定作用。任何物质都由原子组成，每个原子由于电子绕原子核运动而产生磁矩，在没有受到外磁场的作用下，原子磁矩无规则排列，而且随时改变着方向，该物质体内原子磁矩的总和为零，但在外磁场作用下，某些原子中的磁偶部分或全部顺着外磁场的方向排列，这些物质体内原子磁矩总和不为零，该物质则显示出磁性。影响矿物磁性强弱的主要原因是其组成中的顺磁性元素和逆磁性元素含量的变化，但矿物连生或包裹磁性矿物和表面铁染也会造成矿物的磁性变化，如锆石属于非磁性矿物，但因常含磁铁矿或钛铁矿包裹体而使其具弱磁性。矿物的磁性通常用比磁化系数来表示，主要矿物的比磁化系数如表 3－7 所示。根据矿物的比磁性系数，通常将矿物分为三类。

（1）强磁性矿物：比磁化系数大于 3000×10^{-6}cm/g，如磁铁矿、单斜磁黄铁矿、方黄铜矿等，此类矿物可采用弱磁磁选机（磁场强度在 80～200mT）分选。

（2）弱磁性矿物：比磁化系数为 $1200\times10^{-6}\sim110\times10^{-6}$cm/g，如六方磁黄铁矿、赤铁矿、褐铁矿、菱铁矿、黑钨矿、钛铁矿、钽铌铁矿、独居石、氟碳铈矿等，此类矿物可采用强磁磁选机（磁场强度在 400～1700mT）分选。

（3）非磁性矿物：比磁化系数小于 10×10^{-6}cm/g，如黄铜矿、白钨矿、锡石、方铅矿、黄铁矿、石英、长石等，此类矿物不可采用磁选法分选。

表3－7　主要矿物比磁化系数

矿　物	比磁化系数 /$10^{-6}cm^3 \cdot g^{-1}$	矿　物	比磁化系数 /$10^{-6}cm^3 \cdot g^{-1}$	矿　物	比磁化系数 /$10^{-6}cm^3 \cdot g^{-1}$
磁铁矿	80000	褐钇铌矿	29.02～21.16	氟碳钙铈矿	12.59～10.19
磁黄铁矿	11530～5400	铌钇矿	28.92～21.63	细晶石	8.84～2.01
钛铁矿	1173.33～224	角闪石	28.89～21.31	榍石	8.03～6.72
铬铁矿	900～136.51	黑稀金矿	27.38～18.41	钍石	7.82～3.22
钙钛矿	298.64～46.31	钽铁矿	25.8～13.6	绿柱石	7.14～4.29
铬尖晶石	191.54～46.33	铁闪锌矿	25～10	透闪石	5.97
钙铁榴石	138.44－65.12	绿帘石	23.11～20.15	金绿宝石	5.90～3.64
铁铝榴石	96.32～73.4	复稀金矿	21.05～18.00	锐钛矿	5.3～1.74
锰铝榴石	80－64	独居石	20.42～17.81	斑铜矿	5.14
黄铁矿	70.36～11.30	电气石	20.19～18.80	辉锑矿	4.94～1.42
日光榴石	63.33～51.61	蓝铜矿	19	锂辉石	4.86～0.43
硅铍钇矿	62.50～49.38	磷灰石	19.00～9.39	钇易解石	2.46～1.33
黑云母	57.81～52.60	易解石	18.04～12.92	烧绿石	2.45～1.41
钽铌铁矿	48.3～50.9	蛇纹石	17.09～13.33	闪锌矿	2.39～1.25
绿泥石	46.19～12.24	符山石	16.67～12.94	锂云母	2.24～0.82
黑钨矿	42.33～32.03	硬锰矿	15.60～10.42	锡石	2.16～0.42
铌铁矿	39.71～36.41	孔雀石	15	萤石	1.54～0.14
铌易解石	39.07～13.18	橄榄石	14.86～9.92	方解石	1.52
褐帘石	31.39～25.79	氟碳铈矿	14.37～11.56	白钨矿	1.25～0.079
磷钇矿	31.28～26.0	金红石	14.55～11.17	锆石	1.06～0.64
黑电气石	31～25	透辉石	12.93～10.11	毒砂	0.81～0.57
赤铁矿	30.91～18.91	独居石	12.75～10.58	辉钼矿	0.00

有的弱磁或非磁矿物，如赤铁矿、褐铁矿、菱铁矿、黄铁矿等可采用磁化焙烧（对赤铁矿、褐铁矿采用还原焙烧，菱铁矿用中性焙烧，黄铁矿用氧化焙烧）的方法使之变成磁铁矿、磁赤铁矿等磁性矿物，从而有利于磁选分离。

一般采用磁选机对磁性矿物进行分离，当矿物颗粒通过磁选机的磁场时，由于矿物颗粒的磁性不同，在磁场作用下磁性矿物受磁力吸引而被带出，从而使磁性矿物与非磁性矿物分离。单矿物分离常采用 WCF2－72 型多用磁力分离仪，如图3－10所示。主要矿物的磁场强度见表3－8。磁选分离方法和主要设备见表3－9。

图 3－10 WCF2－72 型多用磁力分离仪

表 3－8 主要铁矿物和稀有金属矿物的磁场强度

矿物名称	高斯磁场强度 H_s/Oe（奥斯特）	矿物名称	高斯磁场强度 H_s/Oe（奥斯特）
纯铁	0	黑稀金矿	4000～4500
磁铁矿	0	复稀金矿	7500～9500
磁黄铁矿	0～1500	易解石	7500～10000
假象赤铁矿	0～3500	风化易解石	7500～11000
赤铁矿	2500～3500	铌钇矿	6000～7000
赤铁矿（云母铁矿）	3500～4500	铌钙矿	17000～25000
褐铁矿－针铁矿	5000～11000	烧绿石	16000～25000
铁矾	5500～25000	烧绿石（红色）	5000－6000
菱铁矿	4000～5000	尼日利亚石	7000～10000
菱铁矿－铁白云石	3000～13000	包头矿	22000～25000
富铁钛铁矿	2000～3500	黄河矿	17000～18000
钛铁矿	3000～5500	独居石	8000～11000
金红石（黑色）	6000～16000	磷钇矿	4000～6000
白钛石	5000～25000	磷铝铈矿	16000～21000
铌铁金红石	8500～15000	氟碳铈矿	8000～13000
金红石	17000～25000	硅铍钇矿	4000～5000
板钛矿	15000	绿柱石	18000～25000
锐钛矿	15000～25000	金绿宝石	9500～25000
榍石	14000～16000	日光榴石	2500～4000
铌铁矿	4000～7000	锂辉石	>25000
锰铌钽铁矿	5000～10000	锂云母	10000～>25000
锰钽矿	8000－15000	黑钨矿	4500～6000

续表 3-8

矿物名称	高斯磁场强度 H_s/Oe（奥斯特）	矿物名称	高斯磁场强度 H_s/Oe（奥斯特）
细晶石	15000~30000	白钨矿	>25000
锑钽矿	18000~25000	辉钼矿	>25000
钽铁矿	5000~8000	钒云母	>25000
钛钽铌矿	6000~8200	锆石	>25000
重钽铁矿	6000~8200	曲晶石	15000~21000
褐钇铌矿	6000~12000	钍石	10000~15000

表 3-9 磁选分离方法和设备

分选方法	基本原理	分选设备
弱磁选分离	对于本身具强磁性的矿物，如磁铁矿、单斜磁黄铁矿、方黄铜矿等采用永久磁铁将它们与其他矿物分离	永久磁铁、磁选管
电磁选分离	利用某些矿物在电磁场作用下产生电磁性的特点而进行分选	WCF2-72 型多用磁力分离仪
电磁液体分离	亦称磁重分离，其基本原理是顺磁性液体，如 $MnCl_2$、$Mn(NO_3)_2$，在非均匀磁场作用下，其密度大大增加，在上弱下强的非均匀磁场作用下，顺磁性液体的密度由下而上逐渐减少，此时处于液体中的矿物将按密度及比磁化系数的不同呈层分布	CY-2 电磁液体分离仪、WCF2-72 型多用磁力分离仪
焙烧磁选分离	利用氯化焙烧或还原焙烧使某种矿物的磁性增强而使用磁选将矿物分离，如赤铁矿与钛铁矿的分离	马沸炉和磁力分离仪
人工磁化	通过加入顺磁物质，使无磁性矿物转变为磁性矿物，再采用磁选分离，如做锡石薄膜反应时，加入铁粉，可使锡石带磁性，而易与白钨矿分离	铁粉、锌板、磁力分离仪

此外，对于磁性相近而具密度差的矿物分离，也可采用顺磁液体，结合矿物的密度差进行磁重分离，可达到更好的分离效果。Mn、Fe、Ni、Co 和某些稀土元素的盐类水溶液可作为顺磁性液体，包括：硝酸镍 $Ni(NO_3)_2$、氯化锰 $MnCl_2$、硝酸锰 $Mn(NO_3)_2$、氯化铁 $FeCl_3$、溴化锰 $MnBr_2$、溴化钬 $HoBr_3$、氯化镝 $DyCl_3$、溴化铽 $TbBr_3$、溴化铒 $ErBr_3$。除氯化铁之外，以上顺磁液体均为透明状，稀土盐类的饱和溶液密度可达 $19g/cm^3$，但由于昂贵和来源不易而很少用，最常用的为氯化锰 $MnCl_2$、硝酸锰 $Mn(NO_3)_2$，其密度可达 $8\sim9g/cm^3$，而黏度为 $0.8\sim1Pa\cdot s$。

C 电性分离法

电性分离矿物就是利用矿物的电学性质进行矿物分离的方法，其中有静电分离法和介电分离法。矿物静电分离方法早已用于工业选矿，但在实验室少量样品的单矿物分选中尚未普遍应用。用介电法分选单矿物是20世纪70年代发展起来的一种有效分选手段，但目前国内生产的介电分离仪仍为手工操作方式，效率较低，有毒介电液和高频辐射对人体有一定危害，致使这一方法的普遍应用受到很大限制。

静电分离法是以矿物的导电率差异为基础，利用矿物在静电场中所受到的静电力（吸引或排斥）不同而达到矿物分离。目前使用较多的是静电分选仪和静电盘。成都地质学院研制的JJF－1型静电分选仪由电源和分离器组成。其中电源是通过振荡升压经倍压整流获得直流高压输出，作为静电分选的电源；静电分离器则是采用以槽形电极为正电极，以吸引电极为负电极构成静电场。矿物沿槽形电极滑入静电场时被极化带电，由于矿物导电率差异及电场静电强度的不同，矿物所带电荷数量不等，若导电性强矿物与正极接触时，直接传导电荷，使其带上与正极相同的正电荷而被正极排斥，负极吸引而飞向吸引电极；而非导体或导电性弱的矿物，负电荷不能中和而被正电极吸引。同时，由于矿物本身具有重量，矿物总是沿重力方向落下。因此，矿物在静电场中的性状和运动轨迹，决定于不同导电率矿物在静电场内所受电场作用力克服矿物的重力而飞向吸引电极的能力；非导体矿物因电场作用力不能克服本身重力而沿重力方向落下。调节电场强度，以及改变电场作用力和重力关系，可达到矿物分选的目的。

介电分离法一般用于已具较高纯度矿物的精选，精选后纯度一般均能大于95%以上。介电分离法是利用介电性质不同的矿物在电场介电液中因产生不同的运动行为而实现分选的电选方法。处于非均匀高频、中频或低频电场内的矿物和介质，均发生极化作用，矿物与介质的介电常数差值越大，其极化性也越大，所受电极的吸引力也越大，当矿物的介电常数大于介质的介电常数时，矿物能克服本身的重力和介质的阻力而被吸引，反之则被排斥，从而将两种介电常数不同的矿物分离。

介电分选是通过介电液进行的，介电液多为有机化合物，常用的介电液如表3－10所示，主要矿物的介电常数见表3－11。

表3－10 常用介电液的性质参数

名 称	分子式	介电常数	沸点/℃	熔点/℃	密度/g·cm^{-3}	性 质
水	H_2O	81	100	0	1	无色透明液体
乙烷	C_2H_6	1.85	~88.4	~182.7	0.5467	不溶于水，溶于有机溶剂
煤油	C_7H_8O	2.0	180~315		0.9	有机溶剂，有味
四氯化碳	CCl_4	2.24	76~77.5	~23	1.593~1.596	有机溶剂，易挥发
乙醚	$(C_2H_5)O$	4.3	35.6	~117	0.71	易挥发，易燃烧
三氯甲烷	$CHCl_3$	5.2	60~62	-63.5	1.47~1.48	有机溶剂，易挥发
苯胺（阿尼林）	C_6H_7N	7.2	183~185	-6.2	1.022	有毒
乙醇	C_2H_5OH	26.8	77~79	~17	0.791	易挥发，易燃，溶于水
丙三醇（甘油）	$C_3H_8O_3$	56.2	290	17	1.2656	黏稠，吸水性强

表3-11　主要矿物介电常数

矿物名称	介电常数	矿物名称	介电常数	矿物名称	介电常数
金刚石	5.7	金红石	89~173	锆石	3.6~5.2
自然硫	4.1	钽铁矿	26.6~40	橄榄石	6.8
石墨	>81	铌钇矿	7.7，6.34~9.5	黄玉	7.4
辉铜矿	>81	易解石	5.8	符山石	7.2
辉银矿	>81	黑希金矿	5.2	蓝晶石	5.7
辉钼矿	>81	锡石	24，42，81	阳起石	6.6
辉锑矿	49，112	铌铁金红石	14~19	蛇纹石	10.0
辉铋矿	>81	刚玉	6.7，8	透辉石	10.0
方铅矿	>81	氟碳铈矿	5.65~6.9	霓石	7.2
闪锌矿	7.8，8.3，>81	复希金矿	3.74~4.66	锂辉石	8.4
黄铜矿	>81	钇易解石	4.2~5	角闪石	4.9~5.8
斑铜矿	>81	铌钽铁矿	26.8	硅灰石	6.2
黝铜矿	81	铌铁矿	11~13.9，26.8	蔷薇辉石	4.6
铜蓝	>81	褐钇铌矿	12.5，15~16	榍石	4.0~6.6
磁黄铁矿	>81	细晶石	4.46~5.72	铁铝榴石	4.3
黄铁矿	33.7~81	软锰矿	15	红柱石	8.2
毒砂	>81	水锰矿	>81	钙铝榴石	7.6
辉砷钴矿	33.7~81	褐铁矿	3.2	钙铁榴石	6~8.2
辉钴矿	33.7~81	方解石	7.5~8.7	绿帘石	6.2
辰砂	6.2	菱铁矿	5.2~7.4	褐帘石	4.2
雌黄	7.2	白铅矿	22.7	绿柱石	3.9~7.7
雄黄	7.6	铁白云石	7.0	锂云母	6.7，12
氯化银	12.3	硬锰矿	>81	硅孔雀石	13.1
萤石	6.2~8.5	菱锰矿	6.8	透闪石	7.6
赤铜矿	5.65~6.35	白云石	6.3~8.2	普通辉石	6.8，10.3
黑铜矿	18.1	蓝铜矿	7.0	金云母	7.0
锌铁尖晶石	9.4	重晶石	6.2~7.9	黑云母	10.3
尖晶石	6.8	天青石	7.0	白云母	6.2~8
赤铁矿	25，19.5	铅矾	14.0	日光榴石	4.7~5.9
磁铁矿	33.7~81	彩钼铅矿	26.8	斜长石	5.8
钛铁矿	33.7~81	黑钨矿	14	正长石	4.5~6.2
板钛矿	78，12.8	白钨矿	3.5	霞石	6.2
锐钛矿	48	独居石	3~6.6	电气石	5.9~7.9，17
铬铁矿	11，42~81	磷灰石	5.8	石英	4.5~6.8

为了达到分选效果，需配制一定介电常数的介电液，一般是由一种介电常数高的液体与另一种介电常数低的液体，按比例配制，常用的混合液有：四氯化碳+乙醇、四氯化碳+甲醇、乙醇+蒸馏，二者按下列公式配制：

$$\varepsilon = \frac{V_1\varepsilon_1 + V_2\varepsilon_2}{V_1 + V_2} \tag{3-5}$$

式中 ε——混合介电常数；

ε_1——甲种液体介电常数；

ε_2——乙种液体介电常数；

V_1——甲种液体体积；

V_2——乙种液体体积。

由于有机溶液大多有毒、易燃或易挥发，混合液的介电常数极不稳定，影响了介电分离的广泛应用。核工业二〇三研究所研制的以空气为介电质，通过改变输出电压的介电分离方法，其分选效果与介电液分离方法相近。核工业二〇三研究所研制的介电分选机是由一个旋转工作电极、平滑溜槽式隔离电极、自动给矿装置和接矿斗组成，工作电极用电机带动，每分9转，并能上下移动。平滑溜槽式隔离电极可以水平和两侧调动，给矿量为0.6g/min。目前该设备尚未广泛推广应用。

D 浮选分离法

浮选分离法是基于矿物颗粒表面的润湿性差异，选择性地富集目的矿物在二相界面的过程。浮选法主要适用于细粒级的单矿物分离，既可作为初步富集的手段，同时也可作为精选提纯之用。主要有下列方法：

(1) 浮选机浮选。采用实验室浮选机加入药剂浮选是分离单矿物常用的方法，特别适用于硫化矿物之间的分离和白钨矿等氧化矿物的分离富集。工艺矿物研究也可采用选矿获得的各种浮选产品进一步进行单矿物分离，因为这些产品来源于原矿，因此所获的单矿物具有充分的代表性。

(2) 自然浮选。利用矿物的天然疏水性，多用于单矿物的精选提纯。一些矿物具有良好的天然可浮性（即疏水性的矿物，如辉钼矿、石墨、黄铁矿等），将待分离的矿物样品放进铝制淘洗盘中，装上适量清水，将淘洗盘倾斜，矿物暴露于表面，与氧气充分接触，再进入水中，此时疏水矿物浮于水面，飘出水面上的矿物，亲水矿物仍在水底，再加水，反复多次将疏水矿物分离出来。

(3) 加药浮选。与自然浮选方法相似，但在浮选前加入少量稀硫酸，然后再加入适量黄药，有淘洗盘飘浮出硫化矿物等疏水矿物，亲水矿物仍留在水底。

(4) 油浮。将需分选的样品（粒度一般为0.5~0.074mm）置于水中，再加入大量的油类（食油、煤油或甘油等），充分搅拌后静置，润湿性差（疏水性）的矿物——硫化矿物进入油相，而润湿性好（亲水性）矿物——石英、长石等脉石矿物进入水相，将浮于水面上的油层刮出，即达到分离矿物的目的。

E 选择性溶解化学分离法

该方法基于矿物化学性质的差异，采用化学试剂，选择性地溶去杂质矿物而提高目的矿物的纯度，一般用于两种物理性质相近的矿物分离。由于化学试剂有时对所要富集的目的矿物也有一定破坏作用，因而此方法在分离单矿物时要慎用。常见矿物的溶解实践见表3－12。

表3－12 常见矿物的溶解实践

分离的矿物	方法和药剂	注意事项
铁闪锌矿与菱铁矿分离	液：固＝10：1，50% HNO_3 加热，溶液呈黄棕色时加入 $SnCl_3$ 至乳白色，加至溶液不再呈黄棕色止，溶去菱铁矿，留下铁闪锌矿，溶解时间1～2h	
黄铁矿与黄铜矿分离	液：固＝5：1，50% HNO_3 加热煮沸0.5～1h，溶去黄铜矿，留下黄铁矿	
长石与石英分离	加数克焦硫酸钾于瓷坩埚中，混匀，加热至650～700℃，熔融30～40min，冷却后，用2% HCl加热溶解过滤，溶去长石，石英不溶	
铌铁金红石与烧绿石、易解石分离	加入20mL1：1HNO_3，2g硫酸铵，1g氟化铵，加热搅拌35～40min。溶去烧绿石和易解石，余下铌铁金红石	铌铁金红石弱溶，铌钽铁矿可溶
磁黄铁矿与磁铁矿分离	缓慢加入3～4倍50% HNO_3，微热0.5h，再加少许50% HNO_3，直到无色为止。溶去磁黄铁矿，留下磁铁矿	
锡石与铌钽铁矿分离	三倍于矿样的NH_4I，用瓷坩埚（加盖）放在电炉中灼烧30～40min，锡石被挥发，留下铌钽铁矿	
铌钽铁矿与铌铁金红石分离	20mL1：1HCl，2～3gNH_4F，置于塑料烧杯中沸水热溶1h，铌钽铁矿溶解96%以上	铌铁金红石弱溶
独居石与磷钇矿分离	浓 H_3PO_4 煮沸10～15min，反复两次，溶去磷钇矿，而独居石不溶	
磷钇矿与独居石分离	浓 $HClO_4$ 溶解独居石，而磷钇矿不溶	

3.2.7 元素在矿石中赋存状态

自然界中的各种元素在一定的地质条件下形成矿物，各元素在矿石中有一定的赋存规律，并有多样化的存在形式。通过元素的配分计算，定量表示元素的存在形式，查清楚有用和有害元素在矿石中的赋存状态，这是工艺矿物学的一个重要的工作，该项工作成果可对选冶方法的选择、工艺流程设计和矿石的综合利用等提供方向性指导，避免盲目投资和流程设计的失误而造成损失，具有重要的实际意义。

3.2.7.1 考查元素赋存状态的基本方法

对某个矿山的矿石进行元素赋存状态查定要进行以下工作：

(1) 采取代表性试样。一般在选矿大样中缩分采取，也可在矿山中采取，但要保证试样具有充分的代表性。

(2) 对试样进行光谱半定量分析和在光谱分析基础上进行多元素化学分析，查明试样中有用和有害元素的含量和其他主体元素含量。

(3) 对试样进行矿物鉴定和矿物定量检测，获取试样矿物含量表。

(4) 对试样中主体矿物和元素载体矿物进行单矿物分离，并将分离后的单矿物进行元素化学分析，以便得知各矿物中目标元素含量。

(5) 元素的配分计算，即根据试样矿物定量结果和各矿物元素含量计算元素在各矿物中的分配。

3.2.7.2 查明有用和有害元素在矿物中的存在形式的基本方法

在进行矿石试样配分计算的基础上，进一步深入查明元素在矿物中的存在形式可为冶金提取指明方向，如离子型稀土在高岭土中以吸附方式存在，可采用氨浸。考查有用或有害元素在矿物中的存在形式，主要采用以下几种方法，要获得正确可靠的结论，往往需通过多种方法检测，以达到所获结果相互印证。

(1) 显微镜查定。将待查的单矿物制光片显微镜观察，初步确定元素在该矿物中是以矿物包裹体形式存在还是均匀分布。

(2) 电子显微镜和元素能谱分析。将待查的单矿物制光片扫描电镜观察，进一步确定元素在该矿物中是以矿物包裹体形式存在或是均匀分布。

(3) 电子探针分析。采用电子探针面扫描，观察元素在矿物中分布的均匀性，一般认为元素在矿物中均匀分布属于类质同象代替，有该元素富集点的情况下是含该元素矿物的包裹体。

(4) X 衍射分析。单矿物 X 衍射分析，根据 X 衍射谱线查明矿物是单一相还是多相。

(5) 电渗析法。在外加直流电场的作用下，利用离子交换膜的透过性（阳膜只允许阳离子透过，阴膜只允许阴离子透过），使矿物溶液中的阴、阳离子做定向移动，从而判断矿物中元素是否为吸附方式存在。

3.2.7.3 元素在矿石中的赋存状态

研究元素的赋存状态不仅在矿床、矿物成因及晶体化学的研究方面有重要意义，而且对矿石的综合评价，对选矿、冶金方法的选择和工艺流程的设计以及在矿产的综合利用等方面都具有重大的实际意义。通过工艺矿物学的研究方法，查清了矿石中全部有用和有害元素的赋存状态，就能够采取切实有效和经济合理的技术措施来提取有用元素及治理有害元素污染。矿石中元素赋存状态主要有下列形式。

（1）元素在矿石中以独立矿物形式存在。矿石是多种矿物的集合体，元素以矿物形式存在于矿石中，这是自然界元素最主要的赋存形式。通过从矿石中分离出某种目标矿物即可达到富集元素的目的。如钨元素以白钨矿、黑钨矿等矿物形式存在于钨矿石中，从钨矿石中分选出白钨矿和黑钨矿可得到钨精矿；稀土元素以独居石、磷钇矿、氟碳铈矿等矿物形式存在于矿石中；钽、铌矿物以钽铌铁矿、烧绿石、细晶石矿物形式存在于矿石中。一般来说，矿物可以是单质矿物，如自然硒（Se）等，而大多数是化合物，如白钨矿（$CaWO_3$）、钛铁矿（$FeTiO_3$）等。选矿即是分选某种目标元素的矿物，不需破坏矿物结构，矿石经磨矿后目的矿物达到基本解离，这是选矿分离的前提条件。冶金提取是分离出单质元素或化合物的手段。

（2）元素以矿物包裹体形式存在。包裹体指某种独立矿物粒度微细，包含于客体矿物之中，经磨矿不易达到解离的矿物颗粒，如闪锌矿中常含乳滴状黄铜矿包裹体，磁铁矿中含锌铁尖晶石、锡石等微细包裹体。包裹体本身也是一种独立矿物，只是粒度微细，一般小于10μm，不能在磨矿过程获得解离，将随客体矿物进入选矿流程产品，如包含于磁铁矿中锌铁尖晶石和锡石包裹体在弱磁选工艺过程将随磁铁矿进入铁精矿，存在于铁精矿中的锌和锡为难以分离的有害杂质；包含于方铅矿的银矿物（如螺状硫银矿、硫银铋矿等）微细包裹体在浮选过程将随方铅矿进入铅精矿，方铅矿中银矿物包裹体为有用杂质，可在铅冶炼过程回收银。

（3）元素以类质同象形式存在。晶体结构中的某些离子、原子或分子的位置，一部分被性质相近的其他离子、原子或分子所占据，但晶体结构形式、化学键类型及离子正负电荷的平衡保持不变或基本不变，仅晶胞参数和物理性质（如折射率、密度等）随置换数量的改变而作线性变化的现象，称之为类质同象。在矿物结晶过程，某些元素与某矿物的主体元素性质相似，以呈类质同象的形式进入载体矿物的晶格中，如闪锌矿中常有分散性元素镉、锗、镓、铟进入闪锌矿晶格，在选矿过程进入锌精矿，这些分散元素则得以富集，可在锌冶炼过程中提取。类质同象方式存在的元素，不能采用机械选矿方法与载体矿物分离，只有先进行选矿富集载体矿物，然后在冶炼过程分别分离回收。

（4）元素以吸附形式存在。某些元素以离子状态被另一些带异性电荷的物质吸附。一般胶体或由胶体结晶的矿物、电荷不平衡的细鳞片状矿物易吸附其他离子，如胶体成因的褐铁矿中吸附铜、钨、锡等元素，胶体结晶的锂硬锰矿吸附铜、钴等元素，花岗岩风化壳中黏土矿物（高岭石、伊利石等）吸附稀土元素。吸附状态存在的元素一般采用湿法冶金提取，可直接湿法冶金提取，也可以采用先选矿富集载体矿物后再湿法冶金提取。

3.2.8 与选矿工艺相关的矿物理化性质

3.2.8.1 矿物的密度

矿物的密度差是重力分选的前提和基础，重选就是根据矿物颗粒的密度不同，在介质（水、空气或重介质）中具有不同的沉降速度的原理进行分选的方法。

矿物的密度 D 是指矿物单位体积的质量，度量单位为克/立方厘米（g/cm^3）。

矿物的密度决定于其化学成分和内部结构，主要与组成元素的原子量、原子和离子半径以及堆积方式有关。此外矿物的形成条件——温度和压力对矿物的密度的变化也起重要的作用。矿物密度可分为三级。

（1）轻级：密度小于 $2.5g/cm^3$，如石墨（2.26）、自然硫（2.05～2.08）、食盐（2.1～2.5）、石膏（2.3）等。

（2）中级：密度为 $2.5～4g/cm^3$，大多数矿物属于此级。如石英（2.65）、斜长石（2.61～2.76）、金刚石（3.50～3.52）等。

（3）重级：密度大于 $4g/cm^3$，如重晶石（4.3～4.7）、磁铁矿（4.6～5.2）、白钨矿（5.8～6.2）、方铅矿（7.4～7.6）、自然金（15.6～18.3）等。

应该指出，同一种矿物，由于化学成分的变化、类质同象混入物的代换、机械混入物及包裹体的存在、洞穴与裂隙中空气的吸附等，都会对矿物的密度造成影响。所以，在测定矿物密度时，必须选择纯净、未风化矿物。

实用的矿物密度测定方法主要有以下三种。

A 简易密度测量方法

简易测量所用仪器包括化学用滴管或带刻度的量筒以及称量天平等。

具体操作方法：

（1）将待测的矿物尽量提纯，一般需矿物重量 5～20g（由称量天平的灵敏度和量筒刻度决定最小用量），然后置于烘箱中 40℃ 下烘约 30min，称重，得矿物重量 G；

（2）将水加热到沸点，赶走气泡，倒入量筒中，读量筒水面刻度 V_0；

（3）将准备好的矿物沿量筒壁倒入，待水中气泡完全消失后，读下量筒水面刻度 V_1。

根据式（3-6）计算矿物密度

$$D = \frac{G}{V_1 - V_0} \tag{3-6}$$

该方法适用于矿物颗粒较粗且易于提纯的矿物，要求称量天平灵敏度高。

B 重液测量法

该方法基本原理是待测矿物的密度与重液密度相等时，矿物在该重液中处于悬浮状态，通过改变液体密度来确定矿物密度。常用的重液见表3-13。改变液体密度可采用三种方法：其一，将已知密度的重液加入不等量小密度的溶剂，以获得与待测矿物相等的密度；其二，通过改变温度来变化重液密度以获得与待测矿物相等的密度；其三，采用浮标法测定大于重液的矿物密度。在此主要介绍稀释重液法，该方法适合于粒度大小0.5mm的矿物。

表3-13　常用重液表

名称	碘二烷	三溴甲烷	二碘甲烷	硝酸银
化学成分	C_2H_5I	$CHBr_3$	CH_2I_2	$AgNO_3$
颜色	无色	无色	无色	无色
密度/$g \cdot cm^{-3}$	1.94	2.89	3.32	4.0
溶剂	酒精	酒精	二甲苯	水

重液测量所用的试剂及仪器包括密度大于水的一切重液（见表3-13）、量筒、玻璃棒、滴管等。

具体操作方法：（1）将已知密度的重液倒入具精细刻度的量筒中，记下重液体积V_1，将矿物放入量筒；（2）用滴管将稀释液（重液溶剂）一滴一滴加入重液中，边滴边搅拌，直至矿物缓慢上升并呈悬浮状态，记下稀释液体积V_2。

根据式（3-7）计算矿物密度

$$D = \frac{V_1D_1 + (V_1 + V_2)D_2}{2V_1 + V_2} \tag{3-7}$$

式中　D——待测矿物密度；

D_1——重液密度；

D_2——稀释液密度；

V_1——重液体积；

V_2——稀释液体积。

C　比重瓶法

该方法是测量矿物密度和矿石碎矿产品密度常用方法。但采用该方法测定矿物密度时需要用10~15g经分离提纯单矿物，这使得该方法在测定矿物密度时受到限制；而对于选矿产品（包括原矿、精矿、尾矿等）密度测定则无限制。

比重瓶法所用的试剂及仪器包括测量介质，可以是水、酒精、煤油、三溴甲烷等；仪器包括比重瓶、称量天平、电炉、烘箱、滤纸等。

具体操作方法：（1）将待测的矿物或矿石样品和洗净后的比重瓶置于烘箱中烘干备用，烘箱温度设定在60~80℃为宜；（2）将烘干后的比重瓶称重，记下比重瓶质量P_b；（3）测定比重瓶的容积：比重瓶装满蒸馏水，用煮沸的方法排除水中的气泡，待水温冷至室温后，将比重瓶瓶柱塞上，瓶柱毛细管上突出一滴水，用滤纸擦干后称重，测得瓶加水的质量 P_w；（4）将已测容积的比重瓶再次烘干，加入 15 ~20g（对于 10mL 比重瓶，若比重瓶容积大，还应适当增加样品量）待测矿物样品，用滤纸擦干净比重瓶表面，盖上瓶柱称重，得到瓶加样品的质量 P_m；（5）将蒸馏水加入上述装有样品的比重瓶中，一般水加至略低于瓶颈处，以浸没矿物样品为宜，盖上瓶柱，并置于盛有水的烧杯或浅盘中，水面应达到比重瓶近颈处，放到电炉煮沸，此时样品中不断有空气经过瓶柱毛细管逸出，直至样品中无气泡，注意控制烧杯中水温，避免矿物颗粒从毛细管带出。然后将比重瓶加满水并将瓶柱塞上，瓶柱毛细管上突出一滴水，用滤纸擦干后称重，测得瓶加样品加水的质量 P_{mw}。

根据式（3 -8）计算矿物密度

$$D = (P_m - P_b)/(P_w + (P_m - P_b) - P_{mw}) \tag{3-8}$$

3.2.8.2 矿物的磁性

矿物的磁性是指矿物被永久磁铁和电磁铁吸引或矿物本身能够吸引铁质物体的性质。一切物质的磁性都是起源于电流。在物质的原子、分子或分子团等物质微粒内部，存在着一种环形电流（即由于电子绕核转动及自身绕轴线旋转产生的电流），这种环形电流就像导线中的电流一样，在它们的周围空间形成磁场，使每个物质微粒都成为一个微小的磁体。一般物体通常不显示出磁性，是因为物体中的各个物质微粒由于自旋形成电流的方向是互不相同的、紊乱的，导致磁作用相互抵消，至于能显示出磁性的物体，是因为物体中的各个物质微粒的环形电流的方向大致相同。矿物的磁性主要是由组成元素的电子构型和磁性结构所决定。根据磁化率的大小，矿物的磁性可分为抗磁性、顺磁性和铁磁性三种。

（1）逆磁性矿物。在外磁场作用下，只有很弱的感应磁性，其磁化方向与外磁场方向相反，磁化率很小，为负值，表现为受磁场的排斥，当磁场移去，逆磁性即消失。如方解石、石盐、自然银等，它们能被永久磁铁所排斥。

（2）顺磁性矿物。在外磁场作用下，产生的感应磁性稍大，其磁化方向与外磁场方向相同，磁化率不大，为正值，表现为受磁场的吸引力。通常是由矿物组成中含有微量过渡金属元素所引起的。这类矿物较多，它们不能被永久磁铁吸引，但可被强的电磁铁所吸引。如角闪石、电气石、辉石等。

（3）铁磁性矿物。当具有磁矩的原子或离子之间存在很强的相互作用时，在低于一定温度和无外磁场情况下，它们的磁矩在一定区域内呈方向性的有序排列，也就是说，它们具有自发磁化的性质，因此磁化率较大。属于铁磁性的矿物很少，如磁铁矿、磁黄铁矿等，它们均具有较高的正磁化率值，一般在几千以上。

矿物的磁性可概括为三级，即：（1）强磁性矿物：可用普通马蹄磁铁吸引；

（2）弱磁性矿物：用强电磁铁才能吸引；（3）非磁性矿物：强电磁铁也不能吸引。

自然界主要矿物的磁性分类如表3－14所示。必须指出，以上的矿物磁性分类只是相对的，随着科学技术的发展，强电磁磁选机的出现，一些非磁性矿物将会变成弱磁性矿物。磁性是矿物重要的物理性质之一，利用矿物磁性不仅可以用来鉴定矿物，同时利用矿物磁性差别可以达到分选矿物的目的，磁选就是基于矿物磁性差别的一种选矿工艺。矿物的比磁化系数可准确反映矿物磁性大小，比磁化系数即单位质量物体的磁化系数 x，其采用CGS单位，为 cm^3/g。计算 x 如式（3－9）所示：

$$x = k\frac{M}{d} \tag{3-9}$$

式中　d——密度；

M——分子量；

k——磁化率或单位体积磁化率。当 $k>0$ 时，矿物为顺磁质，即矿物产生的附加磁场与磁场方向相同，$k<0$，矿物为反磁质，矿物产生的附加磁场与磁场方向相反。

表3－14　矿物磁性分类表

矿物磁性	比磁化系数 $/10^{-6}cm^3 \cdot g^{-1}$	入选磁场强度 /mT	矿　　物
强磁性矿物	>3000	40～160	自然铁、磁铁矿、钛磁铁矿、单斜磁黄铁矿、γ－赤铁矿、自然铂、锇铱矿
中磁性矿物	600～3000	160～800	钛铁矿、赤铁矿、菱铁矿、铁闪锌矿、铌铁矿、钽铌铁矿、黑钨矿、铬铁矿、铬尖晶石、易解石、褐铁矿、软锰矿、磷钇矿、石榴石、角闪石、辉石、电气石、绿帘石、黑云母
弱磁性矿物	15～600	800～1500	褐钇铌矿、铌钇矿、独居石、钍石、烧绿石、榍石、硬锰矿、褐帘石、重钽铁矿、硅铍钇矿、孔雀石、假孔雀石、闪锌矿、铁菱锌矿
无磁性矿物	<15	>1500	绿柱石、蓝柱石、锆石、细晶石、金红石、锐钛矿、板钛矿、斜锆石、白钨矿、硅铍石、锡石、萤石、方钍石、自然金、自然银、自然钯、自然铜、黄铁矿、毒砂、黄铜矿、辉铋矿、辉钼矿、方铅矿、浅色闪锌矿、辉铜矿、白铅矿、褐锰矿、辉锑矿、蓝晶石、硅线石、刚玉、黄玉、石英、长石、方解石、磷灰石

3.2.8.3　*矿物的硬度*

矿物硬度指矿物抵抗外来机械作用力（如刻划、压入、研磨等）侵入的一种力学性质，在外来的机械能刻划或压入矿物时，矿物本身表现出一定的牢固程度。矿物硬度是矿物内部成分结构牢固性的一种表现，这种牢固性取决于化学键的类型和强度。离子型矿物、共价键型矿物硬度高，金属键型矿物硬度低，但是在各种类型及各类型不同矿物之间化学键的强度是不相同的，决定化学键强度的因素及对硬度的影响因素包括：（1）原子价态和原子间距；（2）原子的配位数；（3）离子-共价键的状态；（4）原子电子壳构型对硬度的影响。

矿物的硬度可通过实验方法来测定，其中一种方法是根据矿物与标准硬度矿物的相互比较来测定矿物硬度，即矿物与莫氏硬度计相比较的刻划硬度。1822年德国矿物学家 Friedrich Mohs 提出用10种矿物来衡量物体相对硬度，即莫氏硬度 Hm，由软至硬分为10级：

Hm	1	2	3	4	5	6	7	8	9	10
矿物	滑石	石膏	方解石	萤石	磷灰石	正长石	石英	黄玉	刚玉	金刚石

各级之间硬度的差异不是均等的，等级之间只表示硬度的相对大小。利用莫氏硬度计测定矿物硬度的方法很简单：将预测矿物与硬度计中某一矿物相互刻划，如某一矿物能刻划方解石，说明其硬度大于方解石，但又被萤石所刻划，说明其硬度小于萤石，则该矿物的莫氏硬度为3到4之间，可写成3~4。指甲的莫氏硬度为2.5，小刀的莫氏硬度为5.5，因而也可把矿物的硬度粗略划分为小于指甲（<2.5），指甲与小刀之间（2.5~5.5）和大于小刀（>5.5）三个级别。

另一种方法是根据矿物表面（晶面、解离面、磨光面等）上所能承受的重量来测定。利用硬质合金或金刚石制成的方形、菱形锥体，即压头，外加一定负荷压入矿物光面，使其成永久的压痕。对一种矿物而言，压痕的面积与所加的负荷成正比，对不同矿物而言，外加一定负荷，硬度越高的矿物，产生的压痕越小。维克压头为用金刚石制成的正方形锥体。

维氏硬度值计算如下：

$$\mathrm{Hv} = 1.854\,\frac{P}{d} \tag{3-10}$$

式中 P——负荷重，kg；

d——正方形压痕的对角线长度，mm。

维氏硬度值与莫氏硬度的对数值之间显示大致的线性关系，这种关系也可用以下式表述：

$$\mathrm{Hm} = 0.675\sqrt[3]{\mathrm{Hv}} \tag{3-11}$$

或

$$\mathrm{Hv} = 3.25(\mathrm{Hm})^3 \tag{3-12}$$

式中，Hm 为莫氏硬度。由于维氏硬度与刻划硬度的形成机理不同，式（3-11）和式（3-12）并不是十分精确。常见矿物的维氏硬度见表3-15。

表3－15　常见矿物维氏硬度值　(MPa)

高硬度矿物		中硬度矿物		低硬度矿物	
锡石	1168～1332	磁黄铁矿	373～400	铜蓝	128～138
黄铁矿	1452～1620	镍黄铁矿	198～409	辉铋矿	110～136
白铁矿	1097～1682	闪锌矿	189～279	辉锑矿	71～86
赤铁矿	973～1114	黝锡矿	152～216	辉铜矿	67～87
毒砂	870～1168	赤铜矿	188～207	方铅矿	58～72
磁铁矿	585－698	黝铜矿	285～380	自然金	53～58
白钨矿	387～409	黄铜矿	183～276	自然银	41－63
黑钨矿	312～342	斑铜矿	101～174	辉银矿	20～26

3.2.8.4　矿物的脆性和延展性以及弹性和挠性

矿物在受到挤压、拉伸、锤击、剪切等外力作用时，出现不同程度的碎裂和形变，表明各种矿物的脆性、延展性、弹性和挠性等力学性质是不同的，矿物的这些物理性质差异，与选矿工艺过程中矿石的碎矿和磨矿效果以及矿物的解离性密切相关。

矿物的脆性或塑性指当矿物受到外来机械作用时，产生的破碎或形变的现象，脆性矿物在受到较轻的负荷压入或刻划时很容易产生破裂或破碎，塑性矿物则不易产生破裂或破碎，却很容易产生形变。因此，利用维氏硬度计在压入过程中产生裂缝的最小负荷，将矿物的脆性与塑性分为五个等级，如表3－16所示。

表3－16　矿物的脆性与塑性等级

等　级	产生裂缝的最小负荷/g	标 准 矿 物
Ⅰ极脆性	0.5	黄铁矿、石膏
Ⅱ脆性	20	镍黄铁矿、黝铜矿
Ⅲ弱可塑性	50	石英、磁黄铁矿
Ⅳ塑性	100	磁铁矿
Ⅴ极可塑性	200仍不产生裂隙	自然铜、方铅矿、石盐

矿物在锤击或拉引下，容易形成薄片和细丝的性质称为延展性。通常温度升高，延展性增强。延展性是金属矿物的一种特性，金属键的矿物在外力作用下的一个特征就是产生塑性形变，这就意味着离子能够移动重新排列而失去粘接力，这是金属键矿物具有延展性的根本原因。金属键程度不同，则延展性也有差异。自然金属矿物，如自然金、自然银、自然铜等都具有良好的延展性。当用小刀刻划具有延展性的矿物时，矿物表面被刻之处立即留下光亮的沟痕，而不出现粉末或碎粒，据此可区别于脆性。

矿物受外力作用发生弯曲形变，但当外力作用取消后弯曲形变可恢复原状，此性质称为弹性。例如云母、石棉等矿物均具有弹性。弹性的实质是：一些层状结构的矿物，其单位层之间存在着一定的离子键连接力，当受外力弯曲时，这些离子键也被拉长或压短，各单位层能够变弯和移动。当外力取消后，这些离子键恢复正常，并使各个单位层恢复到原位。如外力作用取消后，弯曲形变不能恢复原状，则此性质称为挠性。例如滑石、绿泥石、蛭石等矿物均有挠性。具挠性的矿物，在其内部结构中，单位层与层之间，靠剩余键相连，当它受外力弯曲时，两层之间可相对移动，能够形成新的余键而处于平衡，没有恢复力，因而弯曲后不能恢复原状。

4 铍矿的工艺矿物学

4.1 铍资源简介

铍为最轻的金属之一，属于稀有轻金属，铍金属密度为 1.85g/cm^3，熔点 1284℃，热导率大，具有良好的耐腐蚀性和高温强度以及良好的辐射透过性等特殊性能。铍主要以铍铜合金（美国消费占 65%）和铍金属（占 20%）的形式广泛用于航空、航天和核反应堆。美国是世界上最大的铍生产国，占全球总产量的 65%；同时，也是最大的铍消费国，占世界消费总量的 66% 以上。

铍元素在大陆地壳中丰度为 3×10^{-6}。铍的主要矿石矿物为绿柱石、蓝柱石、羟硅铍石、硅铍石，其次为日光榴石、金绿宝石和兴安石等。世界上已探明的铍金属储量为 44.1 万吨，开采铍矿石的国家很多，主要有巴西、俄罗斯、美国、中国、印度、阿根廷、南非等。1969 年以前，世界上所有的铍几乎都是来自花岗伟晶岩型绿柱石矿床，绿柱石的主要成分是硅铝酸铍［$Be_3Al_2(SiO_4)_3$］，具有结晶粒度粗、易选的特点。美国犹他州斯波山凝灰岩中羟硅铍石矿山投产以后，不仅结束了绿柱石一统天下的局面，也使美国摆脱了对绿柱石进口的依赖。1983 年，加拿大发现了雷神湖（又叫索尔湖）正长岩体中的硅铍石矿床，铍的工业矿物种类发生了很大的变化，除了绿柱石之外，羟硅铍石、硅铍石也占据了重要的地位。中国和大多数国家主要开采绿柱石矿，而美国、加拿大主要开采羟硅铍石和硅铍石矿，布拉什韦尔曼公司经营的斯波山硅铍石矿床是最大的单独铍矿资源。接触交代成因的条纹岩金绿宝石型铍矿和碱性花岗岩中兴安石为中国潜在的铍资源。

世界铍资源分布如表 4－1 所示，我国铍资源分布情况如表 4－2 所示。

表 4－1　世界铍资源分布情况

国　家	铍资源分布
巴西、印度、中国、哈萨克斯坦、俄罗斯、阿根廷、赞比亚、卢旺达、芬兰	铍资源主要来自含绿柱石为主的原生矿床，包括伟晶岩、云英岩、花岗岩和石英脉，BeO 含量 0.05%～0.7%。粗晶绿柱石采用手选，细晶绿柱石采用浮选法回收
美　国	美国犹他州托帕兹－斯波尔山（Topaz－Spor）硅铍石产于中新世流纹凝灰岩中，主要与萤石共生，BeO 含量 0.73%，直接冶炼提取铍。美国为世界最大的铍资源国、生产国和消费国

续表 4 - 1

国 家	铍资源分布
加拿大	加拿大西北地区雷神湖（又叫索尔湖）正长岩体中的硅铍石矿床，BeO 含量 1.03%，可选出含 BeO 为 20% 的铍精矿。
澳大利亚	西澳大利亚发现铍、钽、铌、钇共生矿，BeO 含量 0.8%。
挪 威	在挪威发现大型硅铍石铍矿，BeO 含量 0.18%

表 4 - 2 国内铍资源分布情况

含铍矿物	铍资源分布
绿柱石	主要分布在新疆和四川，其次为甘肃、云南、陕西、福建。新疆可可托海是我国著名的绿柱石产地，绿柱石赋存于花岗伟晶岩脉中，与电气石、锂辉石及钽铌铁矿等共生。机选最低工业品位 BeO 为 0.08%，手选最低工业品位 0.2%
金绿宝石	湖南郴州的条纹岩铍矿，主要铍矿物为金绿宝石、香花石等，属于特殊的铍矿物，由于选冶的技术问题，至今未开发利用
兴安石	我国大兴安岭南部的碱性花岗岩中发现一种含稀土和铍的硅酸盐矿物——兴安石，兴安石具有良好的可回收性，将是一种新的铍工业矿物

4.2 铍在矿石中的存在形式和矿物种类

4.2.1 铍在矿石中的存在形式

铍位于元素周期表中第二主族和第二周期，为 4 号元素，也是最轻的碱土金属元素。铍原子的价电子层结构为 $2s^2$，它的原子半径为 0.089nm，Be^{2+} 离子半径为 0.035nm，Be 的电负性为 1.57。铍为两性元素，但由于铍的原子半径和离子半径特别小（不仅小于同族的其他元素，还小于碱金属元素），电负性又相对较高，所以铍形成共价键的倾向比较显著，不像同族其他元素，如镁、钙等主要形成离子型化合物。铍的电子构型决定了它具有很强亲氧性，易溶于硅酸盐熔体中。在硅酸盐熔体中，Be^{2+} 可以与 Si^{4+} 类质同象代替，类质同象的方式为 $[BeO_4]^{6+}$ 代替 $[SiO_4]^{4+}$，实现这一置换需要介质呈碱性，只有在碱性条件下 Be^{2+} 才能呈酸根离子的形式存在，同时体系中有可以参加置换的高价阳离子，以补偿因 $[BeO_4]^{6+}$ 代替 $[SiO_4]^{4+}$ 而造成的电价失衡。在碱性岩中，熔体成分的特征是富钠、钾和贫硅，Be^{2+} 呈 $[BeO_4]^{6+}$ 存在，同时岩浆中有较丰富的高价阳离子，如 Ti^{2+}、Zr^{2+}、RE^{3+} 等，因此碱性岩浆能满足铍进入硅酸盐矿物的条件，故在碱性岩中，由于铍进入造岩矿物，如长石、辉石，导致铍在碱性岩中呈分散形式存在，大多数情况下不能成矿；而在酸性岩浆中，富硅的环境使介质呈酸性，铍呈 Be^{2+} 离子的形式存在，不具备与 $[SiO_4]^{4+}$ 类质同象的条件，因此铍不能进入造岩矿物晶格，在残余熔浆中富集，并在富含挥发分的花岗伟晶作用阶段成矿，铍与第Ⅲ主族中的铝处于对角线位置，它们的性质十分相似，因此，铍与铝的关系十分密切，形成含铝铍硅酸盐矿物，以绿柱石 $Be_3Al_2[Si_6O_{18}]$、硅铍石 $Be_2[SiO_4]$ 矿物形式产出。

由于铍在矿石中主要以硅酸盐矿物形式存在，与硅酸盐脉石矿物的物理和化学性质差异小，要从铍矿石中把铍提取出来很困难，大多数的铍矿为难选矿。

4.2.2　铍的矿物种类

自然体系中含铍矿物约有 60 种之多，大部分属于硅酸盐类矿物，少数属于氧化物，主要铍矿物类型和种类如表 4－3 所示。其中香花石、顾家石和兴安石是在我国发现的新矿物。

表 4－3　铍矿物类型和种类

矿物类型	矿物种类	化学式	BeO 理论含量/%
氧化物	铍石	BeO	100
	金绿宝石	$BeAl_2O_4$	19.8
	塔菲石	$MgBeAl_4O_8$	9.28
	羟铍石	$Be(OH)_2$	58.15
硼酸盐	硼铍石	$Be_2[BO_2]OH$	53.25
	水硼铍石	$Be_2[BO_2]OH \cdot H_2O$	18.79
硅酸盐	绿柱石	$Be_3Al_2[Si_6O_{18}]$	13.96
	蓝柱石	$BeAl[SiO_4]OH$	17.28
	硅铍石	$Be_2[SiO_4]$	45.50
	羟硅铍石	$Be_4[Si_2O_7](OH)_2$	42.00
	硅钪铍石	$Be_3Sc_2[Si_6O_{18}]$	13.09
	水硅铍石	$Be_2(H_2O)_4[Si_2O_7](OH)_4$	15.34
	球硅铍石	$Be_5[Si_2O_7](OH)_4$	44.48
	板晶石	$Na_2[Be_2Si_6O_{13}(OH)_4]$	12.90
	白铍石	$NaCa[BeSi_2O_6F]$	10.03
	锂白榍石	$Ca\{LiAl_2[BeAlSi_2O_{10}](OH)_2\}$	7.30
	硅铍钇矿	$FeY_2[Be_2Si_2O_{10}]$	9.81
	羟硅铍钇矿	$Y_2[Be_2Si_2O_8(OH)_2]$	12.08
	钙硅铍钇矿	$CaYFe^{3+}[Be_2Si_2O_{10}]$	10.73
	兴安石	$(Y,Ce,Yb)BeSiO_4(OH)$	10～12

续表 4-3

矿物类型	矿物种类	化学式	BeO 理论含量/%
硅酸盐	顾家石	$Ca_2[BeSi_2O_7]$	9.49
	铍黄长石	$Ca_3[Be_2Si_3O_{10}](OH)_2$	6.20
	硅铍稀土石	$(Na,Ca,Ce,La)_3[(Be,Si)Si_3O_{10}](O,OH,F)_2 \cdot 1/4H_2O$	8.2
	蜜黄长石	$NaCa[BeSi_2O_6F]$	9.80
	锌日光榴石	$Zn_4[BeSiO_4]_3S$	12.70
	日光榴石	$Mn_4[BeSiO_4]_3S$	13.04
	铍榴石	$Fe_4[BeSiO_4]_3S$	16.32
	香花石	$Ca_2Li_2[BeSiO_4]_3F$	16.30
	硅铍钙锰石	$CaMn_2[BeSiO_4]_3$	17.08
	锂铍石	$Li_2[BeSiO_4]$	25.78
	硅钡铍矿	$Ba[Be_2Si_2O_7]$	15.47
	硅铍钠石	$Na_2[BeSi_2O_6]$	12.07
	硬羟钙铍石	$Ca_4[Be_2Al_2Si_9O_{26}(OH)_2]$	7.72
	铍方钠石	$Na_4[BeAlSi_4O_{12}]Cl$	5.30
	双晶石	$Na[BeSi_2O_7(OH)]$	10.12
	硅铍锡钠石	$Na_4[Be_2Si_6O_{16}(OH)_4]$	7.34
	铍硅钠石	$(Na,K,Ca)_4[(Be,Al)_2Si_6O_{16}] \cdot 4H_2O$	含量变化
	铅铍闪石	$(Ca,Pb)_2(Mg,Fe)_2Fe_2^{3+}[BeSi_3O_{11}]_2(OH)_2$	含量变化
砷酸盐	水砷铍石	$Be_2(H_2O)_4[AsO_4]OH$	20.35
磷酸盐	水磷铍石	$Be_2(H_2O)_4[PO_4]OH$	25.28

铍矿物中具有经济价值的主要有绿柱石、蓝柱石、硅铍石、羟硅铍石等，金绿宝石是我国特有的铍矿类型，主要赋存于湖南郴州一带的含铍条纹岩中，对于此类铍矿石的工业利用，目前仍在研究之中。此外，我国大兴安岭南部的碱性花岗岩中发现一种含稀土和铍的硅酸盐矿物——兴安石（Y，Ce，Yb)$_2Be_2Si_2O_8(OH)_2$，兴安石具有良好的可回收性，将是一种新的铍工业矿物。

4.3 主要铍矿物的晶体化学和物理化学性质

4.3.1 绿柱石 $Be_3Al_2[Si_6O_{18}]$

（1）晶体化学性质：属六方晶系矿物，晶体结构为硅氧四面体组成的六方环，环面垂直 c 轴平行排列，上下环错动 25°，由 Al^{3+} 与 Be^{2+} 连接，铝配位数为 6，铍配位数为 4。在环中心平行 c 轴有宽阔的孔道，可以容纳离子半径大的 K^+、

Na^+、Cs^+、Rb^+等离子水分子。原子间距 Be—O(4) = 0.166nm，Al—O(6) = 0.192nm，Si—O(4) = 0.160nm。绿柱石晶体多呈长柱状（参见彩图1)，富含碱金属的绿柱石晶体则呈短柱状或沿{0001}晶面发育成板状，柱面上常有平行c轴的条纹，不含碱质者比含碱质者柱面的条纹明显。

(2) 化学性质：绿柱石属于铍铝硅酸盐矿物，化学式为 $Be_3Al_2[Si_6O_{18}]$，成分中常有一价碱金属元素锂、钠、钾、铯、铷等替代铍，有时也有铁、镁、铬等代替铝。根据成分中含碱量可将绿柱石分成两类，低碱绿柱石（碱性氧化物 $\sum w_{R_2O} < 0.5\%$）和含碱绿柱石（碱性氧化物 $\sum w_{R_2O} > 0.5\%$）。绿柱石含碱金属多少与矿物的成因产状有关，一般受交代作用的绿柱石均含碱金属，并且交代作用越强，成分中碱金属含量越多，含碱量最高可达7.23%。由于碱金属的亲水性，因而含碱金属越多的绿柱石可浮性越差。

(3) 物理性质：纯的绿柱石无色透明，但由于混入杂质元素而呈现出不同的颜色，含铁的绿柱石呈淡绿色或黄绿色，含铯的绿柱石呈粉红色，含铬的绿柱石呈鲜艳的绿色，碱金属钾、钠的含量增加，绿柱石的颜色随之变浅。因此，大部分绿柱石为绿色，也有浅蓝色、黄色、白色和玫瑰色的，玻璃光泽。莫氏硬度7.5~8，密度2.63~2.80g/cm^3。理论化学成分 BeO 为 13.96%，Al_2O_3 为 18.97%，SiO_2 为67.07%。六方晶系，晶体多呈长柱状，富含碱的晶体则呈短柱状，或沿{0001}发育成板状。在伟晶岩中，由于有充分的结晶时间，因而绿柱石结晶单晶体通常较大，有时可见长达几米的大晶体，云英岩、热液矿脉中的绿柱石晶体相对较细。

(4) 光学性质：薄片中无色至浅黄绿色，一轴晶（负光性)，有时为异常二轴晶。折射率：n_o = 1.566~1.602，n_e = 1.562~1.594，弱多色性，晶体在 n_o 方向为浅黄绿色，n_e 方向为海绿色。以正突起中度，一级灰-白干涉色为主要鉴定特征。

(5) 成因产状：绿柱石主要产于伟晶岩、云英岩及高温热液矿脉中，伟晶岩中绿柱石常与石英（水晶)、方解石、钾长石、微斜长石、白云母、白钨矿等矿物共生，为我国目前最重要的铍金属来源。伟晶岩型铍矿床主要分布于我国云南、内蒙古、新疆、东北等地，其中云南文山麻栗坡县伟晶岩中的绿柱石是中国祖母绿的最主要来源；内蒙古北部伟晶岩早期未受交代作用的绿柱石，含 Fe_2O_3 为0.46%~1.55%，呈绿色或黄绿色；新疆阿尔泰微斜长石-钠长石伟晶岩中产出的绿柱石，含 Cs_2O 为2.15%，而使绿柱石呈粉红色；秦岭伟晶岩脉中随着交代作用加强，绿柱石中碱金属增加，矿物的颜色变浅；澳大利亚石英钠长石脉与粗玄岩产生交代作用形成的黑云母岩中的绿柱石，其成分中含 Cr_2O_3 为0.23%，绿柱石呈鲜艳的绿色。

4.3.2 蓝柱石 $BeAl[SiO_4]OH$

(1) 晶体化学性质：蓝柱石属单斜晶系矿物，晶体结构中 [AlO_6] 八面体以共棱方式联结而成的链与［BeO_4］四面体以共角顶联结而成的链平行 c 轴，链间存在孤立的［SiO_4］四面体。原子间距 Be—O(3) = 0.170nm，Al—O(6) = 0.205nm，Si—O(4) = 1.70nm。蓝柱石晶体与绿柱石相似，多呈长柱状，也有呈短柱状，沿｛010｝晶面发育。

（2）化学性质：蓝柱石化学式为 $BeAl[SiO_4]OH$，理论化学成分 BeO 为 17.28%，Al_2O_3 为 35.18%，SiO_2 为 41.34%，H_2O 为 6.20%。

（3）物理性质：蓝柱石颜色比绿柱石浅（参见彩图2），一般为无色、带白色调、浅绿或浅蓝色，透明至半透明，玻璃光泽，解理｛010｝完全，贝壳状断口，性脆，莫氏硬度7.5，密度3.05～3.10g/cm^3。

（4）光学性质：薄片中无色，有时带浅蓝色，二轴晶（正光性）。折射率：$n_p = 1.6520$，$n_m = 1.6553$，$n_g = 1.6710$，光轴角：$2V = 49°37'$（Na）。具多色性，浅蓝绿、浅黄、浅绿。$n_g \wedge c = 41°$。

（5）成因产状：蓝柱石主要产于云英岩中，呈单晶体或晶簇，也可由绿柱石蚀变生成。

4.3.3 硅铍石 $Be_2[SiO_4]$

（1）晶体化学性质：硅铍石又名似晶石，属三方晶系，晶体结构是由［BeO_4］四面体和［SiO_4］四面体以角顶互相联结而成。每两个［BeO_4］四面体与一个［SiO_4］四面体共一角顶，沿三次螺旋轴（即 c 轴）连接成柱。六个柱以其四面体共角顶围绕成中空的六方筒状。原子间距 Be—O(4) = 0.165nm。晶形成菱面体或菱面体与柱面聚合而成的短柱状，集合体呈细粒状。

（2）化学性质：硅铍石化学式 $Be_2[SiO_4]$，理论化学成分 BeO 为 45.50%，SiO_2 为 54.50%。常含有少量 MgO、CaO、Al_2O_3、Na_2O 等。

（3）物理性质：硅铍石为无色或酒黄色，有时为淡玫瑰色或褐色，玻璃光泽，透明，解理｛1120｝中等，贝壳状断口，性脆，莫氏硬度7.5～8，密度2.97～3.0g/cm^3。

（4）光学性质：薄片中无色、黄色、玫瑰色、褐色，一轴晶（正光性）。折射率：$n_o = 1.654 \sim 1.671$，$n_e = 1.670 \sim 1.696$，弱多色性，在厚的薄片可见，n_e 方向为无色，n_o 方向为黄色。硅铍石的折射率和双折射率高于石英和绿柱石，以突起高和一级橙黄色为鉴别特征。

（5）成因产状：硅铍石在缺少 Al_2O_3 和［SiO_4］的条件下形成，一般见于去硅化作用的花岗伟晶岩的接触带，与金绿宝石、黄玉、长石、云母等共生，含铍花岗岩与石灰岩的接触带中亦可见有硅铍石。也发现硅铍石与石英、萤石呈细脉状浸染于凝灰岩中，脉壁中细鳞片状、叶片状绢云母特别发育。

4.3.4 羟硅铍石 $Be_4[Si_2O_7](OH)_2$

（1）晶体化学性质：羟硅铍石属斜方晶系矿物，晶体结构为［BeO_4］四面体和［SiO_4］四面体具有同样的方位，它决定了结构的极性，［BeO_4］四面体和［SiO_4］四面体彼此以角顶相连。每一个 O 属于一个 Si 和两个［BeO_4］四面体，仅［BeO_4］四面体间共顶位置为［OH］所占有。结构在（001）面内可视为 Be—O 和 Si—O 四面体构成的环层，从而使晶体呈平行于（001）之板状。原子间距：Be—O(3)（OH）=0.1648nm，Si—O(4)=0.1617nm。羟硅铍石常呈平行于（001）的细小板状晶体，有时呈柱状。

（2）化学性质：羟硅铍石化学式 $Be_4[Si_2O_7](OH)_2$，理论化学成分 BeO 42.00%，SiO_2 50.44%，H_2O 7.56%。常含铝、铁、钙、镁、锰、钠、钾及锗、镓、铜、银等。

（3）物理性质：羟硅铍石颜色为无色、灰黄色，玻璃光泽，透明，解理｛110｝完全，｛100｝和｛010｝中等，有｛001｝裂开，莫氏硬度6~6.5，密度2.6g/cm^3。

（4）光学性质：薄片中无色，二轴晶（负光性）。折射率：n_p=1.584~1.591，n_m=1.603~1.605，n_g=1.611~1.614，光轴角：$2V$=73°~81°。光轴面平行（010），n_p 平行 a 轴。色散弱。以较高突起区别于绿柱石。

（5）成因产状：羟硅铍石为气化至热液阶段产物，在伟晶岩中与绿柱石、电气石、磷铍钙石等共生，有时交代绿柱石，在晶洞中成绿柱石的假象，亦见于花岗细晶岩，并在花岗岩的热液蚀变带中常见，与硅铍石、铍榴石以及石英、长石等共生。

4.3.5 金绿宝石 $BeAl_2O_4$

（1）晶体化学性质：金绿宝石属斜方晶系矿物，晶体结构与橄榄石等结构，其中 Be 占据 Si 的位置，Al 占据 Fe 和 Mg 的位置。即骨干为孤立的［BeO_4］四面体，［AlO_6］八面体平行 a 轴联结成锯齿状链。平行（010）的每一层配位八面体中，一半是实心八面体（为 Al 充填），另一半是空心八面体（无充填），均呈锯齿状链，而在位置上相差 $c/2$，层与层之间亦有实心八面体与空心八面体相对，它们的邻近层是以共用八面体的角顶联结，而交替层则以共用铍氧四面体的角顶和棱来联结，每一个 O 与三个 Al 和一个 Be 相连，［BeO_4］四面体的六个棱中有三个与［AlO_6］八面体共用，从而导致配位多面体的变形。原子间距 Al—O(6)=0.214nm，Be—O(4)=0.163nm。金绿宝石晶体依（103）晶面形成假六方三连晶（参见彩图3），一般晶体呈板状、短柱状，集合体呈粒状（参见彩图4）。

（2）化学性质：金绿宝石化学式为 $BeAl_2O_4$，理论化学成分 BeO 为19.8%，Al_2O_3 为80.2%。常含铁、铬、钛等杂质。

（3）物理性质：金绿宝石颜色为无色、黄色、黄绿、宝石绿、绿白色等，绿黄色的金绿宝石在短波紫外光下，产生绿黄色荧光。有奇异的猫眼变色效应。金绿宝石颜色为白色、米白色，少数金绿宝石单晶体无色透明，玻璃光泽，半透明，少数颗粒透明。粉晶 X 衍射分析，主要粉晶谱线：4.00（30），3.234（90），2.56（70），2.32（50），2.26（50），2.086（100），1.615（100），1.335（70）。莫氏硬度 8～8.5，密度 3.63～3.83g/cm^3，无磁性，属非磁矿物。解理｛101｝中等，｛010｝和｛001｝不完全，遇酸不受侵蚀。

（4）光学性质：透射光下无色、绿色、橙色、绿色，正突起高，糙面显著。二轴晶（正光性）。折射率：$n_p = 1.753 \sim 1.758$，$n_m = 1.747 \sim 1.749$，$n_g = 1.744 \sim 1.747$，光轴角变化大，光轴角：$2V = 10° \sim 71°$。正交偏光干涉色与石英类似，一级灰～黄白色，平行消光以突起高区别于石英。带色者具多色性。

（5）成因产状：在花岗伟晶岩中金绿宝石与绿柱石、独居石、电气石、铌钽铁矿、白云母等共生，亦产于蚀变细晶岩中，并常见于花岗岩与镁质灰岩的接触交代带——条纹岩中与硅铍石、萤石、黄玉、电气石、叶绿泥石、白云石等共生。

4.3.6 兴安石 $(Y, Ce, Yb)_2Be_2Si_2O_8(OH)_2$

兴安石 1977 年发现于大兴安岭南部的一碱性花岗岩中，经国际矿物协会新矿物命名委员会（IMA－CNMMN）的认可，命名为兴安石。1983 年在俄罗斯的科拉半岛（Kola Peninsula）的富天河石伟晶岩中发现了富 Yb 的兴安石，命名为镱兴安石。1987 年日本的一些学者在岐阜县东南部塔哈拉（Tahara）地区的伟晶岩中又发现了富 Ce 的兴安石，命名为铈兴安石。兴安石具有硅硼钙石的结构类型，属于硅铍钇矿族矿物，其理想的化学式为 $(Y, Ce, Yb)BeSiO_4(OH)$ 或 $(Y, Ce, Yb)_2Be_2Si_2O_8(OH)_2$，它是一种富稀土和铍的硅酸盐，与硅铍钇矿化学组成接近，但含铁低。兴安石含 BeO 为 10%～12%，SiO_2 为 22%～28%，$\sum w_{RE_2O_3}$为 47%～62%（包含 Y_2O_3）。另外含少量或微量的铁、钛、铝、钙、镁、钾、钠等元素。根据兴安石中所含主要稀土元素的不同可将其分为三种类型，富钇族稀土者称钇兴安石，富铈族稀土者称铈兴安石，富镱族稀土者称镱兴安石。

丁孝石等人采用化学分析法和荧光光谱分析法最早测定出钇兴安石的化学成分（表 4－1），根据成分计算的化学式为：

$$(Y_{0.33}Ce_{0.19}Nd_{0.10}La_{0.05}Fe^{3+}_{0.05}Dy_{0.05}Gd_{0.04}Ca_{0.04}K_{0.04}Sm_{0.04}Na_{0.03}Fe^{2+}_{0.03}Pr_{0.02}Er_{0.02}Tb_{0.01}Ho_{0.01}Yb_{0.01})_{1.06}(Be_{0.97}Al_{0.03})_{1.00}(Si_{0.98}Al_{0.05})_{1.03}O_{4.00}[(OH)_{0.77}O_{0.23}]_{1.00}$$

Voloshin A. V. 等人利用电子探针测出了镱兴安石的化学成分（表 4－1），计算的化学式为：

$$(Yb_{0.45}Y_{0.20}RE_{0.30}Ca_{0.05})_{1.00}Be_{1.13}Si_{0.96}O_{3.92}(OH)_{1.08}$$

Miyawaki 等人于 1987 年在日本的 Tahara 发现了铈的含量稍微高于钇含量的

兴安石，计算其化学式为：

$$(Ce_{0.54}Y_{0.51}RE_{1.07})_{2.12}Fe_{0.41}Be_{1.96}Si_{1.96}O_{8.87}(OH)_{1.13}$$

最近，Miyawaki 等又发现了铈含量很高的兴安石并重新对 Tahara 的铈兴安石和钇兴安石做了电子探针定量分析，计算出铈兴安石和钇兴安石的化学式分别为：

$$(Ce_{0.82}La_{0.32}Nd_{0.31}Pr_{0.06}Y_{0.03}Sm_{0.01}Gd_{0.002}Dy_{0.001}Ca_{0.6})_{1.97}Fe_{0.24}Be_{2.02}Si_{2.02}O_{8.20}(OH)_{1.52}$$

$$(Y_{1.21}Ca_{0.28}Nd_{0.06}Gd_{0.06}Dy_{0.06}Yb_{0.05}Er_{0.04}Sm_{0.03}Ho_{0.03}Lu_{0.02}Pr_{0.01}Tm_{0.01}Tb_{0.01}La_{0.01})_{1.92}Fe_{0.23}Be_{2.07}Si_{2.07}O_{8.19}(OH)_{1.55}$$

（1）晶体化学性质：兴安石为单斜晶系矿物，晶体结构属层状结构硅酸盐，其结构与硅硼钙石、硅铍钇矿类似，只是硅硼钙石中的 Ca 被 Ce 取代，B 被 Be 取代。由 SiO_4 四面体和 BeO_4 四面体交替排列，并由四个和八个交替的四面体连接成环状，形成波浪层，层间由 Y、Ce、Yb 等连接起来。与硅铍钇矿相比，铁的位置出现空缺，为了达到电价平衡，一个 O 的位置由 OH 取代。1984 年，Risuro Miyawaki 等人重新精确测定了硅铍钇矿的结构，发现该结构中铁的位置也有部分空缺，有部分 O 的位置被 OH 取代。所以兴安石的结构实际上是硅铍钇矿结构的一种特殊情况。

（2）物理性质：兴安石晶体一般成短柱状或不规则粒状（参见彩图 5）。颜色较浅，随其所含的化学成分的不同而发生变化，钇兴安石为乳白色、浅黄色、淡绿色，铈兴安石为浅棕褐色，镱兴安石一般呈现无色。玻璃光泽，透明。条痕白色。密度 4.28～4.83g/cm^3。莫氏硬度 5～7。具电磁性，磁性变化大，并与铌铁矿和独居石的磁性范围重叠，在外加磁场 400～1500mT 时可进入磁性产品。

（3）光学性质：薄片中无色。二轴晶，正光性，光轴角：$2V=80°$，富 Yb 者 $2V$ 稍小。折射率：$n_g=1.765\sim1.783$，$n_m=1.753\sim1.765$，$n_p=1.744\sim1.748$。光性方位：$b=n_m$；$c\wedge n_g=6°\sim13°$；$a\wedge n_p\approx14°$。

4.4 铍矿石类型和选矿工艺

4.4.1 铍矿石类型

铍矿主要矿床类型有花岗伟晶岩绿柱石型铍矿床、气成热液绿柱石型铍矿、含硅铍石火山岩型铍矿床、矽卡岩金绿宝石型铍矿床（含铍条纹岩）、碱性花岗岩绿柱石型铍矿床、绿柱石－石英脉型铍矿床、含硅铍钇矿云英岩型铍矿床及含锌日光榴石云英岩型铍矿床以及残坡积含绿柱石砂矿床等。花岗伟晶岩型铍矿床是铍的主要来源，占铍矿总储量的 82.3%。主要铍矿石类型的矿石特征如下：

（1）花岗伟晶岩绿柱石型铍矿石：有价金属除 Be 之外，常伴随 Nb、Ta、Sn、Li、Rb、Cs 矿化。铍矿物主要为绿柱石，矿石中绿柱石含量一般小于 1%，有时可见硅铍钇矿、羟硅铍石等铍矿物，伴生钽锰矿、铌钽锰矿、铌钽铁矿、细晶石等钽铌矿物，脉石矿物主要为石英、钾长石、钠长石、白云母等，并有电气石、锂辉石、角闪石。绿柱石主要集中产出在稀有金属（Nb、Ta、Sn、Li、Rb、Cs）构成矿化的白云母 - 钠长石 - 锂辉石伟晶岩中，其中，以石英 - 叠层白云母结构带内最多。在伟晶岩中，由于有充分的结晶时间，因而绿柱石结晶单晶体通常较大，有时可见长达几米的大晶体，常见的为几毫米至数十厘米的晶体。云南文山麻栗坡县的伟晶岩中的绿柱石就属于此类，是中国祖母绿的最重要的产地。

（2）含硅铍石火山岩型铍矿床：铍矿体产出于次火山岩体与陆相火山岩接触带附近，矿体延伸规模较大，同时伴生有铀等工业矿产。铀矿物主要为沥青铀矿、铀黑、脂铅铀矿、硅钙铀矿。铍矿物主要为羟硅铍石，少量硅铍石。脉石矿物主要为石英、钠长石、钾长石、绢云母、绿泥石、少量的萤石和褐铁矿等矿物。铍的赋存状态主要以羟硅铍石为主，其次少量以吸附等形式存在于磁铁矿和褐铁矿中，再者极少量以吸附形式存在于高岭土、伊利云母、绿泥石等黏土矿物之中。羟硅铍石以自形晶 - 半自形晶的形式存在，常呈细小的板状和柱状晶体，主要分布于萤石脉之中，主要与深紫色萤石共生，呈不规则状、片状，半自形或他形晶。羟硅铍石为矿石中最主要的含铍矿物，主要以两种形式存在：1）羟硅铍石在岩石中以自形晶 - 半自形晶的形式存在，常呈细小的板状和柱状晶体，一般矿物颗粒大小为 0.02 ~ 0.3mm，主要分布于萤石脉之中；2）羟硅铍石被包裹于萤石脉之中，与萤石颗粒常呈线状接触关系。羟硅铍石常与深紫色、紫色萤石共生。羟硅铍石矿和硅铍石类型的矿石一般不经选矿，直接从原矿中萃取铍。

（3）矽卡岩金绿宝石型铍矿床：产于花岗岩与碳酸盐类岩石接触带，有时与钨、锡矿共生。含铍矽卡岩的特征常具条纹构造，故称含铍条纹岩。浅色矿物与深色矿物集合体相间的条纹岩常形成大的透镜体、薄层状或筒状矿体。有关的花岗岩类一般为中小型岩株。由岩体到石灰岩或白云岩，有规律地从含磁铁矿、符山石、石榴子石的矽卡岩，逐渐过渡为含铍的深色磁铁矿为主的条纹岩、含塔菲石的绿色条纹岩到含金绿宝石为主的浅色条纹岩。与这类矿床有关的花岗岩体顶部的内接触带，有时也可发育含绿柱石的花岗岩和含铌、钽花岗岩。铍矿物有日光榴石、羟硅铍石、金绿宝石、香花石、塔菲石、含铍符山石和含铍尖晶石等。这类铍矿床一般含 BeO 较高、储量较大，但由于铍矿物的可浮性较差，选矿富集较困难，是重要的潜在铍矿资源。

（4）气成热液绿柱石型铍矿石：该类矿石赋存于断裂带石英脉中，赋矿围岩各式各样，可以为花岗岩、碎屑岩、碳酸盐等，矿石化学组成和矿物组成与赋矿围岩相关。有价金属除 Be 之外，常伴随 W、Sn 矿化或只有 W 矿化。铍矿物主要为绿柱石，与白钨矿、黑钨矿、锡石共生或伴生钨锡矿床中，脉石矿物主要为石英、白云母以及气成矿物电气石、萤石等。该类铍矿一般采用浮选法浮出绿柱石（蓝柱石）回收铍，同时浮选回收钨矿物。

4.4.2　铍矿石选矿工艺和铍提取工艺

绿柱石的选矿，除人工手选、重选、静电选外，对于一些细粒嵌布含绿柱石较贫的矿石也会采用选冶联合的方法，但目前为止，国内外研究最多的还是浮选。目前我国研究应用的绿柱石浮选工艺包括酸法脱泥浮选流程、碱法脱泥浮选流程、不脱泥碱法浮选流程。我国某地伟晶花岗岩矿床富含绿柱石矿就曾探索过酸法脱泥浮选工艺，该流程包括调整 pH 为 2，用同类捕收剂进行长石—绿柱石混合浮选，混合精矿添加阴离子捕收剂浮选绿柱石，该浮选工艺能分别回收绿柱石、云母，但工艺流程复杂，且对设备要求较高。碱法脱泥浮选即在矿浆预处理时加入氢氧化钠、碳酸钠调整矿浆，再使用阴离子捕收剂回收绿柱石，该方法与酸法脱泥流程相比，获得的精矿指标更好，且对设备要求不高，但精选工艺也很复杂。为使流程进一步简化，提出了不脱泥碱法工艺流程，该流程不需脱泥，并以硫化钠和氟化钠、明矾取代淀粉，分离绿柱石与其可浮性相近的矿物，获得的指标良好。无论是酸法还是碱法流程，必须注意矿浆中金属离子的影响，同时，为了提高绿柱石的可浮性及浮选过程中的选择性，必须用酸或碱进行预先处理，随后矿浆脱泥。为了分离与绿柱石可浮性相近的矿物必须通过多次精选，或在工艺中添加特殊药剂，或加温矿浆的方法来达到。

目前世界上从矿石中提取氧化铍的仅有中国的水口山六厂、美国的布拉什威尔曼公司等几家企业，主要的工艺流程为硫酸法和氟化法。硫酸法是现在提铍工艺中应用最广泛的方法之一，包括德古萨工艺、酸浸 - 萃取工艺、Brush 工艺，硫酸法的原理是通过焙烧预处理破坏铍矿物的结构和晶型，再加酸溶解，使含铍矿物进入液相，并与含硅矿物分离，再通过浸出、萃取对氧化铍提纯。氟化法是通过硅铍石与硅氟酸钠混合并于750℃烧结，烧结块磨细，室温下用水浸出，其原理是利用烧结生成的铍氟酸钠能溶于水，而冰晶石不溶于水。由于氟化法获得的浸出液的纯度高，不需要专门的净化就可以直接利用氢氧化钠沉淀析出氢氧化铍。与硫酸法相比，氟化法的流程简单，对设备要求低，适合处理含氟较高的矿石，但获得的精矿指标要低于硫酸法。在处理低品位原矿石时，需增加辅助剂的用量，但是钙、磷的增加会降低烧结块中水溶铍的含量，不利于铍的回收。

4.5　高温热液绿柱石型钨铍矿石工艺矿物学实例

4.5.1　原矿物质组成

原矿的化学成分：WO_3 为 0.51%，BeO 为 0.45%，Fe 为 0.32%，CaF_2 为 25.99%，$CaCO_3$ 为 42.94%，SiO_2 为 12.40%，MgO 为 1.61%，Al_2O_3 为 6.30%。矿石具有富钙贫硅的特点。

经显微镜鉴定和 MLA 检测，矿物含量如表 4 - 4 所示。由测定结果可见，本矿石主要铍矿物为绿柱石，少量蓝柱石、硅铍石；钨矿物为白钨矿，极少量钨锰矿；硫化矿物数量极微；脉石矿物主要为富钙脉石——方解石和萤石，其次为白云母，石英数量较少。

表 4-4 原矿矿物定量检测结果

矿物	含量/%	矿物	含量/%	矿物	含量/%
白钨矿	0.56	绿柱石、蓝柱石	3.05	硅铍石	0.11
黑钨矿	0.05	萤石	26.33	方解石	38.53
白云母	22.37	白云石	3.93	石英	3.81
氟硼镁石	0.05	菱铁矿	0.11	磷灰石	0.32
刚玉	0.04	铬尖晶石	0.37	合计	100.00
绿泥石	0.33	褐铁矿	0.04		

4.5.2 主要矿物的嵌布粒度

原矿的块矿磨制成光片显微镜下测定主要矿物嵌布粒度，测定结果如表4-5所示。由测定结果表明，本矿石中铍矿物-绿柱石和硅铍石粒度较粗，绿柱石90%以上嵌布粒度大于0.08mm，约70%的硅铍石嵌布粒度大于0.08mm。白钨矿嵌布粒度比铍矿物略细，但粗细较均匀，主要粒度范围在0.02~0.32mm；黑钨矿嵌布粒度略细于白钨矿，粗细不均匀，主要粒级范围在0.005~0.32mm。

表 4-5 主要矿物嵌布粒度测定结果

粒级/mm	嵌布粒度分布/%				
	绿柱石	硅铍石	白钨矿	黑钨矿	萤石
-1.28 ~ +0.64	7.01	3.50			2.54
-0.64 ~ +0.32	26.61	23.5	2.79		13.55
-0.32 ~ +0.16	27.32	27.17	12.57	13.26	33.25
-0.16 ~ +0.08	28.02	14.35	36.18	28.23	33.35
-0.08 ~ +0.04	7.75	16.05	24.59	24.43	14.40
-0.04 ~ +0.02	2.96	8.16	18.61	8.18	2.57
-0.02 ~ +0.01	0.33	6.72	5.15	15.10	0.28
-0.01	0.00	0.55	0.11	10.80	0.06
合计	100.00	100.00	100.00	100.00	100.00

4.5.3 主要矿物选矿工艺特性和嵌布状态

4.5.3.1 白钨矿 $Ca[WO_4]$

白钨矿呈四方双锥状或等轴粒状，晶体无色透明，油脂光泽。硬度中等（莫氏硬度4.5)，密度5.8~6.2g/cm^3，性脆，具有清楚的解理。本矿石中白钨矿化学成分较纯，基本不含钼或其他杂质。白钨矿单矿物WO_3含量80.15%。

在矿石中，白钨矿的嵌布特点为晶形完整，粒度大小均匀，与萤石和白云母连生较密切，其嵌布形式较为单一，主要嵌布形式为：(1)白钨矿呈四方双锥半自形晶粒状充填于萤石与白云母之间，如图4-1所示；(2)少量白钨矿与绿柱石连生，一同嵌布在萤石中。可以预见，该矿石中白钨矿具有良好的解离性。

图4-1　自形晶白钨矿嵌布于萤石与白云母之间（反光显微镜，放大160倍）

4.5.3.2　绿柱石 $Be_2Al_2[Si_6O_{18}]$、蓝柱石 $BeAl[SiO_4](OH)$

该矿石中铍矿物为绿柱石和蓝柱石，两矿物均属环状硅酸盐矿物，前者结构对称性高，为六方晶系，后者因含水对称性降低而属单斜晶系，蓝柱石系绿柱石的晚期热液交代产物，从X射线衍射谱线来看，矿石中蓝柱石的谱线峰值与标准谱线对比，有规律性的位移，并峰值介于绿柱石与蓝柱石之间，表明本矿石绿柱石并未完全变为蓝柱石，可能处于绿柱石与蓝柱石之间的过渡状态。矿石中绿柱石大多晶形完整，呈柱状晶，晶体有时可见环带构造生长纹，集合体呈晶腺状。晶体无色透明，玻璃光泽，不平坦断口或贝壳状断口。莫氏硬度7.5~8，密度2.6~3g/cm^3。绿柱石（含蓝柱石）晶体中包含白云母、方解石等包裹体，并见有白云母交代现象。绿柱石（含蓝柱石）单矿物化学分析：BeO为12.06%，Al_2O_3为19.70%，Na_2O为0.38%，MgO为1.07%。

绿柱石（含蓝柱石）大多在脉壁生长，与萤石和白云母连生，具较粗晶体。主要嵌布形式为：(1)绿柱石（含蓝柱石）呈自形晶柱状嵌布于萤石中或萤石与白云母之间，如图4-2所示（另见彩图6）；(2)绿柱石（含蓝柱石）集合体成群嵌布于萤石与白云母之间。

图 4 - 2 柱状晶绿柱石嵌布于萤石中，绿柱石晶面可见生长纹（透光显微镜，放大 160 倍）

4.5.3.3 硅铍石 $Be_2[SiO_4]$

本例矿石中含少量硅铍石，硅铍石同样为无色透明，晶体呈菱面体、短柱状，玻璃光泽。根据光学性质可与绿柱石相区别，硅铍石糙面显著，干涉色为一级顶部，高于绿柱石。莫氏硬度 7.5 ~ 8，密度 2.93 ~ 3.0g/cm^3。理论化学组成：BeO 为 45.43%，SiO_2 为 54.57%。

硅铍石与绿柱石的嵌布特征相似，主要与萤石和白云母连生，有时见与白钨矿连生。

4.5.4 钨在矿石中的赋存状态

根据原矿矿物定量结果和各矿物含钨量化学分析，钨在主要矿物中的分配如表 4 - 6 所示。由表 4 - 6 中可见，矿石中钨主要以白钨矿矿物形式存在，只有少量的钨锰矿（黑钨矿）。白钨矿中的钨占原矿钨总量的 88%，黑钨矿中的钨仅占 7% 左右，在 -0.074mm 细度仍包含于白云母、方解石、白云石、萤石的钨占 4% 左右。

表 4 - 6 钨在矿石中的平衡分配（单矿物在 -0.074mm 粒度完成最终提纯）

矿 物	矿物含量/%	矿物含 WO_3 量/%	分配率/%
白钨矿	0.56	80.15	87.95
黑钨矿	0.05	75.13	7.36
绿柱石	3.05	—	0.00
硅铍石	0.11	—	0.00
白云母	22.37	0.019	0.83
方解石（含白云石）	42.46	0.016	1.33
萤石	26.33	0.049	2.53
其他	5.07	—	0.00
合 计	100.00	0.51	100.00

4.5.5　铍在矿石中的赋存状态

根据原矿矿物定量结果和各矿物含铍量化学分析，铍在主要矿物中的分配如表4－7所示。由表4－7中可见，矿石中铍主要以绿柱石和蓝柱石矿物形式存在，只有少量的硅铍石。绿柱石和蓝柱石中的铍占原矿铍总量的80%，硅铍石中的铍仅占11%左右，在－0.074mm细度仍包含于白云母、方解石、白云石、萤石的铍占9%左右。

表4－7　铍在矿石中的平衡分配（单矿物在－0.074mm粒度完成最终提纯）

矿　物	矿物含量/%	矿物含BeO量/%	分配率/%
白钨矿	0.56	0.005	0.01
黑钨矿	0.05	—	—
绿柱石（含蓝柱石）	3.05	12.06	79.92
硅铍石	0.11	45.43	10.86
白云母	22.37	0.052	2.53
方解石（含白云石）	42.46	0.06	5.54
萤石	26.33	0.02	1.14
其他	5.07	—	—
合　计	100.00	0.46	100.00

4.5.6　影响矿石选矿的矿物因素分析

（1）矿石中钨矿物以白钨矿为主，只有极少量的黑钨矿。由于黑钨矿与白钨矿物理化学性质差别大，不易同时富集，为了简化流程，可忽略黑钨矿的分选，对钨的回收率影响不大。

（2）铍矿物以绿柱石为主，绿柱石结晶完整，对分选较为有利，但由于热液交代蚀变，部分绿柱石向蓝柱石转化。由于蓝柱石含羟基，亲水性更强，可浮性下降，应从捕收剂上强化蓝柱石的回收。

（3）本矿石中脉石矿物较为简单，主要为萤石、白云母、方解石，少量白云石、菱铁矿、石英、绿泥石、磷灰石等，其中萤石矿物含量达到26%左右，可综合回收。大量的富钙脉石，对白钨矿的精选干扰很大，应加强对方解石、萤石等富钙脉石的抑制。

4.6　矽卡岩金绿宝石型铍矿石工艺矿物学实例

4.6.1　原矿物质组成

原矿多元素分析：BeO为0.29%，Pb为0.019%，Zn为0.0087%，S为

0.01%，CaF_2 为 12.34%，MgO 为 20.05%，Al_2O_3 为 4.88%，CaO 为 21.87%，SiO_2 为 3.85%，K_2O 为 0.024%，Na_2O 为 0.024%。

原矿矿物组成：采用电子显微镜能谱分析和 MLA 矿物自动检测技术结合显微镜检测，对本矿石进行矿物查定和定量测定，主要矿物含量如表 4－8 所示。由测定结果可见，主要铍矿物为金绿宝石，少量硅铍石；除铍矿物和萤石之外，其他金属硫化物和氧化物的含量都极低，无综合回收价值；脉石矿物主要为白云石、萤石、叶绿泥石，这三种矿物占总矿物量 96%。

表 4－8 原矿矿物定量测定结果

矿 物	含量/%	矿 物	含量/%
金绿宝石	1.10	石英	0.24
硅铍石	0.05	长石	0.31
白云石	71.31	白云母	0.13
方解石	0.33	透闪石	0.11
萤石	12.34	透辉石	0.03
氟镁石	0.92	钙铝榴石	0.02
叶绿泥石	12.68	钠云母	0.20
榍石	0.01	磷灰石	0.04
白铅矿	0.03	其他	0.11
黄铁矿	0.02	合计	100.00
褐铁矿	0.02		

4.6.2 主要矿物的嵌布粒度

原矿的块矿磨制成光片显微镜下测定主要矿物嵌布粒度，测定结果见表 4－9 所示。由测定结果表明，矿石中铍矿物——金绿宝石粒度粗细极不均匀，粒度范围较宽，小于 0.08mm 粒级含量占 70% 左右，属于细－微粒极不均匀嵌布类型；硅铍石的嵌布粒度比金绿宝石更细，嵌布粒度小于 0.08mm，属微粒不均匀嵌布类型；白云石的嵌布粒度较粗，主要粒级范围为 0.04～0.32mm，属于细粒较均匀嵌布类型；叶绿泥石嵌布粒度略小于白云石，主要粒级范围为 0.04～0.32mm，属于细粒均匀嵌布类型；萤石嵌布粒度较不均匀，粗细均有，粒度分布范围较宽，属于细－微粒极不均匀嵌布类型。

表 4-9　主要矿物嵌布粒度测定结果

粒级/mm	嵌布粒度分布/%				
	金绿宝石	硅铍石	萤石	白云石	叶绿泥石
-0.64～+0.32			0.74	1.22	
-0.32～+0.16	4.32		10.80	22.43	12.64
-0.16～+0.08	26.09		33.54	61.53	51.28
-0.08～+0.04	26.87	23.90	25.40	12.85	24.92
-0.04～+0.02	18.02	34.64	17.38	1.59	8.03
-0.02～+0.01	12.79	30.93	8.14	0.28	2.54
-0.01	11.91	10.53	4.00	0.10	0.59
合　计	100.00	100.00	100.00	100.00	100.00

4.6.3　主要矿物选矿工艺特性和嵌布状态

4.6.3.1　金绿宝石 $BeAl_2O_4$

该矿石中的金绿宝石呈粒状单晶或集合体，部分金绿宝石结晶完整，具短柱状晶、少数晶体呈板状，偶见假六方三连晶，金绿宝石颜色为白色、米白色，少数金绿宝石单晶体无色透明，玻璃光泽，半透明，少数颗粒透明。金绿宝石粉晶X衍射分析表明，主要粉晶谱线：4.00（30），3.234（90），2.56（70），2.32（50），2.26（50），2.086（100），1.615（100），1.335（70），谱线与金绿宝石图谱相符。金绿宝石光学性质：透射光下无色，无多色性，正突起高，糙面显著。正交偏光干涉色与石英类似，一级灰至黄白色，平行消光。物理性质：莫氏硬度8～8.5，密度3.63～3.83g/cm³，无磁性，属非磁矿物。化学成分理论值：BeO为19.8%，Al_2O_3为80.2%。由于本矿石中金红宝石含绿泥石混合物，平均含BeO量比理论值低，含Al_2O_3比理论值高，单矿物分析结果：BeO为15.36%，Al_2O_3为83.42%。从以上物化性质表明，金绿宝石具硬度大，不易碎，密度偏小，无磁性等特点，与萤石、白云石、镁绿泥石等矿物密度差、磁性差均不显著，不适宜采取重磁选方法分选金绿宝石。

金绿宝石在矿石中的空间分布极不均匀，多分布在具条纹构造的白云岩中。在白云岩中发育平行木纹状、玛瑙状的灰色条纹，一般规律是条纹带两侧为叶绿泥石-萤石混杂，中间带为纯叶绿泥石，在中间纯绿泥石带充填生长成群的金绿宝石晶体，形成透镜状、串珠状、麻点状金绿宝石富集带，在该富集带中金绿宝石呈细-微细粒稠密或稀疏分布在叶绿泥石中，如图4-3及图4-4所示。经扫描电镜放大1000倍以上可见金绿宝石呈交代穿插于叶片状叶绿泥石缝隙中，两者之间形成交代穿孔结构或交代纹象结构，金绿宝石被叶绿泥石分隔成微细粒，如图4－5及图4－6所示。由此可见，金绿宝石与叶绿泥石形成非常紧密的连生关系，两者之间互含将导致磨矿后易产出连生体。

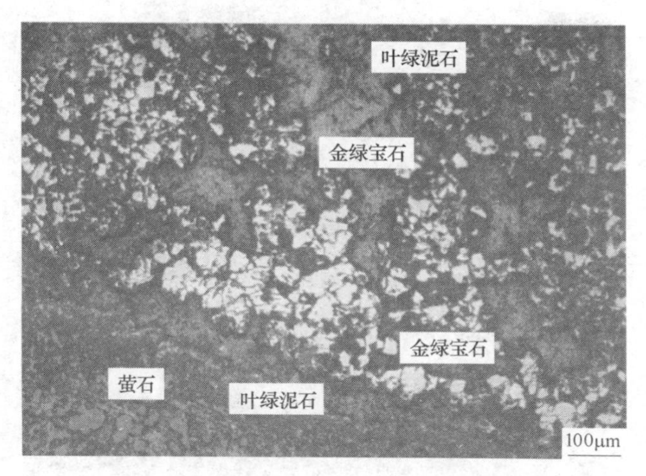

图4－3 条纹岩中金绿宝石稠密分布在叶绿泥石中（显微镜，反光）

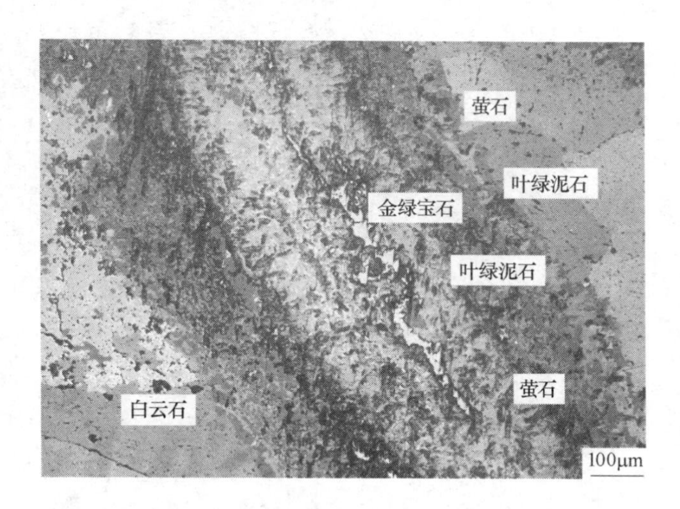

图4－4 在条纹岩中，条带两侧为叶绿泥石－萤石混合带，中间为纯叶绿泥石带，金绿宝石嵌布在纯叶绿泥石中（反光显微镜，放大160倍）

4.6.3.2 硅铍石 $Be_2[SiO_4]$

该矿石中含少量硅铍石，硅铍石的颜色无色透明晶体呈菱面体、短柱状，玻璃光泽。硅铍石光学性质与金绿宝石相近，硅铍石糙面显著，干涉色为一级顶部，根据化学组成与金绿宝石区别。莫氏硬度7.5～8，密度2.93～3.0g/cm^3。理论化学组成：BeO为45.43%，SiO_2为54.57%。

该矿石硅铍石嵌布形式与金绿宝石相近，常见硅铍石充填交代于叶绿泥石或

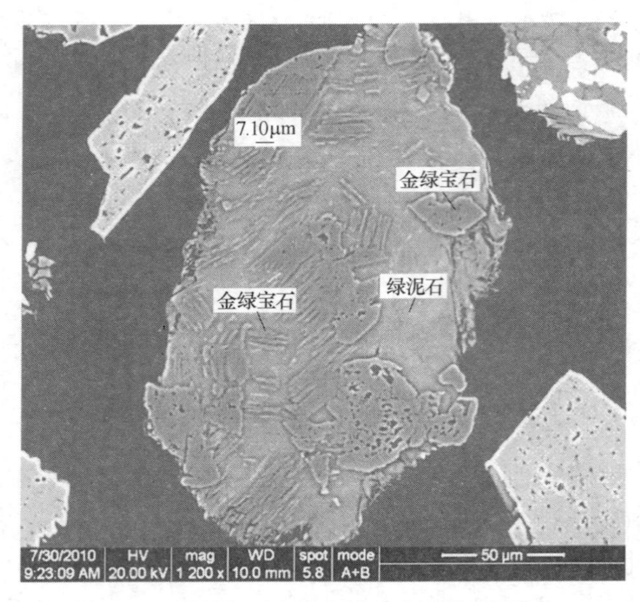

图 4－5　金绿宝石交代穿插于叶绿泥石缝隙中，在叶绿泥石缝隙中呈交代穿孔结构，金绿宝石被叶绿泥石分离成隔板状（扫描电镜，BES 图像）

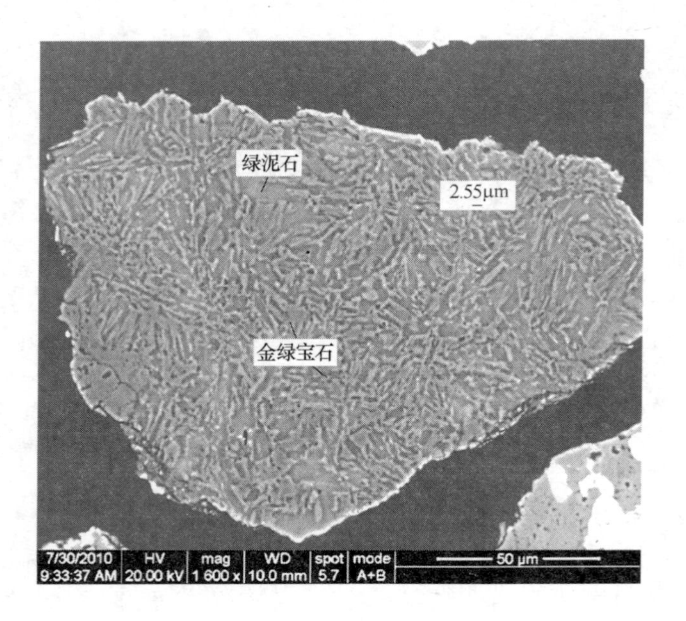

图 4－6　金绿宝石交代穿插于叶绿泥石缝隙中，在叶绿泥石缝隙中呈交代纹象结构，金绿宝石被叶绿泥石分离成骨架状（扫描电镜，BES 图像）

金绿宝石晶粒之间缝隙中。

4.6.3.3 萤石 CaF_2

该矿石中含大量萤石，萤石含量约占原矿总矿物量的12%。矿石的萤石呈紫色，透明，具玻璃光泽，莫氏硬度为4，密度为3.18g/cm^3。单矿物分析：BeO为0.08%。

该矿石中萤石的特点是粒度较细，呈糖粒状稠密分布于白色鳞片状叶绿泥石集合体中，这种萤石与叶绿泥石混合体在矿块中呈淡紫色条带状分布，与白色叶绿泥石条纹，交替呈条纹状产出，组成条纹状构造，金绿宝石一般分布在纯叶绿泥石带中，但也有部分条纹构造不完全，条带中叶绿泥石极少，金绿宝石呈微粒状分布在萤石条带中。

4.6.3.4 叶绿泥石 $(Mg,Fe)Al_2(OH)_6\{(Mg,Fe,Al)_2[(Si,Al)_4O_{10}](OH)_2\}$

该矿石中，叶绿泥石化学成分扫描电镜能谱测定结果如表4-10所示，与普通绿泥石相比，氧化镁和二氧化硅含量类似，而含氧化铝较高，含铁极低或基本不含铁，类似于叶绿泥石化学组成，只是比普通叶绿泥石含铝高和含铁低，也称富铝叶绿泥石。叶绿泥石粉晶X衍射谱线：7.12（100），4.74（100），3.55（100），14.33（60），谱线与普通叶绿泥石谱图相符。叶绿泥石结晶细微，呈细鳞片状，也有晶形较好，呈叶片状、纤维状的绿泥石。颜色较浅，多呈淡灰白色，结晶较好的纤维状绿泥石呈银白色，透明，玻璃光泽~油脂光泽，解理面珍珠光泽。具挠性，莫氏硬度2~2.5，密度2.6~2.8g/cm^3。具极弱电磁性，在2000~2500mT场强下进入磁性产品。

表4-10 叶绿泥石化学成分能谱测定结果

测点	化学成分/%						
	MgO	Al_2O_3	SiO_2	CaO	MnO	FeO	H_2O
1	27.74	35.71	23.44	0.00	0.00	0.00	13.11
2	28.13	29.34	29.42	0.00	0.00	0.00	13.11
3	26.27	31.90	28.73	0.00	0.00	0.00	13.11
4	27.14	30.18	29.58	0.00	0.00	0.00	13.11
5	26.15	32.39	26.61	0.30	0.30	1.14	13.11
平均	27.08	31.90	27.56	0.06	0.06	0.23	13.11

注：能谱测定结果加入理论含水量计算。

该矿石条纹构造由萤石-叶绿泥石、纯叶片状叶绿泥石和金绿宝石-叶绿泥石条纹组成，条纹呈平行木纹状及具波形的玛瑙状，金绿宝石与叶绿泥石连生最为密切，常见叶绿泥石中包含大量微细粒金绿宝石，呈麻点状稠密或稀疏分布。由于叶绿泥石与金绿宝石密切连生，它们之间解离性较差。叶绿泥石单矿物分析：BeO 为 0.53%，远高于萤石和白云石。

4.6.3.5　白云石 $CaMg[CO_3]_2$

白云石为矿石中含量最多的矿物，其矿物量为71%，占矿物量的2/3，为碳酸盐岩大理岩化的产物。本矿石中白云石基本不含铁，颜色为白色，玻璃光泽，解理面珍珠光泽。莫氏硬度3.5～4，密度$2.85g/cm^3$，无磁性。

在矿石中白云石呈中－细晶集合体，呈块状产出，常见白云岩中穿插条带状萤石与叶绿泥石，构成条纹状构造。白云岩位于条纹构造外侧，萤石与叶绿泥石混合形成边缘带，中心带为叶绿泥石和金绿宝石。白云石与金绿宝石的连生关系不如叶绿泥石和萤石密切，偶见有金绿宝石呈不规则粒状嵌布在白云石中。白云石单矿物分析：BeO 为 0.018%。

4.6.4　铍在矿石中的赋存状态

经提纯金绿宝石和白云石、萤石、叶绿泥石化学分析，作出铍在主要矿物中的分配如表4－11所示。由表中可见，矿石中铍矿物有金绿宝石和少量硅铍石，以金绿宝石和硅铍石矿物形式存在的铍占原矿总量的67%左右。－0.045mm细度下仍包含于叶绿泥石的铍占有率最大，达到25%，包含于萤石中的铍占3.5%。白云石在原矿中矿物占有量最大，达到71%，而包含于白云石中的铍较少，只占4.5%左右。

表4－11　铍在矿石中的平衡分配（单矿物在－0.045mm粒度完成最终提纯）

矿　物	矿物含量/%	矿物含 BeO 量/%	分配率/%
金绿宝石	1.10	15.36	58.97
硅铍石	0.05	45.43	7.93
白云石	71.64	0.018	4.50
萤石	12.34	0.08	3.45
叶绿泥石/氟镁石	13.60	0.53	25.15
其他	1.27	—	—
合　计	100.00	0.287	100.00

4.6.5　影响选矿的矿物学因素分析

（1）本矿石主要铍矿物为金绿宝石，少量硅铍石；除铍矿物之外，其他金属硫化物和氧化物的含量都极低，无综合回收价值；脉石矿物主要为白云石、萤石、叶绿泥石，这三种矿物占总矿物量97%。

（2）本矿石中铍矿物——金绿宝石粒度粗细极不均匀，粒度范围较宽，小于0.08mm粒级含量占70%左右，属于细至微粒极不均匀嵌布类型；硅铍石的嵌布粒度比金绿宝石更细，嵌布粒度小于0.08mm，属微粒不均匀嵌布类型；白云石的嵌布粒度较粗，主要粒级范围在0.04～0.32mm，属于细粒较均匀嵌布类型；叶绿泥石嵌布粒度略小于白云石，主要粒级范围在0.04～0.32mm，属于细粒均匀嵌布类型；萤石嵌布粒度较不均匀，粗细均有，粒度分布范围较宽，属于细－微粒极不均匀嵌布类型。

（3）金绿宝石在矿石中的分布极不均匀，多分布在具条纹构造的白云岩中。一般规律是条纹带两侧为叶绿泥石至萤石混杂，中间带为纯叶绿泥石，在中间纯绿泥石带充填生长成群的金绿宝石晶体，形成透镜状、串珠状、麻点状金绿宝石富集带，在该富集带中金绿宝石呈细－微细粒稠密或稀疏分布在叶绿泥石中。金绿宝石与叶绿泥石之间呈交代穿孔结构和交代纹象结构，形成非常紧密的连生关系，叶绿泥石中包含微细粒金绿宝石，而金绿宝石晶体中也包含叶绿泥石，两者之间互含导致磨矿后产生大量两矿物连生体，此为金绿宝石可浮性差的根本原因。

（4）铍的赋存状态查定表明，矿石中铍矿物有金绿宝石和少量硅铍石，以金绿宝石和硅铍石矿物形式存在的铍占原矿总量的67%左右。－0.045mm细度下仍包含于叶绿泥石的铍占有率最大，达到25%，包含于萤石中的铍占3.5%。白云石在原矿中矿物占有量最大，达到71%，而包含于白云石中的铍较少，只占4.5%左右。

5 锂矿的工艺矿物学

5.1 锂资源简介

金属锂是最轻的金属，密度为 $0.534g/cm^3$，熔点为 180.54℃。锂及其化合物是原子能工业、航空航天工业的重要原料。氢化锂还是热核反应的重要原料。在冶金工业中，锂用于制造轻合金和耐磨合金，也可作为生产稀有金属的还原剂和精炼金属的除气剂。锂电池广泛用于信息产品、摄像机、照相机、电子手表的能源，锂离子动力电池用于电动汽车和民用电力调峰电源。此外，锂的一些化合物，在陶瓷工业上还被用作釉药。在玻璃工业上，用来制造乳白玻璃和能透过紫外线的特种玻璃，如电视机的荧光屏玻璃，就是锂玻璃。

锂在地壳中丰度值为 11×10^{-6}，其丰度居第 27 位。全球的锂资源丰富，自然体系中无单质锂存在，锂仅以化合物的方式存在。已知含锂的矿物有 150 多种，锂的工业矿物有：锂辉石、锂云母、透锂长石、磷锂铝石等。早期锂资源主要来自伟晶岩，资源储量小，随着盐湖中卤水锂资源的发现，锂资源储量呈几何级数增长，盐湖卤水锂资源已占总锂资源的 80% 以上。海水中有丰富的锂资源，总储量达 2600 亿吨，可惜浓度太小，提炼非常困难。某些矿泉水和植物机体里，含有丰富的锂。

世界锂资源分布如表 5 – 1 所示，我国锂资源分布情况如表 5 – 2 所示。

表 5 – 1　世界锂资源分布情况

锂资源种类	锂资源分布
盐湖锂矿	盐湖锂矿包括现代盐湖卤水和晶间卤水，锂以氯化锂结晶产出，工业品位：LiCl 为 200 ~ 300mg/L，与铯、铷伴生，规模大，但加工提取工艺技术复杂。智利、阿根廷、中国、美国锂资源主要来自盐湖，来自盐湖卤水生产的碳酸锂，主要用于锂冶金工业。同时，也用于制造锂化学品和锂金属。最著名的是南美洲的 Salar 盐湖，赋存极其丰富的锂资源，是世界上最大的锂盐湖群，分布在智利、阿根廷和玻利维亚交界的沙漠中。美国西尔斯和中东死海也赋存丰富的盐湖资源
伟晶岩锂矿	花岗伟晶岩锂矿床最主要的锂矿物为锂辉石，其次为锂云母。粗晶锂辉石可手选，一般工业品位：Li_2O 为 5% ~ 8%，细晶锂辉石采用浮选机选，一般工业品位为 0.8% ~ 1.1%。可伴生铌、钽、铍、铷、铯、云母、萤石等。主要分布在澳大利亚、加拿大、芬兰、中国、津巴布韦、南非和刚果金。印度和法国也发现伟晶岩锂矿床，但是不具有商业开发价值，目前世界上只有少数国家拥有可经济开发利用的锂资源

表5-2 国内锂资源分布情况

锂矿种类	锂资源分布
盐湖锂矿	盐湖锂矿床主要分布在青海和西藏，其中青海台吉乃尔盐湖是半干盐湖，面积780平方公里，有2层石盐，在盐层中赋存晶间卤水和孔隙卤水，氯化锂储量466万吨，LiCl为200mg/L。西藏盐湖属于碳酸盐型盐湖，为世界罕见的富含硼、锂、钾、铯等综合性盐湖，也是全球镁锂比最低的优质含锂盐湖，LiCl达300mg/L以上
伟晶岩锂矿	中国花岗伟晶岩锂矿床分布于四川、新疆、河南、江西、福建、湖南和湖北，其中四川省甲基卡伟晶岩型锂辉石矿床是世界上最优质的锂矿床，Li_2O含量1.28%，储量103万吨。江西宜春钽铌矿Li_2O含量0.8%，锂矿物为锂云母，占全国可用锂矿资源的50%以上

5.2 锂在地壳中的存在形式和矿物种类

5.2.1 锂在矿石中的存在形式

锂位于元素周期表中第一主族，第二周期，为3号元素，也是最轻的碱土金属元素，锂原子的价电子层结构为$2s^1$，三个电子其中两个分布在K层，另一个在L层。锂常呈+1或0氧化态，但是锂和它的化合物并不像其他的碱金属那么典型，因为锂的电荷密度很大，并且有稳定的氦型双电子层，使得锂容易极化其他的分子或离子，自己本身却不容易受到极化，锂的化合物不稳定。锂在地壳中的含量比钾和钠少得多，它的化合物不多见。锂在自然体系分布比较广泛，主要以硅酸盐形式，其次以磷酸盐形式存在，极少数以碳酸盐形式存在，在主要类型岩浆岩和主要类型沉积岩中均有不同程度的分布，其中在花岗岩中含量较高，平均含量达40×10^{-6}。

在盐湖锂矿中，锂主要赋存于地表卤水和地下晶间与孔隙卤水中，并伴生有极其丰富的硼、钾、镁、钠等有益元素。

5.2.2 锂矿物种类

在自然界中目前已发现锂矿物和含锂矿有150多种，其中锂的独立矿物有30多种，大部分是硅酸盐（占67%）及磷酸盐（占21.2%），其他则很少。作为制取锂的矿物原料主要是锂辉石（含Li_2O为5.8%~8.7%）、锂云母（含Li_2O为3.2%~6.45%）、磷锂铝石（含Li_2O为7.1%~10.1%）、透锂长石（含Li_2O为2.9%~4.9%）及铁锂云母（含Li_2O为1.1%~5%），其中前3个矿物最为重要。常见锂矿物种类如表5-3所示。

表 5-3 主要锂矿物类型和种类

矿物类型	矿物种类	化学式	Li_2O 含量/%
氧化物	锂硬锰矿	$(Li,Al)MnO_2(OH)$	0.18 ~ 3.30
硅酸盐	锂云母(鳞云母)	$K\{Li_{2-x}Al_{1+x}Al[Al_{2x}Si_{4-x}O_{10}]F_2\}$	3.2 ~ 6.45
	铁锂云母	$K\{LiFeAl[AlSi_3O_{10}]F_2\}$	1.1 ~ 5
	锰锂云母	$K\{Li_{1+x}(Mn^{2+},Fe^{2+})_{1-x}Al[Al_{1-x}Si_{3+x}O_{10}]F_{1+x}(OH)_{1-x}\}$	4.45
	锂皂石	$(Ca_{0.5},Na)_x(H_2O)_4\{Mg_{3-x}Li_x[Si_4O_{10}](OH,F)_2\}$	1.25
	镁锂闪石 - 铁锂闪石	$Li_2(Mg,Fe)_2(Al,Fe^{3+})_2[Si_8O_{22}](OH,F)_2$	3.56
	锂硼绿泥石	$Li_2Al_4[AlBSi_2O_{10}](OH)_8$	5.80
	锂绿泥石	$LiAl_2(OH)_6\{Al_2[AlSi_3O_{10}](OH)_4\}$	2.67
	锂霞石	$LiAl[SiO_4]$	11.79
	锂辉石	$LiAl[Si_2O_6]$	5.8 ~ 8.07
	硅锂石	$Li_xAl_x[Si_{3-x}O_6]$	4.93
	透锂铝石	$LiAl[Si_2O_6] \cdot H_2O$	6.55
	透锂长石	$Li[AlSi_4O_{10}]$	2.9 ~ 4.9
	锂铍石	$Li_2[BeSiO_4]$	22.80
	锂蒙脱石	$(Li,Ca,Na)_{1-x}(H_2O)_4\{(Al,Li,Mg)_{2+x}$ $[(Si,Al)_4Si_3O_{10}](OH,F)_2\}$	4.7
	高铁锂大隅石	$Li_2Na_4Fe_2^{3+}Si_{12}O_{30}$	2.78
	硅锰钠锂石	$LiNaMn_8Si_5O_{14}(OH)_2$	1.55
	硅锆钠锂石	$LiNa_2(Zr,Ti,Hf)Si_6O_{15}$	2.8
	锂白榍石	$Ca\{LiAl_2[BeAlSi_2O_{10}](OH)_2\}$	2.39
	锂冰晶石	$Na_3[Li_3Al_2F_{12}]$	5.35
	锂电气石	$NaLiAl_2Al_6[Si_6O_{18}][BO_3]_3[O,(OH)_3]$	1.52
磷酸盐	磷锂铝石	$Li\{Al[PO_4]F\}$	7.10 ~ 10.10
	羟磷锂铝石	$Li\{Al[PO_4](OH,F)\}$	9.2
	块磷锂矿	$Li_3[PO_4]$	27.68
	羟磷锂铁石	$Li\{Fe[PO_4]\}OH$	8.48
	铁磷锂矿	$LiFe[PO_4]$	9.47
	锰磷锂矿	$LiMn^{2+}[PO_4]$	9.46
	磷锂锰矿	$Li_{1-x}(Mn_{1-x},Fe_x^{3+})[PO_4]$	含量变化
	锂钙柱磷石	$Li_2CaAl_4[PO_4]_4(OH)_4$	4.87
	柱磷锶锂矿	$Li_2SrAl_4[PO_4]_4(OH)_4$	3.70
碳酸盐	扎布耶石	Li_2CO_3	40.21

5.3 主要锂矿物的晶体化学和物理化学性质

5.3.1 锂云母 $K\{Li_{2-x}Al_{1+x}Al[Al_{2x}Si_{4-x}O_{10}]F_2\}$

(1) 晶体化学性质：锂云母又称鳞云母，晶体属单斜晶系的层状硅酸盐矿物，是白云母的富锂亚种。其基本结构是由八面体配位的阳离子层夹在两个相同的［(Si，Al)O_4］四面体层网之间而组成的。［(Si，Al)O_4］四面体共三个角顶相连成六方网层，四面体活性氧的指向相对，并沿［100］方向位移 $a/3$（约 0.17nm)，使两层的活性氧和 OH 呈最紧密堆积，称之为云母结构层。根据云母结构层阳离子种类和填充数量，可将云母划分为二八面体型和三八面体型两种。锂云母属三八面体型。

(2) 化学性质：锂云母化学式中 $x=0\sim0.5$，成分变化大，当 $x=0$ 时，即阳离子中无铝代替硅，为无铝富硅的变种，称之为多硅锂云母。此外，锂云母为 Al－Li 和 Fe－Li 两个类质同象系列中富 Li 一端的成员，其 Al－Li 系列为不完全类质同象，富铝贫锂即为白云母，一般将 Li_2O 含量高于 3.5% 时才归入锂云母，低于这一含量称为锂白云母；而 Fe^{2+}—Li^{+} 系列则为完全类质同象，一般将铁含量高于 1.5% 者称为铁锂云母。锂云母中常有钠、铷、铯代替钾；大量的分析资料证明，凡是含锂的云母，均含一定数量的氟，含锂越高，氟的含量越高。

(3) 物理性质：锂云母晶体呈假六方板状（参见彩图 7)，但发育完整的晶体很少见，一般呈片状或鳞片状集合体。我国河南卢氏县产有球状的锂云母，是一种特殊形态。锂云母呈玫瑰色，浅紫色，有时为白色，风化后成暗褐色。透明。玻璃光泽，解理面显珍珠光泽。莫氏硬度 2～3。密度 2.8～2.9g/cm^3。薄片具弹性。

(4) 光学性质：薄片中无色，有时呈浅玫瑰色或淡紫色，二轴晶（负光性)。折射率：$n_p=1.535\sim1.570$，$n_m=1.554\sim1.610$，$n_g=1.556\sim1.610$，光轴角：$2V=20°\sim45°$。条状切面是鲜艳夺目的干涉色，片状切面为一级灰干涉色。显微镜下与白云母不易区别。

(5) 成因产状：锂云母一般只产在花岗伟晶岩中，与长石、石英、锂辉石、白云母、电气石等共生。它是提取稀有金属锂的主要原料之一。锂云母中常含有铷和铯，因此也是提取这些稀有金属的重要原料。

5.3.2 锂辉石 $LiAl[Si_2O_6]$

(1) 晶体化学性质：锂辉石属辉石族矿物，为单链链状硅酸盐矿物，晶体结构的一般特点是硅氧四面体以两角顶相连成单链，平行 c 轴延伸，中等阳离子铝组成的铝氧八面体和较大阳离子锂组成的锂氧八面体彼此共棱连接成链，亦平行 c 轴延伸。铝氧八面体的配位体氧全部为活性氧，而锂氧八面体的配位体中有部分惰性氧存在。在空间上，硅氧四面体单链和阳离子八面体链皆平行于（100）

晶面左右横排成行，但在 α 方向两者呈相间排列。

（2）化学性质：锂辉石的化学组成较稳定，硅氧四面体中无铝代替硅，常有少量 Fe^{2+} 和锰代替六次配位的铝，钠代替锂。理论化学成分 Li_2O 为 8.02%，Al_2O_3 为 27.40%，SiO_2 为 64.58%。

（3）物理性质：锂辉石（又称为 α-锂辉石）常呈柱状晶体（参见彩图8），灰白色、无色、烟灰色、玫瑰色、淡紫色、灰绿色和黄色，成分中含锰的紫色锂辉石称为紫锂辉石。玻璃光泽，莫氏硬度 6.5~7，密度 3.03~3.22g/cm³。

（4）光学性质：薄片中无色，正突起高，$n_p = 1.651 \sim 1.661$，$n_m = 1.655 \sim 1.669$，$n_g = 1.662 \sim 1.679$。纵切面呈柱状、长柱状。解离缝平行 c 轴方向，干涉色一级灰-黄色。以柱状晶和晶面有纵纹为鉴别特征。

（5）成因产状：锂辉石是富锂-花岗伟晶岩的特征矿物，常与石英、微斜长石、钠长石、磷锂铝石及绿柱石共生，是提取稀有金属锂的最重要原料。锂辉石氧化蚀变后，锂已大量流失，转变为蒙脱石、多水高岭石、拜来石和石英等，仍保持锂辉石的假象，这种蚀变锂辉石也称腐锂辉石。

5.3.3 扎布耶石 Li_2CO_3

扎布耶石（Zabuyelite）是中国学者 1987 年在西藏扎布耶湖中发现的新矿物，属锂的碳酸盐矿物，是现代盐湖中重要的锂矿资源。

扎布耶石属单斜晶系。菱柱状晶体。无色、乳白色、淡橘黄色，透明，玻璃光泽。莫氏硬度 3。密度 2.09g/cm³。微溶于水，遇 HCl 剧烈起泡。

成因产状：产于盐湖。在西藏扎布耶盐湖中可见扎布耶石（碳酸锂）与铷、铯等金属共生。

5.4 锂矿石类型和选矿工艺

5.4.1 锂矿石类型

（1）花岗伟晶岩型锂矿床：矿石以锂为主，并伴生有铍、铌、钽等可综合利用的有价金属。矿石主要为致密块状、斑杂状和条带状矿石。矿石中的矿物组成复杂，主要有用矿物为锂辉石，其次为绿柱石，钽铌铁矿。主要脉石矿物为长石、石英、白云母及少量黑云母、电气石、磷灰石、石榴子石等。锂辉石晶粒度较粗，一般在 0.1~1mm。铍多呈独立矿物绿柱石形式存在，绿柱石结晶粒度较细。钽铌铁矿常以副矿物形式存在，含量较低。四川甲基卡锂辉石矿属该类型。锂辉石是目前开采利用的主要锂矿物资源之一。

（2）钠长石化、云英岩化花岗岩型锂矿床：该类矿石中，锂常为钽铌矿石中的伴生元素，锂矿物以锂云母矿物形式存在。矿石矿物组成部分为钽铌铁矿、细晶石、锂云母、锂白云母、铁锂云母，脉石矿物主要为钠长石、正长石、石英、白云母、黄玉等。锂云母呈叠片状集合体，粒度较粗，钽铌铁矿和细晶石粒度一般为0.02～0.8mm。江西宜春钽、铌、锂多金属矿属该类型。

（3）盐湖型锂矿床：含岩盐、钾盐、芒硝沉积物的盐湖。锂含于卤水中，氯化锂的含量可达0.3%以上。共生矿物为岩盐、钾盐、芒硝等，有用组分为钠、钾、锂、硼、镁等。在含硼盐湖中，锂也含于卤水中，共生矿物有硬硼钙石、方硼石、板硼石和岩盐等。在钾石盐、光卤石盐湖中，共生矿物有钾石盐、光卤石、岩盐、杂卤石等，有用元素有钾、铷、铯、镁和锂等。这类矿床的特点是品位低，但储量巨大，开采、提炼方便。锂可与钠、钾和硼的盐类综合利用，经济价值较大。

5.4.2　锂矿石选矿工艺

锂辉石的选矿有手选法、浮选法、热碎解法、磁选法和重液选矿等，浮选法是目前锂辉石选别最重要的选矿方法，采用的是“三碱两皂”的浮选法，三碱即添加三种调整剂分别为碳酸钠、氢氧化钠和硫化钠，其用量、加药时间、地点等因素对浮选的影响很大；两皂及使用的捕收剂为环烷酸皂和氧化石蜡皂，其用量也随着水的软硬变化而增减。在实际生产中，受风化条件和矿浆中溶盐离子的影响，锂辉石的可浮性以及与其他脉石分离的难易程度变化较大，所以针对不同矿石，有必要对其物理化学性质进行分析，再选择合适的药剂制度和选矿工艺。重液选矿利用的是锂辉石的密度要大于与其共生的石英、长石等，利用重液如三溴甲烷、四溴乙烷重选，使锂辉石成为重矿物产品，脉石成为轻矿物产品。重液选矿适合于锂辉石与脉石矿物比重差异大的矿石。重液选矿操作简单、精矿指标较好，但是成本较高，目前在国外使用较多。磁选常常作为提高锂辉石精矿质量的一种辅助选别方法，能有效去除锂辉石中的含铁杂质以及磁性较弱的铁锂云母。磁选往往与重选、浮选相结合。

对于粗粒锂云母采用手选、风选和摩擦选，细粒锂云母一般采用胺类阳离子捕收剂进行浮选，用十八胺选锂云母时，最好的活化剂是水玻璃和硫酸锂。也有采用氢氟酸活化后，油酸作为锂云母的捕收剂。对于含铁的锂云母或铁锂云母，可采用强磁选分选。

盐湖锂矿一般采用化学法从卤水中提锂，主要有沉淀法、萃取法、离子交换吸附法、碳化法、煅烧浸取法、许氏法和电浸析法等。

5.5　碱性花岗伟晶岩型锂多金属矿工艺矿物学实例

5.5.1　原矿物质组成

原矿以稀有金属锂为主，伴生钽、铌、铷等。原矿多元素分析结果如表5-4所示。

表 5-4 原矿多元素分析结果

成分	Ta_2O_5	Nb_2O_5	Sn	K_2O	Na_2O	Li_2O	Rb_2O	Cs_2O	BeO
含量/%	0.006	0.015	0.0079	1.88	2.86	1.43	0.11	<0.005	0.037
成分	P_2O_5	S	CaO	MgO	SiO_2	Al_2O_3	Fe	Mn	
含量/%	0.23	0.016	0.24	0.07	68.38	14.4	0.54	0.087	

采用 MLA 矿物自动定量检测系统测定原矿的矿物组成及含量，结果如表 5-5 所示。结果表明，锂矿物主要是锂辉石，少量锰磷锂矿-铁磷锂矿和羟磷锂铝石；钽铌矿物主要是钽铌锰矿，并有数量与钽铌锰矿相近的含钽锡石；极少量稀土矿物——氟碳铈矿和独居石；其他金属氧化矿物包括少量至微量褐铁矿、钛铁矿、金红石等；金属硫化矿物很少，只有微量闪锌矿、黄铁矿和毒砂；脉石矿物主要是长石和石英，其次是云母，少量高岭土、电气石、石榴石、方解石、磷灰石、蓝晶石、角闪石等。

表 5-5 原矿矿物定量检测结果

矿 物	含量/%	矿 物	含量/%	矿 物	含量/%
钽铌锰矿	0.0179	钠云母	0.0248	晶质铀矿	0.0026
锡石	0.0157	角闪石	0.1319	白钨矿	0.0046
锂辉石	18.6735	锰铝榴石	0.0767	菱铁矿	0.0016
羟磷锂铝石	0.0115	钙铝榴石	0.3051	磁铁矿	0.0087
铁磷锂矿	0.0277	电气石	0.2341	褐铁矿	0.0211
锰磷锂矿	0.1730	蓝晶石	0.2167	钛铁矿	0.0198
锂硬锰矿	0.1068	高岭石	1.5684	金红石	0.0018
石英	28.4510	绿泥石	0.1173	榍石	0.0097
钠长石	30.0214	磷灰石	0.2322	锆石	0.0082
正长石	11.0575	方解石	0.2713	氟碳铈矿	0.0151
钙长石	0.0471	黄铁矿	0.0023	独居石	0.0012
黑云母	0.5314	毒砂	0.0010	其他	0.1769
白云母	7.4073	闪锌矿	0.0051	合计	100.0000

5.5.2 主要矿物的嵌布粒度

显微镜下测定原矿块矿中主要矿物的嵌布粒度，结果如表 5-6 所示。结果表明，锂辉石的嵌布粒度较粗，主要粒度范围 0.04~1.28mm，锂辉石的粒度虽然在易重选范围内，但锂辉石密度小，不适宜重选回收，一般采用浮选法回收。矿石中钽铌铁矿的嵌布粒度较微细，主要粒级范围 0.005~0.08mm，其中粒级小于 0.04mm 的占有率达 67%，对重选回收十分不利。

表 5-6 主要矿物的嵌布粒度分布

粒级/mm	粒度分布/%	
	钽铌铁矿	锂辉石
+1.28		3.13
-1.28 ~ +0.64		12.51
-0.64 ~ +0.32	1.64	15.64
-0.32 ~ +0.16	4.10	28.15
-0.16 ~ +0.08	6.16	24.63
-0.08 ~ +0.04	20.52	11.53
-0.04 ~ +0.02	24.62	3.62
-0.02 ~ +0.01	31.55	0.68
-0.01	11.41	0.10
合　计	100.00	100.00

5.5.3 主要矿物的解离度

测定不同磨矿细度下锂辉石和钽铌锰矿的解离度，结果如表 5-7 所示。结果表明，锂辉石的解离性较好，解离度高，在磨矿细度为 -0.074mm 占 65.96% 时，锂辉石的解离度可达 94% 左右。钽铌锰矿由于嵌布粒度微细，解离性差。在磨矿细度为 -0.074mm 分别占 66%、74%、77% 时，总解离度分别为 44%、54%、58%，未解离的钽铌锰矿主要与长石、锂辉石、云母连生。

表 5-7 不同磨矿细度下锂辉石和钽铌锰矿的解离度测定结果

磨矿细度	粒级/mm	产率/%	品位/%		解离度/%	
			Li_2O	Nb_2O_5	锂辉石	钽铌锰矿
-0.074mm 占 65.96%	+0.074	34.04	1.91	0.020	89.46	29.06
	-0.074 ~ +0.043	38.47	1.49	0.009	97.49	54.71
	-0.043	27.49	0.93	0.011	98.98	64.06
	合计	100.00	1.48	0.0133	94.22	43.70
-0.074mm 占 74.01%	+0.074	25.99	2.07	0.019	92.16	36.68
	-0.074 ~ +0.043	45.07	1.46	0.010	98.32	60.91
	-0.043	28.94	0.99	0.013	99.36	69.29
	合计	100.00	1.48	0.0132	96.29	54.24
-0.074mm 占 77.11%	+0.074	22.89	2.05	0.018	94.23	38.74
	-0.074 ~ +0.043	44.45	1.51	0.010	98.86	61.14
	-0.043	32.66	1.03	0.014	100.00	72.54
	合计	100.00	1.48	0.0131	97.65	58.08

5.5.4　主要矿物的嵌布状态和矿物学特性

5.5.4.1　*锂辉石* $LiAl[Si_2O_6]$

锂辉石的理论化学成分为：LiO_2 为 8.07%，Al_2O_3 为 27.44%，SiO_2 为 64.49%。常有少量 Fe^{3+} 和锰代替六次配位的铝，钠代替锂。样品中的锂辉石化学成分能谱分析结果如表 5-8 所示。结果表明，锂辉石中含少量 Fe、Mn、Na 杂质，同时锂辉石中常含石英等矿物包裹体，单矿物分析：Li_2O 为 7.45%，比理论值偏低。

表 5-8　锂辉石化学成分能谱分析结果

测　点	化学组成及含量/%					
	Li_2O	Na_2O	MnO	Fe_2O_3	Al_2O_3	SiO_2
1	7.47	0.13	0.20	0.68	28.05	63.48
2	7.47	0.09	0.22	1.03	27.74	63.45
3	7.47	0.13	0.19	0.72	27.93	63.56
4	7.47	0.15	0.22	1.33	27.74	63.09
5	7.47	0.11	0.16	0.45	28.07	63.75
6	7.47	0.17	0.10	0.43	28.14	63.69
7	7.47	0.08	0.00	0.53	28.22	63.70
8	7.47	0.14	0.19	0.67	27.97	63.56
9	7.47	0.11	0.06	0.23	28.42	63.72
10	7.47	0.12	0.18	0.76	28.09	63.38
11	7.47	0.06	0.18	0.60	27.97	63.72
12	7.47	0.08	0.18	0.57	27.96	63.74
13	7.47	0.06	0.20	0.46	28.09	63.71
14	7.47	0.10	0.21	0.45	28.05	63.72
15	7.47	0.09	0.22	1.24	27.52	63.46
平均	7.47	0.11	0.17	0.68	28.00	63.58

注：能谱无法检测 Li，能谱数据中加入锂辉石理论含锂量计算，故表中锂辉石化学成分仅供参考。

矿石中锂辉石的 X 射线衍射谱如图 5-1 所示。锂辉石一般呈灰白色、无色、烟灰色、灰绿色和黄色，玻璃光泽、条痕无色，莫氏硬度 6.5~7，密度 3.03~3.22g/cm^3。

锂辉石是富锂花岗伟晶岩的特征矿物，矿石中锂辉石晶体自形程度较好，呈柱状、长柱状晶体或集合体，多与长石、石英、云母、磷锂铝石共生，少数锂辉石与钽铌锰矿连生。

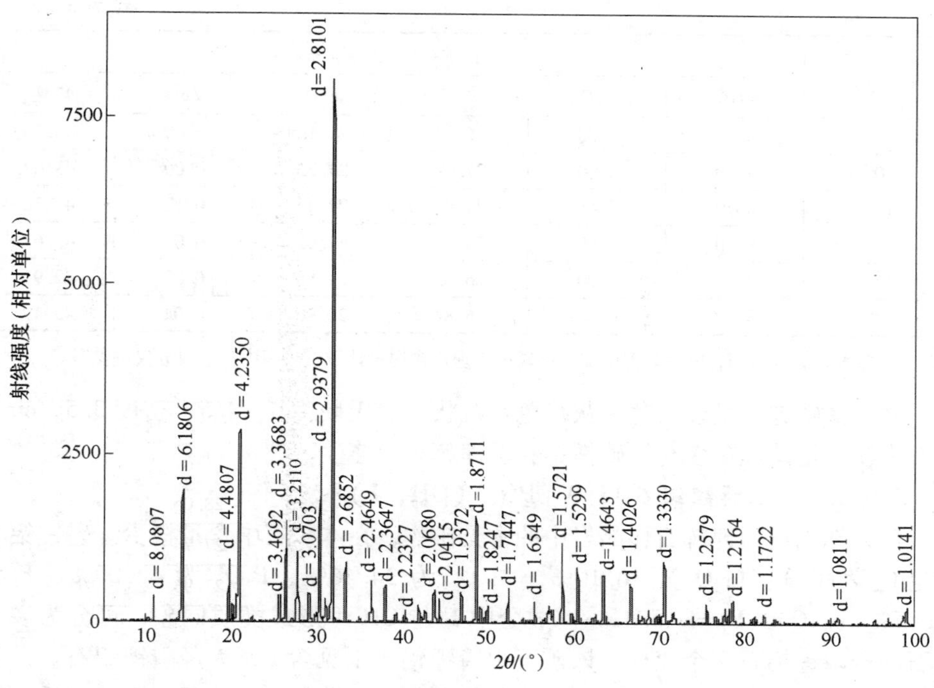

图5-1 锂辉石X射线衍射谱

5.5.4.2 锰磷锂矿-铁磷锂矿 Li(Mn, Fe)[PO_4]

矿物中锰与铁为完全类质同象，根据Mn含量大于Fe含量和Fe含量大于Mn含量区分锰磷锂矿和铁磷锂矿，锰磷锂矿理论化学成分：Li_2O为9.53%，MnO为45.22%，P_2O_5为45.25%。铁磷锂矿理论化学成分：Li_2O为9.47%，FeO为45.54%，P_2O_5为44.99%。本矿石中为锰-铁类质同象的过渡矿物——铁-锰磷锂矿，其化学成分如表5-9所示。

表5-9 铁-锰磷锂矿化学成分能谱分析结果

测点	化学组成及含量/%					
	Li_2O	CaO	MnO	FeO	ZnO	P_2O_5
1	8.70	0.00	31.09	15.46	0.00	44.75
2	8.70	0.00	27.71	20.69	0.00	42.90
3	8.70	0.00	25.82	21.84	0.00	43.64
4	8.70	0.00	25.97	21.75	0.34	43.24
5	8.70	0.00	26.79	21.36	0.00	43.14
6	8.70	0.00	25.92	21.57	0.00	43.80
7	8.70	0.00	27.99	19.73	0.00	43.58
8	8.70	0.00	26.98	20.71	0.00	43.61

续表 5-9

测 点	化学组成及含量/%					
	Li_2O	CaO	MnO	FeO	ZnO	P_2O_5
9	8.70	0.00	26.43	21.12	0.00	43.75
10	8.70	0.00	27.02	21.26	0.00	43.02
11	8.70	0.44	24.97	22.46	0.13	43.30
12	8.70	0.00	25.56	22.07	0.00	43.67
13	8.70	0.00	26.65	21.68	0.00	42.97
平均	8.70	0.03	26.84	20.90	0.04	43.49

注：能谱无法检测 Li，能谱数据中加入锰磷锂矿理论含锂量计算，故表中化学成分仅供参考。

铁-锰磷锂矿呈蜜黄色~灰绿色，粒状，莫氏硬度 4~4.5，密度 3.5g/cm³。矿石中铁-锰磷锂矿多与羟磷锂铝石、锂辉石等连生。

5.5.4.3 羟磷锂铝石 $Li\{Al[PO_4](OH, F)\}$

羟磷锂铝石为锂辉石伟晶岩中的常见矿物，在本矿石中含量极少。磷锂铝石理论化学成分：Li_2O 为 10.10%，Al_2O_3 为 34.46%，P_2O_5 为 48.00%，F 为 12.85%，—O ═ F_2 = -5.41%。成分中 F 与 OH 可形成类质同象，可分为磷锂铝石和羟磷锂铝石两个亚种，该矿石中磷锂铝矿未见含 F，为羟磷锂铝石。羟磷锂铝石晶体细小，呈短柱状晶体，颜色灰白色，微带黄色，玻璃光泽，莫氏硬度 5.5~6，密度 2.92~3.15g/cm³。

矿石中羟磷锂铝石较少见，嵌布在锂辉石、长石、石英中，并与铁-锰磷锂矿连生。

5.5.4.4 钽铌锰矿 $(Fe, Mn)(Nb, Ta)_2O_6$

钽铌铁矿中铁与锰，铌与钽分别为完全类质同象系列。矿石中主要是钽铌锰矿和铌钽锰矿，其化学能谱分析结果见表 5-10。Ta_2O_5 含量为 8.57%~62.76%，Nb_2O_5 为 20.46%~71.07%，平均 Ta_2O_5 为 28.13%，Nb_2O_5 为 53.27%。钽铌锰矿单矿物分析：Nb_2O_5 为 50.97%，Ta_2O_5 为 26.91%。铌钽锰矿晶体呈黑色，含锰高者呈黑红色，薄片可见明显暗红色，大多呈薄板状、板状晶体，不透明至半透明，半金属光泽，莫氏硬度 4~7，密度 5.37~7.85g/cm³，密度和硬度都随钽含量而变化，含钽越多，密度和硬度都越大，具电磁性，磁性变化不大，在外加磁场为 600~800mT 时进入磁性产品。

表 5-10 钽铌锰矿化学成分能谱分析结果

测 点	化学组成及含量/%			
	Nb_2O_5	Ta_2O_5	MnO	FeO
1	20.46	62.76	10.07	6.71
2	25.02	58.25	8.97	7.76

续表 5－10

测点	化学组成及含量/%			
	Nb_2O_5	Ta_2O_5	MnO	FeO
3	26.45	56.79	9.17	7.59
4	31.52	51.06	11.36	6.06
5	31.80	50.53	9.62	8.05
6	32.46	50.01	11.29	6.24
7	33.87	48.19	9.67	8.27
8	50.03	32.62	9.58	7.77
9	50.45	32.56	9.78	7.21
10	60.87	20.96	9.58	8.59
11	62.26	18.30	11.83	7.61
12	62.36	18.41	10.43	8.80
13	62.55	17.97	10.83	8.65
14	63.07	18.18	10.97	7.78
15	63.74	16.86	11.20	8.20
16	66.03	14.51	10.70	8.76
17	66.27	14.12	10.87	8.74
18	66.76	13.63	11.09	8.52
19	68.95	10.93	10.22	9.90
20	69.65	9.92	10.28	10.15
21	69.67	11.98	10.11	8.24
22	69.94	9.80	9.64	10.62
23	71.07	8.57	9.83	10.53
平均	53.27	28.13	10.31	8.29

矿石中钽铌锰矿一般呈板状、薄板状，单粒或多粒零星分布，主要有以下嵌布形式：（1）大多数嵌布在长石中、长石与云母之间或云母中，如图 5－2 所示；（2）钽铌锰矿嵌布于锂辉石中或锂辉石与长石之间，如图 5－3 所示；（3）少量钽铌锰矿与锡石连生。

5.5.4.5 锡石 SnO_2

矿石中锡石虽然少，只有 0.0157%，但其数量与钽铌锰矿相近，并且密度与钽铌锰矿相近，在重选过程可随钽铌回收而富集。锡石化学成分能谱分析如表 5－11 所示，平均 SnO_2 含量 97.87%，Nb_2O_5 含量 0.44%，Ta_2O_5 含量 1.22%，属含钽锡石。锡石呈自形或半自形晶，多呈四方柱状晶，颜色褐色，晶体透明，晶面金刚光泽，断口油脂光泽。莫氏硬度 6～7，密度 6.8～7.1g/cm^3。

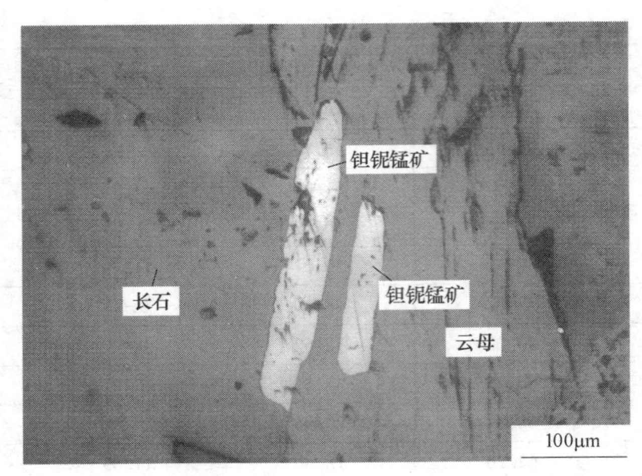

图 5-2 板状晶钽铌锰矿嵌布在长石与云母之间（显微镜，反射光）

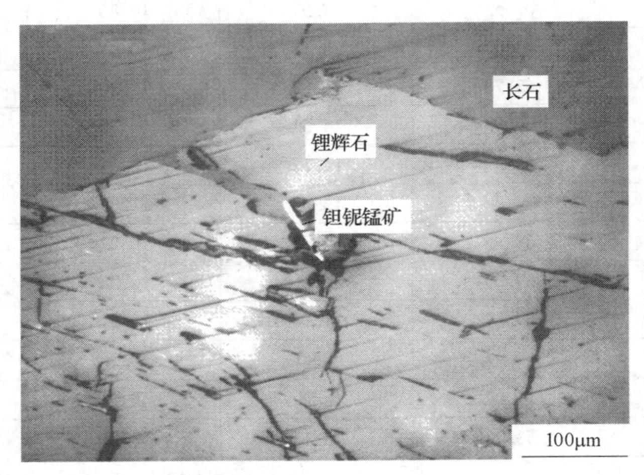

图 5-3 微细板状晶钽铌锰矿嵌布在锂辉石中（显微镜，反射光）

表 5-11 锡石化学成分能谱分析结果

测 点	化学成分及含量/%				
	SnO_2	Ta_2O_5	Nb_2O_5	FeO	Al_2O_3
1	96.70	2.28	0.50	0.46	0.06
2	99.21	0.33	0.18	0.23	0.05
3	98.59	0.87	0.17	0.32	0.05
4	97.41	1.16	0.78	0.54	0.11
5	99.44	0.23	0.07	0.14	0.12
6	99.64	0.12	0.00	0.16	0.08

续表 5－11

测点	化学成分及含量/%				
	SnO_2	Ta_2O_5	Nb_2O_5	FeO	Al_2O_3
7	99.65	0.22	0.00	0.13	0.00
8	96.84	2.23	0.33	0.49	0.11
9	97.64	1.69	0.15	0.42	0.10
10	95.48	3.10	0.52	0.71	0.19
11	97.90	0.58	1.09	0.41	0.02
12	97.73	1.31	0.49	0.37	0.10
13	99.74	0.15	0.00	0.05	0.06
14	98.62	0.91	0.15	0.27	0.05
15	98.23	1.15	0.23	0.29	0.10
16	99.67	0.21	0.00	0.02	0.10
17	98.45	0.49	0.66	0.34	0.06
18	94.66	3.04	1.37	0.89	0.04
19	97.74	0.65	1.01	0.50	0.10
20	96.47	2.37	0.37	0.64	0.15
21	95.45	2.51	1.17	0.83	0.04
平均	97.87	1.22	0.44	0.39	0.08

5.5.4.6 白云母 $K\{Al_2[AlSi_3O_{10}](OH)_2\}$

白云母理论化学成分：K_2O 为 11.8%，Al_2O_3 为 38.85%，SiO_2 为 45.2%，H_2O 为 4.5%。类质同象广泛，常见的混入物有 Ba、Na、Rb、Li、Ca、Mg 等。矿石中的白云母化学成分能谱分析如表 5－12 所示。云母单矿物分析：Ta_2O_5 为 0.0037%，Nb_2O_5 为 0.006%，Rb_2O 为 0.83%，Li_2O 为 0.29%。结果表明该白云母含铁、锰杂质较高，含锂较低，但稀散金属铷含量较高，可综合利用。白云母呈无色或浅黄色，透明至半透明，玻璃光泽，解理面珍珠光泽。密度 2.76～3.10g/cm^3。难溶于酸。

矿石中白云母为造岩矿物，一般嵌布于石英、长石中。

表 5－12 白云母化学成分能谱分析结果

测点	化学组成及含量/%							
	Na_2O	MgO	Al_2O_3	SiO_2	K_2O	MnO	FeO	Rb_2O
1	0.31	0.31	38.45	47.80	10.13	0.14	2.22	0.65
2	0.25	0.21	38.97	47.40	10.54	0.14	1.81	0.67

续表 5 - 12

测点	化学组成及含量/%							
	Na_2O	MgO	Al_2O_3	SiO_2	K_2O	MnO	FeO	Rb_2O
3	0.39	0.32	38.98	47.79	9.89	0.08	1.88	0.68
4	0.29	0.31	39.41	47.63	10.31	0.12	1.29	0.64
5	0.28	0.32	40.60	47.46	10.04	0.03	0.55	0.73
6	0.38	0.30	39.58	47.54	9.83	0.11	1.28	0.99
7	0.29	0.29	38.85	47.94	9.86	0.09	1.93	0.74
8	0.35	0.22	38.10	49.02	9.47	0.11	2.18	0.56
平均	0.32	0.29	39.12	47.82	10.01	0.10	1.64	0.71

注：能谱无法测定矿物含水量，故表中结果比实际略微偏高。

5.5.4.7　长石和石英

矿石中的长石含量达到41%，主要是钠长石和正长石（亦称钾长石），极少量钙长石，钠长石与钾长石矿物量比约为3∶1。长石一般呈灰白至白色，莫氏硬度6～7，性脆，断口较粗糙，密度2.55～2.62g/cm^3，在工业上主要用作陶瓷原料、玻璃熔剂、填料等。矿石中的钠长石和正长石微区化学成分能谱分析结果分别如表5－13及表5－14所示。由表中结果可知，矿石中正长石普遍含铷，但未见含铯，钠长石和正长石均含少量铁，可作为陶瓷原料综合利用。

表5－13　钠长石化学成分能谱分析结果

测点	化学组成及含量/%			
	Na_2O	Al_2O_3	SiO_2	K_2O
1	10.35	20.63	68.67	0.35
2	10.24	20.56	68.97	0.23
3	10.16	21.01	68.59	0.24
4	10.31	20.82	68.60	0.27
5	10.30	20.90	68.52	0.28
6	10.31	20.67	68.75	0.27
7	10.39	20.56	68.75	0.30
平均	10.29	20.74	68.69	0.28

表5－14　正长石化学成分能谱分析结果

测点	化学组成及含量/%					
	Na_2O	Al_2O_3	SiO_2	K_2O	FeO	Rb_2O
1	0.28	19.91	64.78	14.37	0.08	0.59
2	0.25	19.88	64.65	14.40	0.13	0.69

续表 5－14

测 点	化学组成及含量/%					
	Na_2O	Al_2O_3	SiO_2	K_2O	FeO	Rb_2O
3	0.25	19.81	64.81	14.46	0.09	0.58
4	0.53	20.07	64.76	13.92	0.10	0.61
5	0.36	19.78	64.65	14.24	0.07	0.90
6	0.63	19.93	64.75	13.76	0.07	0.85
7	0.24	19.88	64.75	14.26	0.07	0.80
8	0.25	19.86	64.75	14.23	0.13	0.77
9	0.25	19.78	64.54	14.38	0.09	0.97
平均	0.34	19.88	64.72	14.22	0.09	0.75

5.5.5 主要有价金属在矿石中的赋存状态

5.5.5.1 锂在矿石中的赋存状态

根据矿物含量和各矿物氧化锂含量，作出锂在各矿物的平衡分配如表 5－15 所示。

表 5－15 锂在矿石中的平衡分配

矿 物	矿物含量/%	Li_2O 含量/%	占有率/%
钽铌锰矿	0.0179	—	—
锡石	0.0157	—	—
锂辉石	18.6735	7.45	94.92
羟磷铝锂石	0.0115	10.10	0.08
锰磷锂矿～铁磷锂矿	0.2007	8.70	1.19
锂硬锰矿	0.1068	3.30	0.24
云母	7.9635	0.29	1.58
石英等脉石	72.9173	0.04	1.99
其他	0.0931	—	—
合 计	100.0000	1.466	100.00

结果表明，原矿中以锂辉石矿物形式存在的锂占 94.92%，赋存于磷铝锂石中的锂占 0.08%，赋存于锰磷锂矿－铁磷锂矿中的锂占 1.19%，赋存于硬锰矿中的锂占 0.24%，分散于云母、石英－长石等脉石中的锂分别占 1.58% 和 1.99%。锂的理论品位 7.5% 左右，理论回收率 95% 左右。

5.5.5.2 铷在矿石中的赋存状态

矿石中铷含量较高，已达综合回收要求。根据矿物含量和各矿物氧化铷含量，作出铷在各矿物的平衡分配如表5－16所示，结果表明，原矿中锂辉石基本上不含铷，赋存于锂辉石中的铷占0.10%，赋存于云母中的铷占60.51%，赋存于石英－长石等脉石中的铷占39.39%。分选云母，铷的理论品位0.8%左右，理论回收率61%左右。

表5－16 铷在矿石中的平衡分配

矿　物	矿物含量/%	Rb_2O 含量/%	占有率/%
钽铌锰矿	0.0179	—	—
锡石	0.0157	—	—
锂辉石	18.6735	0.0006	0.10
云母	7.9635	0.83	60.51
石英等脉石	72.9173	0.059	39.39
其他	0.4121	—	—
合　计	100.0000	0.109	100.00

5.5.5.3 铌在矿石中的赋存状态

根据矿物含量和各矿物氧化铌含量，作出铌在各矿物的平衡分配如表5－17所示。

表5－17 铌在矿石中的平衡分配

矿　物	矿物含量/%	Nb_2O_5 含量/%	占有率/%
钽铌锰矿	0.0179	50.97	62.78
锡石	0.0157	0.44	0.48
锂辉石	18.6735	0.003	3.85
云母	7.9635	0.006	3.29
石英－长石等脉石	72.9173	0.0059	29.60
其他	0.4121	—	—
合　计	100.0000	0.0145	100.00

结果表明，原矿中以钽铌锰矿矿物形式存在的铌占62.78%，以类质同象方式赋存于锡石中的铌占0.48%，以铌钽矿物的微细包裹体分散于锂辉石、云母、石英－长石等脉石中的铌分别占3.85%、3.29%和29.60%。铌的理论品位51%，理论回收率63%左右。

5.5.5.4 钽在矿石中的赋存状态

根据矿物含量和各矿物氧化钽含量，作出钽在各矿物的平衡分配如表5－18

所示。结果表明，原矿中以钽铌锰矿矿物形式存在的钽占76.12%，以类质同象方式赋存于锡石中的钽占3.03%，以铌钽矿物的微细包裹体分散于锂辉石、云母、石英－长石等脉石中的钽分别占2.36%、4.66%和13.83%。钽的理论品位27%，理论回收率76%左右。

表5－18 钽在矿石中的平衡分配

矿 物	矿物含量/%	Ta_2O_5 含量/%	占有率/%
钽铌锰矿	0.0179	26.91	76.12
锡石	0.0157	1.22	3.03
锂辉石	18.6735	0.0008	2.36
云母	7.9635	0.0037	4.66
石英－长石等脉石	72.9173	0.0012	13.83
其他	0.4121	—	—
合 计	100.0000	0.0063	100.00

5.5.6 影响选矿的矿物学因素分析

（1）本矿石为花岗伟晶岩型锂、铷、铌、钽多金属矿床，锂矿物主要为锂辉石，并伴生少量锰磷锂矿－铁磷锂矿、羟磷锂铝石、锂硬锰矿；铌、钽类矿物主要为钽铌锰矿，并有与钽铌锰矿数量相当的含钽锡石；铷主要赋存于云母和正长石中；极少量稀土矿物——氟碳铈矿和独居石；脉石矿物主要是长石和石英，其次是云母，少量高岭土、电气石、石榴石、方解石、磷灰石、蓝晶石、角闪石等。

（2）矿物粒度测定表明，矿石中锂辉石的嵌布粒度较粗，主要粒度范围0.04～1.28mm，锂辉石的粒度虽然在易重选范畴，但锂辉石密度小，不适宜重选回收，一般采用浮选法回收。钽铌铁矿的嵌布粒度较微细，主要粒级范围0.005～0.08mm，粒级小于0.04mm的占有率达67%，对重选回收十分不利。

（3）矿石中锂辉石呈长柱状，嵌布粒度较粗，对选矿分离较为有利，但锂辉石中含有少量其他矿物包裹体，单矿物含 Li_2O 量为7.45%，比理论值（Li_2O 占8.07%）偏低，对提高精矿品位有一定影响。

（4）矿石中钽铌锰矿大多呈薄板状稀疏嵌布在长石、锂辉石等矿物中，极微细的钽铌锰矿不易解离，为影响钽铌回收率的主要因素。

（5）矿石中含钽锡石数量与钽铌锰矿含量相近，将与钽铌锰矿一起富集在重选精矿中，影响钽铌精矿品位。

（6）本矿石中钽铌矿物中铌与钽、铁与锰分别为完全类质同象系列，Ta_2O_5 含量为8.57%～62.76%，Nb_2O_5 为20.46%～71.07%，平均 Ta_2O_5 为28.13%，

Nb_2O_5 为53.27%，属于钽铌锰矿和铌钽锰矿，由于钽铌锰矿居多，统称钽铌锰矿。单矿物分析：Ta_2O_5 含量26.91%，Nb_2O_5 含量50.97%。

（7）锂的赋存状态查定表明，原矿中以锂辉石矿物形式存在的锂占94.92%，赋存于磷铝锂石中的锂占0.08%，赋存于锰磷锂矿－铁磷锂矿中的锂占1.19%，赋存于硬锰矿中的锂占0.24%，分散于云母、石英－长石等脉石中的锂分别占1.58%和1.99%。锂的理论品位7.5%左右，理论回收率95%左右。

（8）钽铌的赋存状态查定表明，原矿中以钽铌锰矿矿物形式存在的铌占62.78%，以类质同象方式赋存于锡石中的铌占0.48%，以铌钽矿物的微细包裹体分散于锂辉石、云母、石英－长石等脉石中的铌分别占3.85%、3.29%和29.60%。铌的理论品位51%，理论回收率63%左右。原矿中以钽铌锰矿矿物形式存在的钽占76.12%，以类质同象方式赋存于锡石中的钽占3.03%，以铌钽矿物的微细包裹体分散于锂辉石、云母、石英－长石等脉石中的钽分别占2.36%、4.66%和13.83%。钽的理论品位27%，理论回收率76%左右。

（9）铷的赋存状态查定表明，原矿中锂辉石基本上不含铷，赋存于锂辉石中的铷占0.10%，赋存于云母中铷占60.51%，赋存于石英－长石等脉石中的铷占39.39%。分选云母，铷的理论品位0.8%左右，理论回收率61%左右。

（10）本矿石属于富锂－花岗伟晶岩型钽、铌、锂、铷多金属矿，有价金属品种多，有价矿物种类多，各矿物物理和化学性质变化大，导致选矿流程将较复杂。

6 钛矿的工艺矿物学

6.1 钛资源简介

钛是最典型的亲石元素，在自然界中常以氧化物矿物出现，以正四价氧化物最为稳定。金属钛为银白色，具有熔点高（1675℃）、密度小（4.5g/cm^3）、力学强度高、耐低温、耐腐蚀、不易氧化、还原性强等特点。钛的用途十分广泛，钛及钛合金具有贮氢、超导、耐热、耐低温、形状记忆、高弹性和低阻尼性等特殊功能，被称为"现代金属"，在航天航空、军工、舰船、海洋工程、热能工程、化工和石化、冶金、汽车、建筑、医疗以及日常生活等领域中广泛应用。

钛元素在大陆地壳中丰度为0.65%，位于第9位，仅次于氧、硅、铝、铁、钙、钠、钾和镁。因此按储量而论，钛不是一种稀有金属元素，而是一种储量十分丰富的元素，但由于钛的提取困难，仍将其归于稀有难熔金属。全球钛储藏量多，资源分布较广，主要分布在澳大利亚、南非、加拿大、中国和印度等三十多个国家。钛矿床可划分为岩浆钛矿床（原生矿）和钛砂矿两大类，世界钛资源分布情况如表6-1所示，我国钛资源分布如表6-2所示。

表6-1 世界钛资源分布情况

钛资源种类	钛资源分布
原生钛铁矿型钛矿	原生钛铁矿型钛矿主要赋存于基性、超基性侵入岩体中，特点是与磁铁矿伴生，产地集中，贮藏量大，可大规模开采，缺点是赋存状态复杂，选矿回收率低，精矿品位低，缺点是赋存状态复杂，选矿回收率低，精矿品位低，主要生产国有加拿大、挪威、中国、印度和俄罗斯。加拿大的阿莱德湖赤铁钛铁矿是目前世界上最重要的原生钛矿之一，原矿品位 TiO_2 为34.3%，Fe为36%～40%，V_2O_3 为0.27%～0.37%。美国纽约州有4个钛磁铁矿，目前投入开采的是桑福德山矿，该矿为磁铁钛铁矿，原矿品位 TiO_2 为19%，Fe为34%，V_2O_3 为0.45%。南非的布什维尔德矿床储量巨大，矿石储量达20亿吨，但该矿砂矿资源丰富，所以只回收铁、钒，未回收钛
原生金红石型钛矿	原生金红石型钛矿赋存于区域变质成因的榴辉岩、片麻岩和片岩中，金红石由钛铁矿等含钛矿物转变而成，产地远比钛铁矿型原生钛矿少，普遍存在品位低、嵌布粒度微细和矿石性质复杂的特点，多为难选矿。主要产地有中国、印度等国家
钛砂矿	砂矿则包括残坡积矿、冲积砂矿和滨海砂矿，主要钛矿物是钛铁矿和金红石，多与独居石、锆石、锡石等共生，优点是结构松散，易采，钛矿物大多已自然解离，可选性好、精矿品位高，缺点是资源分散、原矿品位低，主要产于南非、澳大利亚、印度和南美洲的海滨和陆相沉积层中

表 6-2 我国钛资源分布情况

钛矿种类	钛资源分布
原生钛铁矿型钛矿	我国钛矿资源丰富，占世界钛资源的32%，全国20多个省或区有钛矿资源。四川攀枝花和河北承德是我国一南一北两大钛生产基地，均为磁铁钛铁矿，以铁为主，钛为伴生矿，并含钒。四川攀西地区（包括攀枝花和凉山州的20余个县）储藏着巨大的钛资源，已探明的钛储量占世界钛资源的四分之一，原矿平均钛品位 TiO_2 为5%；河北承德地区钛储量仅次于攀西地区，主要分布在大庙、黑山等地的基性、超基性岩体中。此外，广东兴宁、陕西洋县、甘肃大滩等地均有原生钛铁矿
原生金红石型钛矿	我国已发现原生金红石矿床和矿化点有88处，主要分布于湖北、河南、陕西、江苏、山西及山东等地。湖北省枣阳市大阜山金红石矿品位 TiO_2 为2.32%，金红石呈自形－半自形晶集合体浸染状嵌布于角闪石、石榴石等脉石矿物中，金红石晶形较好，粒度变化大，部分金红石嵌布粒度极微细，可选性较差；山西省代县碾子沟金红石矿，品位 TiO_2 为1.92%，矿石易采、易选，储量丰富，金红石纯度高，杂质少，开发利用条件较好
钛砂矿	国内钛砂矿主要分布在广东、海南、广西等东南沿海省份及西南的四川、云南。海南是我国最大、最重要的钛矿物采选和销售市场，其产量占据了国内钛砂矿产量90%以上。据不完全统计，海南现有的钛矿采选能力为20万吨/年，但由于开采无序和开采条件等的限制，现在的产能发挥仅不足50%。目前，国内大量从印尼、莫桑比克、越南等地进口重选毛砂，从中回收钛铁矿、金红石、锆石、独居石

6.2 钛在矿石中的存在形式和矿物种类

6.2.1 钛在矿石中的主要存在形式

钛是元素周期表中第Ⅳ副族第4周期元素，电负性小（1.5），表明钛元素在形成化合物时具亲氧倾向，在矿石中一般以简单氧化矿物、复杂氧化矿物和硅酸盐矿物存在。Ti^{3+}（0.069nm）与 Fe^{3+}（0.067nm）、Mn^{3+}（0.070nm）、Nb^{5+}（0.069nm）和 Ta^{5+}（0.068nm）的离子半径相近，可形成完全或不完全的类质同象替代，因此钛矿物种类繁多。

6.2.2 钛矿物种类

地壳中含钛1%以上的矿物有80多种，但具有工业价值的只有少数几种矿物，主要是金红石和钛铁矿，其次是白钛石、锐钛矿。常见的钛矿物如表6-3所示。

表 6-3 钛矿物类型和种类

矿物类型	矿物种类	化学式	TiO_2 理论含量/%
氧化物	金红石	TiO_2	100
	锐钛矿	TiO_2	100
	铌铁金红石	$(Ti,Nb,Ta,Fe)O_2$	含量变化
	钽铁金红石	$(Ti,Ta,Nb,Fe)O_2$	含量变化
	板钛矿	TiO_2	100

续表 6-3

矿物类型	矿物种类	化学式	TiO_2 理论含量/%
氧化物	镁钛矿	$(Mg,Fe)TiO_3$	63.77
	钛铁矿	$FeTiO_3$	52.75
	红钛锰矿	$MnTiO_3$	50.49
	钛铁晶石	Fe_2TiO_4	18.41
	镁铁钛矿	$(Mg,Fe)Ti_2O_5$	71.1 ~ 75.6
	黑钛铁钠石	$NaFeTi_3O_8$	63.62
	铈铀钛铁矿	$Fe_5LaFe_2Ti_{12}O_{35}$	52.7
	铅锰钛铁矿	$(Pb,Mn)MnFe_2Fe_2Ti_4O_{16}$	40.92
	尖钛铁矿	$Fe_2Fe_2Ti_8O_{21}$	67.83
	贝塔石	$(Ca,U)_{2-x}(Ti,Nb)_2O_{6-x}(OH)_{1+x}$	11.2 ~ 34.2
	钙钛矿	$CaTiO_3$	58.76
	羟钙钛矿	$CaTi_2O_4(OH)_2$	68.33
	锆钙钛矿	$Ca_3(Ti,Al,Zr)_9O_{20}$	48.25
	钙锆钛矿	$CaZr_3TiO_9$	16.64
	钙钛锆石	$CaZrTi_2O_7$	47.13
	兰道矿	$(Zn,Mn,Fe)(Ti,Fe)_3O_7$	73.46
	黑钛铌矿	$(Na,Y,Er)_4(Zn,Fe)_3(Ti,Nb)_6O_{18}(F,OH)$	37.87
	等轴钙锆钛矿	$(Zr,Ca,Ti)O_2$	2.42，Ti_2O_3 为 11.65
	白钛石		含量变化
硅酸盐	榍石	$CaTi[SiO_4]O$	40.80
	硅钠钡钛石	$NaBa[Fe^{2+}Ti_2(Si_2O_7)_2OH]$	24.05
	硅钛铁钡石	$BaFe^{2+}[Ti_2(Si_6O_{15})(OH)_8]$	19.20
	短柱石	$Na[Ti(Si_4O_{10})O]$	22.28
	硅钛铌钠矿-水硅铌钛矿	$(NaCa)[(Nb,Ti)(Si_2O_7)]\cdot 2H_2O$	9.69 ~ 24.19
	磷硅钛钠石	$(Na_3PO_4)\{(NaMnTi)[Ti_2(Si_2O_7)](OH)_4\}$	24.43
	硅钛钠钡石（英奈利石）	$Ba_4\{Na_2CaTi[Ti_2(Si_2O_7)_2O_4]\}[SO_4]_2$	17.50
	硅钛锰钡石	$Ba_4\{Mn_2Ti[Ti_2(Si_2O_7)_2O_4(OH)]\}[PO_4][SO_4]$	17.00
	硅钛锂钙石	$KCa_8Li_2(Ti,Zr)_2(Si_{12}O_{36})F_2$	9.55
	蓝锥石	$BaTi[Si_3O_9]$	19.32
硫化物	硫钛铁矿	$(Fe,Cr^{2+})_{1+x}(Ti,Fe^{3+})_2S_4$	Ti 为 28.5
氮化物	陨氮钛矿	TiN	Ti 为 77.38

6.3　主要钛矿物的晶体化学和物理化学性质

6.3.1　金红石 TiO_2

（1）晶体化学性质：金红石属四方晶系晶体，晶体结构是 AX_2 型化合物的典型结构之一。O 离子作为六方最密堆积，Ti 离子位于相似规则的八面体空隙中，配位数为 6；O 离子位于以 Ti 离子为角顶所组成的平面三角形的中心，配位数为 3。这样就形成了一种以［TiO_6］八面体为基础的晶体结构（图 6－1）。［TiO_6］八面体彼此以棱相连形成了沿 c 轴方向延伸的比较稳定的［TiO_6］八面体链，链间则是以［TiO_6］八面体的共用角顶相联结。［TiO_6］的共用棱 O—O 原子间距为 0.246nm，非共用棱 O—O 原子间距为 0.295～0.278nm；而对于未扭曲的正常的［TiO_6］八面体而言，O—O 原子间距为 0.277nm。共用棱的缩短，非共用棱的增长，系由于中心阳离子斥力的影响所致，从而使八面体稍有畸变。这一结构特征可以明显地解释金红石沿 c 轴伸长的柱状或针状晶形和平行伸长方向的解理。TiO_2 的三种变体金红石、板钛矿和锐钛矿的晶体结构都是以［TiO_6］八面体共棱为基础的，但每个［TiO_6］八面体与其他［TiO_6］八面体共棱的数目在金红石中为 2，在板钛矿中为 3，在锐钛矿中为 4。配位多面体共棱或共面使中心阳离子间距缩短，降低了晶体结构的稳定性。从多种 AX_2 型化合物具金红石型结构，以及自然界中金红石分布较广，而锐钛矿比较少见，也正说明了由金红石、板钛矿至锐钛矿，结构的稳定性是递减的。

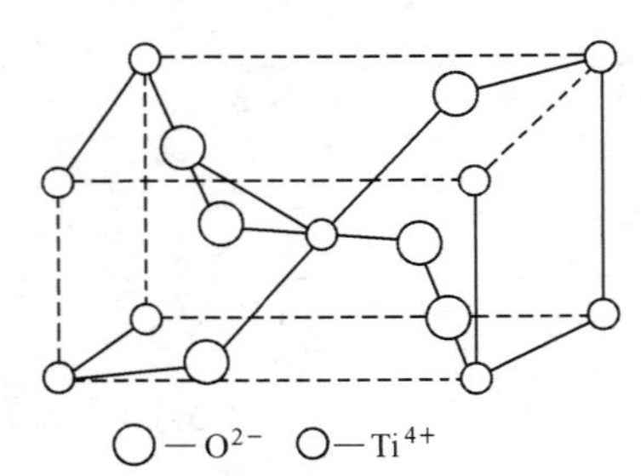

图 6－1　金红石的晶体结构示意图

（2）化学性质：金红石理论化学成分：TiO_2 为 100%，一般 TiO_2 含量在 95% 以上，常含有 Fe、Nb、Ta、Sn 等混合物，有时含 Cr 或 V，富含铁的黑色变种称铁金红石，富含 Nb、Ta 的变种（常含 Fe），当 Nb 含量大于 Ta 者称铌铁金红石，Ta 含量大于 Nb 者称钽铁金红石。

（3）物理性质：金红石常具完好的四方柱或针状晶形，集合体呈粒状或致密块状，颜色红棕色、红色、黄色或黑色，条痕浅棕色至浅黄色，金刚光泽－半金属光泽，透明到不透明。铁金红石和铌铁（钽）金红石均为黑色，不透明。

密度4.4～5.6g/cm^3，富铁或铌、钽者密度增大，莫氏硬度6～6.5。一般无磁性，铁金红石具极弱磁性。

（4）光学性质：薄片中黄至红褐色，一轴晶（正光性）。折射率：n_o = 2.605～2.613，n_e = 2.699～2.901，多色性弱至清楚，n_o：黄色至褐色，n_e：暗红至暗褐色。铌铁金红石多色性显著，n_o：黄绿、红褐色，n_e：暗褐绿色、褐黑色，钽铁金红石n_o：灰、黄、棕色，n_e：绿、红棕色。在反射光下光片中金红石呈灰色，有时微具淡蓝色调，内反射浅黄到褐红色，铌铁金红石和钽铁金红石的反射色和内反射较一般金红石为暗。根据金红石具极高突起，红褐色，可以与锡石、锆石等矿物区别开来，与闪锌矿的区别在于闪锌矿为均质矿物。

（5）成因产状：形成于高温条件下，主要产于变质岩系的含金红石榴辉岩中和片麻岩中；此外，在火成岩（特别是花岗岩）中作为副矿物出现。金红石由于其化学稳定性大，在岩石风化后常转入砂矿，常见于海滨砂矿或河砂中。

6.3.2 锐钛矿 TiO_2

（1）晶体化学性质：锐钛矿与金红石、板钛矿为同质多象，即成分与金红石、板钛矿相同，而晶体结构不同。锐钛矿属四方晶系，晶体结构近似架状，O离子作立方最密堆积，Ti原子位于八面体空隙。[TiO_6]八面体互相以两对相向的棱共用而联结，[TiO_6]八面体围绕每个四次螺旋轴，形成平行于c轴的螺旋状链。Ti配位数为6，O配位数为3。Ti—O原子间距为0.1937nm和0.1964nm，O—O原子间距为0.2802nm和0.3040nm。

（2）化学性质：锐钛矿化学成分与金红石相同，化学式为TiO_2，类质同象替代有Fe、Sn、Nb、Ta等。此外，还发现锐钛矿中含Y族为主的稀土元素及U、Th。

（3）物理性质：晶形一般呈锥状、板状、柱状。颜色褐、黄、浅绿蓝、浅紫、灰黑色，偶见近于无色。条痕无色至淡黄色。金刚光泽。解理完全。莫氏硬度5.5～6.5。密度3.82～3.976g/cm^3。

（4）光学性质：薄片中呈不同的颜色，主要有褐、黄、浅绿蓝、浅紫、灰黑，偶见近于无色。一轴晶（负光性），有时为光轴角小的二轴晶。折射率很高且有明显变化，如黄色晶体，折射率：n_o = 2.501；而灰色晶体，n_o = 2.556，多色性弱，深色晶体多色性较强，强酒黄色晶体，n_o：暗酒黄色，n_e：浅红淡褐色。在反射光下光片中锐钛矿呈灰色，内反射明显，灰带蓝色，无双反射及反射多色性，反射率比闪锌矿略高。

（5）成因产状：锐钛矿较不稳定，在915℃下转变为金红石，形成条件与金红石类似。产于火成岩及变质岩内的矿脉中，一般还出现于砂矿床中，呈坚硬、闪亮的正方晶系晶体，并具有不同的颜色。锐钛矿也产于变质的热水沉积岩中，内蒙古正蓝旗羊蹄子山－磨石山一带的钛矿床是近几年国内所发现的新型钛矿床，羊蹄子山矿带为热液改造型富钛矿床，磨石山矿带为沉积变质型富钛矿床。这两个矿带的主要有用矿物为锐钛矿、金红石及钛铁矿。许多锐钛矿是由榍石风化形成的，而且它本身可蚀变为金红石。交代锐钛矿形成的金红石，具有锐钛矿的假象，这种金红石在巴西和乌拉山的碎屑矿床中是很普遍的。在锡石硫化矿中，常见锐钛矿与锡石共生。

6.3.3 板钛矿 TiO_2

(1) 晶体化学性质：板钛矿属斜方晶系，在板钛矿晶体结构中，O 形成歪曲的四层最紧密堆积，层平行（100）晶面，Ti 在八面体空隙中，每个 [TiO_6] 八面体有三个棱角同周围三个 [TiO_6] 八面体共用，这些共用的棱角比其他棱角要短些，Ti 微偏离八面体中心，形成歪曲的八面体。[TiO_6] 八面体平行 c 轴组成锯齿形链，链与链平行（100）联结成层。

(2) 化学性质：板钛矿的分子式也与金红石相同，化学式为 TiO_2，仅以板状晶体与金红石、锐钛矿相区别。成分中 Ti 可被 Fe^{3+}、Nb^{5+}、Ta^{5+} 代替。富含 Fe 者称铁板钛矿，富含 Nb 者称铌板钛矿。

(3) 物理性质：板钛矿晶体呈板状、叶片状。颜色淡黄、褐到黑色。条痕浅黄色、浅灰至褐色。透明或半透明。金刚光泽或半金属光泽。莫氏硬度 5.6 ~ 6。密度 3.9 ~ 4.1g/cm^3。

(4) 光学性质：薄片中呈淡黄褐色、金黄褐色或淡红褐色，具异常干涉色，很高的突起。二轴晶（正光性），平行消光。折射率很高：$n_p = 2.583$，$n_m = 2.584 \sim 2.586$，$n_g = 2.700 \sim 2.741$，$n_g - n_p = 0.117 \sim 0.156$，多色性弱，$n_g$：亮黄色、浅绿褐色，$n_m$：亮黄色、橙黄褐色，$n_p$：无色、橄榄色、黄褐色。在反射光下光片中板钛矿呈灰色，可根据较暗的颜色分出特有的生长锥。

(5) 成因产状：板钛矿是热液矿物，与石英、钠长石、榍石、金红石、锐钛矿等共生，比金红石形成晚，比锐钛矿形成早。板钛矿在自然条件下稳定，在砂矿中可见。

6.3.4 钛铁矿 $FeTiO_3$

(1) 晶体化学性质：钛铁矿属三方晶系的氧化物矿物，晶体结构与刚玉和赤铁矿相似，O 离子作为六方最密堆积，堆积层垂直于三次轴，Fe^{2+} 或 Ti^{4+} 充填于由 O^{2-} 形成的八面体空隙数的 2/3，[(Fe，Ti)O_6] 八面体以棱连接成层，铁八面体和钛八面体相间相列，如图 6-2 所示。高温下钛铁矿中的 Fe、Ti 呈无序分布而具赤铁矿结构（即刚玉型结构），故形成 $FeTiO_3$—Fe_2O_3 固溶体，在 950℃ 以上钛铁矿与赤铁矿形成完全类质同象。当温度降低时，即发生熔离，故钛铁矿中常含有细小鳞片状赤铁矿包体。

图 6-2 钛铁矿晶体结构示意图

（2）化学性质：钛铁矿理论化学成分：TiO_2 为 52.66%，FeO 为 47.34%。常含类质同象混入物 Mg 和 Mn，钛铁矿中常含有细鳞片状赤铁矿包体，但仅能形成有限的类质同象 Fe_2O_3，其含量小于 6%。

（3）物理性质：钛铁矿颜色为铁黑色或钢灰色。条痕为钢灰色或黑色。含赤铁矿包体时呈褐色或带褐的黑色。金属至半金属光泽。不透明，无解理。莫氏硬度 5~6.5，密度 4~5g/cm^3，密度随成分中 MgO 含量的降低及 FeO 含量增高而增大。弱磁性。

（4）光学性质：薄片中不透明或微透明。一轴晶（负光性）。在反射光下光片中钛铁矿呈灰色，带浅棕至暗棕色调，微弱多色性，反射率 R_o：19.6~20.2，双反射明显，内反射不明显，有时呈暗棕色，非均质性显著。常见叶片状双晶及赤铁矿、磁铁矿、金红石等包体。根据板状晶形、弱磁性可与赤铁矿和磁铁矿区别。

（5）成因产状：钛铁矿主要出现在超基性岩、基性岩、碱性岩、酸性岩及变质岩中。我国攀枝花钒钛磁铁矿床中，钛铁矿呈粒状或片状分布于钛磁铁矿等矿物颗粒之间，或沿钛磁铁矿裂开面成定向片晶。在伟晶岩中钛铁矿常作为副矿物，与微斜长石、白云母、石英、磁铁矿等共生，钛铁矿往往在碱性岩中富集。

由于其化学性质稳定，故可形成冲积砂矿，与磁铁矿、金红石、锆石、独居石等共生。

6.4 钛矿石类型和选矿工艺

6.4.1 钛矿石类型

原生钛铁矿矿床依其所含矿物种类可分为磁铁型钛铁矿、赤铁型钛铁矿和金红石型钛矿等三种主要类型。从矿床成因看，钛铁矿与基性深成岩，特别是与辉长岩、苏长岩和斜长岩有密切关系。在辉长岩中钛矿石主要以磁铁矿－钛铁矿共生类型存在，如我国四川攀枝花和河北承德的钛矿床，该类型矿中伴生钒，称为钒钛磁铁矿矿床。在斜长岩中钛矿石主要以赤铁矿－钛铁矿共生类型存在。金红石型钛矿多与变质作用相关，以原生金红石为主，常伴生钛铁矿。钛砂矿床依所含矿物种类可分为金红石型砂矿和钛铁矿型砂矿两类，依成因及形成过程又可分为海滨砂矿、残坡积砂矿、冲积砂矿等。

6.4.2 钛矿石的选矿工艺

钛铁矿常用的选矿方法有重选、磁选、电选及浮选。工业上选钛工艺流程有以下几种：

（1）重选－电选工艺，对于脉石矿物与钛铁矿比重差异大的矿石，可通过重选预先丢弃脉石和废弃矿物，获得的粗精矿再通过电选得到钛铁矿精矿。对于含硫的矿石，可通过浮选预先除硫。

（2）重选－浮选－磁选工艺，对于矿石粒度分布不均匀的矿石，可将矿石预先分级，粗粒重选抛尾，再精选，细粒级直接浮选的方法获得钛铁矿精矿。根据入选物料的性质差异，在矿石预先分级为粗粒、细粒后，粗粒也可通过重选－电选的方法获得精矿，细粒级则磁选获得粗精矿，粗精矿浮选获得钛铁矿精矿。

（3）单一浮选或磁选－浮选工艺，对于嵌布粒度较细的矿石，在矿石磨碎选完铁后可直接浮选获得精矿；或先经过湿式强磁选，磁选精矿再浮选获得钛铁矿精矿。

钛铁矿砂矿的矿物成分较为复杂，通常含有钛铁矿、金红石、独居石、磷钇矿等有用矿物共生在一起。因此精选分离流程也相对较为复杂。砂矿的选别先经过粗选，粗选常采用重选的方法预先丢弃大部分脉石，粗选采用能力大、效率高、重量轻的选矿设备，多使用圆锥选矿机和螺旋选矿机，较少使用摇床。这些设备既可以单一使用也可配合使用。精选分为干式精选和湿式精选，以干式精选为主。精选前往往通过湿式作业进行进一步的抛尾。干式精选是根据矿物磁性、导电性、密度等性质的差异进行分选。在实际生产中，为提高分选效果，常常重选、磁选相互交替。砂矿流程结构变化较大，对于矿物组成复杂的、回收矿物种类较多的粗精矿，作业次数较多、选矿工艺流程更为复杂。

金红石脉矿的矿物组成较为复杂，通常含有赤铁矿、钛铁矿、磁铁矿、褐铁矿等比重大的矿物。同时金红石的嵌布粒度较细，大部分的嵌布粒度小于0.1mm。因此根据主要矿物的物理化学性质，一般采用多种选矿方法组成的选矿工艺流程来处理金红石脉矿。主要有：

（1）重选－磁选－重选流程，即通过重选预先选出大部分的脉石矿物，再磁选除去钛铁矿及其他磁性矿物，最后通过重选进一步除去金红石中的杂质。

（2）重选－磁选－电选流程，该工艺的特点是在磁性除去磁性矿物后，通过电选直接获得金红石精矿。但是该方法不适用于嵌布粒度较细的金红石矿，一般电选法的粒度范围为大于0.04mm。

（3）重选－磁选－浮选流程，该工艺流程特点是采用浮选法来分离磁选后的非磁性产品，得到金红石精矿。

（4）浮选－磁选－焙烧－酸洗流程，该工艺的特点是当浮选和磁选法得到的金红石精矿中杂质含量较高时，用焙烧、酸洗法除去其中可溶于酸的杂质矿物，以得到合格的金红石精矿。

（5）重选－磁选，浮选－磁选联合流程，该工艺是将磨矿后的物料分为粗粒级和细粒级两部分粗粒级采用重选－磁选方法获得粗粒金红石精矿，细粒级部分通过浮选－磁选回收细粒级金红石，这样进入浮选的矿量将大大减少，从而降低成本。

金红石砂矿以海滨砂矿为主，一般通过重选预先除去原矿中的轻矿物，重选获得的精矿中往往含有钛铁矿、金红石、磷钇矿、独居石等，除此之外还含有部分比重小的轻矿物，在精选之前要用重选法除去。在粗精矿中，钛铁矿、金红石、磷钇矿、独居石都具有磁性，调整磁感应强度将各种矿物彼此分离。最后获得的尾矿为金红石和锆英石，其中金红石为导体，锆英石为非导体，再通过电选将两者分离。此时获得的金红石含有一定量的杂质，可通过浮选进一步除杂。即在pH值为8~9时，用纯碱和水玻璃做调整剂，用煤油和肥皂作捕收剂进行反浮选，把少量白钛石及其他杂质浮选出来，通过浮选能使金红石精矿品位进一步提高，同时将杂质含量控制在0.04%以下。

6.5 磁铁矿型钛矿工艺矿物学实例

6.5.1 原矿物质组成

原矿化学多元素分析如表6－4所示。该矿石具有铁高、钛低并富含钒的特点。

表 6-4 原矿多元素化学分析结果

成分	TiO_2	V_2O_5	P	Fe	Na_2O	K_2O
含量/%	4.06	0.174	0.0073	16.92	1.25	0.23
成分	CaO	MgO	Al_2O_3	SiO_2	S	
含量/%	10.77	6.01	19.26	35.97	0.37	

经显微镜、扫描电镜和 MLA 查定表明的矿石矿物组成和矿物含量如表 6-5 所示。主要有用矿物为钒钛磁铁矿和钛铁矿，而铜、钴、镍矿物因含量太低，无回收价值，脉石矿物为典型基性岩矿物，主要为辉石和斜长石，石英含量低。

表 6-5 原矿矿物定量检测结果

矿 物	含量/%	矿 物	含量/%	矿 物	含量/%
钒钛磁铁矿	15.12	硫钴镍矿	0.02	绿帘石	2.30
钒钛磁铁矿（褐铁矿化）	3.46	斜长石	28.93	方解石	0.22
褐铁矿	0.09	绢云母	0.63	石英	0.25
钛铁矿	2.68	普通辉石	32.28	磷灰石	0.02
榍石	2.29	钛辉石	1.54	其他	0.25
黄铜矿	0.04	橄榄石	0.20		
黄铁矿	0.79	绿泥石	8.89		

该矿石为一较典型的基性-超基性岩成因的钒钛磁铁矿-钛铁矿矿石，矿石经历后期的次生变化，钒钛磁铁矿具弱赤铁矿化、褐铁矿化、绿泥石化等蚀变。矿石具有岩浆结晶分异作用和后期的蚀变作用形成的结构构造，主要结构有：

（1）他形晶结构。他形晶的钒钛磁铁矿单独或与他形晶的钛铁矿连生嵌布在自形晶或半自形晶的辉石、斜长石之间。

（2）海绵陨铁结构。钒钛磁铁矿和钛铁矿的他形晶集合体胶结先结晶的自形或半自形的辉石、橄榄石等硅酸盐矿物晶体。

（3）叶片状结构、格子状结构。钒钛磁铁矿中钛在高温下呈类质同象存在于磁铁矿中，当温度降低时，钛以钛铁矿或钛铁晶石片晶固溶体分离物从磁铁矿中分离出来，析出于磁铁矿的解理缝中，呈叶片状或格子状分布。

（4）骸晶状结构。少量钒钛磁铁矿被绿泥石完全交代，余下钛铁晶石片晶，呈骸晶状。

（5）反应边结构。由于后期热液交代作用，钒钛磁铁矿边缘可见铁钛氧化物的反应边。

其主要构造有：

（1）稠密浸染状构造。在辉石、斜长石等硅酸盐矿物中，钒钛磁铁矿或钒钛磁铁矿与钛铁矿的连生体呈不规则粒状分布。

（2）变余构造。钒钛磁铁矿被赤铁矿、褐铁矿部分交代，具不均匀的赤铁矿化（变化为磁赤铁矿），并具溶蚀孔洞，部分钒钛磁铁矿边缘和裂隙处为褐铁矿交代，但仍未全部破坏原有的构造，主体部分仍为钒钛磁铁矿成分。

6.5.2 主要矿物嵌布粒度

将矿石块矿磨制成矿石光片，在显微镜下测定钒钛磁铁矿和钛铁矿的嵌布粒度，嵌布粒度测定结果如表6－6所示。从测定结果来看，矿石中钒钛磁铁矿属于细粒较均匀嵌布类型，粒级大于0.08mm占80%以上；钛铁矿的嵌布粒度与钒钛磁铁矿相近，但微细粒级钛铁矿较多，约占5%～6%的钛铁矿其嵌布粒度小于0.02mm。

表6－6 主要矿物的嵌布粒度

粒级/mm	粒级分布/%	
	钒钛磁铁矿	钛铁矿
－1.28～＋0.64	4.43	7.78
－0.64～＋0.32	16.60	22.56
－0.32～＋0.16	27.23	26.06
－0.16～＋0.08	33.43	22.76
－0.08～＋0.04	13.25	8.66
－0.04～＋0.02	4.34	6.66
－0.02～＋0.01	0.72	4.86
－0.01	0.00	0.66
合 计	100.00	100.00

6.5.3 主要矿物解离度

采用MLA自动矿物检测仪测定了选矿试验中不同磨矿细度下钒钛磁铁矿和钛铁矿的解离度，测定结果如表6－7及表6－8所示，从解离度测定结果来看，矿石中钛铁矿、钒钛磁铁矿主要与普通辉石、绿泥石、长石连生，较难解离。在磨矿细度－0.076mm（－200目）占90%时，钒钛磁铁矿的解离度略高，达到95%左右，钛铁矿的解离度达到93%。

表6-7 钒钛磁铁矿解离度测定结果

样品号	磨矿细度-0.076mm占有率/%	解离度/%	连生体/%		
			与钛铁矿	与普通辉石/绿泥石等	与长石
1	32.50	47.04	3.64	62.23	34.13
2	36.50	56.90	4.85	61.72	33.43
3	48.00	67.41	4.76	59.98	35.26
4	62.50	77.86	3.85	59.21	36.94
5	67.50	81.90	4.19	59.74	36.07
6	78.50	90.49	4.35	60.69	34.96
7	90.00	94.52	3.59	61.24	35.17

表6-8 钛铁矿解离度测定结果

样品号	磨矿细度-0.076mm占有率/%	解离度/%	连生体/%		
			与钒钛磁铁矿	与普通辉石/绿泥石等	与长石
1	32.50	44.16	20.75	50.13	29.12
2	36.50	57.78	21.00	50.84	28.16
3	48.00	74.31	19.90	50.65	29.45
4	62.50	78.15	16.76	51.62	31.62
5	67.50	85.61	19.32	50.52	30.16
6	78.50	89.22	19.51	51.40	29.09
7	90.00	92.98	19.21	51.46	29.33

6.5.4 主要矿物的矿物特征和嵌布状态

6.5.4.1 钒钛磁铁矿 $Fe^{3+}(Fe^{2+}, Fe^{3+})_2O_4$

钒钛磁铁矿是磁铁矿的富钛和钒的变种。钒钛磁铁矿呈铁黑色，无解理，断口半贝壳状或参差状，莫氏硬度5.5~6，密度4.9~6.2g/cm^3。具强磁性。钒钛磁铁矿中常含有Ti、V、Mn、Mg等的类质同象混入物，并有铝、钙、硅等机械混入物，并沿解理缝分布钛铁晶石片晶。从显微镜观察钒钛磁铁矿的光学性质，可见本矿石中的钒钛磁铁矿多呈半风化蚀变状态，赤铁矿化、褐铁矿化，以及绿泥石化等，但主体仍为钒钛磁铁矿，采用扫描电镜能谱仪对该钒钛磁铁矿进行微区化学成分检测，结果如表6-9所示，化学成分上具有富铝而含铁偏低的特征，并含较高的钒和少量锰、镁、硅，表明了钒钛磁铁矿经历一定程度的蚀变作用。钒钛磁铁矿单矿物分析：Fe为60.98%，TiO_2为11.00%，V_2O_5为0.82%。

表6-9 钒钛磁铁矿化学成分能谱检测结果

测点	化学组成/%						
	TiO_2	FeO	V_2O_5	MnO	MgO	Al_2O_3	SiO_2
1	3.05	92.25	1.65	0.00	0.00	3.05	0.00
2	10.77	81.67	1.52	0.00	1.33	3.82	0.89
3	10.01	82.07	1.45	0.32	0.00	5.48	0.67
4	10.80	82.77	1.46	0.26	0.00	4.43	0.28
5	14.14	77.85	1.37	0.44	0.00	4.91	1.29
6	12.54	78.39	1.23	0.45	1.57	5.03	0.79
7	13.44	78.66	1.37	0.50	0.83	5.2	0.00
8	11.40	79.89	1.50	0.38	1.68	5.15	0.00
9	10.18	80.70	1.47	0.00	1.77	4.89	0.99
10	11.19	79.86	1.30	0.42	0.85	5.45	0.93
11	7.95	84.65	1.44	0.16	0.00	4.98	0.82
平均	10.50	81.71	1.43	0.27	0.73	4.76	0.61

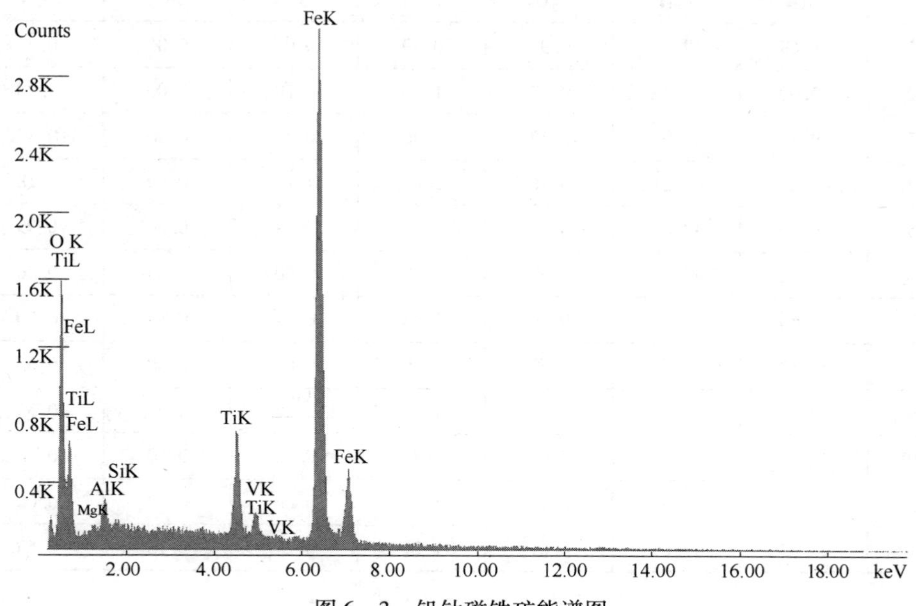

图6-3 钒钛磁铁矿能谱图

钒钛磁铁矿的嵌布形式较单一，大部分钒钛磁铁矿单独或与钛铁矿形成海绵陨铁结构，钒钛磁铁矿或钒钛磁铁矿与钛铁矿的他形晶集合体分布在自形晶或半自形晶的普通辉石等硅酸盐矿物的晶间隙中。钒钛磁铁矿与钛铁矿呈毗连镶嵌。少量的钒钛磁铁矿以微细粒状包含于辉石中，导致这些辉石的磁性强于其他辉石。

从钒钛磁铁矿的光学性质变化表明具一定的赤铁矿化现象，并呈蜂窝状溶蚀孔，同时，由于热液蚀变作用，部分钒钛磁铁矿边缘或裂隙中分布有富铁榍石的环边，与其连生的钛铁矿蚀变程度略低，未见明显的蜂窝结构。钒钛磁铁矿和钛铁矿边缘常伴生后期生成的黄铁矿。

6.5.4.2 钛铁矿 $FeTiO_3$

钛铁矿常含类质同象混入物 Mg 和 Mn，同时也含有益金属钒。采用扫描电镜能谱仪对该钛铁矿进行微区化学成分检测，结果如表 6 - 10 所示，该钛铁矿含钒、锰、硅、铝等杂质，二氧化钛含量低于正常的钛铁矿（正常钛铁矿 TiO_2 含量 52.66%）。钛铁矿中钒的含量低于钒钛磁铁矿。钛铁矿单矿物分析：TiO_2 为 47.49%，Fe 为 36.69%，V_2O_5 为 0.49%。钛铁矿呈铁黑色，半金属光泽，不透明，贝壳状断口。莫氏硬度 5 ~ 6.5，密度 4 ~ 5g/cm^3，性脆。该矿石中钛铁矿磁性较强，在 200 ~ 400T 场强可进入磁性产品。

表 6 - 10 钛铁矿化学成分能谱检测结果

检测号	化学组成/%						
	TiO_2	FeO	V_2O_5	MnO	MgO	SiO_2	Al_2O_3
1	48.69	49.11	0.97	0.79	0.00	0.00	0.44
2	49.00	47.27	0.67	1.16	0.70	0.00	1.20
3	49.15	47.97	0.62	1.46	0.00	0.00	0.80
4	48.63	47.21	0.76	1.05	1.17	0.00	1.18
5	49.00	47.65	0.70	1.17	0.49	0.00	0.99
6	50.06	47.15	0.57	1.33	0.00	0.63	0.26
7	49.60	48.03	0.00	1.33	0.00	0.34	0.70
8	50.33	47.57	0.71	1.39	0.00	0.00	0.00
9	49.58	48.44	0.32	1.11	0.00	0.00	0.55
10	48.59	48.05	0.61	1.25	0.00	0.70	0.80
11	50.01	47.97	0.75	1.27	0.00	0.00	0.00
平均	49.33	47.86	0.61	1.21	0.21	0.15	0.63

大多数钛铁矿与钒钛磁铁矿连生，两者一同组成海绵陨铁结构，钛铁矿与钒钛磁铁矿毗连镶嵌。相对钒钛磁铁矿而言，钛铁矿呈较弱的氧化蚀变状态，钛铁矿嵌布粒度与钒钛磁铁矿相近，但微细粒级略多于钒钛磁铁矿。

6.5.4.3 含钛普通辉石 $(Ca, Mg, Fe^{3+}, Fe^{2+}, Ti, Al)_2[(Si, Al)_2O_6]$

该矿石中辉石的含量占矿物总量的30%以上，为该矿石的主要脉石矿物。根据能谱检测结果（见表6-11），从该矿物的化学组成中钙、镁和铁、钛含量来看，属于辉石类的含钛普通辉石种属，其特点是富钙、镁，含FeO为7%～8%，TiO_2为0.5%～1%。普通辉石颜色灰褐色，少数含铁矿物包裹体多的颗粒呈绿黑色，玻璃光泽，解理完全，莫氏硬度5.5～6，密度3.2～3.5g/cm^3。在试验中发现部分辉石具较强磁性，采用磁力分析仪分选，在500mT场强下进入磁性产品，磁性与钛铁矿相近，而不含钒钛磁铁矿包裹体的辉石磁性较弱。经显微镜检测和能谱检测，两部分辉石的化学组成差别不大，并且FeO含量差别不大，但磁性较强的辉石多含微细粒钒钛磁铁矿包裹体，从化学成分上看，磁性强的辉石普遍含微量V_2O_5，由此表明，辉石中的微细粒钒钛磁铁矿包裹体是决定辉石磁性变化的主要原因。

表6-11 普通辉石化学成分能谱检测结果

分析号	化学组成/%							
	TiO_2	FeO	CaO	Al_2O_3	SiO_2	MgO	MnO	V_2O_5
1	0.88	8.04	19.70	2.67	53.85	14.67	0.19	0.00
2	1.22	7.54	20.62	2.90	52.75	14.62	0.25	0.10
3	1.07	7.34	20.38	4.00	52.62	14.35	0.15	0.09
4	1.05	7.91	19.84	4.65	52.31	13.95	0.21	0.08
5	0.77	7.03	20.21	2.75	53.33	15.71	0.2	0.00
6	0.76	7.52	23.88	2.77	50.86	13.96	0.19	0.06
7	0.60	6.95	19.95	1.89	54.55	15.78	0.20	0.08
8	0.66	8.64	19.86	2.67	52.54	15.43	0.13	0.07
9	0.88	7.62	20.56	3.04	52.85	14.81	0.19	0.06
10	0.52	8.27	20.31	2.20	54.03	14.38	0.28	0.00
11	0.64	8.02	20.54	2.45	53.5	14.66	0.20	0.00
12	0.62	7.01	20.86	1.91	54.1	15.31	0.18	0.00
13	1.01	7.11	19.95	3.09	53.46	15.2	0.17	0.00
14	1.04	7.09	21.44	2.81	52.82	14.54	0.26	0.00
15	0.67	7.76	20.3	3.00	53.45	14.66	0.16	0.00
16	1.01	7.50	20.01	3.68	52.47	15.09	0.24	0.00
17	0.71	7.60	19.35	2.40	54.06	15.72	0.17	0.00
18	0.78	7.55	20.35	2.69	53.49	14.95	0.21	0.00
平均	0.83	7.58	20.45	2.87	53.17	14.88	0.20	0.03

6.5.4.4 榍石 $CaTi[SiO_4]O$

该矿石中榍石为含钛硅酸盐矿物。榍石化学成分扫描电镜能谱检测结果如表6－12所示，由于铁的类质同象替代，该榍石具有钙、钛含量低而富铁的特点，平均含 TiO_2 为20.91%。榍石晶形为信封状、板状、柱状、针状，呈淡黄白色、蜜黄色，透明至半透明，金刚光泽、油脂光泽，莫氏硬度5～6，密度3.3～3.6g/cm^3。

表6－12　榍石化学成分能谱检测结果

分析号	化学组成/%						
	TiO_2	Fe_2O_3	V_2O_5	MgO	CaO	Al_2O_3	SiO_2
1	28.55	3.06	0.79	0.00	26.53	7.15	33.92
2	29.02	8.46	0.79	1.22	22.59	5.06	32.86
3	18.08	20.41	1.17	4.71	13.88	11.03	30.72
4	17.73	20.71	1.30	5.26	13.44	11.89	29.67
5	17.78	26.07	1.05	4.21	11.73	11.59	27.57
6	14.28	27.2	0.96	4.11	10.47	13.02	29.96
平均	20.91	17.65	1.01	3.25	16.44	9.96	30.78

在矿石中榍石为含钛矿物蚀变产物，多与钒钛磁铁矿或钛铁矿连生，呈微脉状分布在钒钛磁铁矿边缘或充填于钛铁矿的微裂隙中。

6.5.5 铁、钛、钒在矿石中的赋存状态

6.5.5.1 铁在矿石中的赋存状态

经提取单矿物作铁的化学分析，作出铁在各矿物中的平衡分配如表6－13所示。由表6－13可见，在磨至0.076mm粒度以下时，钒钛磁铁矿中铁占原矿总铁量67%左右，钛铁矿中的铁占原矿总铁的6%左右，以硅酸铁和铁矿物包裹体存在于脉石矿物中的铁占23%左右，极少量的硫化铁，约占2%。铁的理论回收率可达67%左右。

表6－13　铁在主要矿物中的分配

矿　物	含量/%	含Fe量/%	分配率/%
钒钛磁铁矿（含褐铁矿）	18.67	60.98	67.22
钛铁矿（含锰）	2.68	36.69	5.81
榍石	2.29	12.36	1.67
黄铜矿	0.04	30.52	0.07
黄铁矿	0.79	46.55	2.17
硫钴镍矿	0.02	—	0.00
脉石	75.26	5.19	23.06
其他	0.25	—	—
合　计	100.00	16.94	100.00

6.5.5.2 钛在矿石中的赋存状态

经提取单矿物作钛的化学分析，作出钛在各矿物中的平衡分配如表6－14所示。由表6－14可见，在磨至0.076mm粒度以下时，钒钛磁铁矿中钛占原矿总钛量的51%左右，钛铁矿中的钛占原矿总钛的32%左右，以含钛硅酸盐矿物存在于脉石矿物中的钛占5%左右，存在于榍石中的钛占12%。钛的理论回收率只有32%左右。

表6－14 钛在主要矿物中的分配

矿 物	含量/%	含 TiO_2 量/%	分配率/%
钛磁铁矿	18.67	11.00	51.04
钛铁矿（含锰）	2.68	47.49	31.63
榍石	2.29	20.91	11.90
黄铜矿	0.04	—	—
黄铁矿	0.79	—	—
硫钴镍矿	0.02	—	—
脉石	75.26	0.29	5.43
其他	0.25		—
合 计	100.00	4.02	100.00

6.5.5.3 钒在矿石中的赋存状态

经提取单矿物作钒的化学分析，作出钒在各矿物中的平衡分配如表6－15所示。由表6－15可见，在磨至0.076mm粒度以下时，钒钛磁铁矿中钒占原矿总钒量的75%左右，钛铁矿中的钒占原矿总钒量的6%～7%左右，存在于脉石矿物中的钒占7%左右，存在于榍石中的钒约占11%。

表6－15 钒在主要矿物中的分配

矿 物	含量/%	含 V_2O_5 量/%	分配率/%
钛磁铁矿	18.67	0.82	74.90
钛铁矿（含锰）	2.68	0.20	6.42
榍石	2.29	1.01	11.32
黄铜矿	0.04	—	—
黄铁矿	0.79	—	—
硫钴镍矿	0.02	—	—
脉石	75.26	0.02	7.36
其他	0.25	—	—
合 计	100.00	0.209	100.00

6.5.6 影响矿石分选的矿物学因素

（1）该矿石为较典型的岩浆分异作用成因的钒钛磁铁矿－钛铁矿矿石，但该矿石经历后期的次生变化，钒钛磁铁矿具弱赤铁矿化、褐铁矿化、绿泥石化，并产出次生的钛矿物——富铁榍石。由于矿物的次生变化，使铁、钛矿物化学组成、磁性等发生变化，使该矿的选矿分离富集难度增大。

（2）矿石中钒钛磁铁矿属于细粒较均匀嵌布类型，大于 0.08mm 粒级占 80% 以上；钛铁矿的嵌布粒度与钒钛磁铁矿相近，但微细粒级钛铁矿较多，约有 5% ~6% 的钛铁矿嵌布粒度小于 0.02mm。

（3）矿石中钛铁矿、钒钛磁铁矿主要与普通辉石、绿泥石、长石连生，较难解离，在磨矿细度－0.076mm 占 90% 时，钛铁矿的解离度达到 93%，钒钛磁铁矿的解离度略高，达到 95% 左右。

（4）铁的赋存状态查定表明，钒钛磁铁矿中铁占原矿总铁 67% 左右，钛铁矿中的铁占原矿总铁的 6% 左右，以硅酸铁和铁矿物包裹体存在于脉石矿物中的铁占 23% 左右，极少量的硫化铁，约占 2%。铁的理论回收率可达 67% 左右。

（5）钛的赋存状态查定表明，钒钛磁铁矿中钛占原矿总钛量为 51% 左右，钛铁矿中的钛占原矿总钛的 32% 左右，以含钛硅酸盐矿物存在于脉石矿物中的钛占 5% 左右，存在于榍石中的钛占 12%。钛的理论回收率只有 32% 左右。

（6）钒的赋存状态查定表明，钒钛磁铁矿中钒占原矿总钒量 75% 左右，钛铁矿中的钒占原矿总钒的 6% ~7% 左右，存在于脉石矿物中的钒占 7% 左右，存在于榍石中的钒约占 11%。

（7）矿石中钒钛磁铁矿具有程度不一的赤铁矿化和褐铁矿化现象，但颗粒主体仍是钒钛磁铁矿（即未完全变化为赤铁矿或褐铁矿），这使得钒钛磁铁矿磁性和可浮性变化大，尤其是褐铁矿化程度高的钒钛磁铁矿磁性变弱，与钛铁矿相近，从而导致钛铁矿的分选困难。

6.6 金红石型钛矿工艺矿物学实例

6.6.1 原矿物质组成

原矿多元素分析和物相分析表明（见表 6－16 及表 6－17），该矿石主要有价元素为钛，钛物相分析结果表明，主要钛矿物为金红石，其次为钛铁矿。

表 6－16 原矿多元素分析结果

成 分	TiO_2	S	P	Fe	Na_2O
含量/%	3.45	0.013	0.074	13.55	2.38
成 分	K_2O	CaO	MgO	Al_2O_3	SiO_2
含量/%	0.22	7.32	6.95	16.72	43.28

表 6-17 钛的物相分析

相别	金红石的 TiO_2	钛铁矿及其他 TiO_2	合计
含量/%	2.71	0.74	3.45
占有率/%	78.55	21.45	100.00

采用 MLA 矿物自动定量检测设备对原矿进行矿物定量检测，结果如表 6-18 所示。

表 6-18 原矿矿物定量检测结果

矿物	含量/%	矿物	含量/%	矿物	含量/%
金红石	2.821	绿帘石	3.096	方解石	0.002
钛铁矿	0.632	绿泥石	1.551	磷灰石	0.228
榍石	0.043	石英	0.891	磁铁矿	0.001
黄铁矿	0.011	长石	2.294	赤铁矿	0.051
角闪石	66.938	滑石	0.002	褐铁矿	0.312
钙铁榴石	11.759	十字石	0.005	软锰矿	0.004
钠云母	7.735	锆石	0.004	其他	0.102
白云母	0.210	铁白云石	0.006	合计	100.000
黑云母	0.054	黏土	1.248		

从表 6-18 可见，该矿石中主要含钛矿物为金红石，少量钛铁矿和榍石；其他金属氧化矿物有少量至微量褐铁矿、赤铁矿和磁铁矿；金属硫化矿物只有微量黄铁矿；脉石矿物主要为角闪石，其次是石榴石、白云母、绿帘石、长石、绿泥石、黏土、石英等。

6.6.2 主要矿物嵌布粒度测定

矿石中主要矿物的粒度分布结果如表 6-19 所示。由表中结果可知，金红石的嵌布粒度分布范围较宽，粒度粗细极不均匀，主要集中在 0.01～0.32mm，钛铁矿的粒度比金红石稍粗，主要粒度范围是 0.02～0.64mm。

表 6-19 主要矿物的嵌布粒度

粒级/mm	粒级分布/%	
	金红石	钛铁矿
-1.28～+0.64	2.04	5.76
-0.64～+0.32	6.81	16.31
-0.32～+0.16	15.48	16.79

续表 6－19

粒级/mm	粒级分布/%	
	金红石	钛铁矿
－0.16～＋0.08	25.95	30.94
－0.08～＋0.04	20.76	19.55
－0.04～＋0.02	17.87	7.80
－0.02～＋0.01	10.22	2.55
－0.01	0.87	0.30
合 计	100.00	100.00

6.6.3 金红石解离度测定

测定各磨矿产品中金红石的解离度，结果如表 6－20 所示。由表中结果可知，0.074mm 以上粒级的金红石解离度较低，仅为 74.55%，而 0.043mm 以下的金红石解离度较高，可达 97% 以上。在磨矿细度为－0.074mm 占 91.09% 时，金红石的解离度为 90.71%。

表 6－20 金红石解离度测定结果①

粒级/mm	产率/%	TiO_2 含量/%	金红石解离度/%
＋0.074	8.91	3.63	74.55
－0.074～＋0.043	36.09	3.52	88.79
－0.043～＋0.02	29.85	2.64	97.01
－0.02	25.15	1.31	98.89
合 计	100.00	2.71	90.71

①磨矿细度为－0.074mm 占 91.09%。

6.6.4 主要矿物矿物学特性和嵌布状态

6.6.4.1 金红石 TiO_2

金红石是本矿石的主要回收矿物，常含有铁的类质同象混入物，晶体呈长柱状－针状，颜色暗红色、褐红色、黄色等，富含铁的金红石呈黑色，条痕浅黄至浅褐色，金刚光泽，莫氏硬度 6～6.5，性脆，密度 4.2～4.3g/cm^3。矿石中的金红石化学成分能谱分析结果如表 6－21 所示，该金红石含少量铁。金红石单矿物分析：TiO_2 为 96.03%，Fe 为 1.20%，因含其他矿物包裹体，故单矿物含钛相比能谱微区分析数值偏低。

表 6-21 金红石化学成分能谱分析结果

测 点	化学组成及含量/%		
	Ti	Fe	O
1	59.23	0.55	40.22
2	59.81	0.47	39.72
3	59.45	0.42	40.13
4	59.76	0.44	39.80
5	58.43	0.42	41.15
6	59.78	0.38	39.84
7	59.71	0.67	39.62
8	58.91	0.38	40.71
9	59.35	0.35	40.30
10	57.42	0.43	42.15
11	60.69	0.39	38.92
平均	59.32	0.45	40.23

矿石中的金红石嵌布状态较复杂，主要有以下嵌布形式：

（1）金红石呈自形-半自形晶集合体嵌布于角闪石、石榴石等脉石矿物中（参见彩图9），这种嵌布形式的金红石粒度晶形较好，结晶较粗，解离性好；

（2）金红石呈不等粒浸染状、微细粒浸染状分布于角闪石、石榴石、白云母等脉石矿物中（参见彩图10），这些金红石粒度粗细不均匀；

（3）金红石呈极微细粒云雾状分布于角闪石等脉石矿物中（见图6-4），这些角闪石含钛较高；

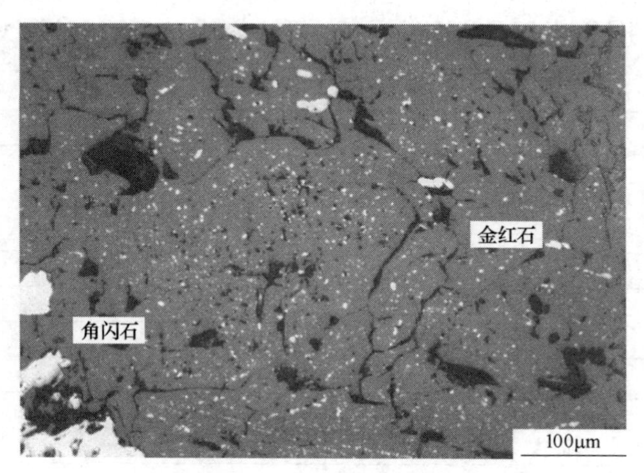

图6-4 金红石呈极微细粒云雾状分布于角闪石中（显微镜，反射光）

（4）金红石沿角闪石解理缝隙呈网状分布（见图6－5），有时见金红石完全替代角闪石，而保留角闪石晶形。总之，该矿中金红石与角闪石之间形成复杂的嵌布关系；

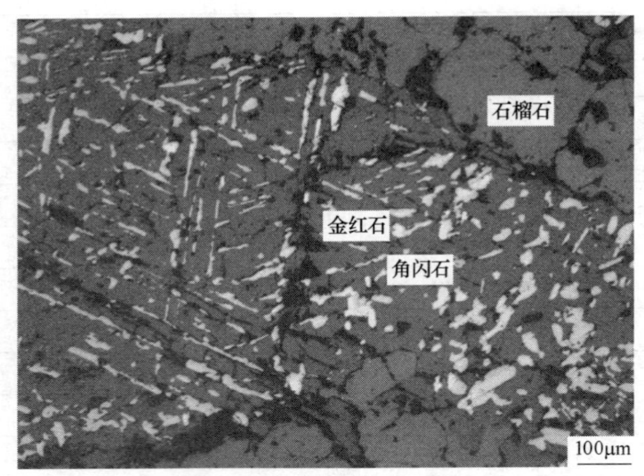

图6－5　金红石沿角闪石解理缝充填交代，呈薄片状、微粒状密集分布于角闪石中（显微镜，反射光）

（5）局部氧化带，可见少量金红石交代钛铁矿，形成富钛钛铁矿；

（6）少数金红石包含钛铁矿、角闪石等具电磁性矿物包裹体，这是引起部分金红石具弱磁性的根本原因。

6.6.4.2　钛铁矿 $FeTiO_3$

钛铁矿理论化学成分：TiO_2 为52.66%，FeO为47.34%，常含锰、铌、钽等。呈铁黑色或钢灰色，条痕钢灰色或黑色，金属至半金属光泽，不透明，无解理，密度4.72g/cm³。莫氏硬度5～6。具电磁性，大部分为340～550mT场强下进入磁性产品。矿石中的钛铁矿化学组成能谱分析结果如表6－22所示，该钛铁矿含少量锰。

表6－22　钛铁矿化学组成能谱分析结果

测　点	化学组成及含量/%		
	TiO_2	MnO	FeO
1	52.51	0.26	47.23
2	52.00	0.30	47.70
3	51.43	0.26	48.31
4	52.80	0.56	46.64
5	51.97	0.30	47.73
6	52.56	0.35	47.09
7	51.55	0.28	48.17
8	53.75	0.35	45.90
平均	52.32	0.33	47.35

矿石中的钛铁矿主要有以下几种嵌布形式：

（1）钛铁矿呈厚板状、不规则粒状嵌布于角闪石中，这种钛铁矿嵌布粒度较粗（见图6-6）；

（2）钛铁矿呈浸染状分布于角闪石中，粒度粗细不均；

（3）部分钛铁矿与磁铁矿呈不规则粒状连生，磁铁矿已氧化成褐铁矿，残余耐氧化的钛铁矿；

（4）金红石交代钛铁矿，钛铁矿呈残晶状与金红石连生。

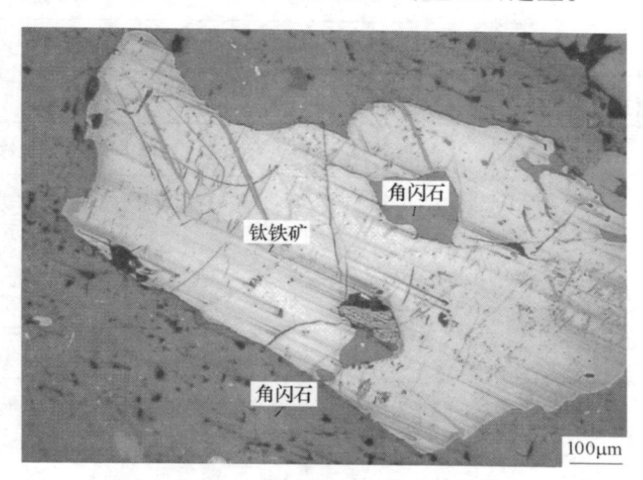

图6-6　钛铁矿呈半自形晶厚板状分布于角闪石中（反光显微镜，放大160倍）

6.6.4.3　榍石 $CaTi[SiO_4]O$

榍石属于含钙、钛的硅酸矿物。矿石中含有少量榍石，其矿物量为0.043%。榍石晶形为信封状、板状、柱状、针状，呈淡黄白色、蜜黄色，透明至半透明，金刚光泽、油脂光泽。莫氏硬度5~6，密度3.3~3.6g/cm^3。具较弱电磁性，一般在700~1200mT场强进入磁性产品。榍石化学成分扫描电镜能谱检测结果如表6-23所示，平均含TiO_2为39.80%。

在矿石中榍石呈不规则粒状，多与金红石、钛铁矿、角闪石连生。

表6-23　榍石化学组成能谱分析结果

测　点	化学组成及含量/%					
	TiO_2	V_2O_5	CaO	FeO	Al_2O_3	SiO_2
1	40.28	0.20	27.29	0.47	1.17	30.59
2	39.90	0.17	27.41	0.49	1.25	30.78
3	39.83	0.18	27.38	0.48	1.39	30.74
4	39.18	0.22	27.32	0.59	1.65	31.04
5	39.80	0.29	27.07	0.60	1.20	31.04
平均	39.80	0.21	27.29	0.53	1.33	30.84

6.6.5　矿物磁性分析

为了查明本矿石中主要钛矿物和脉石矿物的磁性分布，采用原矿 -0.074 ~ +0.04mm 粒级产品进行矿物磁性分析，结果如表 6-24 所示。

表 6-24　磁性分析结果

磁场场强/mT	产率/%	TiO_2 含量/%	主要矿物组成
100	微量	—	磁铁矿
350	0.66	30.32	钛铁矿、赤铁矿、石榴石，少量角闪石
450	3.04	2.74	石榴石、角闪石，少量钛铁矿、赤铁矿
550	35.66	0.82	角闪石、石榴石，微量钛铁矿和赤铁矿
650	37.75	0.97	角闪石，少量褐铁矿
750	11.09	2.55	浅色角闪石，少量褐铁矿、金红石
900	2.81	6.11	浅色角闪石，少量褐铁矿、绢云母、金红石
900 非磁	8.99	22.12	角闪石、金红石、白云母、长石、石英、磷灰石
合　计	100.00	3.39	—

由表中结果可知，钛铁矿在 350 ~ 450mT 磁场场强下进入磁性产品，金红石基本无磁性，在 900mT 磁场场强进入非磁产品。少量含钛铁矿、角闪石连生体或包裹体的金红石具极弱磁性，在 750 ~ 900mT 磁场场强进入磁性产品。磁性分析表明，钛铁矿与金红石磁性差别大，采用磁选可分离钛铁矿和金红石，大量角闪石、石榴石等磁性脉石的磁性变化大，对磁选富集钛铁矿和金红石有很大干扰。

6.6.6　钛在矿石中的赋存状态

根据原矿矿物定量检测结果和单矿物钛的化学分析，作出钛在各矿物中的分配如表 6-25 所示，平衡分配结果表明，原矿中以金红石（含钛铁矿包裹体）矿物形式存在的钛占原矿总钛 78.51%；以钛铁矿矿物形式存在的钛占原矿总钛量的 9.58%；赋存于榍石（硅酸钛矿物）中的钛占原矿总钛量 0.50%；以微细钛矿物包裹体或类质同象形式赋存于角闪石、石榴石等磁性脉石中钛占原矿总钛量的 9.81%；赋存于白云母等非磁脉石中钛占原矿总钛量的 1.61%。由此表明，分选金红石，钛的理论品位 TiO_2 为 96%，理论回收率为 78% 左右，分选钛铁矿，钛的理论品位为 52%，理论回收率为 10% 左右。

表 6－25 钛在矿石中的平衡分配

矿　物	矿物含量/%	TiO_2 含量/%	占有率/%
金红石	2.821	96.03	78.51
钛铁矿	0.632	52.32	9.58
榍石	0.043	39.80	0.50
角闪石/石榴石	78.697	0.43	9.81
云母、长石等其他脉石	17.322	0.32	1.61
其他	0.485		0.00
合　计	100.000	3.451	100.00

6.6.7 影响选矿的矿物学因素分析

（1）该矿石中主要含钛矿物主要为金红石，其次为钛铁矿，少量榍石；其他金属氧化矿物有少量至微量褐铁矿、赤铁矿和磁铁矿；金属硫化矿物只有微量黄铁矿；脉石矿物主要为角闪石，其次是石榴石、白云母、绿帘石、长石、绿泥石、黏土、石英等。

（2）金红石的嵌布粒度分布范围较宽，粒度粗细极不均匀，主要集中在0.01～0.32mm，钛铁矿的粒度比金红石稍粗，主要粒度范围是0.02～0.64mm。

（3）金红石的嵌布关系较复杂，大多数金红石呈不等粒浸染状、微细粒浸染状分布于角闪石、石榴石、白云母等脉石矿物中，这些金红石粒度粗细极不均匀。少数金红石中包含钛铁矿、角闪石等具电磁性矿物包裹体，这是引起部分金红石具弱磁性的根本原因。

（4）解离度测定结果表明，0.074mm 以上粒级的金红石解离度较低，仅为74.55%，而0.043mm 以下的金红石解离度较高，可达97%以上。在磨矿细度为－0.074mm 占91.09%时，金红石的解离度为90.71%。

（5）钛的赋存状态查定表明，原矿中以金红石矿物形式存在的钛占原矿总钛量78.51%；以钛铁矿矿物形式存在的钛占原矿总钛量的9.58%；赋存于榍石中的钛占原矿总钛量0.50%；以微细钛矿物包裹体或类质同象形式赋存于角闪石、石榴石等磁性脉石中钛占原矿总钛量的9.81%；赋存于白云母等非磁脉石中钛占原矿总钛量的1.61%。由此表明，分选金红石，钛的理论品位 TiO_2 为96%，理论回收率为78%左右，分选钛铁矿，钛的理论品位为52%，理论回收率为10%左右。

（6）磁性分析表明，钛铁矿在400mT 磁场场强下可分选，金红石可在900mT 磁场场强下非磁产品富集。大量角闪石、石榴石等磁性脉石的磁性变化大，对磁选富集钛铁矿和金红石有很大干扰。

6.7 海滨钛铁砂矿工艺矿物学实例

6.7.1 原砂物质组成

原砂多元素化学分析结果如表6－26所示，该矿石主要有价元素为钛和锆。

表6－26 原砂多元素化学分析结果

元素	TiO_2	Fe	$Zr(Hf)O_2$	REO	CaO	MgO
含量/%	2.10	3.91	0.10	<0.05	0.35	0.099
元素	P	Al_2O_3	SiO_2	K_2O	Na_2O	
含量/%	0.021	11.16	75.29	0.86	2.16	

采用MLA自动矿物定量测定原砂各矿物含量，测定结果如表6－27所示。

表6－27 原砂矿物含量测定结果

矿 物	含量/%	矿 物	含量/%
钛铁矿	3.461	黑云母	0.331
金红石	0.048	角闪石	7.182
白钛石	0.116	辉石	0.320
钛磁铁矿	0.440	石榴石	0.359
赤铁矿	0.550	绿帘石	0.111
锆石	0.139	绿泥石	0.029
榍石	0.076	蓝晶石	0.070
铬铁矿	0.001	黏土	0.581
尖晶石	0.008	磷灰石	0.104
石英	48.031	磁黄铁矿	0.014
斜长石	33.654	硬锰矿	0.002
正长石	4.309	其他	0.008
白云母	0.056	合 计	100.000

测定结果表明，该海滨砂矿中有用矿物主要为钛铁矿和锆石，少量钛磁铁矿、白钛矿、赤铁矿和极少量金红石，偶见独居石、磷钇矿。脉石矿物主要为石英、长石、角闪石，少量石榴石、角闪石、磷灰石等。

6.7.2 原砂粒度组成和金属分布

原砂筛分结果反映了原矿的自然粒度分布如表6－28所示，从表中可看出，本砂矿自然粒度范围较窄，主要粒度范围为0.1～0.5mm，钛主要富集粒级为0.1

~0.32mm；锆的粒度不如钛铁矿均匀，主要富集粒级为0.04~0.32mm。预先筛分脱除产率为28%的粗砂（+0.32mm），锆的损失为4.2%，钛的损失为2.85%。

表6-28 原砂粒度组成和钛、锆分布

粒级/mm	产率/%	负累产率/%	品位/%		回收率/%	
			ZrO_2	TiO_2	ZrO_2	TiO_2
-0.63~+0.5	1.10	100.00	0.014	0.14	0.16	0.08
-0.5~+0.4	7.30	98.90	0.009	0.16	0.69	0.58
-0.4~+0.32	20.03	91.60	0.016	0.22	3.35	2.19
-0.32~+0.2	37.62	71.57	0.024	0.96	9.43	17.97
-0.2~+0.1	31.55	33.95	0.17	4.56	55.97	71.57
-0.1~+0.074	0.62	2.40	1.01	8.69	6.49	2.66
-0.074~+0.04	1.20	1.78	1.66	7.63	20.84	4.57
-0.04	0.58	0.58	0.51	1.33	3.08	0.38
合 计	100.00	0.00	0.096	2.01	100.00	100.00

6.7.3 主要矿物粒度测定

从原砂中测定各有价矿物的粒度分布，测定结果如表6-29所示。从测定结果来看，各有价矿物粒度大小较均匀，粒度分布范围为0.04~0.32mm，为重选的适宜粒级，其中以金红石、锆石的粒度范围较集中，相对而言，钛铁矿、白钛石的粒度粗细不均匀程度略高，磁铁矿类似钛铁矿，但粗粒级略比钛铁矿少。

表6-29 原砂中主要矿物粒度分布

粒级/mm	粒度分布/%				
	钛铁矿	锆石	金红石	白钛石	磁铁矿
-0.64~+0.32	3.36	3.93			
-0.32~+0.16	24.12	2.28	13.79	18.26	19.20
-0.16~+0.074	56.01	70.35	73.73	34.51	57.57
-0.074~+0.04	14.35	18.65	6.56	24.00	20.39
-0.04~+0.020	1.71	3.54	4.50	13.88	2.23
-0.020~+0.010	0.33	0.96	0.67	6.93	0.44
-0.010	0.12	0.28	0.75	2.42	0.17
合 计	100.00	100.00	100.00	100.00	100.00

6.7.4 主要矿物的选矿工艺特性

6.7.4.1 钛铁矿 $FeTiO_3$

钛铁矿呈板状晶，铁黑色，磨圆度较高，呈圆粒状，次圆状，粒度较均匀。

密度4.72g/cm³。莫氏硬度5~6。具电磁性，大部分在240~450mT场强下进入磁性产品，并具导电性，电选进入导体产品。钛铁矿化学成分主要为铁和钛，理论化学成分：TiO_2 为52.66%，FeO为47.34%。采用能谱随机测定钛铁矿颗粒的化学组成，测定结果见表6-30。从测定结果可见：

（1）钛铁矿化学成分变化较大，TiO_2 最低含量为44%，最高含量可达60%，部分钛铁矿因含赤铁矿片晶而富铁贫钛，即铁钛铁矿。钛铁矿平均化学成分：TiO_2 为50.97%，MnO为1.03%，FeO为46.89%；

（2）极少部分钛铁矿蚀变为白钛石而致含钛量增加，随之铁含量降低。矿砂中钛铁矿单矿物（包含铁钛铁矿）分析：TiO_2 为42.92%。

表6-30 钛铁矿化学成分能谱检测结果

检测号	化学组成和含量/%						
	TiO_2	FeO	MnO	MgO	SiO_2	Al_2O_3	CaO
1	43.92	53.39	0.84	0.71	0.67	0.20	0.27
2	44.83	53.37	0.49	0.66	0.29	0.14	0.22
3	48.46	50.22	0.16	0.56	0.44	0.16	0.00
4	48.51	49.26	1.74	0.00	0.49	0.00	0.00
5	49.20	47.26	1.57	1.22	0.52	0.23	0.00
6	49.26	48.83	0.55	1.06	0.24	0.06	0.00
7	50.27	47.74	0.56	0.73	0.49	0.21	0.00
8	50.83	46.30	1.86	0.47	0.54	0.00	0.00
9	50.98	46.99	1.02	0.31	0.51	0.19	0.00
10	51.14	47.55	0.73	0.00	0.40	0.00	0.18
11	51.32	46.91	1.33	0.00	0.44	0.00	0.00
12	51.74	47.35	0.52	0.00	0.39	0.00	0.00
13	52.24	45.49	0.66	0.27	0.35	0.99	0.00
14	53.24	43.92	1.22	0.76	0.58	0.28	0.00
15	59.34	39.17	0.82	0.00	0.31	0.00	0.36
16	60.23	36.47	2.33	0.31	0.40	0.26	0.00
平均	50.97	46.89	1.03	0.44	0.44	0.17	0.06

矿砂中钛铁矿部分以单体颗粒存在，较多的钛铁矿中含有赤铁矿片晶或连晶（见图6-7），少部分钛铁矿变化为白钛石。

6.7.4.2 金红石 TiO_2

矿砂中的金红石呈四方柱状、次磨圆粒状-圆粒状（参见彩图11），颜色变化较大，呈暗红、褐红-橘黄-褐红-黑色，一般随含铁量增加颜色变深，金刚光泽-半金属光泽，多呈单体颗粒存在于矿砂中。金红石密度4.2~4.4g/cm³，莫氏硬度6.0~6.5。具极弱电磁性，在1600~2000mT场强下进入磁性产品，具

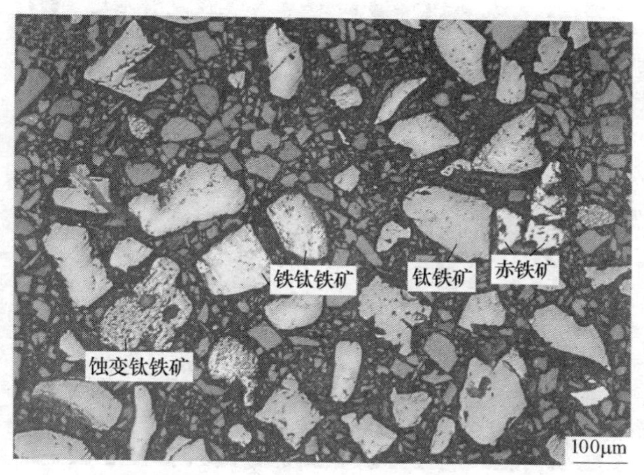

图6-7 矿砂中钛铁矿及包含赤铁矿片晶的铁钛铁矿（显微镜，反光）

导电性，在电选过程进入导体产品。金红石理论化学成分：TiO_2 为100%，常含类质同象混入的 Fe、Nb、Ta、Sn 等。本矿石中金红石红色者成分较纯，能谱检测未发现其他杂质，在扫描电镜观察金红石未见包裹体。

6.7.4.3 白钛石

白钛石并非固定化学组成和晶体结构的矿物，而是氧化钛、氧化铁、二氧化硅、氧化铝等多相微粒集合体，由钛铁矿、榍石或金红石等钛矿物受表生作用和热液作用蚀变生成。白钛石颜色变化较大，呈灰黑色、灰色、褐黄色、黄色、浅黄色等，色泽比钛铁矿暗，质地较松散，成分不均匀，有些钛铁矿蚀变成的白钛石，保留钛铁矿的条纹结构，并可见钛铁矿表面白钛石化现象（见图6-8）。白钛石的硬度和密度均随成分和结构变化较大，磁性和导电性也变化较大，一般磁性、导电性弱于钛铁矿。白钛石化学成分能谱检测结果如表6-31所示，白钛石的化学成分较复杂，且变化较大，除含钛、铁之外，含较高硅、铝等杂质，白钛石平均含 TiO_2 为72.01%。

表6-31 白钛石化学成分能谱检测结果

检测号	化学组成和含量/%										
	TiO_2	FeO	FeO	Al_2O_3	SiO_2	MnO	P_2O_5	CaO	Nb_2O_5	MgO	V_2O_5
1	81.05	0.00	5.22	6.21	0.98	0.00	2.86	0.86	2.09	0.00	0.73
2	66.88	0.00	29.34	1.87	0.51	0.42	0.00	0.15	0.00	0.83	0.00
3	70.99	22.99	0.00	2.44	2.86	0.23	0.34	0.15	0.00	0.00	0.00
4	70.35	20.00	0.00	2.61	4.28	1.97	0.42	0.37	0.00	0.00	0.00
5	72.53	18.38	0.00	1.25	0.60	6.78	0.23	0.23	0.00	0.00	0.00
6	70.26	24.36	0.00	2.04	2.24	0.39	0.28	0.43	0.00	0.00	0.00
平均	72.01	14.29	5.76	2.74	1.91	1.63	0.69	0.37	0.35	0.14	0.12

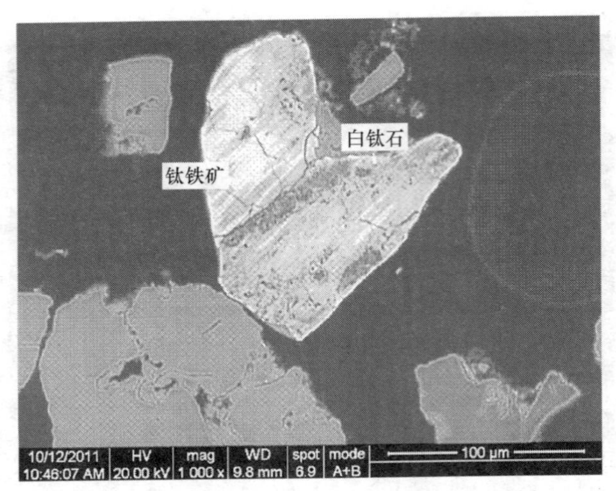

图6－8　白钛石颗粒切面图，可见白钛石保留钛铁矿的富铁条纹结构（扫描电镜，放大1000倍）

6.7.4.4　锆石（Zr，Hf）[SiO_4]

矿石中锆石颜色为无色透明，晶形为四方柱与四方双锥的聚形，玻璃光泽，断口油脂光泽，不平坦断口或贝壳状断口。莫氏硬度7.5～8，密度4.4～4.8g/cm^3，无磁性，非导体。锆石表面多见程度不同的铁染现象，少数锆石含有杂质矿物包裹体。采用扫描电镜能谱随机测定锆石颗粒化学成分，测定结果如表6－32所示。能谱测定结果表明，该矿石中锆石含少量铪，并普遍含少量铁（表面或裂隙中铁染），但不含稀土。锆石单矿物分析，Zr(Hf)O_2 为66.18%。在矿砂中锆石绝大多数为单体，偶见微细粒锆石包裹于石英、角闪石等矿物中。

表6－32　锆石化学成分能谱检测结果

检测号	化学组成和含量/%			
	ZrO_2	HfO_2	SiO_2	FeO
1	65.22	1.73	32.48	0.56
2	65.02	2.09	32.58	0.30
3	65.35	2.09	32.67	0.15
4	65.00	1.90	32.67	0.43
5	64.91	2.18	32.66	0.25
6	64.83	2.28	32.69	0.20
7	65.37	1.85	32.60	0.18
8	65.02	2.15	32.48	0.35
9	65.43	1.86	32.50	0.22
10	65.33	1.85	32.51	0.21
平均	65.15	2.00	32.58	0.29

6.7.4.5 磁铁矿 $Fe^{3+}(Fe^{2+}, Fe^{3+})_2O_4$

矿砂中磁铁矿数量较少，矿物含量为0.44%。磁铁矿呈铁黑色，次棱角状粒状，断口半贝壳状，莫氏硬度5.5~6，密度4.9~6.2g/cm^3。具强磁性，磁铁矿中沿解理方向分布有钛铁晶石片晶。采用扫描电镜能谱仪对该磁铁矿进行微区化学成分检测，结果如表6-33所示，本矿石中磁铁矿含数量不等的钛，部分磁铁矿含钒，磁铁矿平均含 TiO_2 为10.59%，Fe 为64.74%。

表6-33 磁铁矿化学成分能谱检测结果

检测号	化学组成和含量/%					
	Fe_3O_4	TiO_2	V_2O_3	Al_2O_3	SiO_2	MnO
1	81.14	17.73	1.13	0.00	0.00	0.00
2	83.49	15.33	1.18	0.00	0.00	0.00
3	80.93	18.07	0.54	0.00	0.00	0.46
4	91.71	7.98	0.31	0.00	0.00	0.00
5	90.69	9.31	0.00	0.00	0.00	0.00
6	85.05	14.95	0.00	0.00	0.00	0.00
7	87.50	12.5	0.00	0.00	0.00	0.00
8	86.66	13.34	0.00	0.00	0.00	0.00
9	82.32	17.29	0.00	0.00	0.00	0.39
10	92.51	3.80	0.00	2.04	1.49	0.16
平均	86.20	13.03	0.32	0.20	0.15	0.10

6.7.4.6 赤铁矿 Fe_2O_3

本矿砂中部分磁铁矿氧化为赤铁矿，含量虽少，由于其磁性与钛铁矿相近，对钛精选干扰较大。赤铁矿为褐黑色，次圆粒状，莫氏硬度5，密度4.9g/cm^3。采用扫描电镜能谱仪对该赤铁矿进行微区化学成分检测，结果如表6-34所示，赤铁矿中含钛相对磁铁矿低，并含硅、铝等杂质。本矿砂中赤铁矿呈单体颗粒，或见磁铁矿表面赤铁矿化。

表6-34 赤铁矿化学成分扫描电镜能谱分析结果

检测号	化学组成和含量/%				
	Fe_2O_3	TiO_2	V_2O_5	SiO_2	Al_2O_3
1	96.21	1.51	0.76	1.13	0.39
2	95.62	1.93	0.00	1.94	0.51
3	89.98	3.66	0.82	5.05	0.49
平均	93.95	2.36	0.53	2.70	0.46

6.7.4.7 脉石矿物

矿石中主要脉石矿物为石英和长石，占原砂总量的86%，其次为角闪石，约占原砂总量的7%，少量石榴石、辉石、绿帘石、磷灰石等。

6.7.5 原砂中钛和锆的赋存状态

6.7.5.1 原砂中钛的赋存状态

在原砂矿物定量的基础上，分离单矿物作 TiO_2 的化学分析，作出钛在各主要矿物中的分配如表6－35所示。由钛的平衡分配表明，原砂中钛铁矿（含赤铁矿）中钛占原矿总钛量的81.89%左右，金红石中钛占原矿总钛量的2.09%，白钛石中钛占原矿总钛量的3.97%，硅酸盐矿物－榍石中的钛占原矿总钛的1.32%，存在于磁铁矿中的钛占原矿总钛的0.58%，赋存于角闪石等磁性矿物中钛占原矿总钛的9.00%，以微细包裹体存在于石英等脉石矿物中的钛占原矿总钛的1.15%。从该砂矿中选钛铁矿，理论回收率82%左右，选金红石和白钛石，钛的理论回收率为6%。但由于钛铁矿中含较多不能分离的赤铁矿片晶，钛铁矿精矿最高品位只能达到43%左右，难以分选出合格钛铁矿。

表6－35 钛在矿石中的平衡分配

矿物	含量/%	TiO_2 含量/%	分配率/%
钛铁矿/赤铁矿	4.011	42.92	81.89
金红石	0.048	91.65	2.09
白钛石	0.116	72.01	3.97
磁铁矿	0.440	2.79	0.58
榍石	0.076	36.65	1.32
锆石	0.139	—	0.00
铬铁矿	0.001	—	0.00
尖晶石	0.008	—	0.00
石英/长石	86.050	0.028	1.15
角闪石/黑云母	8.303	2.28	9.00
其他	0.808	—	0.00
合计	100.000	2.11	100.00

6.7.5.2 原砂中锆的赋存状态

在原砂矿物定量的基础上，分离单矿物作锆铪合量 $(ZrHf)O_2$ 的分析，作出锆在各主要矿物中的分配如表6－36所示。由锆的平衡分配表明，原砂中以锆石矿物形式存在的锆占原矿总锆量的96.18%左右，以微细包裹体存在于角闪石等矿物中的锆占原矿总锆量的0.26%，以微细包裹体存在于石英、长石等脉石矿物中的锆占原矿总锆量的3.56%。从该砂矿中选锆，理论回收率96%左右。

表6-36 锆在矿石中的平衡分配

矿 物	含量/%	$(ZrHf)O_2$ 含量/%	分配率/%
钛铁矿/赤铁矿	4.011	—	—
金红石	0.048	—	—
白钛石	0.116	—	—
磁铁矿	0.440	—	—
榍石	0.076	—	—
锆石	0.139	66.18	96.18
铬铁矿	0.001	—	—
尖晶石	0.008	—	—
石英/长石	86.050	0.004	3.56
角闪石/黑云母	8.303	0.003	0.26
其他	0.808	—	—
合 计	100.000	0.097	100.00

6.7.6 影响选矿的矿物学因素分析

（1）矿物组成查定表明，矿砂中有价矿物主要为钛铁矿、锆石，其次为白钛石、金红石，为选矿回收的主体矿物。

（2）砂矿自然粒度范围在0.1~0.5mm，具有粒度大小均匀，粒度范围较窄的特点。钛铁矿主要富集粒级为0.1~0.32mm，锆石的粒度不如钛铁矿均匀，主要富集粒级为0.04~0.32mm。

（3）矿砂中石英、长石等轻矿物产率占86%，这些矿物密度小，无磁性，可采用重选或磁选预先抛废。

（4）矿砂中金红石、锆石等有价矿物天然解离性较好，但部分钛铁矿与赤铁矿呈连晶，此外，钛铁矿与赤铁矿磁性分布重叠，钛铁矿：赤铁矿约为6:1，由于赤铁矿与钛铁矿采用物理选矿方法难以有效分离，因此物理选矿难以获得合格钛精矿。可采用还原焙烧将赤铁矿还原为磁性铁，弱磁分离后再富集钛铁矿。

（5）钛的赋存状态查定表明，原砂中钛铁矿中钛占原矿总钛量的81.89%左右，金红石中钛占原矿总钛量的2.09%，白钛石中钛占原矿总钛量的3.97%，硅酸盐矿物——榍石中的钛占原矿总钛量的1.32%，存在于磁铁矿中的钛占原矿总钛的0.58%，赋存于角闪石等磁性矿物中钛占原矿总钛的9.00%，以微细包裹体存在于石英等脉石矿物中的钛占原矿总钛的1.15%。从该砂矿中选钛铁矿，可采用筛分分级预先脱除产率为28%的+32mm粗砂，达到锆钛预富集的目的。理论回收率82%左右，选金红石和白钛石，钛的理论回收率为6%。但由于钛铁矿中含较多赤铁矿片晶，钛铁矿精矿最高品位只能达到43%左右。

（6）原砂中以锆石矿物形式存在的锆占原矿总锆量的96.18%左右，以微细包裹体存在于角闪石等矿物中的锆占原矿总锆量的0.26%，以微细包裹体存在于石英、长石等脉石矿物中的锆占原矿总锆的3.56%。从该砂矿中选锆，理论回收率96%左右。

7 锆、铪矿的工艺矿物学

7.1 锆、铪资源简介

锆是重要的稀有金属，锆金属有银灰色致密状和深灰至黑色的粉末状两种，熔点1850℃，密度6.5g/cm^3。锆具有耐腐蚀、耐高温、可塑性强、机械加工性能好等优良品质。锆在高温下吸气性良好，具有较强的除氧能力。锆的化合物及天然矿物具有高的熔点及较低的热膨胀系数。锆金属的热中子捕获截面小且耐辐射。锆产品按照主要用途分为金属核级锆和工业锆两类。金属核级锆处于锆产业链最顶端，金属锆主要用作核武器与核装备相关产业，核方面的应用占金属锆消耗的90%左右，工业民用方面的应用仅占金属锆消耗的10%左右。锆元素在地壳中丰度为123×10^{-6}，铪元素在地壳中丰度为3.7×10^{-6}。已知含锆矿物有约30种，最主要的有锆石、斜锆石、异性石和负异性石，但锆的工业级矿物只有锆石和斜锆石。锆矿物中以锆石分布最广泛，可见于各种岩浆岩中，但可形成工业矿体的只有碱性岩和砂矿矿床。斜锆石较少见，主要产于南非的碱性岩和碳酸岩矿床及其风化砂矿中。在自然界铪与锆的地球化学性质相近，铪与锆共生而少见单独的铪矿物，通常锆精矿含HfO_2达0.5%~2%以上的即可作为单独铪矿开采，含量较低时可作为提取锆的副产品回收。从资源地域分布上来看，世界锆矿资源储量主要掌握在澳大利亚、南非、乌克兰、印度和巴西的手中，五个国家占据了全球86%的锆矿资源，资源垄断十分明显。锆为我国短缺的稀有金属之一。根据美国地质勘探局统计，中国锆矿储量仅50万吨，占世界锆矿资源不足1%。澳大利亚、美国和印度等以海滨砂矿为主；南非矿以斜锆石矿物为主，形成于与碱性岩或超基性岩有关的烧绿石碳酸岩矿床中及其风化后形成的砂矿里，产品质量好，因此是世界锆原料的主要产地。世界锆（铪）资源分布情况如表7-1所示，我国锆（铪）资源分布情况如表7-2所示。

表7-1 世界锆（铪）资源分布情况

锆（铪）资源种类	锆（铪）资源分布
锆石型锆矿	锆矿储量地域分布高度集中，锆石型锆矿以海滨砂矿为主，分布高度集中，主要分布在澳大利亚东海岸，一般伴生钛铁矿、金红石和独居石，具有品位低，但粒度均匀，属地表矿，易采易选的特点。除了澳大利亚之外，锆砂矿的其他产地还有印度尼西亚、乌克兰、莫桑比克、越南等
斜锆石型锆矿	斜锆石形成于与碱性岩或超基性岩有关的烧绿石碳酸岩矿床中及其风化后形成的砂矿里，结晶粒度粗，晶形完整，产品质量好，南非是世界斜锆石原料的主要产地

表 7-2　我国锆（铪）资源分布情况

锆（铪）矿种类	锆（铪）资源分布
锆石砂矿	我国锆资源主要分布在广东、海南、广西等东南沿海省份及西南的四川、云南。海南是我国最大的、最重要的锆钛矿物的采选和销售市场，其产量占据了国内锆钛产量的90%以上。据不完全统计，海南现有的锆钛矿采选能力为20万吨/年，但由于开采无序和开采条件等的限制，现在的产能发挥仅仅不足50%。目前，国内大量从印尼、莫桑比克、越南等地进口重选毛砂，从中分选锆石及回收钛铁矿、金红石、独居石
原生锆矿	我国的原生锆矿主要赋存于碱性花岗岩中，内蒙古巴尔哲稀有金属矿原矿含 ZrO_2 大于2%，含锆矿物主要为锆石，伴生铌、铍、稀土多种有用元素，但该矿属于极难选矿，待开采和利用。碱性花岗岩为潜在的原生锆资源

7.2　锆、铪矿物种类

7.2.1　锆、铪之间的类质同象

锆、铪与钛一样，同是元素周期表中第四副族元素，铪的原子序数比锆大，锆处于第五周期，铪处于第六周期。锆的地壳丰度为 123×10^{-6}，Zr^{4+} 离子半径为0.87nm，相对电负性为1.6；铪的地壳丰度为 3.7×10^{-6}，Hf^{4+} 离子半径为0.84nm，相对电负性为1.3。两元素的丰度差距大，地球化学性质相近，因此，矿石中铪往往以类质同象的形式进入锆石晶格，只在特殊的地质条件下形成独立铪矿物——铪石，铪石极为罕见，且产地稀少。

7.2.2　锆、铪矿物种类

锆、铪元素为亲氧元素，自然界形成的矿物主要为硅酸盐矿物和氧化物。地壳中含锆、铪的矿物有80多种，但世界具有工业开采及应用价值的锆矿物主要是锆石（$ZrSiO_4$）和斜锆石（ZrO_2），近年来有报道将异性石作为重要的锆原料。矿石中常见的锆、铪矿物见表7-3。

表 7-3　主要锆、铪矿物类型和种类

矿物类型	矿物种类	化　学　式	$(Zr,Hf)O_2$ 含量/%
氧化物	斜锆石	ZrO_2	100
	钙锆钛矿	$CaZr_3TiO_9$	73.11
	钙钛锆石	$CaZrTi_2O_7$	36.34

续表 7－3

矿物类型	矿物种类	化 学 式	$(Zr,Hf)O_2$ 含量/%
硅酸盐	锆石	$Zr[SiO_4]$	67.10
	铪石	$Hf[SiO_4]$	65.99
	钠锆石－钙锆石	$(Na_2Ca)[Zr(Si_3O_9)]\cdot 2H_2O$	29.93
	三水钠锆石	$Na_2[Zr(Si_3O_9)]\cdot 3H_2O$	29.72
	斜方钠锆石	$Na_2[Zr(Si_3O_9)]\cdot 2H_2O$	30.21
	斜钠锆石	$Na_2[Zr(Si_6O_{15})]\cdot 3H_2O$	20.48
	水钠锆石	$Na_2Ca[Zr(Si_4O_{10})]_2\cdot 8H_2O$	25.78
	水硅钙锆石	$CaZrSi_6O_{15}\cdot 2.5H_2O$	21.10
	异性石	$Na_{12}Ca_6Fe_3Zr_3[Si_3O_9][Si_9O_{24}(OH)_3]_2$	11.84 ~ 16.88
	变异性石	$Na_{12}Ca_6Fe_3Zr_3[Si_3O_9][Si_9O_{24}(OH)_3]_2$	12.66
	硅锆钙钠石	$Na_6CaZr[Si_3O_9]_2$	16.63
钛酸盐	水钛锆石	$Zr_3Ti_2O_{10}\cdot 2H_2O$	65.40

7.3 主要锆矿物的晶体化学和物理化学性质

7.3.1 锆石 $(Zr, Hf)[SiO_4]$

（1）晶体化学性质：锆石的晶体属四方晶系，$a_0=0.662$nm，$c_0=0.602$nm；$Z=4$。结构中 Zr 与 Si 沿 c 轴相间排列成四方体心晶胞。晶体结构可视为由［SiO_4］四面体和［ZrO_8］三角十二面体联结而成。［ZrO_8］三角十二面体在 b 轴方向以共棱方式紧密连接。原子间距 Si—O(4)＝0.162nm，Zr—O(8)＝0.215nm 和 Zr—O(4)＝0.229nm。

（2）化学性质：锆石理论组成 ZrO_2 为 67.1%，SiO_2 为 32.9%。锆石中铪的类质同象替代最为普遍，在不同的类型岩石产出的锆石中，其锆铪比值不尽相同：碱性岩中的锆石，其锆铪比值最大，即富含锆；基性岩－酸性岩的锆石锆铪比值依次递减，酸性岩锆铪比值最小，即酸性岩产出的锆石相对富铪，而产于花岗伟晶岩的锆石则最富铪。此外，锆石有时含有 MnO、CaO、MgO、Fe_2O_3、Al_2O_3、REO、ThO_2、U_3O_8、TiO_2、P_2O_5、Nb_2O_5、Ta_2O_5、H_2O 等混入物。当 H_2O、REO、U_3O_8、$(Nb, Ta)_2O_5$、P_2O_5、HfO_2 等杂质含量较高，而 ZrO_2、SiO_2 含量相应较低时，其物理性质也发生变化，硬度和相对密度降低，且常变为非晶态。按其结晶程度可分为高型和低型两个变种。结晶完整的晶体多为“高型”；晶体极差或非晶态者为“低型”。含杂质不同的锆石因而形成多种变种：山口石，REO 为 10.93%，P_2O_5 为 17.7%；大山石，REO 为 5.3%，P_2O_5 为 7.6%；

苗木石，REO 为 9.12%，$(Nb，Ta)_2O_5$ 为 7.69%，含 U、Th 较高；曲晶石，含较高 REO、U_3O_8，因晶面弯曲而故名；水锆石，含 H_2O 为 3% ~10%；铍锆石，BeO 为 14.37%，HfO_2 为 6.0%；富铪锆石，含 HfO_2 可达 24.0%。

（3）物理性质：锆石颜色多数为无色透明，但也有不同的颜色的锆石，如红、黄、橙、褐、绿等等。晶体呈短柱状，通常为四方柱、四方双锥或复四方双锥的聚形，颜色和形状都很丰富（参见彩图 12 和彩图 13），晶洞中有时可见锆石晶簇（参见彩图 14）。形成条件的不同，晶体形态不同：如碱性火成岩中的锆石四方双锥发育呈双锥状；酸性火成岩中的锆石柱面和锥面均发育，呈柱状；中性火成岩中的锆石柱面发育，并有复四方双锥出现，故锆石的晶形可作标型特征。玻璃光泽，断口油脂光泽，不平坦断口或贝壳状断口。莫氏硬度 7.5 ~8，密度 4.4 ~4.8g/cm^3，无磁性，非导体。X 射线照射下发黄色，阴极射线下发弱的黄色光，紫外线下发明亮的橙黄色光。

（4）光学性质：薄片中无色至淡黄色，色散强，折射率大：n_o = 1.91 ~ 1.96，n_e = 1.957 ~ 2.04；均质体折射率降低，n = 1.60 ~ 1.83。熔点 2340 ~ 2550℃，氧化条件下，在 1300 ~ 1500℃ 稳定，1550 ~ 1750℃ 分解，生成 ZrO_2 和 SiO_2。线性热膨胀系数 5.0×10^{-6}/℃（200 ~ 1000℃），且耐热震动、稳定性良好。以锥面的柱状晶体，高正突起和鲜艳的干涉色为鉴别特征。

（5）成因产状：锆石在各种火成岩中作为副矿物产出，尤其是酸性火成岩中比较普遍；在碱性岩和碱性伟晶岩中可富集成矿，著名的产地有挪威南部和俄罗斯乌拉尔，我国内蒙古巴尔哲稀有金属矿锆石的含量达到 2% 以上，但锆石的品质较差，含铁等杂质。在表生环境中锆石极稳定，因而常次生富集于海滨砂矿或河流砂矿中，这些锆石含杂质少，粒度均匀，易于分选富集，为高品质锆石的主要来源。

7.3.2　斜锆石 ZrO_2

（1）晶体化学性质：斜锆石也被称作巴西石，是一种氧化锆矿物，属单斜晶系晶体，晶体结构较为复杂，每个锆原子位于七个氧原子之间，氧原子有两种状态：其一，氧原子接近于单体晶胞（100）上，它们与位于三角形角顶的三个锆原子连接；其二，氧原子接近于通过晶胞中心平行（100）的 PP′平面上，它们与位于四面体角顶的四个锆原子连接。整个锆石的结构可看成是两种状态的氧与锆结合的原子层沿｛100｝交替排列而成。Zr—O 原子间距对于三角形是 0.204nm、0.210nm、0.215nm；对于四面体是 0.216nm、0.218nm、0.226nm、0.228nm。

（2）化学性质：斜锆石的理论化学成分 Zr 为 74.1%，O 为 25.9%，Zr 经常被 Hf 类质同象替代，除 HfO_2、Fe_2O_3、Sc_2O_3 之外，混入物还有 Na_2O、K_2O、MgO、MnO、Al_2O_3、SiO_2、TiO_2 等，有时也含 Nb、Ta、稀土等微量组分。

（3）物理性质：晶体为板状，晶体集合体为不规则的块状。常为无色、白色、黄、褐、黑等色。油脂或玻璃光泽，黑色斜锆石呈半金属光泽。莫氏硬度6.5，密度5.4～6.0g/cm^3。矿块不溶于酸，细粉末能缓慢地溶于浓硫酸，在酸性硫酸钾里加热分解。

（4）光学性质：折射率$n_o=2.20$，$n_m=2.19$，$n_p=2.13$；重折率0.07；二轴晶负光性，$2V=30°$；多色性明显。以板状晶和极高正突起与锆石相区别。

（5）成因产状：主要产于与碱性或超基性岩、基性岩有关的烧绿石碳酸岩矿床中及其风化后形成的砂矿中。

7.4 锆、铪矿石类型及选矿工艺

7.4.1 锆、铪矿石类型

锆、铪矿主要矿石类型可分为原生锆矿、锆砂矿和碱性岩、火成碳酸盐风化壳矿床等。

原生锆矿包括含锆石的碱性岩矿床和含斜锆石的碳酸岩矿床。前者一般为含锆石的稀有金属矿床，工业矿物有锆石、铌铁矿、铌铁金红石、易解石、独居石、氟碳铈矿等矿物，矿物种类多，矿物结晶粒度微细，晶形较复杂，有些锆石含放射性元素铀、钍等杂质，因而通常产生非晶质化现象，此类矿石性质较复杂，大多属于难选矿；后者赋存于火成碳酸岩中，含锆石、斜锆石、烧绿石和磷灰石，矿物结晶完整，嵌布粒度适中，尤其是产于风化壳中的矿石较为易选。

砂矿矿床包括海滨砂矿、内陆河流和湖泊冲积砂矿，目前，工业利用最多的是海滨锆砂矿，锆砂矿特点是以砂粒形式存在，颗粒均匀，粒度适中，矿物之间已基本上自然解离，虽然品位常比原生矿低，无需磨矿，易于分选，锆石常与磁铁矿、钛铁矿、金红石、独居石、磷钇矿、锡石、石英等矿物共生，可综合回收多种有价矿物。

自然体系中无铪的独立矿床，矿石中铪一般以类质同象的形式进入锆石晶格，产于花岗岩中的锆石比碱性岩和碳酸岩更富铪，产于花岗伟晶岩中的锆石最富铪，其锆铪比值大多介于3～20之间，工业上从富铪锆石中提取铪。

7.4.2 锆、铪矿石的选矿工艺

锆石是含锆矿物最常见的一种，也常是铪的载体矿物。目前主要从海滨砂矿中回收锆石。工艺矿物学查明矿砂中矿物组成和含量对设计选矿工艺流程尤其重要。含锆石的重砂中，通常共生有磁铁矿、钛铁矿、金红石、独居石等重矿物。一般在选别锆石的同时，亦将这些重矿物作为目的矿物加以回收。

目前常用的选矿方法为重选法、磁选法、电选法和浮选法。

重选法常常作为锆石预富集的一种方法，锆石多赋存在钛铁矿砂中，并常伴

生有赤铁矿、铬铁矿及石榴石等重矿物。因此富集锆石在最初阶段往往采用重选法，如用摇床将重矿物与脉石（石英、长石、黑云母）等分离，重选得到的粗精矿中磁性矿物有钛铁矿、赤铁矿、铬铁矿、石榴石、独居石等。锆石为非磁性矿物或弱磁性矿物（某些矿床中锆石中含铁则为弱磁性）。磁选分干式和湿式两种。干式磁选需将入选物料加热干燥，分级等预处理后才能进行分选。湿式强磁场磁选机分选粒度较宽，粒度下限可达20μm。因此当锆石粒度细时采用湿式磁选机较为适宜。锆石一般富集在非磁产品中，再采用电选精选分离。电选法是利用矿物导电性差异将钛铁矿、赤铁矿、铬铁矿、锡石、金红石等导电性矿物与锆石、独居石、石榴石、磷灰石等非导电矿物分离。电选前应预先脱泥分级，烘干处理。

浮选法常作为锆精选的辅助方法，目的是脱除一些难分离的杂质矿物。常用捕收剂为脂肪酸（油酸、油酸钠）等；矿浆调整剂为碳酸钠；抑制剂为硅酸钠；活化剂为硫化钠和重金属盐类（氯化锆、氯化铁）。也有用草酸调节矿浆至酸性，用胺类捕收剂浮选。

对于斜锆石的分选，国内基本上无斜锆石矿，国外的研究也较少，其中贝洛博罗多夫针对科拉半岛科夫多尔矿床含有斜锆石的复杂矿石提出了重选抛尾－反浮选－硫化矿浮选－斜锆石优先浮选的流程，并获得了良好的经济指标。该矿石经重选除去部分轻矿物后，与斜锆石密度相近的硫化矿（黄铁矿、磁黄铁矿）和烧绿石进入了斜锆石精矿中，同时精矿中还含有一些相对较轻的矿物（镁橄榄石、磷灰石和碳酸盐）。以脂肪酸作捕收剂、水玻璃作斜锆石的抑制剂将磷灰石和碳酸盐浮选上来，获得的尾矿再以三聚磷酸钠作斜锆石的抑制剂，丁黄药作硫化矿的捕收剂，调整矿浆 pH 值为 4.5，浮选得到不含硫化矿的斜锆石精矿，对斜锆石精矿进一步除杂以碳链 C10—C18 的粗脂肪醇碱式亚磷酸盐的单－双乙醚的混合物作斜锆石的捕收剂，三聚磷酸钠作调整剂，同时调整 pH 值为 5～6。浮选最终得到品位为 90.12% 的斜锆石精矿。

7.5 海滨锆钛砂矿工艺矿物学实例

7.5.1 原矿物质组成

原矿多元素分析结果如表 7－4 所示。海滨砂矿中主要有价元素为钛、锆和稀土，伴生少量铁和微量铬。其他非金属元素主要为硅，其次为铝。

表 7－4 原矿多元素分析结果

元素	TiO_2	ZrO_2	HfO_2	Fe_2O_3	REO	MnO	CaO	SiO_2
含量/%	3.50	1.01	0.083	2.12	0.15	0.028	0.38	84.63
元素	Al_2O_3	MgO	K_2O	Na_2O	ThO_2	P_2O_5	Cr_2O_3	
含量/%	7.60	0.45	0.54	0.57	0.0084	0.068	0.04	

采用MLA矿物自动定量检测设备对原矿进行矿物定量检测，结果如表7-5所示。从表7-5可见，本矿为以锆为主的海滨砂矿，主要有价矿物为锆石，其次为钛铁矿、金红石、白钛石、磁铁矿、独居石和磷钇矿，其中钛铁矿大部分是富钛钛铁矿，少量是正常钛铁矿，脉石矿物主要为石英和黏土，其次是长石、云母等，脉石矿物总量占90%以上，矿物之间已自然解离，无需磨矿，即可进行分选。

表7-5 原矿矿物定量检测结果

矿 物	含量/%	矿 物	含量/%	矿 物	含量/%
锆石	1.560	黄铁矿	0.014	方解石	0.041
金红石	0.851	石英	71.199	白云石	0.375
白钛石	0.991	长石	2.930	尖晶石	0.003
钛铁矿	2.673	白云母	1.633	铬铁矿	0.046
氟碳铈矿	0.001	黑云母	0.007	硬锰矿	0.044
独居石	0.157	角闪石	0.079	磷灰石	0.007
磷钇矿	0.070	电气石	0.625	萤石	0.004
磷铝铈矿	0.007	绿帘石	0.009	重晶石	0.007
硅铍钇矿	0.001	橄榄石	0.006	天青石	0.001
磁铁矿	0.108	蓝晶石	0.176	刚玉	0.005
褐铁矿	0.328	黏土	16.020	其他	0.011
黄铜矿	0.002	异极矿	0.006	合 计	100.000
闪锌矿	0.002	白铅矿	0.001		

7.5.2 主要有价矿物粒度分布

MLA测定-0.2mm原矿各主要矿物粒度分布，结果如表7-6所示，由结果可知，锆石的粒度最为均一，主要粒度范围为0.02~0.08mm；钛铁矿中有少量大于0.08mm的颗粒，大部分为与锆石类似，粒度范围为0.02~0.08mm；金红石的粒度分布也是主要粒度范围为0.02~0.08mm，粒度分布范围较窄；白钛石的粒度特点是0.01mm以下粒级占有率较高，达到14.51%；稀土矿物独居石的粒度比较细，主要粒度范围0.01~0.08mm，磷钇矿的粒度更微细。该矿砂具有锆、钛、稀土等有价矿物粒度偏细，但粒度较均一的特点。

表 7－6　原矿各主要矿物粒度分布结果

粒级/mm	粒级分布/%					
	锆石	钛铁矿	金红石	白钛石	独居石	磷钇矿
－0.32～＋0.16		0.74				
－0.16～＋0.08	0.79	3.71	2.62	1.14		
－0.08～＋0.04	48.21	46.32	62.12	48.16	35.26	19.60
－0.04～＋0.02	46.49	32.82	28.87	29.35	39.57	25.62
－0.02～＋0.01	3.11	9.91	4.39	6.84	22.21	53.60
－0.01	1.40	6.50	2.00	14.51	2.96	1.18
合　计	100.00	100.00	100.00	100.00	100.00	100.00

7.5.3　锆石的矿物学特性和嵌布状态

该矿砂中锆石颜色为无色透明，少数因铁染而呈淡铁锈黄色，多数锆石晶形完整，晶形为四方柱与四方双锥的聚形，如图 7－1 所示，有些锆石可见生长环带，如图 7－2 所示，玻璃光泽，断口油脂光泽，不平坦断口或贝壳状断口。莫氏硬度 7.5～8，密度 4.4～4.8g/cm^3，无磁性，非导体。采用扫描电镜能谱随机测定锆石颗粒化学成分，测定结果如表 7－7 所示。能谱测定结果表明，本矿石中锆石含铪较高，达到锆精矿中铪综合回收的品位要求，此外，锆石中普遍含少量铁（表面或裂隙中铁染）。

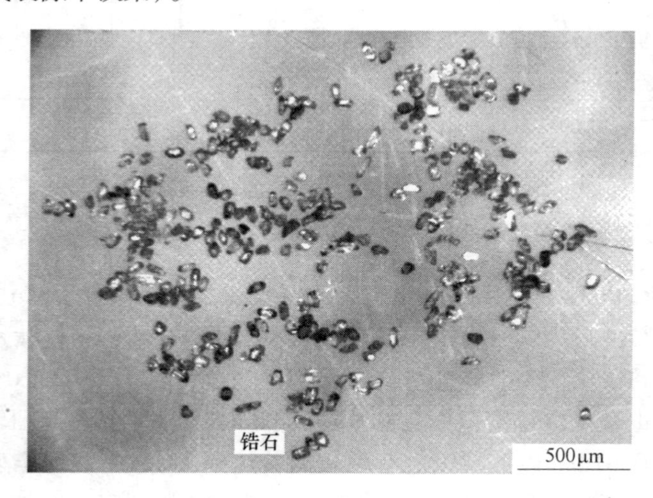

图 7－1　矿砂中锆石颗粒（体视显微镜）

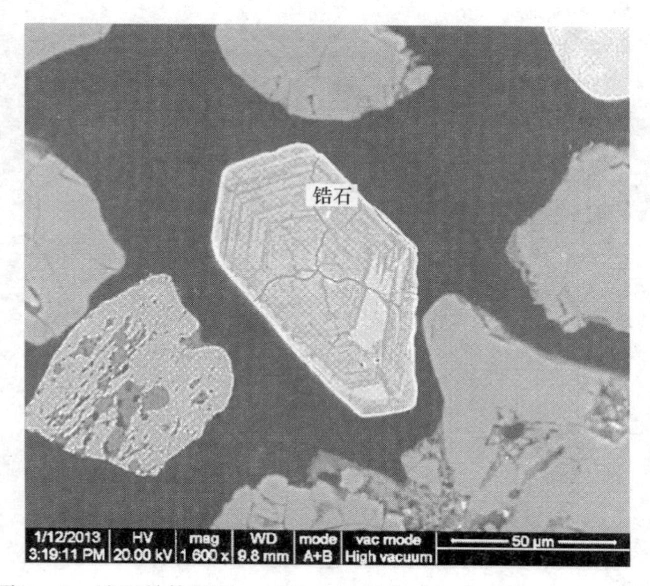

图 7－2 锆石单体颗粒，可见生长环带（扫描电镜，BSE 图像）

表 7－7 锆石化学成分能谱分析结果

测 点	化学组成及含量/%			
	ZrO_2	HfO_2	FeO	SiO_2
1	65.60	1.33	0.09	32.98
2	65.60	1.26	0.20	32.94
3	65.36	1.82	0.23	32.59
4	65.67	1.47	0.11	32.75
5	65.14	1.89	0.32	32.65
6	65.68	1.25	0.19	32.88
7	65.12	1.77	0.17	32.94
8	65.44	1.62	0.22	32.72
9	65.51	1.53	0.24	32.72
10	65.11	1.69	0.18	33.02
11	65.37	1.74	0.13	32.76
12	65.13	1.83	0.22	32.82
平均	65.39	1.60	0.19	32.81

在矿砂中锆石绝大多数为单体，少量锆石含黏土、磷钇矿等包裹体，少量锆石呈微细包裹体被包裹于石英、黏土等矿物中，如图 7－3 所示。这些锆石粒度过于微细，难以回收。锆石单矿物分析：ZrO_2 为 65.43%，HfO_2 为 1.32%。

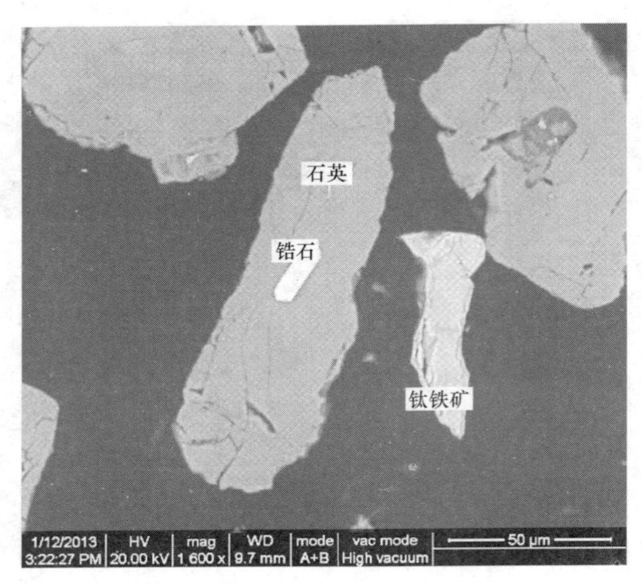

图 7－3 锆石呈微粒状包裹于石英（扫描电镜，BSE 图像）

7.5.4 原砂中锆的赋存状态

在原砂矿物定量的基础上，分离单矿物作锆铪合量（Zr，Hf)O_2 的分析，作出锆在矿石中的平衡分配如表 7－8 所示。由锆的平衡分配表明，原砂中以锆石矿物形式存在的锆占原矿总锆 98.25%，以微细包裹体存在于石英、长石等脉石矿物中的锆占原矿总锆的 0.59%，包裹于黏土矿物中锆占原矿总锆 1.16%。从该砂矿中选锆，理论回收率 98% 左右。

表 7－8 锆铪在矿石中的平衡分配

矿 物	矿物含量/%	Zr(Hf)O_2/%	分配率/%
锆石	1.560	66.75	98.25
金红石	0.851	—	—
白钛石	0.991	—	—
钛铁矿	2.673	—	—
氟碳铈矿	0.001	—	—
独居石	0.157	—	—
磷钇矿	0.07	—	—
磷铝铈矿	0.007	—	—
硅铍钇矿	0.001	—	—
磁铁矿	0.108	—	—

续表 7 - 8

矿　物	矿物含量/%	$Zr(Hf)O_2$/%	分配率/%
褐铁矿	0.328	—	—
脉石	77.115	0.0081	0.59
黏土	16.02	0.11	1.16
其他	0.118	—	—
合　计	100.000	1.060	100.00

7.5.5 影响选矿的矿物学因素分析

（1）矿物组成查定表明，本矿石中可回收矿物以锆石为主，可综合回收钛铁矿、金红石和独居石，脉石矿物主要为石英和黏土（石英占 71%，黏土占 16%），其次是长石、云母、电气石、白云石、蓝晶石等。密度较大矿物，如电气石、铬铁矿和蓝晶石是影响分选的主要杂质矿物。

（2）主要矿物粒度测定结果表明，锆石等有价矿物主要粒度以 0.02 ~ 0.08mm 最集中，粒度具均一性，但对于重选粒度偏细，应采用微细粒重选设备。白钛石的粒度在 0.01mm 以下粒级占有率较高，达到 14.51%，预计重选损失较大。

（3）矿砂中石英、长石、黏土等轻矿物产率占 90% 以上，这些矿物密度小，无磁性，可采用重选或磁选预先抛废。

（4）矿砂中钛铁矿、金红石、锆石等有价矿物天然解离性较好，不需磨矿就可分选。

（5）锆的赋存状态查定表明，原砂中以锆石矿物形式存在的锆占原矿总锆 98.25%，以微细包裹体存在于石英、长石等脉石矿物中的锆占原矿总锆的 0.59%，包裹于黏土矿物中锆占原矿总锆 1.16%。从该砂矿中选锆，理论品位：$Zr(Hf)O_2$ 为 66.75%，理论回收率 98% 左右。

（6）根据该砂矿矿石性质，可采用重选脱除脉石矿物，达到锆、钛、稀土预富集，再采用磁选、电选分选出锆精矿、独居石精矿和钛精矿。

8 钽、铌矿的工艺矿物学

8.1 钽、铌资源简介

钽和铌是重要的战略资源，钽金属呈深灰色，熔点2996℃，沸点5427℃。密度为17.10g/cm^3。钽具有延展性好，蒸气压低，热导率大，耐高温，抗腐蚀，冷加工和焊接性能好的特性。钽能形成稳定的阳极氧化膜，因此具有优良的整流和介电性能。铌金属呈银色，熔点2468℃，沸点5127℃。密度为8.66g/cm^3。铌是一种难熔的稀有金属，具有耐腐蚀，抗疲劳，抗变形，热传导性能好，在高温下具有极的电子发射性能，热中子捕获截面较小，超导性能极佳等特性。钽和铌广泛用于冶金、原子能、航空航天、军工、电子、化学，以及超导材料和医疗仪器等方面。钽的消费领域主要是生产钽电容器，世界钽电容器年消耗钽约1000t，在各用途中所占比例一直保持在40%以上，在美国的钽消费中，钽电容器占60%以上，日本钽消费中电容器约占70%。铌的消费与世界钢铁工业密切相关。铌主要消耗结构中，高强度低合金钢约占75%，耐热和不锈钢约占12%，耐热合金占10%，铌钽超导材料90%以上使用的是铌钽合金超导体。

钽、铌同属高温成矿元素，它们之间可类质同象替代，因而在自然体系中常常相伴相随，钽元素在大陆地壳中丰度为0.7×10^{-6}，铌元素在地壳中丰度为12×10^{-6}，两者均为稀有元素，但两者的地壳丰度相差十多倍，由此决定了铌在地壳的储量要比钽丰富得多。在地壳中钽和铌的分布极具不均匀性，钽主要分布在泰国、澳大利亚、加拿大、巴西等国。目前，已有国家开始大量利用含Ta_2O_5为3%以下的锡炉渣提取钽。与此同时，钽代用品的研究也取得了进展，如在电容器领域采用铝和陶瓷代替钽，用硅、锗、铯代替钽制造整流器等。巴西、加拿大、尼日利亚是世界铌矿资源储量大国，可充分满足世界工业发展的需求。20世纪60年代以前，铌主要来自尼日利亚焦斯高原的含铌铁矿花岗岩及其砂矿，自挪威首次从烧绿石中提取铌获得成功后，碳酸盐岩烧绿石矿床成为铌的主要来源。巴西、加拿大、俄罗斯、美国均有相当多的烧绿石储量。烧绿石中铌资源约占世界铌总量的90%以上，其次是含铌钽铁矿的花岗岩、伟晶岩矿床。我国属钽、铌矿资源贫乏国，与国外相比，我国铌、钽矿资源无论在规模上还是在品位上都不占优势，钽矿床规模小，矿石品位低，嵌布粒度细而分散，多金属伴生，造成难采、难分、难选，回收率低，赋存状态差，大规模露天开采的矿山较少。

我国没有独立的铌矿山，铌往往与稀土、钽伴生。我国所规定的钽铌矿床储量计算的最低工业品位指标：(Ta，Nb)$_2$O$_5$ 为0.016% ~0.028%，大部分钽铌矿床品位都接近或略高于最低工业品位指标，Ta_2O_5 品位超过0.02%的几乎没有，而 Nb_2O_5 品位超过0.1%的也只有几个碳酸岩类型的矿床，其他类型矿床 Nb_2O_5 品位均在0.02%左右。世界和我国钽铌资源分布情况分别如表8-1和表8-2所示。

表8-1 世界钽铌资源分布情况

钽铌种类	钽铌资源分布
花岗伟晶岩型钽铌矿	澳大利亚、加拿大、巴西、扎伊尔、尼日利亚以及其他几个非洲国家是世界钽、铌矿资源储量大国，泰国、马来西亚的钽矿资源与锡矿伴生。这些国家以钽资源为主，其次为铌资源。矿体主要赋存于花岗伟晶岩中，钽铌矿物主要为细晶石和钽（铌）铁矿；国外大多数铌钽矿山可露天开采，只有加拿大等少数矿山为地下开采。地表矿一般具有开采条件优越、原矿品位高、矿床规模大，多种有价值元素伴生，综合价值高，分选性良好的特点。如澳大利亚的格林布什矿 Ta_2O_5 的品位为0.02% ~0.05%，加拿大的伯尼克矿 Ta_2O_5 的品位高达0.117%
烧绿石型铌矿	铌矿资源主要赋存于火成碳酸岩和碱性花岗岩中，铌矿物主要为烧绿石、铌铁矿、褐钇铌矿、铌铁金红石等 火成碳酸岩中 Nb_2O_5 的品位高达2.47% ~0.62%。巴西为世界上最大的铌资源国，其铌产量占世界铌产量的85%以上。加拿大、澳大利亚、俄罗斯等铌资源也十分丰富

表8-2 我国钽铌资源分布情况

钽铌种类	钽铌资源分布
花岗伟晶岩型钽铌矿	我国钽矿主要分布在13个省份，江西占25.8%、内蒙古24.2%、广东占22.6%，三省合计占72.6%，其次为湖南、广西、四川等。主要钽矿有新疆的富蕴可可托海、柯鲁木特、青河阿斯卡尔特、福海库卡拉盖、福海群库尔等为特大型、大中型锂铍铌钽矿，江西横峰黄山大型钽铌矿，广东的增城派潭大型铌铁矿砂矿、博罗地区大型铌钽矿，恭城栗木老虎头中型钽铌矿等。20世纪70年代以后，在50~60年代的大规模普查找矿基础上又相继发现并勘查一批矿产地。如江西的宜春特大型钽（铌）-锂矿、横峰葛源钽铌钨锡矿（钽为特大型）、石城海罗岭中型铌钽矿，通城断峰山大型钽铌矿、福建南平西坑大型钽铌矿，广东广宁横山中型铌钽矿和广西恭城水溪庙钽铌矿（钽大型）、金竹园钽铌矿（钽大型）等
复杂铌稀土多金属矿	我国极少见赋存于碳酸岩中烧绿石型铌矿，碱性花岗岩中赋存的铌稀土矿为我国主要铌矿类型，内蒙古白云鄂博、内蒙古扎鲁特旗巴尔哲、湖北的竹山庙垭属于该类型，铌品位一般达到0.1%以上，矿床规模大至超大型，并含稀土、铍、稀土多种有用元素，但该类矿属于极难选矿，其中的铌金属待开采和利用

8.2 钽、铌在矿石中的主要存在形式和矿物种类

8.2.1 钽、铌在矿石中的主要存在形式

铌、钽同属元素周期表中第五副族，分别处于第五、六周期，铌和钽的化学性质十分相近，均有惰性气体的电子层结构，电负性较小：Nb 为 1.6，Ta 为 1.3。根据元素结合的基本规律，铌和钽属于亲氧元素，在自然界一般形成氧化矿物，此外在氟离子存在的条件下，也会有氟离子替代氧，如烧绿石 $(Ca,Na)_2Nb_2O_6(OH,F)$。由于镧系收缩（指镧系稀土元素从镧至镥的离子半径随着原子序数增大而递减）的影响，铌和钽的离子半径几乎相等，两元素的离子半径 Nb^{5+}(0.069nm) 和 Ta^{5+}(0.068nm) 极相近，配位数相同，离子结构类型相似，决定了铌、钽矿物间存在着完全的类质同象置换，两者在自然界总是形影相随。同时，铌、钽与钛、锡等元素的电负性（Ti 为 1.5，Sn 为 1.8）相近，离子半径，Ti^{3+}：0.069nm、Ti^{4+}：0.064nm、Sn^{4+}：0.074nm 也相近，因此，铌、钽矿物中元素类质同象替代十分广泛，在矿石中铌钽矿物十分复杂，可分为三大类：（1）简单和复杂氧化物类矿物：金红石族矿物、钙钛矿族矿物、铌钽铁矿族矿物。（2）钽、铌酸盐类矿物：烧绿石族矿物。（3）钛钽、铌酸盐类矿物：褐钇铌矿族矿物、易解石族矿物、黑稀金矿族矿物，铌钇矿族矿物。该类矿物种类繁多，约 70 余种（包括矿物的变种和亚种）。

8.2.2 钽、铌矿物种类

目前已知的钽、铌矿物和含钽、铌的矿物有 130 多种，矿石中常见的铌钽矿物种类名称及含量如表 8－3 所示。

表 8－3 钽、铌矿物类型和种类

矿物类型	矿物种类	化学式	Ta_2O_5 和 Nb_2O_5 理论含量/%
简单和复杂氧化物类	铌钽铁矿	$(FeMn)(NbTa)_2O_6$	Ta_2O_5 为 50 ~ 30 Nb_2O_5 为 30 ~ 50
	钽铁矿	$(FeMn)(TaNb)_2O_6$	Ta_2O_5 > 50
	钽锰矿	$(FeMn)(NbTa)_2O_6$	Nb_2O_5 < 50
	铌铁矿	$(MnFe)(TaNb)_2O_6$	Ta_2O_5 < 50
	铌锰矿	$(MnFe)(NbTa)_2O_6$	Nb_2O_5 > 50
	重钽铁矿	$FeTa_2O_6$	Ta_2O_5 86.01
	贝塔石	$(Ca,U)_{2-x}(Ti,Nb)_2O_{6-x}(OH)_{1+x}$	$(Nb,Ta)_2O_5$ 为 11.54 ~ 46.87
	稀土贝塔石	$(Ca,U,RE)_2(Ti,Nb)_2O_6(OH)$	REO 达 9 ~ 16
	钽贝塔石	$(Ca,U)_2(Ti,Nb,Ta)_2O_6(OH)$	Ta_2O_5 最高达 39

续表 8 - 3

矿物类型	矿物种类	化 学 式	Ta_2O_5 和 Nb_2O_5 理论含量/%
简单和复杂氧化物类	钍贝塔石	$(Ca,Th)_2(Ti,Nb)_2O_6(OH,F)$	ThO_2 可达 11
	铅贝塔石	$(Ca,U,Pb)_2(Ti,Nb)_2O_6(OH)$	PbO 为 20%
	四方钽锡矿	$(Fe,Sn)_5TaO_{12}$	Ta_2O_5 为 21.50
	锡钽锰矿	$(Fe,Sn)TaO_4$	Ta_2O_5 为 66.49
	锡锰钽矿	$MnSnTa_2O_8$	Ta_2O_5 为 66.60
	铌镁矿	$MgNb_2O_6$	Nb_2O_5 为 86.83
	铌钇矿	$Y(Fe,U)(Nb,Ta)_2O_6$	含量变化大
	钽锡矿	$Sn(Ta,Nb)_2O_7$	Ta_2O_5 为 74.87
	铌钙矿	$CaNb_2O_6$	Nb_2O_5 为 56.54 ~ 74.44
	铈铌钙钛矿	$(Na,Ce,Ca)(Ti,Nb)O_3$	Nb_2O_5 为 9 ~ 25
	富铌铈铌钙钛矿	$(Na,Ce,Ca)(Ti,Nb)O_3$	Nb_2O_5 > 25
	钍铈铌钙钛矿	$(Na,Ce,Th)_{1-x}(Ti,Nb)O_{3-x}(OH)$	Nb_2O_5 为 9 ~ 25
	钙钛铌矿	$(Na,Ca)(Nb,Ti)O_3$	Nb_2O_5 为 43.90
	斜方钠铌矿	$NaNbO_3$	Nb_2O_5 为 81.15
	白钠铌矿	$NaNbO_3$	Nb_2O_5 变化
	钠铌矿	$NaNbO_3$	Nb_2O_5 为 74.06
	羟铅铌钽矿	$(Na,K,Pb,Li)(Ta,Nb,Al)_{11}(O,OH)_{30}$	$(Ta,Nb)_2O_5$ 为 86.87
	铌铁金红石	$(Ti,Nb,Fe^{3+})_3O_6$	Nb_2O_5 为 1 ~ 20
	钽铁金红石	$(Ti,Ta,Fe^{3+})_3O_6$	Ta_2O_5 含量不定
钽、铌酸盐类	钽锑矿	$SbTaO_4$	Ta_2O_5 为 60.24
	铌锑矿	$SbNbO_4$	Nb_2O_5 为 47.69
	钽铋矿	$Bi(Ta,Nb)O_4$	Ta_2O_5 为 48.67
	钽铝矿	$Al_4Ta_3O_{12}OH$	Ta_2O_5 为 60.01 ~ 71.54
	烧绿石	$(Ca,Na)_2Nb_2O_6(OH,F)$	Nb_2O_5 为 73.05
	铀钽烧绿石	$(Ca,U)_2(Nb,Ta)_2O_6(OH)$	Ta_2O_5 为 13
	钇铀钽烧绿石	$(Ca,Y,U)_2(Nb,Ta)_2O_6(OH)$	Ta_2O_5 为 29.60
	水烧绿石	$(Ca,Na)_2Nb_2O_6(O,F,OH)$	H_2O 为 6.8, Nb_2O_5 为 40
	铀铅烧绿石	$(U,Pb)_2Nb_2O_6(OH)$	UO_2 为 21, PbO 为 7, Nb_2O_5 为 60.45
	钡锶烧绿石	$(Ba,Sr)_2(Nb,Ti)_2O_7 \cdot H_2O$	BaO 为 12, SrO 为 6, Nb_2O_5 为 68.82
	铅烧绿石	$(Ca,Pb,RE)_2Nb_2O_6(OH)$	$(Nb,Ta)_2O_5$ 为 39.16
	细晶石	$(Ca,Na)_2(Ta,Nb)_2O_6(O,OH,F)$	Ta_2O_5 为 82.14
	铀细晶石	$(Ca,U)_2Ta_2O_6(OH,F)$	UO_2 达 15, Ta_2O_5 为 67
	铋细晶石	$(Ca,Na,Bi)_2Ta_2O_6F$	Bi_2O_3 可达 3.25, Ta_2O_5 为 79.72
	锑细晶石	$(Ca,Sb)_2(Ta,Nb)_2O_6(OH)$	Sb 为 25.3, Ta_2O_5 为 52.30
	铅细晶石	$(Ca,Na,Pb)_2(Ta,Nb)_2O_6(OH)$	PbO 达 28, Ta_2O_5 为 53.84
	钡细晶石	$(Ca,Ba)_2(Ta,Nb)_2O_6(O,OH)$	BaO 达 5, Ta_2O_5 为 71.59
	锡铌钽矿	$Sn_2Ta_2O_9$	$(Ta,Nb)_2O_5$ 为 55

续表 8 - 3

矿物类型	矿物种类	化　学　式	Ta_2O_5 和 Nb_2O_5 理论含量/%
钛钽、铌酸盐类	褐钇铌矿	$YNbO_4$	$Y > Ce$, Nb_2O_5 为 32.29 ~ 51.65
	B - 褐钇铌矿	$YNbO_4$	褐钇铌矿高温变种，Nb_2O_5 为 40.98
	黄钇钽矿	$YTaO_4$	$Ta > Nb$, Ta_2O_5 为 55.51
	褐铈铌矿	$CeNbO_4$	Nb_2O_5 为 41.18(42.98)
	易解石	$Ce(Ti,Nb)_2O_6$	$\sum Y < 9$, Nb_2O_5 为 24.68
	钇易解石	$Y(Ti,Nb)_2O_6$	$\sum Ce < 5$, Nb_2O_5 为 28.91
	钍易解石	$(Ce,Y,Th,Ca)(Ti,Nb)_2O_6$	Nb_2O_5 为 16.15
	铀易解石(震旦石)	$(Ce,Y,Th,U,Ca)(Ti,Nb)_2O_6$	$UO_2 > 5$, Nb_2O_5 为 30
	钛易解石	$Ce(Ti,Nb)_2O_6$	$TiO_2 > 30$, Nb_2O_5 为 15.56
	铌易解石	$(Ce,Ca,Th)(Nb,Ti)_2O_6$	$Nb_2O_5 > 40$
	钽易解石	$(Ce,Ca,Th)(Ti,Nb,Ta)_2O_6$	Ta_2O_5 为 19.05
	铝易解石	$(Ce,Ca)(Nb,Ti,Al)_2O_6$	Al_2O_3 为 7.37，Nb_2O_5 为 45.48
	黑稀金矿	$Y(Nb,Ti)_2O_6$	$(Nb,Ta)_2O_5 > TiO_2$, Nb_2O_5 为 33.70
	复稀金矿	$Y(Ti,Nb)_2O_6$	$TiO_2 > (Nb,Ta)_2O_5$, Nb_2O_5 为 17.99
	黑钛铌矿	$(Na,Y,Er)_4(Zn,Fe)_2(Nb,Ti)_6O_{18}(F,OH)$	Nb_2O_5 为 10.01

8.3　主要钽、铌矿物的晶体化学和物理化学性质

8.3.1　钽、铌铁矿族矿物 $(Fe,Mn)(Nb,Ta)_2O_6$

（1）晶体化学性质：钽、铌铁矿族矿物根据铁锰和铌钽的摩尔比根据二等分法分为 4 个亚种，包括铌铁矿（铌钽摩尔比 >1，铁锰摩尔比 >1）、铌锰矿（铌钽摩尔比 >1，铁锰摩尔比 <1）、钽铁矿（铌钽摩尔比 <1，铁锰摩尔比 >1）、钽锰矿（铌钽摩尔比 <1，铁锰摩尔比 <1），自然体系中常见的是铌铁矿及过渡矿物，钽铌铁矿，锰钽铌铁矿，铌钽锰矿等矿物。根据钛、锡、钨、钇的代替又可分为以下变种：钛 - 铌铁矿、锡 - 铌铁矿、钨 - 铌铁矿和钇 - 铌铁矿等。该族矿物晶体结构中氧作近似四层最紧密堆积，铌、钽、铁、锰离子位于八面体空隙，组成两种不同八面体的氧化物，其一为（Nb^{5+}，Ta^{5+}）O_6 八面体，其二为（Fe^{2+}，Mn^{2+}）O_6 八面体，Nb 和 Ta 之间，Fe 和 Mn 之间可无限互代。每个八面体和另外三个八面体共棱联结，其中与两个八面体共棱形成平行 *c* 轴的锯齿状八面体链，并与第三个八面体共棱联结，链与链之间形成平行（100）晶面的网层。在 *a* 轴方向 [$(Fe^{2+},Mn^{2+})O_6$] 和 [$(Nb^{5+},Ta^{5+})O_6$] 八面体按 1:2 的比例相互交替排列。原子间距在铌铁矿中测得：Fe—O = 0.212 ~ 0.214nm，Nb—O

=0.186 ~ 0.212nm。

（2）物理化学性质：钽、铌铁矿晶体薄板状、厚板状、柱状（参见彩图15及16），也见针状，双晶呈板状心形、扇形、聚片双晶等（参见彩图17），集合体呈块状、晶簇状、放射状，柱状晶体有时见平行连生。一般晶面平滑，有时晶面可见纵纹，或见表面粗糙呈焦炭状。颜色黑至褐黑色，条痕暗红至黑色，金刚光泽至半金属光泽，透明至不透明。含锰、钽高的铌锰矿和钽锰矿颜色较浅，呈暗黑红至黄棕色，条痕浅红色，碎片半透明。硬度和密度变化大，莫氏硬度4.2（铌铁矿）~7（钽锰矿），密度5.37 ~ 7.85g/cm^3，密度随钽含量增大而增大，钽铁矿最大密度可达8.175g/cm^3，铌锰矿密度最小，为5.36g/cm^3。弱 ~ 强电磁性。

（3）光学性质：薄片中铌铁矿不透明，随着含锰量增加，透光性增加，含锰变种暗红至褐色，并具多色性，与黑钨矿极相似，黑钨矿硬度略低，与钠铁矿的区别，可根据两者反射色的差别确定。

（4）成因产状：主要产于花岗伟晶岩脉中，与石英、长石、白云母、锂云母、黄玉、锡石、独居石、细晶石、易解石等共生；其次产于钠长石化、云英岩化黑云母花岗岩中，共生矿物有石英、长石、铁锂云母、黑云母、锆石、独居石、锡石、钍石、细晶石、黄玉等；少量产于侵入到石灰岩内的细晶岩脉中，共生矿物有石英、正长石、钠长石、更长石、锡石、黑钨矿、黄玉、透辉石、透闪石、镁橄榄石等。

8.3.2 烧绿石－细晶石

烧绿石与细晶石为同族矿物，由于存在广泛的类质同象替代，矿物成分非常复杂，其矿物的成分通式可以用 $A_{2-x}B_2X_7$ 表示，A组阳离子主要是 Na^+、Sr^{2+}、Ba^{2+}、Mg^{2+}、Fe^{2+}、Mn^{2+}、Pb^{2+}、Sb^{2+}、Bi^{3+} 等元素，B组阳离子主要是 Nb^{5+}、Ta^{5+}、Ti^{4+} 等元素，根据B组阳离子种类划分为贝塔石（富钛）、烧绿石（富铌）和细晶石（富钽）。

晶体结构类似萤石，即萤石晶胞由八个小立方体组成，但在烧绿石晶体中一半配位立方体为八面体所代替，并减少一个阴离子，A组阳离子位于立方体中心，B组阳离子位于八面体中心。立方体和八面体之间以棱相连，八面体之间以角顶相连，由于一半立方体被八面体代替，所以烧绿石的晶胞棱长增大一倍。烧绿石亚族矿物中广泛存在类质同象替代，尤其是A组阳离子的异价类质同象替代，使矿物产生缺席结构和电价不平衡。

A 烧绿石 $(Ca,Na)_2Nb_2O_6(OH,F)$

（1）化学性质：烧绿石理论化学成分 Na_2O 为8.52%，CaO 为15.14%，Nb_2O_5 为73.05%，F为5.22%。烧绿石的A组阳离子主要为钙、钠，它们常可被铀、稀土、钇、钍、铅、锑、铋等所代替，而成为变种烧绿石，有铈烧绿石、水烧绿石、铀烧绿石、钇铀烧绿石、铈铀烧绿石、钇铀钽烧绿石、铀铅烧绿石、钡锶烧绿石和铅烧绿石等。

（2）物理性质：烧绿石晶体呈八面体或八面体与菱形十二面体的聚形，颜色为淡黄色、浅红棕色至棕黄色（参见彩图18、19），含铀、钍的烧绿石颜色变深，甚至变为灰黑至黑色（参见彩图20、21），金刚至油脂光泽，贝壳状断口。莫氏硬度5～5.5，密度4.03～5.40g/cm^3。

（3）光学性质：薄片中黄白色或不同色调的褐色、浅红色、无色。变生的烧绿石颜色较深，为褐－黑褐色，并且色调分布不均匀，正突起很高。均质体，有时具弱非均质性。$n=1.96\sim2.27$。常见环带构造。反射光下灰色，反射率：$R=8.2\sim13.7$。内反射为褐、橙、黄色。以八面体晶形，高正突起，均质性为鉴别特征。

（4）成因产状：烧绿石可产于多种岩体中。产于霞石正长岩及碱性正长岩体中，共生矿物有钠长石、锆石、磷灰石、钛铁矿、榍石、黑云母、易解石、褐帘石、铌铁金红石、铌钙矿；产于钠闪石正长岩中，与锆石、星叶石、萤石等共生；产于钠长石化碱性伟晶岩中，与锆石、铌铈钇矿、钠长石、磷灰石、霓石、碱性角闪石共生；产于碳酸岩中，与锆石、铈钙钛矿、钙钛矿、磷灰石、磁铁矿共生；产于花岗岩与白云岩的外接触带中，与钠长石、霓石、镁钠铁闪石、重晶石、萤石、铌铁矿、易解石等共生；产于钠长石花岗岩中，与钠闪石、黄玉、冰晶石等共生。

B 细晶石 $(Ca,Na)_2Ta_2O_6(OH,F)$

（1）化学性质：细晶石理论化学成分 Na_2O 为5.76%，CaO 为10.43%，Ta_2O_5 为82.14%，H_2O 为1.67%。细晶石的B组阳离子以钽为主，其中 Nb_2O_5 含量不超过10%，阴离子中常有F、OH^- 代替 O^{2-}；根据A组阳离子的不同，有不同变种细晶石：铀细晶石、铋细晶石、锑细晶石、铅细晶石和钡细晶石。U^{4+} 代替 Ca^{2+}，而使细晶石结构产生缺席结构。

（2）物理性质：细晶石晶体与烧绿石类似，呈八面体或八面体与菱形十二面体的聚形，颜色为浅黄至黄褐色，少数呈橄榄绿色，含铀高的细晶石呈褐色至深褐色（参见彩图22）。玻璃～油脂光泽，贝壳状断口。莫氏硬度5～6，密度5.9～6.4g/cm^3。

（3）光学性质：薄片中无色或带浅黄色、浅绿色。透明，突起高。均质性，$n=1.93\sim2.023$。反射光下呈褐、黄或浅黄绿色，反射率 $R=8.2\sim13.7$。与烧绿石较相似，但两者产状不同、共生矿物不同。

（4）成因产状：与烧绿石主要产于碱性岩相关的矿床中不同，细晶石主要产于与酸性岩有关的矿床中，尤其与晚期交代作用有关。产于钠长石花岗伟晶岩中，与锰钽、铌铁矿、绿柱石、富铪锆石、锡石、铝榴石、黄玉、石英等共生；产于云英岩化、钠长石花岗岩中，与钠长石、锂云母、黄玉共生；产于钠长石化细晶岩中，与锰钽矿、电气石、黄玉等共生。

C 贝塔石 $(Ca,U)_{2-x}(Ti,Nb)_2O_{6-x}(OH)_{1+x}$

（1）化学性质：贝塔石与烧绿石的差别是成分中含有较多的钛和铀，其变种有稀土贝塔石、钽贝塔石、锆贝塔石、铝贝塔石、钍贝塔石和铅贝塔石。

（2）物理性质：贝塔石晶体常呈八面体，或四角三八面体与八面体的聚形，颜色为浅绿褐色至深褐色，矿物表面常覆盖一层浅绿色薄膜，为该矿物的次生变化产物。油脂光泽，贝壳状断口。莫氏硬度4~5，密度3.75~4.82g/cm^3，加热后密度可增加到5.08g/cm^3。

（3）光学性质：薄片中无色或带浅黄色、浅绿色。透明，突起高。均质性，$n=1.915\sim1.925$，加热后$n=2.02$。反射光下呈灰色，反射率$R=13$。以成分中含有较高的钛和铀与烧绿石和细晶石相区别。

（4）成因产状：在自然体系，贝塔石比烧绿石和细晶石少见。可见于天河石花岗伟晶岩中，与微斜长石、黑云母、易解石、褐钇铌矿、钍石等共生；也见产于长霓岩化花岗伟晶岩中，与富钠辉石、角闪石、黑云母、磁铁矿、钛铁矿、锆石、褐帘石、钍石共生，此外，在热液岩脉中也见贝塔石与绿柱石、钍铀矿及独居石共生。

8.3.3 褐钇铌矿

褐钇铌矿族矿物包括α-褐钇铌矿、β-褐钇铌矿、黄钇钽矿、褐铈铌矿。本族矿物属ABX_4型。A组阳离子主要是钇、稀土、钙、铀、钍、Fe^{2+}、镁、铅、钠等，B组阳离子主要是铌、钽、钛，有时有Fe^{3+}、锌、锡、钨等，X组阴离子主要是氧、OH^-，偶有氟。

褐钇铌矿的晶体结构为歪曲的白钨矿型结构，A组阳离子（铈、钇等）配位数为8，B组阳离子（铌、钽等）配位数为4，$(Ce,Y)O_8$配位多面体以棱及角顶与$(Nb,Ta)O_4$配位多面体联结。

A α-褐钇铌矿 $YNbO_4$

（1）化学性质：α-褐钇铌矿的理论化学成分Y_2O_3为43.37%，Nb_2O_5为56.63%，但在自然体系中很少见成分单纯的褐钇铌矿，由于类质同象替代广泛，褐钇铌矿的化学成分变化复杂，A组阳离子钇常为铈所代替，并常有钙、稀土、铀、钍替代，B组阳离子除铌之外，常有钽、钛，偶见有锆替代。

（2）物理性质：褐钇铌矿晶形状呈四方柱，晶体常见弯曲而呈纺锤状，矿石中多见粒状浸染分布。颜色为黄褐色至黑褐色，油脂光泽，贝壳状断口。莫氏硬度5.5~6.5，密度4.89~5.82g/cm^3。含铀、钍时常非晶质化。

（3）光学性质：薄片中鲜黄褐色、浅红褐色，有时深褐色。大多数不具多色性，一轴晶或二轴晶，可有正光性或负光性，由于非晶质化，常呈均质体，$n_p > 2.18$，$n_m < 2.28$，$n_g = 2.28$，呈均质体时折射率 $n = 2.05 \sim 2.21$。反射光下颜色不均匀，浅黄灰色、灰色，内反射为褐红色。反射率 $R = 11 \sim 11.7$，有时可达到14。

（4）成因产状：β－褐钇铌矿为α－褐钇铌矿的高温变种，当α－褐钇铌矿加温到800～950℃以上则转变成β－褐钇铌矿。α－褐钇铌矿主要产于花岗岩和伟晶岩中，与微斜条纹长石、石英、黑云母、锆石、钛铁矿、榍石等共生；由于褐钇铌矿的化学成分较稳定，可产于残坡积及冲积砂矿，与锆石、独居石、磷钇矿、钛铁矿、锡石等共生。β－褐钇铌矿产于白岗岩的岩枝中，与锆石、曲晶石、铀土矿和硅铍钇矿共生。褐钇铌矿亦可产于与基性岩有关的矿床中，与磷钇矿、独居石、锆石、石英或黑云母等共生。

B　褐铈铌矿 $CeNbO_4$

（1）化学性质：褐铈铌矿理论化学成分 Ce_2O_3 为55.26%，Nb_2O_5 为44.74%。自然体系中，褐铈铌矿类质同象替代广泛，B组阳离子以铌为主，常有钽和钛替代，A组阳离子除铈外，常有镧、钕、镨等铈族稀土，有时也有钇，并常见钍和铀的替代。

（2）物理性质：晶体呈四方双锥状，具聚片双晶。颜色红至红褐色，玻璃至油脂光泽，密度5.34g/cm^3，因含铀、钍而具强放射性，并多见非晶质化现象。

（3）光学性质：薄片中呈红褐色，透明，突起高，由于非晶质化而呈均质体，加热到1000℃后矿物为二轴晶正光性，光轴角很小。

（4）成因产状：产于花岗岩与白云岩接触带的热液交代产物中，与硅镁石、金云母、白云石、磷灰石共生。

C　黄钇钽矿 $YTaO_4$

（1）化学性质：黄钇钽矿理论化学成分 Y_2O_3 为33.82%，Ta_2O_5 为66.18%。化学组成中钽可为铌代替，一般钽含量大于铌，钇可为镱、镝等钇族稀土代替外，也常有铈族稀土和铀、钍代替，成分十分复杂。

（2）物理性质：黄钇钽矿晶体呈板状、长柱状，颜色为黄褐色、灰黄色，玻璃至油脂光泽，莫氏硬度5.5～6.5，密度6.24～7.03g/cm^3，常具放射性，并非晶质化。

（3）光学性质：薄片中呈浅黄褐色，透明，突起高，由于非晶质化而呈均质体，$n = 2.077$。反射光下呈灰色，反射率 $R = 12.3$。内反射无色至浅褐色。

（4）成因产状：产于钠长石化、云英岩化花岗岩中，与锡石、独居石、磷钇矿、黑钨矿、石榴石等共生，也见产于砂岩中，与锡石、独居石、黑稀金矿、硅铍钇矿共生。

8.3.4 易解石

易解石矿物的成分通式可以用 AB_2X_6 表示，阳离子中广泛的类质同象代替，成分十分复杂，A 组阳离子主要是轻稀土、重稀土、钍、铀、钙、钠、Fe^{2+} 等离子，B 组阳离子主要是铌、钛、Fe^{3+} 等离子，有时有锆、铝、钽等，X 组阴离子主要为氧，有时有 OH^-。根据稀土种类划分为易解石、钇易解石，并有含钇－易解石、钍－易解石、钛－易解石、铌－易解石、钽－易解石等变种。

易解石晶体结构中，B 组阳离子钽、钛等组成歪曲的八面体，每两个（Ti，Nb)O_6 八面体通过共棱成对，每对八面体相连成锯齿状平行于 c 轴的链，链与链之间错开再通过共角顶构成架状结构，其中较大空隙为 A 组阳离子—轻稀土、A 组阳离子—重稀土充填，配位数为 8。

A　易解石 $Y(Ti, Nb)_2O_6$

(1) 化学性质：易解石成分十分复杂，稀土成分以铈族稀土为主，钇族稀土含量小于 9%，我国内蒙古碳酸盐矿床中易解石稀土氧化物含量一般为 32% ~ 37%，ThO_2 含量 1% ~5%，个别高达 7.72%。

(2) 物理性质：易解石晶体呈板状、针状，颜色为棕褐色、灰褐色、黑色（参见彩图 23），含钍高时呈褐红色（参见彩图 24），金刚至油脂光泽，贝壳状或不平坦断口。莫氏硬度 5.17 ~5.49，密度 4.94 ~5.37g/cm³，随着铌、钛、稀土含量增加，密度增大，随着钙含量增加而密度减小。具弱电磁性，因含铀、钍而常见非晶质化水解现象。

(3) 光学性质：未晶质化的易解石在薄片中呈褐色，透明，突起高，多色性显著，n_p 方向为浅黄棕色，n_m 方向为棕色，n_g 方向为褐色。二轴晶，正或负光性。由于非晶质化而呈均质体，黑棕色，不透明，$n = 2.15 \sim 2.27$，加热后可增至 2.45。反射光下呈褐灰色，反射率 $R = 15 \sim 16$。内反射较弱，为褐色。自然界产出的易解石非晶质化的较多，结晶质的较少。通常在加热至 700 ~ 800℃后，由非晶质转变为结晶质。以板状或针状晶，正突起较高及变生产生均质性为鉴定特征。

(4) 成因产状：主要产于霞石正长岩等碱性岩及与之相关的碱性伟晶岩和碳酸岩中，偶见产于花岗伟晶岩中，与锆石、霓石、钠铁闪石、黑云母、独居石、氟碳铈矿、铌铁金红石、黑稀金矿、烧绿石等矿物共生。

B　钇易解石 $(Ce,Y,Tb,Ca)(Ti,Nb)_2O_6$

(1) 物理化学性质：钇易解石化学成分中以钇族稀土为主，铈族稀土含量小于 5%。晶体呈板状、双锥状，颜色棕黄色、棕红色，焙烧后变褐色，油脂至金刚光泽，有时表面暗淡并有黄色薄膜，磁性强于易解石。莫氏硬度 5.5 ~6.5，密度 5.1 ~ 5.3g/cm^3。

（2）成因产状：产于云霞岩体外接触带的钠钙闪石 - 石英细脉中，与磁铁矿、钠闪石、霓石 - 霓辉石、钠长石等共生。

8.3.5 黑稀金矿 - 复稀金矿

黑稀金矿族矿物包括黑稀金矿、复稀金矿和铌钙矿。矿物的成分通式可以用 AB_2X_6 表示，阳离子中广泛的类质同象代替，成分十分复杂，A 组阳离子主要是重稀土、钍、铀、钙、Fe^{2+} 等离子，B 组阳离子主要是铌、钽、钛等离子，X 组阴离子主要为氧。

黑稀金矿晶体结构中，[NbO_6] 或 [TiO_6] 八面体沿 c 轴以棱相连成链，链与链之间沿 a 轴方向以八面体角顶相连而成波形层。层之间通过 8 次配位的 Ca（Y）离子联结起来。配位多面体强烈畸变。黑稀金矿中的（Ti，Nb）—O(6)，原子间距为 0.184 ~ 0.230nm，Y—O(8) 原子间距为 0.223 ~ 0.245nm。铌钙矿与黑稀金矿等结构。

A 黑稀金矿 $Y(Nb, Ti)_2O_6$

（1）化学性质：黑稀金矿由于广泛的类质同象替代，成分十分复杂，A 组阳离子除了钇为主的稀土元素外，还有钍、铀、钙、Fe^{2+} 和少量镁、锰、铝、钠、钾、铋、钪等，B 组阳离子主要是铌、钽、钛，其次可有少量 Fe^{3+}、锡、锆等。黑稀金矿（Nb，Ta)$_2$O$_6$ > TiO_2（质量分数），其变种有钽黑稀金矿、铀黑稀金矿、铈黑稀金矿、钙黑稀金矿、铁黑稀金矿。

（2）物理性质：黑稀金矿晶体呈板状、板柱状，集合体呈块状、放射状、团块状。颜色为黑色、灰黑色、褐黑色、深褐色、褐黄色、橘黄色，有时带绿色调，风化表面常有褐色、黄色或青白色薄膜，半透明至不透明，金刚至油脂光泽或半金属光泽，贝壳状断口。莫氏硬度 5.5 ~ 6.5，密度 4.1 ~ 5.87g/cm^3，随着钽含量增加，密度增大。具电磁性，因含铀、钍而具强放射性。

（3）光学性质：未晶质化的黑稀金矿在薄片中呈褐色、红褐色、褐黄色、绿色，突起高，糙面显著，二轴晶，正光性。$n_p = 2.14$，$n_m = 2.144$，$n_g = 2.15$。光学性质随非晶质化程度而变化，完全非晶质化而呈均质性，$n = 2.06 \sim 2.29$，焙烧后折射率增高 0.04 ~ 0.16。反射光下呈灰白色、浅黄灰色、淡黄色，内反射淡黄色，微带黄之红色、黄褐色，红褐色、暗红色。反射率 $R = 15.5 \sim 16.5$。通常因非晶质化而均质性，比反射及反射多色性一般不明显。

（4）成因产状：广泛分布于花岗伟晶岩中，与独居石、磷钇矿、褐帘石、钍石、锆石、氟碳铈钙矿、褐钇铌矿、铌铁矿等共生；也见分布在碱性正长岩及其伟晶岩的钠长石化带，与锆石、硅铍钇矿、钛铁矿、磷钇矿、星叶石共生；产于花岗岩和蚀变花岗岩，与褐钇铌矿、独居石、锆石、磷钇矿等共生；冲积砂矿中也见有黑稀金矿。

B 复稀金矿 $Y(Ti, Nb)_2O_6$

复稀金矿成分与黑稀金矿类似，唯有 $TiO_2>(Nb, Ta)_2O_5$，同样存在广泛的类质同象代替，当富含钽或锆时，称为钽-复稀金矿（Ta_2O_5 达 22.10%）和锆-复稀金矿（ZrO_2 达 17.00%）。其他物理性质和成因产状也与黑稀金矿类似。

C 铌钙矿 $(Ca, RE)(Nb, Ti)_2(O, OH, F)_2$

（1）化学性质：相当于黑稀金矿的富钙变种，A 组阳离子以钙为主，并有以铈为主的稀土元素及、钍、镁、Fe^{2+}、钠、钾、铅等代替，B 组阳离子主要是铌，其次为钛及少量的钽、硅、铝、Fe^{3+}、锡等，主要的变种有稀土铌钙矿。

（2）物理性质：晶体呈短柱状、不规则粒状，常与铌铁矿、烧绿石连生，或具烧绿石假象。颜色黑色、暗褐色，半透明，树脂至半金属光泽，贝壳状断口。莫氏硬度 4.5，密度 4.69～4.80g/cm^3，含铀、钍时具放射性，具非晶质现象。

（3）光学性质：复稀金矿光学性质与黑稀金矿类似，主要根据化学成分上 TiO_2 含量大于 $(Nb, Ta)_2O_5$ 为鉴定特征，多因非晶质化而成为均质体。

（4）成因产状：铌钙矿是气成-热液矿物，常交代烧绿石，具烧绿石假象，或被铌铁矿交代。产于碱性岩（霞石正长岩）、碳酸岩、碱性伟晶岩及碱性花岗岩中，与烧绿石、铌铁矿、磷灰石、方解石、萤石、磁铁矿、硅镁石等共生。也产于白云岩与花岗岩接触的硅镁石-金云母岩中，与硅镁石、磷灰石、烧绿石共生。

8.4 钽铌矿石类型和选矿工艺

8.4.1 钽铌矿石类型

钽铌矿为最复杂的矿种，常与其他稀有金属共生或伴生，钽、铌矿的主要矿石类型有 7 种。

8.4.1.1 花岗伟晶岩型钽铌矿

花岗伟晶岩型钽铌矿为我国最有价值的钽铌矿类型，矿石以钽、铌为主，并伴生有锂、铷、铯等可综合利用的稀有金属。品位一般 Ta_2O_5 为 0.01%～0.02%，Nb_2O_5 为 0.02%～0.2%。矿石主要为致密块状、斑杂状和条带状矿石。矿石中的矿物组成复杂，主要有用矿物为钽铌铁矿、钽铌锰矿、重钽铁矿、细晶石、锂辉石或腐锂辉石、锡石等。主要脉石矿物为长石、石英、白云母及电气石、磷灰石等。锰钽铌矿、细晶石等钽矿物常以副矿物形式存在，含量较低，但粒度较粗，适合重选回收。铷、铯主要以类质同象方式存在于云母和钾长石中。典型矿山：新疆阿勒泰、内蒙古大青山、湖北幕阜、四川康定、会理、江西石城、福建南平。

8.4.1.2 碱性长石花岗岩钽铌矿

碱性长石花岗岩钽铌矿可进一步细分为：

（1）钠长石、锂云母花岗岩型钽铌矿，该类矿石以钽、铌为主，伴生有锂、铷、铯等可综合利用的稀有金属。品位：Ta_2O_5 为 0.01% ~0.02%，Nb_2O_5 为 0.02% ~0.2%。钽、铌矿物为钽铌铁矿或钽铌锰矿、细晶石等，伴生锂云母、锡石等。脉石矿物主要为钠长石、正长石、石英、白云母、黄玉等。钽铌铁矿粒度一般为 0.02 ~0.8mm，细晶石的粒度常偏细。铷、铯主要以类质同象方式存在于钾长石和锂云母、锂电气石中。典型矿山包括江西宜春、宜丰；

（2）钠长石、铁锂云母花岗岩型钽铌矿，该类矿石一般以铌为主，也含钽。主要矿物为铌铁矿、细晶石、铀细晶石，脉石矿物主要为铁锂云母、钠长石、钾长石、黄玉等。典型矿山包括江西横峰；

（3）钠长石、黑磷云母花岗岩型钽铌矿，典型矿山包括江西会昌早叫山、广东博罗；

（4）碱性花岗岩稀有金属矿石，矿石中铌与锆及稀土共生，品位一般 Nb_2O_5 为 0.5% ~3%。主要铌矿物为易解石、铌铁矿和少量铌铁金红石；锆矿物主要为锆石；稀土矿物主要为独居石；脉石矿物为石英、微斜长石、黑云母、钠铁闪石、霓石－霓辉石。有用矿物嵌布粒度细，矿物化学成分复杂，物理性质变化大，矿物之间嵌布关系复杂等特点，属难选矿石。典型矿山包括内蒙古巴尔哲稀有金属矿。

8.4.1.3 热液铁矿伴生铌矿

该矿石有用元素为铁、铌、稀土为主，伴生钪等稀有金属。品位 Nb_2O_5 为 0.05% ~0.1%。铌矿物和稀土矿物种类繁多，铌矿物主要有铌铁矿－锰铌铁矿、铌钙矿、烧绿石、易解石、钛易解石、褐钇铌矿、铌铁金红石；稀土矿物包括独居石、氟碳铈矿、氟碳钙铈矿、胶态稀土、硅钛铈矿、硼硅铈矿、磷钇矿、氟碳钙石、兴安石、褐帘石；铁矿物主要为赤铁矿，少量磁铁矿和褐铁矿。脉石矿物主要包括霓石－霓辉石、镁钠铁闪石、黑云母、石英、长石等。铌矿物种类多，可选性质变化大，嵌布粒度微细，属极难选矿石。

8.4.1.4 碱性岩、火成碳酸岩铌矿石

该矿石以铌为主，伴生锆、铁、磷等，品位 Nb_2O_5 为 0.08% ~1%。铌矿物为烧绿石，锆矿物为锆石；其他金属氧化矿物包括磁铁矿、赤铁矿等；脉石矿物主要为钠长石、霞石，其次为钾微斜长石、黑云母、钠沸石、方解石等。该类型矿石中矿物结晶完整，嵌布粒度适中，可选性较好。典型矿山包括湖北庙亚。

8.4.1.5 碱性岩、火成碳酸岩风化壳铌矿石

残坡积土含 Nb_2O_5 为 0.2% ~1%、P_2O_5 为 2% ~10%、TFe 为 10% ~35%、

稀土总量0.2%～1%。矿物成分主要为烧绿石、磷灰石、磁铁矿、赤铁矿、褐铁矿，常含少量黄铁矿、锆石、斜锆石等矿物。脉石矿物为石英和大量纤磷钙铝石至土状赤铁矿黏土，呈赤红色，亦称赭土。该类型矿石含泥量大，并且矿物表面被含铁的赭土包裹粘连，影响分选效果。典型矿山包括非洲乌干达铌多金属矿。

8.4.1.6 含钽铌砂矿

大多数含钽铌砂矿为残坡积砂矿，可露天开采。品位：钽铌矿物为20～50g/m³。钽、铌矿物主要为钽铌铁矿，伴生有锡石、金红石、锆石、独居石、磷钇矿等，脉石矿物主要为石英、高岭土等。属于易采易选的矿石类型。

8.4.1.7 含铌砂矿

含铌砂矿为碱性花岗岩的残坡积或冲积砂矿，大多可露天开采。品位：铌矿物100～150g/m³。铌矿物主要为褐钇铌矿、黑稀金矿、复稀金矿等，伴生有金红石、铌铁金红石、锆石、独居石、磷钇矿、钛铁矿等。脉石矿物主要为钠铁闪石、长石、石英等。铌矿物复杂，为易采难选矿。

8.4.2 钽铌矿石的选矿工艺

钽铌矿的特点是品位低。钽铌矿物种类多，与脉石矿物密度差大。目前钽铌矿的选矿一般先采用重选丢弃部分脉石矿物，获得低品位混合粗精矿，由于混合粗精矿的矿物组成复杂，一般含有多种有用矿物，分选难度大，所以通常采用多种选矿方法，如重选、浮选、电磁选或选冶联合工艺进行精选，以获得钽铌合格精矿。

国外钽铌矿的选矿处理的矿石多以风化矿或含泥量多的矿石为主，因此洗矿作业必不可少。同时国外选矿厂也常常通过增加原矿的磨矿分级来降低钽铌矿的泥化，粗选以重选为主，并采用高效的重选设备，流程简单。

我国国内已开采的钽铌矿主要为伟晶岩型和碱性长石花岗岩型，矿石特点是品位较低，有用矿物量少，富集比大，矿物性脆、密度差大，多采用重选作为粗选工艺，为保证磨矿粒度，避免过粉碎，一般采用阶段磨矿、阶段选别的流程。同时粗选获得的粗精矿为混合精矿，需进一步精选，分离出多种有用矿物，粗精矿的组成不同，采用的分离方法也不同，一般采用多种方法联合的流程，如福建南平钽铌矿精选采用磁—重—浮流程。

钽铌矿的浮选目前常用的浮选药剂有油酸、羟肟酸、胂酸等，油酸的捕收能力强、选择性，羟肟酸选择性好、用量大，胂酸的捕收性能好，但毒性大。随着难选钽铌资源的开发利用，将会加大对捕收能力强、选择性好、无毒、价格低廉的新型钽铌选矿药剂的需求。新型钽铌浮选药剂的研制及其与钽铌矿物的作用机理研究将是钽铌选矿研究的一个重要方向。

8.5 碱性花岗岩铌稀有金属矿工艺矿物学实例

8.5.1 原矿物质组成

花岗岩一般分为两个系列，钙碱性系列和碱性系列，本例矿石的成矿岩石为碱性系列的花岗岩，化学成分以富硅，同时富钾、钠为特点，特征矿物是石英、碱性长石（正长石、钠长石）和碱性暗色矿物（霓石、钠铁闪石、钠闪石）。原矿化学组成如表8－4所示，成矿元素主要有价金属有铌、钽、稀土、铍、锆，具富铌贫钽特征。

表8－4 原矿多元素分析结果

元素	Nb_2O_5	Ta_2O_5	REO	BeO	ZrO_2	Fe	Pb	TiO_2
含量/%	0.39	0.020	0.50	0.08	2.00	3.92	0.11	0.93
元素	Mn	Cu	SiO_2	Al_2O_3	CaO	MgO	Na_2O	K_2O
含量/%	0.041	0.004	71.84	8.50	0.31	0.057	1.75	4.06

经显微镜、电子探针、X射线衍射多种手段对矿石进行矿物学研究，该矿石中矿物十分复杂，铌、钛、铁、稀土元素、铍等类质同象置换，使得矿物之间元素互含极其普遍，出现了种类繁多，成分复杂的矿物种类，矿石矿物种类如表8－5所示，矿物定量检测结果如表8－6所示。

表8－5 原矿矿物组成

矿物类型	矿 物 种 类
钽铌矿物	锰铌铁矿、钇复稀金矿、铅钍复稀金矿、铈烧绿石、铌铁金红石
铍－稀土矿物	独居石、钇兴安石、铈铍兴安石、铈铍钇兴安石、锌日光榴石、氟碳铈矿、氟碳钇铈矿、氟铈矿
锆矿物	锆石、含铁锆石
铁钛氧化物	钛磁赤铁矿、钛赤铁矿（镜铁矿）、锰钛铁矿
脉石矿物	石英、长石、钠闪石、钠铁闪石、霓石、高岭石等

表8－6 原矿MLA矿物定量检测结果

矿 物	含量/%	矿 物	含量/%	矿 物	含量/%
锰铌铁矿	0.384	钛磁赤铁矿	1.962	钙铝榴石	0.038
铅钍复稀金矿	0.025	褐铁矿	0.625	褐帘石	0.249
钇复稀金矿	0.176	锆石	5.452	榍石	0.079
铌铁金红石	0.082	锡石	0.013	磷灰石	0.007
锌日光榴石	0.09	钍石	0.028	黄铁矿	0.002

续表 8-6

矿　物	含量/%	矿　物	含量/%	矿　物	含量/%
钇兴安石	0.117	铁钍石	0.078	黑云母	0.141
铈钕兴安石	0.333	石英	41.479	黑硬绿泥石	3.433
铈烧绿石	0.029	微斜长石	1.233	高岭石	4.608
独居石	0.06	正长石	23.553	其他	0.448
氟碳铈矿	0.02	钠长石	11.889	合计	100.000
氟碳钇铈矿	0.082	霓石/钠闪石	2.188		
锰钛铁矿	0.984	角闪石	0.113		

8.5.2 主要矿物嵌布粒度

磨制矿石块矿光片，采用 MLA 测定各主要矿物嵌布粒度，测定结果如表 8-7 所示。从表 8-7 可见，各有用矿物粒度偏细，主要粒度范围在 0.01～0.16mm，不适合于重选回收，但属适于磁选和浮选回收的粒度。由测定结果来看，锰铌铁矿、兴安石、独居石、铌铁金红石的嵌布粒度相类似，嵌布粒度主要在 0.02～0.2mm，属细至微细粒均匀粒度分布类型；复稀金矿、氟碳铈矿类矿物（含氟碳铈钇矿、氟铈矿）嵌布粒度较微细，属微细粒均匀粒度嵌布类型。锆石的嵌布粒度略粗，主要嵌布粒度为 0.04～0.32mm，属微细至细粒均匀粒度分布类型。这些有价金属矿物除锆石之外，共同特点是 -0.04mm 粒级占有率较高，不适合于重选富集，而处于浮选的适宜粒级范围内。

表 8-7　铌和稀土矿物嵌布粒度测定结果

粒级/mm	粒级含量/%						
	锰铌铁矿	复稀金矿	铌铁金红石	氟碳铈矿	独居石	兴安石	锆石
+0.32							4.03
-0.32～+0.16	9.45		3.44		2.96	11.27	10.50
-0.16～+0.08	14.72	12.46	21.51	11.52	51.98	26.48	48.69
-0.08～+0.04	28.49	32.76	44.67	27.56	26.68	29.41	23.92
-0.04～+0.02	32.30	29.21	24.77	31.26	13.92	15.72	8.85
-0.02～+0.01	10.90	17.07	5.61	23.32	2.93	11.86	3.06
-0.01	4.14	8.50	0.00	6.34	1.53	5.26	0.95
合　计	100.00	100.00	100.00	100.00	100.00	100.00	100.00

8.5.3 主要矿物的磁性分析

采用磁力分析仪对 -0.1～+0.074mm 粒级进行磁性分离试验，结果如表 8-8 所示。从表 8-8 可见，本例矿石中在 200mT 场强下进入磁性产品的矿物

95%以上为钛磁赤铁矿；400mT场强下进入磁性产品的矿物以锰钛铁矿为主，其次为赤铁矿，并有脉石矿物——霓石、钠闪石、钠铁闪石进入磁性产品，该产品中铁与钛共存；600mT场强下锰钛铁矿、复稀金矿、兴安石同时进入磁性产品，并带入少量独居石、氟碳铈矿、含铁锆石和霓石、闪石等矿物，该场强下锰钛铁矿和兴安石得到富集；800～1000mT场强下进入磁性产品的矿物较为复杂，锰铌铁矿、复稀金矿和兴安石进入磁性产品，同时也有独居石和含铁锆石、锌日光榴石等，此时进入磁性产品的脉石矿物已很少；1000mT场强进入非磁产品的矿物以锆石为主，但仍有少量磁性较弱的复稀金矿、兴安石等。

表8-8　在不同场强下重矿物的分布状况

矿　种	各场强下矿物分布/%					
	200mT	400mT	600mT	800mT	1000mT	1300mT
钛磁赤铁矿	95.4					
赤铁矿	1.5	33.3				
钛铁矿、锰钛铁矿		55.1	49.0	2.0		
锰铌铁矿/复稀金矿			1.3	31.3	16.5	1.7
独居石、氟碳铈矿			8.0	31.8	43.7	0.7
兴安石			34.9	28.9	11.0	0.2
锆石			1.6	1.5	20.9	94.5
锌日光榴石				3.0	5.6	2.9
褐铁矿				0.4	2.3	
霓石/闪石	3.1	11.6	5.2	1.1		
合　计	100.0	100.0	100.0	100.0	100.0	100.0

矿物磁性分析结果表明：（1）在600～1000mT场强，锰铌铁矿、复稀金矿、独居石、氟碳铈矿、兴安石、含铁锆石磁性范围相叠，使得这些矿物之间磁选分离较为困难；（2）霓石、闪石类等脉石矿物因矿物本身含铁量变化，磁性范围较宽，将与铌、铍、稀土等有用矿物一起进入磁选精矿，干扰磁选分离效果；（3）由于石英、长石等非磁性脉石矿物占了75%以上，宜采用强磁选预先抛尾。

8.5.4　铌-锆-铍-稀土矿物及其选矿工艺特性

8.5.4.1　钽铌类矿物

A　锰铌铁矿 $(Fe,Mn)(Nb,Ta)_2O_6$

矿物中铁与锰，铌与钽为完全类质同象系列。根据电子探针测定结果如表8-9所示。从表8-9可知，本例矿石中该类矿物主要为富铌贫钽的锰铌铁矿，Fe/Mn摩尔比接近1或略大于1，大多属于铌锰矿-铌铁矿系列的中间段产物，而常含有数量不等的钛和锡。锰铌铁矿单矿物 X 射线衍射分析谱线：3.7019(7)，2.9977(10)，2.5602(2)，2.5171(4)，2.3927(7)，2.2276(4)，2.1055(4)，1.8755(5)，1.7789(5)，1.7306(8)，1.4680(7)，1.4598(7)。

表 8-9 锰铌铁矿成分电子探针测定结果

成 分	Nb_2O_5	Ta_2O_5	MnO	FeO	TiO_2	SnO_2	Fe/Mn①
铌锰矿	71.99	2.85	11.45	8.42	4.36	0.94	0.72
铌锰矿	65.57	2.23	13.03	12.05	5.83	1.29	0.90
锰铌铁矿	64.10	3.18	12.62	15.63	4.06	0.41	1.21
锰铌铁矿	64.98	2.74	11.86	14.20	5.10	1.12	1.17
锰铌铁矿	64.88	2.96	12.18	14.78	4.51	0.69	1.19
锰铌铁矿	64.23	3.84	11.53	14.59	4.78	1.04	1.24
锰铌铁矿	65.75	2.92	10.92	15.08	4.48	0.85	1.35
富钛锰铌铁矿	54.75	3.03	9.26	10.95	22.02	0.00	1.16
平均	64.53	2.97	11.61	13.21	6.89	0.79	1.12

①摩尔比。

锰铌铁矿晶体呈铁黑色至褐黑色，晶体很特殊，除了有常见的板状晶外，更多锰铌铁矿具针状晶体，呈束状、放射状、稻草状晶簇出现，这种锰铌铁矿晶体极易折断，在磨矿产品中多见未端已折断的不完整晶体如彩图 18 所示。锰铌铁矿不透明，半金属光泽，莫氏硬度 4~7，密度 5.37~7.85g/cm^3，密度和硬度都随铌含量而变化，含铌越多，密度和硬度都越小，具电磁性。

在本例矿石中锰铌铁矿的嵌布状态异常复杂，并且晶体形状多变，主要有以下嵌布形式：

（1）锰铌铁矿呈自形的板状晶或不规则粒状分布于石英中；

（2）锰铌铁矿针状晶体，呈束状、稻草状、放射状晶簇，多分布于柱状晶形的钠闪石、霓石等矿物晶间隙，并与兴安石、钠长石、锆石等矿物连生，在锰钽铌铁矿束状晶体的横截面，可见密集的点状分布；

（3）锰铌铁矿被包裹于磁赤铁矿和钛铁矿中；

（4）锰铌铁矿呈不规则粒状与兴安石连生。

锰铌铁矿嵌布粒度一般多为 0.05~0.5mm 之间，粒度变化较大。

B 复稀金矿 $Y(Ti, Nb)_2O_6$

复稀金矿是黑稀金矿的富钛变种，与黑稀金矿化学成分类似，广泛存在类质同象代替，当类质同象置换 $TiO_2 > (Nb, Ta)_2O_5$（质量分数）时即为复稀金矿。复稀金矿化学成分中 A 组阳离子除了 Y 为主的稀土元素之外，常含 Th、U、Ca、Fe^{2+} 和少量 Mg、Mn、Pb 等，B 组阳离子主要是 Nb、Ta、Ti，其次有少量 Fe^{3+}、Sn、Zr 等，并含机械混合物硅和铝。本矿石中复稀金矿化学成分中除铌、钽和钛外，含大量稀土元素，主要为重稀土中的钇、钆、镝和少量轻稀土、铈、钕、钐等，富含钇和钍的复稀金矿称钇钍复稀金矿。复稀金矿颜色为黑色、灰黑色、褐黑色，晶体呈板柱状、放射状，不透明，半金属光泽或金刚光泽，密度4.1～4.3g/cm^3，莫氏硬度5.5～6.5。具电磁性。因含铀、钍而具放射性。

在矿石中，复稀金矿多与锰铌铁矿和独居石、氟碳铈矿连生或伴生，结晶状态良好，与锰铌铁矿晶形类似，呈板状或板柱状。

C 铈烧绿石 $(Ca,Na,RE)(Nb,Ti)_2O_6F$

铈烧绿石为烧绿石中A组阳离子Na、Ca被稀土替代，并伴随着B组的阳离子Nb被Ti替代。本例矿石中铈烧绿石化学组成如表8－10所示，钽铌含量比一般烧绿石低，钛的含量较高，并含以铈为主的稀土。铈烧绿石具八面体晶，深褐色，橙黄色，油脂光泽。密度4.2～4.3g/cm^3，莫氏硬度5～5.5。具电磁性。含少量铀、钍而具弱放射性。

在矿石中可见少量铈烧绿石，多与兴安石连生。

表8－10 铈烧绿石化学成分能谱测定结果

分析号	化学成分/%										
	Nb_2O_5	Ta_2O_5	Ce_2O_3	Nd_2O_3	Pr_6O_{11}	TiO_2	CaO	Na_2O	FeO	PbO	UO_2
1	55.97	11.72	9.03	0.00	0.00	3.11	7.18	2.22	0.69	8.23	1.85
2	58.00	14.75	8.57	2.35	1.92	3.36	5.89	5.16	0.00	0.00	0.00
3	62.06	14.75	8.83	1.54	0.00	0.00	10.95	1.12	0.75	0.00	0.00
4	61.1	9.03	9.34	2.48	0.00	3.31	10.77	2.65	0.18	0.00	1.14
5	55.75	16.73	9.25	2.01	0.00	1.7	5.29	0.00	0.00	9.27	0.00
平均	58.58	13.40	9.00	1.68	0.38	2.30	8.02	2.23	0.32	3.50	0.60

D 铌铁金红石 $(Ti, Nb, Fe^{3+})_3O_6$

铌铁金红石为金红石的富铌变种，金红石中常含有类质同象混合物，包括Fe^{2+}和Fe^{3+}、Mn^{2+}、Sn^{4+}、V^{3+}、Cr^{3+}及Nb^{5+}、Ta^{5+}，当Nb^{5+}或Ta^{5+}置换Ti^{4+}时，为了使离子总电荷仍保持不变伴随Fe^{2+}的置换，即$2Nb^{5+}$（或Ta^{5+}）$+Fe^{2+}$转换$3Ti^{4+}$。电子探针测定结果如表8－11所示，从中可以看出，本例矿石中铌铁金红石常见富含锰，铌、钽含量均不高。颜色为黑色，多呈不规则粒状，偶见柱状双锥，半透明，具松脂光泽。莫氏硬度6，不平坦断口，密度4.8～5.6g/cm^3，随着铌含量增高，密度增大。具弱的电磁性。

表8－11 铌铁金红石成分电子探针测定结果 （%）

化学成分	Nb_2O_5	Ta_2O_5	MnO	FeO	TiO_2	SnO_2
铌铁金红石	1.59	0.02	0.92	16.84	79.29	1.34
富锰铌铁金红石	0.65	0.23	12.43	23.25	63.44	0.00
富锰铌铁金红石	1.25	0.07	8.57	28.92	61.00	0.19

铌铁金红石与钛磁赤铁矿呈连晶状，有时可见铌铁金红石包含锰铌铁矿。

8.5.4.2 铍矿物和稀土矿物

A 锌日光榴石 $Zn_4[BeSiO_4]_3S$

锌日光榴石晶体为无色透明或半透明玫瑰红色，常呈四面体或四角三四面体的聚形。玻璃光泽，断口贝壳状，莫氏硬度5.5～6.5，密度3.4～3.8g/cm^3。偏光显微镜下无色，均质体。无磁性。

如表8－12所示，矿石中的锌日光榴石中部分锌被铟取代，为富铟锌日光榴石。锌日光榴石多呈自形晶粒状包含于石英等矿物中。

表8－12 锌日光榴石成分电子探针测定结果

元 素	BeO①	ZnO	In_2O_3	Al_2O_3	SiO_2	SO_2
（铟）锌日光榴石	11.93	23.89	8.56	4.49	41.50	9.63
锌日光榴石②	12.04	50.97	0.00	0.00	26.69	7.20

①含量为理论值；②含少量的铁、锰、镍。

B 兴安石 $(Y,Ce,Yb)BeSiO_4(OH)$

兴安石为一种富稀土和铍的层状硅酸盐矿物。在本矿石中，兴安石是主要的铍和稀土复合矿物，具有重要的工业价值。兴安石的化学组成与硅铍钇矿接近，但含铁低。兴安石一般含BeO为10%～12%，SiO_2为22%～28%，REO为47%～62%（包含Y_2O_3）。另外含少量或微量的铁、钛、铝、钙、镁、钾、钠等元素。根据兴安石中所含主要稀土元素的不同可将其分为三种类型，富钇族稀土者称钇兴安石，富铈族稀土者称铈兴安石，富镱族稀土者称镱兴安石。本例矿石中最多见的是钇兴安石，其化学成分如表8－13所示，能谱如图8－1所示。稀土元素主要为重稀土钇和少量钆、镝，其次为轻稀土钕、镧。常见同一颗粒，成分不同的兴安石呈连晶状。矿石中富集兴安石单矿物化学分析：BeO为10.10%，SiO_2为25.33%，REO为43.53%。

表8－13 兴安石化学成分

元素	BeO	PbO	TiO_2	Fe_2O_3	FeO	$(K,Na)_2O$	Eu_2O_3
含量/%	10.406	0.377	0.103	1.63	0.89	1.165	0.05
元素	La_2O_3	Ce_2O_3	Pr_6O_{11}	Nd_2O_3	Sm_2O_3	Gd_2O_3	Tb_4O_7
含量/%	3.6	13.6	1.78	6.84	2.60	3.45	0.61
元素	Dy_2O_3	Ho_2O_2	Er_2O_3	Tm_2O_3	Yb_2O_3	Y_2O_3	Lu_2O_3
含量/%	3.71	0.56	1.31	0.07	0.57	15.73	0.09
元素	SiO_2	Al_2O_3	CaO	MgO	H_2O	REO	合计
含量/%	25.2	1.695	0.959	0.086	2.944	54.574	100.029

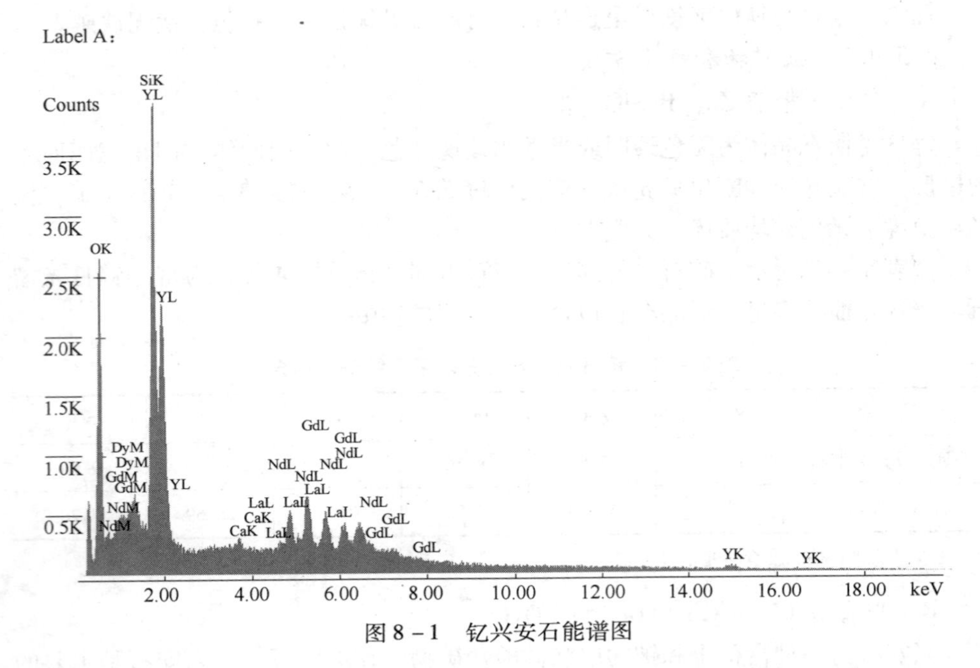

图 8－1 钇兴安石能谱图

兴安石晶体一般成柱状或不规则粒状，颗粒细小。颜色较浅，随其所含的化学成分的不同而发生变化，钇兴安石为乳白色、浅黄色、淡绿色，铈兴安石为浅棕褐色，镱兴安石一般呈现无色。玻璃光泽，透明。条痕白色。密度 4.28～4.83g/cm^3。莫氏硬度 5～5.5。具电磁性。

在本例矿石中兴安石多呈不规则粒状嵌布在石英、钠长石中，有时与锰铌铁矿、独居石等矿物连生，如图 8－2 所示。

C 氟碳铈矿 (Ce,La)[CO_3](F,OH)

本例矿石中含有少量的氟碳铈矿类矿物，主要为氟碳钇铈矿，少量氟碳铈矿和氟铈矿。氟碳铈矿中类质同象代替铈的元素有 La、Nd、Sm、Pr、Th、Y 等。在矿石中氟碳铈矿成分较复杂，有单纯的氟碳铈矿，也有 La、Sm 代替的氟碳铈矿，其中 Y 代替较普遍，生成氟碳钇铈矿，其化学组成如表 8－14 所示。

表 8－14 氟碳铈矿化学成分

元素	REO	CO_2	F	Nb_2O_5	ThO_2	P_2O_5
含量/%	69.92	13.44	6.78	0.11	0.22	0.90
元素	Fe_2O_3	CaO	Al_2O_3	SiO_2	H_2O	
含量/%	0.89	2.67	0.80	2.80	2.60	

氟碳铈矿颜色有无色、黄色、褐黄色，透明至半透明。晶体呈六方柱状或板状，莫氏硬度 4～4.5，密度 4.7～5.1g/cm^3。中弱电磁性。

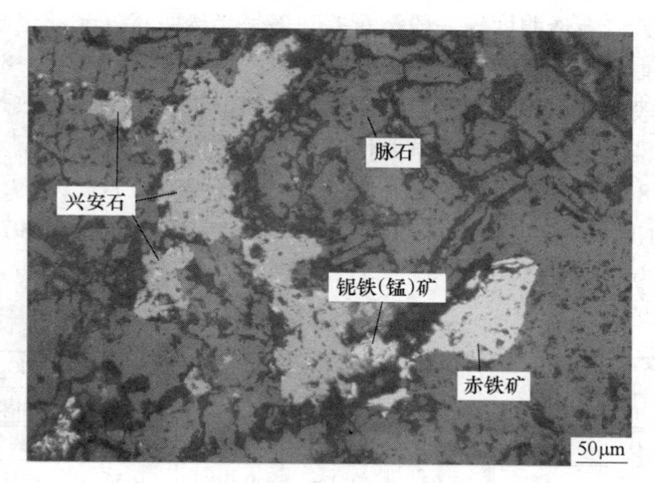

图 8－2 兴安石呈不规则粒状嵌布于脉石中，并与锰铌铁矿连生（显微镜，反光，放大 320 倍）

在矿石中氟碳铈矿类矿物多嵌布在钠闪石类矿物中，常与兴安石连生，并与氟铈矿成固溶体分离，形成连晶。

D 独居石 (Ce,La)[PO_4]

独居石别名磷铈镧矿，属含铈、镧等轻稀土为主的稀土磷酸盐。本矿石中独居石化学成分如表 8－15 所示。稀土元素以铈和钕为主。富集独居石化学分析：REO 为 65.60%。独居石常呈厚板状晶，有时为楔状或等轴状晶，呈黄绿色至黄色，玻璃至树脂光泽，贝壳状断口，具平行 {001} 的裂理，性脆。莫氏硬度 5～5.5，密度 5～5.3g/cm^3。具电磁性。

表 8－15 独居石化学成分

元素	La_2O_3	CeO_2	Pr_6O_{11}	Nd_2O_3	Sm_2O_3	Y_2O_3
含量/%	18.70	37.50	2.94	6.37	0.16	0.03
元素	ThO_2	P_2O_5	SiO_2	Al_2O_3	Fe_2O_3	MgO
含量/%	0.43	26.00	3.77	1.19	1.08	0.10
元素	CaO	TiO_2	U_3O_8	ZrO_2	REO	
含量/%	0.18	0.38	0.14	0.96	69.26	

在矿石中独居石多呈不规则粒状成群分布于正长石、石英中，晶形多不完整，有时可见独居石与兴安石连生或伴生。

8.5.4.3 锆石 (Zr,Hf)[SiO_4] 和含铁锆石

锆石大多具有完整的晶体，晶形以柱面不发育的似八面体晶占多数，少数为正常的柱状双锥晶体，并常见锆石的多晶集合体，呈晶簇状如彩图 14 所示。本

例矿石中大多数锆石透明度较一般锆石差，多呈半透明状，光泽也较为暗淡，但也有少量透明度较高的似八面体锆石。锆石硬度大，莫氏硬度7.5~8，密度4.4~4.8g/cm^3。一般的锆石无磁性，但本矿石中的部分锆石由于含有数量不等的铁矿物包裹体或铁染而具程度不同的电磁性。但大多数锆石具弱磁性至无磁性。锆石化学组成如表8-16所示，锆石单矿物分析结果：Zr(Hf)O_2 为54.04%，Ta_2O_5 为0.045%，Nb_2O_5 为0.43%，REO为0.20%，Fe_2O_3 为1.97%，TiO_2 为0.33%，BeO为0.42%。

表8-16　锆石化学成分

元素	ZrO_2	Nb_2O_5	Ta_2O_5	SiO_2	Fe_2O_3	Al_2O_3	TiO_2	ΣCeO_2
含量/%	56.50	0.245	0.065	36.95	1.100	0.525	0.195	0.443
元素	ΣY_2O_3	BeO	ThO_2	U_3O_8	CaO	MgO	烧失量	REO
含量/%	0.828	0.538	0.03	0.253	0.618	0.36	1.043	1.271

锆石在矿石中均匀分布，多呈不规则粒状集合体，或多晶集合体成群产出于石英、长石中，有时可见锆石包含石英。

8.5.5　矿石中铌钽铍稀土的赋存状态

8.5.5.1　矿石中铌和钽的赋存状态

为了查明矿石中铍铌钽稀土的赋存状态，提取单矿物分析（所有单矿物在0.045mm以下细度完成最后提纯），并结合电子探针和能谱矿物化学成分检测资料，作出矿石中铌和钽在矿石中的平衡分配如表8-17和表8-18所示。结果表明，铌主要以锰铌铁矿和复稀金矿矿物形式存在，其次以铈烧绿石和铌铁金红石矿物形式存在。锰铌铁矿和复稀金矿两矿物中赋存的铌占70.11%，铈烧绿石中赋存的铌占4.27%，铌铁金红石中赋存的铌只有0.24%；赋存于钍石中铌占0.48%；分散于铁钛矿物中的铌占8.04%，分散于锆石中铌占5.89%，分散于钠闪石、霓石-霓辉石（磁性脉石）的铌占3.29%，分散于长石、石英（非磁脉石）中的铌占7.69%。由此可见，铌同时赋存于以锰铌铁矿为主的五种矿物中，从这五种铌矿物中回收铌，理论品位 Nb_2O_5 为42%，理论回收率75%。

表8-17　铌在矿石中的平衡分配

矿　物	矿物含量/%	矿物含 Nb_2O_5 量/%	Nb_2O_5 分配率/%
复稀金矿	0.125	28.95	9.09
钇钍复稀金矿	0.176	33.93	15.00
锰铌铁矿	0.284	64.53	46.02
铌铁金红石	0.082	1.16	0.24
铈烧绿石	0.029	58.58	4.27

续表 8－17

矿　物	矿物含量/%	矿物含 Nb_2O_5 量/%	Nb_2O_5 分配率/%
锌日光榴石	0.09	—	—
钇兴安石	0.45	—	—
独居石	0.06	—	—
氟碳铈矿	0.102	—	—
锰钛铁矿	0.984	1.08	2.67
钛磁赤铁矿	1.962	1.09	5.37
褐铁矿	0.625	—	—
锆石	5.452	0.43	5.89
锡石	0.013	—	—
钍石	0.106	1.80	0.48
黄铁矿	0.002	—	—
石英/长石/高岭石	82.765	0.037	7.69
霓石/钠铁闪石	6.248	0.21	3.29
其他	0.445	—	—
合　计	100.000	0.398	100.00

表 8－18　钽在矿石中的平衡分配

矿　物	矿物含量/%	矿物含 Ta_2O_5 量/%	Ta_2O_5 分配率/%
复稀金矿	0.125	4.800	28.35
钇钍复稀金矿	0.176	0.410	3.41
锰铌铁矿	0.284	1.040	13.95
铌铁金红石	0.082	0.107	0.41
铈烧绿石	0.029	13.400	18.36
锌日光榴石	0.09	—	0.00
钇兴安石	0.45	—	0.00
独居石	0.06	—	0.00
氟碳铈矿	0.102	—	0.00
锰钛铁矿	0.984	0.140	6.51
钛磁赤铁矿	1.962	0.120	11.12
褐铁矿	0.625	—	0.00
锆石	5.452	0.045	11.59
锡石	0.013	—	—
钍石	0.106	0.300	1.50
黄铁矿	0.002	—	—
石英/长石/高岭石	82.765	0.001	3.91
霓石/钠铁闪石	6.248	0.003	0.89
其他	0.445	—	—
合　计	100.00	0.021	100.00

钽主要存在于锰铌铁矿和复稀金矿矿物中，其次存在于铈烧绿石中。锰铌铁矿和复稀金矿两矿物中赋存的钽占45.71%，铈烧绿石中赋存的钽占18.36%，铌铁金红石赋存的钽占0.41%，赋存于钍石中钽占1.5%；分散于铁钛矿物中的钽占17.63%，分散于锆石中钽占11.59%，分散于钠闪石、霓石－霓辉石（磁性脉石）的钽占0.89%，分散于长石、石英（非磁脉石）中的钽占3.91%。钽主要赋存于以复稀金矿和铈烧绿石中，从铌矿物中回收铌，理论品位$Ta_2O_5$2%左右，理论回收率64%。

8.5.5.2　矿石中铍的赋存状态

铍在矿石中的平衡分配如表8－19所示。其结果表明，铍主要以兴安石矿物形式存在，其次以锌日光榴石矿物形式存在，兴安石中的赋存的铍占56.70%；锌日光榴石中赋存的铍占13.39%；锆石中含铍较高，分散于锆石中的铍占28.56%；约1.34%的铍分散于钠闪石、霓石及霓辉石、长石、石英中。预计铍的最高回收率为70%左右。

表8－19　铍在矿石中的平衡分配

矿　物	矿物含量/%	矿物含BeO量/%	BeO分配率/%
复稀金矿	0.125	—	—
钇钍复稀金矿	0.176	—	—
锰铌铁矿	0.284	—	—
铌铁金红石	0.082	—	—
锌日光榴石	0.090	11.930	13.39
钇兴安石	0.450	10.100	56.70
铈烧绿石	0.029	—	—
独居石	0.060	—	—
氟碳铈矿	0.102	—	—
锰钛铁矿	0.984	—	—
钛磁赤铁矿	1.962	—	—
褐铁矿	0.625	—	—
锆石	5.452	0.42	28.56
锡石	0.013	—	—
钍石	0.106	—	—
黄铁矿	0.002	—	—
石英/长石/高岭石	82.765	0.001	1.03
霓石/钠铁闪石	6.248	0.004	0.31
其他	0.445	—	—
合　计	100.000	0.0802	100.00

8.5.5.3 矿石中稀土元素的赋存状态

稀土在矿石中的平衡分配如表8-20所示。其结果表明，兴安石中赋存的稀土占39.59%，独居石和氟碳铈矿中赋存的稀土占21.48%，钍石中赋存的稀土量占12.44%；复稀金矿和铈烧绿石也富含稀土，两矿物中赋存的稀土占17.14%，锰铌铁矿中赋存的稀土占0.51%；锆石中含稀土较高，分散于锆石中的稀土占2.2%；约6%的稀土分散于钠闪石、霓石及霓辉石、长石、石英中。显然，稀土的赋存状态更复杂，稀土类矿物氟碳铈矿、独居石、钍石矿物形式存在的稀土仅占33.92%，赋存于铍矿物——兴安石中的稀土占39.59%，赋存于铌矿物中的稀土占17.65%。由此可见，从该矿石中分选出单独的稀土精矿，理论回收率仅有34%左右。

表8-20 稀土金属在矿石中的平衡分配

矿 物	矿物含量/%	矿物含REO量/%	REO分配率/%
复稀金矿	0.125	31.5	7.96
钇钍复稀金矿	0.176	25.8	9.18
锰铌铁矿	0.284	0.88	0.51
钇兴安石	0.45	43.53	39.59
铈烧绿石	0.029	11.060	0.65
氟碳铈矿/独居石等稀土矿物	0.162	65.60	21.48
铌铁金红石	0.082	—	—
锌日光榴石	0.09	—	—
锰钛铁矿	0.984	—	—
钛磁赤铁矿	1.962	—	—
褐铁矿	0.625	—	—
锆石	5.452	0.20	2.20
锡石	0.013	—	—
钍石	0.106	58.070	12.44
黄铁矿	0.002	—	—
石英/长石/高岭石	82.765	0.020	3.35
霓石/钠铁闪石	6.248	0.210	2.65
其他	0.445	—	—
合 计	100.000	0.495	100.00

8.5.6 影响选矿矿物学因素分析

(1) 本矿石主要有用矿物中存在广泛的类质同象置换，这些矿物晶格中铁与锰，铌、钽与钛、稀土，铍与稀土元素之间的元素替代，形成了复杂的矿物组合，钽铌类矿物有锰铌铁矿、复稀金矿、铈烧绿石、铌铁金红石；铍矿物有钇兴安石、铈钕兴安石、锌日光榴石；稀土类矿物有氟碳铈矿、氟碳钇铈矿、氟铈矿、独居石、钍石、兴安石、复稀金矿；铁钛类矿物有钛磁赤铁矿、锰钛铁矿、铌铁金红石、褐铁矿。由此可见，铌赋存于4种矿物中，铍赋存于3个矿物中，稀土赋存于7种矿物中，并且矿物中元素互含，采用物理选矿方式不能使铌、铍和稀土获得分离。

（2）兴安石是富含铍和稀土的层状硅酸盐矿物，具有重要的工业价值。本矿石中有钇兴安石、铈钕兴安石，成分变化复杂，具电磁性，磁性变化大，并与铌铁矿和独居石的磁性范围重叠，给分选带来困难。

（3）在本矿石中大多数锰铌铁矿晶体很特殊，锰铌铁矿多成双晶出现，双晶依（201）结合成板状心形，其集合体呈放射状、稻草状、针状晶簇，这种铌铁矿晶体极易折断，在磨矿产品中多见不完整的晶体，并且晶体的末端多包含于与其连生的脉石矿物中，使铌矿物解离性差。

（4）嵌布粒度测定表明，锰铌铁矿、兴安石、独居石、锌日光榴石、铌铁金红石的嵌布粒度相类似，嵌布粒度主要在0.02～0.2mm，属细至微细粒均匀粒度分布类型；锆石、锰钛铁矿、钛磁赤铁矿嵌布粒度略粗，主要嵌布粒度为0.04～0.32mm，属微细至细粒均匀粒度分布类型；复稀金矿、氟碳铈矿类矿物（含氟碳铈钇矿、氟铈矿）嵌布粒度较微细，属微细粒均匀粒度嵌布类型。

（5）本矿石中的部分锆石由于含有数量不等的铁矿物包裹体或铁染而具电磁性，磁性范围在400～2000mT。但大多数锆石具弱磁性至无磁性。锆石含铁，并具变化的含铁量，其磁性和表面性质的改变对铌、铍和稀土矿物的磁选、浮选富集均产生一定的影响。

（6）铌的赋存状态查定表明，铌主要以锰铌铁矿和复稀金矿矿物形式存在，其次以铈烧绿石和铌铁金红石矿物形式存在。锰铌铁矿和复稀金矿两矿物中赋存的铌占70.11%，铈烧绿石中赋存的铌占4.27%，铌铁金红石中赋存的铌只有0.24%；赋存于钍石中铌占0.48%；分散于铁钛矿物中的铌占8.04%，分散于锆石中铌占5.89%，分散于钠闪石、霓石及霓辉石（磁性脉石）的铌占3.29%，分散于长石、石英（非磁脉石）中的铌占7.69%。铌同时赋存于以锰铌铁矿为主的五种矿物中，从这五种铌矿物中回收铌，理论品位 Nb_2O_5 为42%，理论回收率75%。

（7）钽的赋存状态查定表明，钽主要存在于锰铌铁矿和复稀金矿矿物中，其次存在于铈烧绿石中。锰铌铁矿和复稀金矿两矿物中赋存的钽占45.71%，铈烧绿石中赋存的钽占18.36%，铌铁金红石赋存的钽占0.41%，赋存于钍石中钽占1.5%；分散于铁钛矿物中的钽占17.63%，分散于锆石中的钽占11.59%，分散于钠闪石、霓石及霓辉石（磁性脉石）的钽占0.89%，分散于长石、石英

（非磁脉石）中的钽占3.91%。钽主要赋存于以复稀金矿和铈烧绿石中，从铌矿物中回收铌，理论品位 Ta_2O_5 为2%左右，理论回收率64%。

（8）铍的赋存状态查定表明，铍主要以兴安石矿物形式存在，其次以锌日光榴石矿物形式存在，兴安石中赋存的铍占56.70%；锌日光榴石中赋存的铍占13.39%；锆石中含铍较高，分散于锆石中的铍占28.56%；约1.34%的铍分散于钠闪石、霓石及霓辉石、长石、石英中。从兴安石和锌日光榴石中回收铍，铍的理论回收率为70%左右。

（9）稀土的赋存状态查定表明，稀土的赋存状态更复杂，稀土类矿物氟碳铈矿、独居石、钍石矿物形式存在的稀土仅占33.92%，赋存于铍矿物——兴安石中的稀土占39.59%，赋存于铌矿物中的稀土占17.65%。由此可见，如果从稀土矿物中回收稀土，理论回收率仅有34%左右。

（10）本矿石中各有价金属铌、钽、铍、稀土之间类质同象替代，并以多种矿物形式存在，矿物之间元素互含，故难以获得单独的铌、钽、铍和稀土精矿，根据本矿石矿物性质特点，宜采取选矿预富集，获得铌、钽、铍、稀土混合精矿，然后采取冶金方法分离获取各种有价金属。

8.6 花岗伟晶岩铌钽矿工艺矿物学实例

8.6.1 原矿物质组成

本例矿床属于与岩浆气液（中高温）有关的花岗伟晶岩型钽、铌、锂、铷和铯稀有多金属矿床。原矿化学组成如表8-21所示，主要有价金属有钽、铌、锂、铷、铯，具富钽贫铌特征，非金属成矿元素钾、钠的含量较高。

表8-21 原矿多元素分析结果

元素	Nb_2O_5	Ta_2O_5	Li_2O	BeO	ZrO_2	Fe_2O_3	Sn	TiO_2
含量/%	0.006	0.014	1.03	0.061	0.002	0.098	0.001	0.06
元素	Cs_2O	Rb_2O	SiO_2	Al_2O_3	CaO	MgO	Na_2O	K_2O
含量/%	0.064	0.46	77.60	15.20	0.20	0.12	4.21	2.87

采用MLA矿物自动定量检测设备对原矿进行矿物定量检测，矿物组成如表8-22所示。其结果表明，本例矿石中主要铌钽类矿物为细晶石，其次铌钽锰矿和富钽锡石；锂矿物主要为锂云母，少量锂电气石；铍矿物有绿柱石和少量蓝柱石、硅铍石；其他金属矿物数量极少，有白钨矿、黄铁矿、磁黄铁矿、闪锌矿、方铅矿、辉铋矿等；脉石矿物主要为钠长石、正长石、石英，其次是黄玉、白云母、高岭土和少量绿帘石等。

表 8－22　原矿 MLA 矿物定量检测结果

矿　物	含量/%	矿　物	含量/%	矿　物	含量/%
细晶石	0.0183	铪石	0.0009	磷灰石	0.0003
铌钽锰矿	0.0009	石英	31.1683	独居石	0.0031
富钽锡石	0.0011	钠长石	37.2694	磷钇矿	0.0007
白钨矿	0.0015	钾长石	8.0496	黄铁矿	0.0046
锂云母	17.1046	透辉石	0.0024	磁黄铁矿	0.0045
白云母	0.5538	绿帘石	0.0133	闪锌矿	0.0026
黑云母	0.0059	锰铝榴石	0.0027	方铅矿	0.0017
锂电气石	0.2751	高岭土	0.2904	辉铋矿	0.0037
绿柱石	0.5047	方解石	0.0144	自然铋	0.0002
蓝柱石	0.0052	菱锰矿	0.0013	其他	0.0437
硅铍石	0.0096	萤石	0.0537	合计	100.0000
黄玉	4.5302	赤铁矿	0.0228		
锆石	0.0089	褐铁矿	0.0259		

矿石结构和构造：细晶石、铌钽锰矿和富钽锡石呈稀疏浸染状产于强钠长石化细粒花岗岩带中，主要结构有鳞片粒状变晶结构、自形晶粒状结构、自形至半自形晶粒状结构、包含结构、嵌晶结构，块状构造、星散浸染状构造。其中细晶石、铌钽锰矿、富钽锡石呈自形晶粒状结构，星散浸染状构造；铌钽锰矿、细晶石呈包含结构，以微细粒状包含于锂云母、长石等矿物中；云母、正长石、钠长石等呈自形至半自形粒状、鳞片状，组成鳞片粒状变晶结构、嵌晶结构，块状构造。

8.6.2　主要矿物嵌布粒度

采用 MLA 从原矿块矿测定矿石中主要矿物的嵌布粒度，测定结果如表 8－23 所示。由表中结果可知，矿石中细晶石、铌钽锰矿和富钽锡石的嵌布粒度虽然从 0.005mm 到 0.2mm，粒度分布范围较广，但适宜重选的大于 0.04mm 粒级的占有率分别为 77.66%、88.28% 和 75.86%，小于 0.01mm 的难选粒子以细晶石略多之外，铌钽锰矿和富钽锡石的占有率均小于 5%，可见该矿石中铌钽矿物可重选回收，但也要注意加强微细粒锡铌矿物的回收；锂云母呈叠片状集合体，其嵌布粒度较粗，其片厚范围为 0.04～0.64mm，适合于浮选回收。

表 8-23 铌和稀土矿物嵌布粒度测定结果

粒级/mm	粒级含量/%			
	细晶石	铌钽锰矿	富钽锡石	锂云母
+0.64				2.13
-0.64 ~ +0.32				14.27
-0.32 ~ +0.16	7.92	33.97	15.71	29.08
-0.16 ~ +0.08	39.21	31.69	27.09	36.85
-0.08 ~ +0.04	30.53	22.62	33.06	13.29
-0.04 ~ +0.02	9.81	7.04	14.49	3.98
-0.02 ~ +0.01	4.36	2.69	6.44	0.37
-0.01	8.17	1.99	3.21	0.03
合　计	100.00	100.00	100.00	100.00

8.6.3 重液分离试验

为了确定分选钽矿物的磨矿细度，并考察重选分离铌钽矿物的效果，对原矿+0.075mm 以上共 4 个粒级进行重液分离试验（-0.075mm 以下粒级含量较少且重液分离效果极差，故不进行分离试验），试验结果如表 8-24 所示，结合显微镜分析，可以看出：（1）随着粒度下降，重矿物解离度增加，重产品产率降低，在 -0.15 ~ +0.075mm，重产品产率为 8.31%，除钽铌类矿物外，其余的主要矿物为黄玉，其次为含重矿物连生体的云母（锂云母密度为 2.8 ~ 2.9g/cm^3，接近重液密度，因此含钽矿物的连生体进入重产品）；（2）各粒级轻产品钽品位与原矿均有较大幅度的降低，表明钽矿物在重产品中得以富集，并随着粒度变细，解离度增加，重产品中钽回收率提高；（3）在 -0.15 ~ +0.075mm 粒级，轻产品的品位 Ta_2O_5 下降至 0.0026%，重产品中钽矿物的解离度达到 86%，钽的回收率 90% 左右，由此表明，为了保证钽的回收率和兼顾重选适宜粒度，磨矿细度应选择在 0.15mm。

表 8-24 重液分离试验（三溴甲烷，密度 2.89g/cm^3）

粒级/mm	原矿		轻产品		重产品		
	产率/%	品位 Ta_2O_5/%	粒级产率/%	品位 Ta_2O_5/%	粒级产率/%	回收率/%	钽矿物解离度/%
+0.6	37.79	0.012					
-0.6 ~ +0.4	12.79	0.012	29.35	0.0050	16.07	70.65	48.33
-0.4 ~ +0.2	15.04	0.015	22.82	0.0049	10.78	77.18	52.17
0.2 ~ +0.15	5.14	0.021	19.00	0.0043	9.77	81.00	81.08
0.15 ~ +0.075	13.33	0.021	10.41	0.0026	8.31	89.59	86.50
-0.075	15.91	0.023	—	—	—	—	—
合　计	100.00	0.0159	—	—	—	—	—

注：重产品中主要脉石矿物为黄玉和云母。

8.6.4　钽铌矿物及其选矿工艺特性

8.6.4.1　细晶石 $(Ca,Na)_2(Ta,Nb)_2O_6(O,OH,F)$

细晶石的成分式可表示为 A_2B_2（O，OH，F），理论化学成分 CaO 为 10.43%，Na_2O 为 5.76%，Ta_2O_5 为 82.14%，H_2O 为 1.67%。B 组阳离子中 Ta 与 Nb 类质同象替代，以 Ta 为主，阴离子经常是 F、OH^- 代替 O^{2-}；A 组阳离子中 U^{4+} 代替 Ca^{2+}，而使结构产生缺席结构。矿石中细晶石的化学成分扫描电镜能谱分析结果如表 8-25 所示。从结果可看出，该细晶石中有程度不同的 Nb 代替 Ta，并有 U、Fe、Ce、Ti 等替代 Ca 和 Na，还有少量 F 代替 O，平均化学成分 Ta_2O_5 为 61.84%，Nb_2O_5 为 14.41%，SnO_2 为 1.74%，CaO 为 10.28%，Na_2O 为 3.88%，Ce_2O_3 为 0.18%，Nd_2O_3 为 0.08%，F 为 2.24%，UO_2 为 3.54%。

表 8-25　细晶石的化学成分扫描电镜能谱分析结果

测点	化学成分及含量/%												
	Nb_2O_5	Ta_2O_5	SnO_2	Ce_2O_3	Nd_2O_3	UO_2	TiO_2	FeO	Bi_2O_5	PbO	MnO	Na_2O	CaO	F
1	21.02	56.48	1.42	0.00	0.00	0.99	0.00	0.01	0.00	0.00	0.00	4.62	12.47	2.86
2	18.71	57.61	1.83	0.00	0.00	1.25	0.00	0.00	0.00	0.00	0.00	4.59	13.15	1.36
3	18.45	58.31	1.78	0.00	0.00	1.25	0.00	0.02	0.00	0.00	0.00	4.86	12.48	2.60
4	15.92	59.29	3.04	0.10	0.07	11.50	0.22	0.75	1.24	1.69	0.66	0.55	4.61	0.88
5	16.93	59.80	1.10	0.09	0.01	0.00	0.02	0.00	2.33	0.00	0.00	5.31	11.63	2.77
6	16.39	59.87	2.13	0.19	0.00	4.46	0.27	0.45	2.93	1.19	0.31	2.31	8.14	2.87
7	11.52	62.00	2.23	1.56	0.81	5.08	0.01	0.00	0.58	0.98	0.00	4.08	8.71	2.85
8	13.06	62.01	1.96	0.28	0.07	3.06	0.07	0.05	0.00	0.00	0.00	5.06	11.79	1.74
9	6.26	62.56	1.98	0.07	0.03	10.10	2.57	0.03	0.57	1.54	0.00	3.08	9.48	0.37
10	14.34	62.58	1.95	0.11	0.07	0.78	0.00	0.33	0.00	0.00	0.00	4.82	12.17	2.44
11	14.11	64.61	1.14	0.00	0.00	0.95	0.11	0.03	0.00	0.00	0.00	4.61	11.65	2.98
12	11.47	66.81	1.21	0.00	0.00	1.45	0.00	0.04	0.00	0.00	0.00	4.96	11.40	2.80
13	9.12	71.95	0.83	0.00	0.00	5.18	0.51	0.94	0.14	2.92	0.00	1.60	5.93	2.65
平均	14.41	61.84	1.74	0.18	0.08	3.54	0.29	0.20	0.60	0.69	0.08	3.88	10.28	2.24

大部分细晶石以中、细粒产出，多呈自形晶粒状，与长石和锂云母的共生关系较为密切，一般嵌布于长石、锂云母等矿物粒间或包裹于其中（图 8-3、图 8-4），偶见有辉铋矿沿细晶石龟裂纹充填交代，呈微细网脉状分布。

细晶石与其他矿物的接触边界一般较为规整，在磨矿时易于单体解离，但多数可见细晶石晶粒具龟裂纹，要防止其过粉碎，否则会影响其重选效果。大部分细晶石在磨矿时易单体解离，重选时也易于回收。少部分细晶石呈微细粒产出，

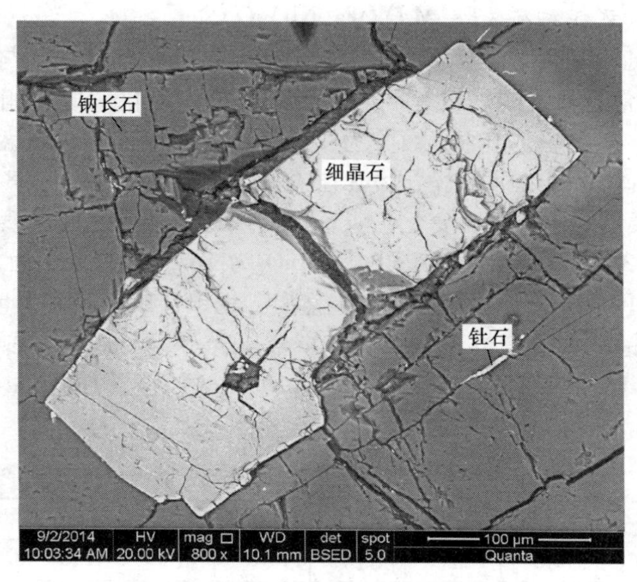

图 8－3 细晶石呈柱状自形晶嵌布在钠长石晶粒之间，细晶石中可见龟裂纹（扫描电镜，BSE 图像）

图 8－4 细晶石呈八面体自形晶嵌布在锂云母中（扫描电镜，BSE 图像）

这部分细晶石大多包裹于长石、云母中，磨矿时不易单体解离，重选时也很难富集于重选精矿中，是影响钽、铌回收的主要因素之一。

8.6.4.2 铌钽锰矿 $(Fe,Mn)(Ta,Nb)_2O_6$

铌钽锰矿是矿石中次要的钽铌矿物。铌钽锰矿中铁与锰，铌与钽分别皆为完全类质同象，常有钛、锡、钪等混入，使该类矿物的化学成分相当复杂。根据A、B组中铁、锰和铌、钽原子数分为4个亚种，即铌铁矿、铌锰矿、钽铁矿和钽锰矿。本例矿石中该矿物化学成分扫描电镜能谱分析结果如表8-26所示，Nb与Ta之间因类质同象替代而变化，属于铌锰矿与钽锰矿之间过渡矿物，平均含Nb_2O_5为32.43%，Ta_2O_5为47.30%，MnO为16.54%，FeO为0.31%，根据Nb/Ta和Fe/Mn摩尔之比，定名为铌钽锰矿。铌钽锰矿普遍含少量Sn和Sc，个别含U。铌钽锰矿多呈薄板至厚板状，半金属光泽，半透明，参差状断口，性脆，莫氏硬度4.2~7，密度5.37~7.85g/cm^3，密度随钽的含量变化，含钽越多，密度越大。具电磁性。

表8-26 铌钽锰矿的化学成分扫描电镜能谱分析结果

测点	化学成分及含量/%								
	Nb_2O_5	Ta_2O_5	MnO	Sc_2O_3	Al_2O_3	FeO	SnO_2	CaO	UO_2
1	35.60	43.71	16.74	0.46	0.15	0.40	0.00	0.46	0.00
2	34.77	45.49	16.95	0.20	0.02	0.27	0.31	0.45	0.00
3	41.44	39.19	17.09	0.08	0.05	1.10	0.00	0.64	0.00
4	27.55	50.52	16.04	0.51	0.37	0.38	0.26	0.41	0.00
5	28.99	51.04	15.97	0.32	0.46	0.22	0.43	0.35	0.00
6	39.99	38.26	17.91	0.38	0.00	0.41	0.34	0.74	0.00
7	26.69	53.57	15.76	0.48	0.15	0.29	0.00	0.46	0.00
8	24.52	55.96	16.47	0.27	0.03	0.53	0.30	0.47	0.00
9	31.43	48.13	16.36	0.56	0.17	0.31	0.21	0.67	0.00
10	32.84	47.91	17.09	0.15	0.11	0.25	0.33	0.42	0.00
11	26.25	52.11	15.31	0.28	0.03	0.07	0.62	0.49	0.53
12	28.14	52.31	16.39	0.35	0.01	0.24	0.40	0.35	0.00
13	24.91	53.40	15.42	0.20	1.54	0.23	0.00	2.74	0.00
14	40.74	38.95	17.18	0.30	0.16	0.51	0.00	0.74	0.00
15	37.95	41.77	17.31	0.26	0.10	0.41	0.22	0.34	0.05
16	35.86	45.17	16.56	0.11	0.29	0.27	0.39	0.37	0.00
17	33.63	46.56	16.55	0.20	0.51	0.34	0.00	0.56	0.00
平均	32.43	47.30	16.54	0.30	0.25	0.37	0.22	0.63	0.03

铌钽锰矿主要呈板状、不规则状嵌布于长石、云母等矿物粒间或包裹于其中（图8-5），部分铌钽锰矿与细晶石或富钽锡石共生密切，常以集合体形式嵌布

于脉石中。铌钽锰矿嵌布粒度比细晶石略粗，在磨矿过程中与细晶石具有类似的解离性。

图 8－5　铌钽锰矿呈板状晶体嵌布于正长石中
（扫描电镜放大 2000 倍）

8.6.4.3　富钽锡石 SnO_2

矿石中锡石较少，矿物含量 0.0011%，其数量为细晶石的 1/16，略多于铌钽锰矿，可随钽铌回收而富集。锡石化学成分能谱分析如表 8－27 所示，平均 SnO_2 为 90.21%，Ta_2O_5 含量为 5.13%，Nb_2O_5 为 2.09%，属富钽锡石。锡石呈自形或半自形晶，多呈四方柱状晶，颜色棕红色、棕色，晶体透明，晶面金刚光泽，断口油脂光泽。莫氏硬度 6～7，密度 6.8～7.1g/cm^3。

表 8－27　富钽锡石的化学成分扫描电镜能谱分析结果

测点	化学成分及含量/%						
	Ta_2O_5	Nb_2O_5	SnO_2	FeO	TiO_2	MnO	Al_2O_3
1	6.98	0.43	91.10	0.30	0.00	0.82	0.37
2	7.38	0.27	89.29	0.25	1.92	0.64	0.25
3	5.93	7.58	80.98	0.08	2.53	2.49	0.41
4	0.21	0.07	99.48	0.01	0.00	0.06	0.17
平均	5.13	2.09	90.21	0.16	1.11	1.00	0.30

在该矿中的锡石多呈自形晶粒状嵌布于长石和云母之间，部分锡石与细晶石

或与钽铌锰矿共生。

8.6.4.4　锂云母 $K\{Li_{2-x}Al_{1+x}[Al_{2x}Si_{4-2x}O_{10}](OH,F)_2\}$ 和白云母 $K\{Al_2[AlSi_3O_{10}](OH)_2\}$

矿石中同时存在锂云母和少量白云母。锂云母常有多种元素的类质同象替代，成分变化较大，$x=0\sim0.5$，通常硅代替铝，所以锂云母一般含硅量高于白云母，而含铝量低于白云母，并随着硅代替铝，含氟量增加；代替钾的有钠、铷、铯等，在八面体的位置代替锂和铝的有 Fe^{2+}（一般 Fe 含量≤1.5%）、锰等，氟常被 OH 代替。根据云母中硅和氟的含量，MLA 检测可区分锂云母和白云母，检测表明，锂云母是矿石中主要的锂矿物，也是矿石中含量较高的矿物之一，白云母的数量极少，仅为云母总量的3%。锂云母呈叠层片状，而白云母多呈细鳞片状，云母呈银白带暗褐色，透明，玻璃光泽，解理面珍珠光泽，薄片具弹性，莫氏硬度2~3，密度2.8~2.9g/cm^3。云母（大部分为锂云母，少部分为白云母，微量黑云母）单矿物分析：含 Li_2O 为6.11%、Rb_2O 为2.32%、Cs_2O 为0.33%、Nb_2O_5 为0.012%、Ta_2O_5 为0.005%、FeO 为0.11%。单矿物化学分析结果表明，该云母含铁较低，并且是本矿石中锂、铷、铯的主要载体。

矿石中锂云母的嵌布特征比较简单，常呈叠层片状集合体嵌布于长石、石英等矿物粒间，粒度大小较均匀，磨矿时易单体解离。常见微细粒铌钽锰矿沿锂云母片理间分布。

8.6.4.5　长石和石英

长石矿物从成分上看，主要为钠、钙、钾和钡的铝硅酸盐。本矿石中的长石主要是钠长石 $NaAlSi_3O_8$ 和正长石 $KAlSi_3O_8$，两者矿物量比约为5.5∶1。长石一般呈灰白至白色，莫氏硬度6~7，性脆，断口较粗糙，密度2.55~2.62g/cm^3，在工业上主要用作陶瓷原料，玻璃熔剂、填料等。矿石中的钠长石和正长石化学成分扫描电镜能谱分析结果分别如表8-28及表8-29所示。由表中结果可知，矿石中的正长石含 Rb_2O 为1.18%，Cs_2O 为0.11%，是铷、铯的载体矿物之一，但本矿石中正长石数量少，所负载的铷、铯比例较少；钠长石成分较纯净，基本不含铷、铯。钠长石粒度0.2~0.8mm，自形至半自形板条状或叶片状，杂乱分布，发育比较宽的聚片双晶。正长石嵌布粒度以中粒为主，与云母嵌布关系最为密切，细鳞片状云母常沿其裂隙或解理交代产出。

表8-28　正长石化学成分扫描电镜能谱分析结果

测点	化学成分及含量/%					
	Rb_2O	Cs_2O	Na_2O	Al_2O_3	SiO_2	K_2O
1	1.05	0.03	0.51	18.43	65.32	14.66
2	1.27	0.18	0.26	18.43	65.34	14.50

续表 8－28

测点	化学成分及含量/%					
	Rb_2O	Cs_2O	Na_2O	Al_2O_3	SiO_2	K_2O
3	1.23	0.11	0.25	18.49	65.31	14.60
4	1.28	0.13	0.20	18.37	65.27	14.74
5	0.96	0.03	0.25	18.17	64.68	15.91
6	1.27	0.15	0.22	17.94	65.25	15.16
7	0.98	0.09	0.25	18.57	65.52	14.60
8	1.33	0.19	0.17	18.07	65.61	14.64
9	1.33	0.22	0.22	18.03	65.64	14.56
10	1.32	0.08	0.28	18.48	65.36	14.48
11	1.46	0.20	0.41	18.47	65.36	14.10
12	1.14	0.13	0.59	19.12	65.08	13.92
13	1.14	0.06	0.58	18.30	65.15	14.77
14	0.83	0.03	0.26	18.32	65.50	15.07
15	1.13	0.04	0.39	18.52	65.45	14.46
平均	1.18	0.11	0.32	18.38	65.32	14.68

表 8－29 钠长石化学成分扫描电镜能谱分析结果

测点	化学成分及含量/%				
	Na_2O	Al_2O_3	SiO_2	K_2O	CaO
1	12.46	19.47	67.76	0.13	0.19
2	12.21	19.67	67.76	0.1	0.26
3	12.2	19.71	67.55	0.13	0.42
4	11.72	19.66	68.15	0.12	0.35
5	12.42	19.51	67.88	0.06	0.13
6	12.32	19.67	67.75	0.08	0.17
7	12.48	19.58	67.73	0.04	0.16
8	12.43	19.47	67.72	0.1	0.28
9	9.63	14.94	75.36	0.01	0.06
10	12.44	19.54	67.81	0.08	0.13
11	11.81	19.67	68.01	0.15	0.37
平均	12.01	19.17	68.50	0.09	0.23

石英 SiO_2 是矿石中含量仅次于长石的主要脉石矿物之一，含量 35% 左右，

主要呈半自形至它形粒状产出，嵌布粒度以中粗粒为主，粒度在0.8~2.5mm之间，偶见含铌钽锰矿包体，与长石的共生关系较为密切。

长石和石英混合物化学分析：Fe_2O_3为0.086%，Li_2O为0.028%，Rb_2O为0.083%，Cs_2O为0.0045%，K_2O为1.51%，Na_2O为5.71%。

8.6.5 矿石中钽铌的赋存状态

根据原矿矿物定量测定结果和各矿物的钽、铌含量，作出钽、铌在各矿物中的平衡分配如表8-30及表8-31所示。从表8-30可以看出，以细晶石和铌钽锰矿形式存在的钽分别占原矿总钽量的79.09%和2.97%，赋存于锡石中的钽占原矿总钽量的0.39%，总计82.06%；以钽铌矿物微细包裹体赋存于云母和长石（含石英）中的钽分别占原矿总钽量的6.17%和11.38%。从细晶石、铌钽锰矿和锡石中回收钽，理论品位Ta_2O_5为58%，理论回收率82%。从表8-31可以看出，以细晶石和铌钽锰矿形式存在的铌分别占原矿总铌量的44.93%和4.97%，赋存于锡石中的铌占原矿总铌量的0.11%，总计50.01%；以钽铌矿物微细包裹体赋存于云母和长石（含石英）中的铌分别占原矿总铌量的36.12%和13.87%。从细晶石、铌钽锰矿和锡石中回收铌，理论品位Nb_2O_5为14%，理论回收率50%。

表8-30 钽在各矿物中的平衡分配

矿物名称	矿物含量/%	矿物含Ta_2O_5量/%	Ta_2O_5分配率/%
细晶石	0.0183	62.00	79.09
铌钽锰矿	0.0009	47.30	2.97
锡石	0.0011	5.13	0.39
白钨矿	0.0015	—	—
绿柱石	0.5047	—	—
蓝柱石	0.0052	—	—
硅铍石	0.0096	—	—
锆石	0.0089	—	—
铪石	0.0009	—	—
锂电气石	0.2751	—	—
云母	17.6643	0.005	6.17
石英/长石等	81.3947	0.002	11.38
其他	0.1148	—	—
合　计	100.000	0.0143	100.00

表 8-31 铌在各矿物中的平衡分配

矿物名称	矿物含量/%	矿物含 Nb_2O_5 量/%	Nb_2O_5 分配率/%
细晶石	0.0183	14.41	44.93
铌钽锰矿	0.0009	32.43	4.97
锡石	0.0011	0.59	0.11
白钨矿	0.0015	—	—
绿柱石	0.5047	—	—
蓝柱石	0.0052	—	—
硅铍石	0.0096	—	—
锆石	0.0089	—	—
铪石	0.0009	—	—
锂电气石	0.2751	—	—
云母	17.6643	0.012	36.12
石英/长石等	81.3947	0.001	13.87
其他	0.1148	—	—
合　计	100.0000	0.0059	100.00

8.6.6 影响选矿矿物学因素分析

（1）本矿床属于花岗伟晶岩型钽、铌、锂、铷和铯稀有多金属矿床。矿石特点为富含多种稀有金属元素，品位低，钽和铌矿物以副矿物形式产出，矿物种类多，含量极低，属难选矿石。非金属成矿元素钾、钠含量较高，尾矿可综合利用。

（2）矿物检测表明，本矿石中主要铌钽类矿物为细晶石，其次为铌钽锰矿和富钽锡石；锂矿物主要为锂云母，极少量锂电气石；铍矿物有绿柱石和少量蓝柱石、硅铍石；其他有用矿物有少量白钨矿；金属硫化矿物有微量黄铁矿、磁黄铁矿、闪锌矿、方铅矿、辉铋矿等；脉石矿物主要为钠长石、正长石、石英、白云母，其次是黄玉、高岭土和少量绿帘石等。

（3）嵌布粒度测定表明，矿石中细晶石、铌钽锰矿和富钽锡石的嵌布粒度0.005～0.2mm，粒度分布范围较广，适宜重选的大于0.04mm粒级的占有率分别为77.66%、88.28%和75.86%，小于0.01mm的难选粒子以细晶石略多之外，铌钽锰矿和富钽锡石的占有率均小于5%，可见该矿石中铌钽矿物可重选回收，但也要注意加强微细粒钽铌矿物的回收；锂云母呈叠片状集合体，其嵌布粒度也大多处于浮选易选粒度范围，其片厚范围为0.04～0.64mm。

（4）重液分离试验表明，钽矿物在重产品中得以富集，并随着粒度变细，解离度增加，重产品中钽回收率提高，在 $-0.15 \sim +0.075$mm 粒级，轻产品的品位 Ta_2O_5 下降至 0.0026%，重产品中钽矿物的解离度达到 86%，钽的回收率 90% 左右。由此表明，磨矿细度选择在 0.15mm 为宜。

（5）本矿石中锂云母为锂、铷、铯的富集体，锂、铷、铯以类质同象方式进入云母晶格。此外，云母也是铌的富集体，云母单矿物分析表明，Nb_2O_5 含量达 0.012%，是原矿含铌量的 2 倍。微细粒的钽铌锰矿包含于云母之中，是造成云母含铌高的主要原因。

（6）钽的赋存状态查定表明，以细晶石和铌钽锰矿矿物形式存在的钽分别占原矿总钽量的 79.09% 和 2.97%，赋存于锡石中的钽占原矿总钽量的 0.39%，三者总计 82.06%；以钽铌矿物微细包裹体赋存于云母和长石（含石英）中的钽分别占原矿总钽量的 6.17% 和 11.38%。从细晶石、铌钽锰矿和锡石中回收钽，理论品位 Ta_2O_5 为 58%，理论回收率 82%。

（7）铌的赋存状态查定表明，以细晶石和铌钽锰矿矿物形式存在的铌分别占原矿总铌量的 44.93% 和 4.97%，赋存于锡石中的铌占原矿总铌量的 0.11%，总计 50.01%；以钽铌矿物微细包裹体赋存于云母和长石（含石英）中的铌分别占原矿总铌量的 36.12% 和 13.87%。从细晶石、铌钽锰矿和锡石中回收铌，理论品位 Nb_2O_5 为 14%，理论回收率 50%。

（8）云母是锂、铷、铯的主要载体，具有良好的可回收性，从云母中可回收锂、铷、铯。

（9）本矿石中铌钽锰矿含钪极高，Sc_2O_3 达到 0.3% 左右，在钽冶金过程注意综合回收。

（10）本矿石长石含量达到 45%，并以富钠的钠长石为主，尾矿可分选长石，用作陶瓷原料。

9 钨矿的工艺矿物学

9.1 钨资源简介

钨金属呈银白色，是熔点最高的金属，其熔点约为3410℃，沸点5927℃。金属钨质地致密，具有较强的光泽，钨粉末为暗灰色，硬度大，高温强度好，在2000～2500℃的高温下，蒸气压仍然很低。钨精矿用于生产金属钨、碳化钨、钨合金及钨的其他化合物，广泛用于电力、电子、石油、化工及军事工业。各国的钨消费结构有所不同，如美国，烧结硬质合金66%，超耐热合金5%，化工3%。全球统计，钨用于硬质合金占45%～62%，高速钢21%～36%，切削产品6%～15%，其他4%～20%。金属钨是电器、电子工业的重要材料，特别是制造灯丝的最好材料。碳化钨主要做硬质合金，一般用于制造高速切削工具。

钨在大陆上地壳的丰度为2×10^{-6}，表明了钨的稀有性。在地壳中钨是一种分布较广泛的元素，钨元素几乎见于各类岩石中，但普遍含量较低，需在特殊的成矿地质作用下富集成为矿床，因而在地壳中钨的空间分布具有极端不均匀性。主要分布在中国、加拿大、俄罗斯、美国、玻利维亚。钨矿床分黑钨矿类型和白钨矿类型，黑钨矿矿床是开采生产的主要类型之一，储量占总储量的25%，大多数黑钨矿粒度粗，具弱磁性，具有易选特征。白钨矿储量约占钨总储量的50%，嵌布粒度细，不具磁性，大多采用浮选法回收。随着钨资源的不断开采，目前渐转向以白钨矿开采占主导地位。中国是钨资源大国，钨资源分布于21个省（区、市），储量分布高度集中，主要集中于湖南、江西、河南、广西、广东和福建等6省区，其查明资源储量合计占全国的79.02%。中国虽然是钨资源大国，钨储量居世界首位，但是经过近百年的开发，钨矿产资源优势呈不断下降态势，由于我国钨精矿产量逐年提高，新增的储量已经远远赶不上大量消耗的储量，钨储量消耗速度加快，很多矿山由于资源枯竭而闭坑，资源优势逐步减弱。

世界和国内钨资源分布情况分别如表9－1和表9－2所示。

表9－1　世界钨资源分布情况

国　家	钨资源分布
中国	世界钨资源集中在中国，中国是钨资源大国，也是钨的消费大国，钨的储量、生产量、消费量和贸易量都居世界第一位。中国钨资源地质品位大部分低于0.5%，矿床中伴生、共生资源多，单一钨矿资源少。在我国钨资源储量中可利用的黑钨矿资源仅占总储量的30%，而不易开发利用的白钨矿却占66%以上，目前白钨矿石或黑白钨混合矿石的开采量逐年增加

续表 9－1

国　家	钨资源分布
俄罗斯、加拿大、美国、玻利维亚	俄罗斯、加拿大、玻利维亚和美国主要是白钨矿，随着近年来钨价格上升，刺激各国钨矿地质勘查的发展，印度尼西亚、澳大利亚相继也发现一些钨矿

表 9－2　我国钨资源分布情况

钨矿种类	钨资源分布
黑钨矿	已查明钨矿基础储量中，黑钨矿 46 万吨，主要集中在江西赣南、广东等地，主要以石英脉型黑钨矿床为主，伴生铋、钼、锡等。江西大吉山钨矿其 WO_3 品位 0.12%，江西盘古山钨矿其 WO_3 品位 0.12%，江西上坪钨矿其 WO_3 品位 0.15%
黑白钨混合矿	已查明钨矿基础储量中，黑白钨混合矿 17.7 万吨，最典型的是湖南柿竹园钨矿，为高温热液和矽卡岩复合型钨矿床，伴生铋、钼、萤石等，WO_3 品位 0.15%。福建行洛坑钨矿为石英斑岩型黑白钨矿，伴生钼
白钨矿	已查明钨矿基础储量中，白钨矿 171 万吨，主要集中在湖南、江西、河南等地，此外，北祁连山西段、东秦岭、西南三江、大兴安岭和北山地区，也分布钨矿资源。如湖南姚岗仙钨矿等

9.2　钨在矿石中的主要存在形式和钨矿物分类

9.2.1　钨在矿石中的主要存在形式

钨在元素周期表中位于第六周期第六副族元素，与铬和钼同族。钨的电负性较小（1.7），在地壳中是一种典型的亲氧元素，呈 W^{6+} 和 W^{4+} 两种价态，大多呈 $[WO_4]^{2-}$ 形式存在。钨铁矿 $Fe[WO_4]$ 和钨锰矿 $Mn[WO_4]$ 在高温下几乎可以完全混溶而形成黑钨矿族 $(Fe, Mn)[WO_4]$ 类质同象系列。黑钨矿和白钨矿 $Ca[WO_4]$ 是自然界中钨的主要存在形式，也是为工业利用的两种重要的钨矿物。W^{6+} 的离子半径为 0.065nm、W^{4+} 的离子半径为 0.068nm，能和 W 呈类质同象置换的主要离子有 Mo^{6+}（0.065nm）、Nb^{5+}（0.069nm）、Ta^{5+}（0.068nm），Ti^{4+}（0.064nm）、Sn^{4+}（0.074nm）和 Mn^{3+}（0.070nm）。$[MoO_4]^{2-}$ 能有限置换白钨矿中的 $[WO_4]^{2-}$ 而形成含钼白钨矿和钼白钨矿 $Ca[(Mo, W)O_4]$。此外，钨与 Nb、Ta、Ti、Cu、Pb、Zn、Fe、Mn、Co、V、Al、Mg、Sr、稀土、Bi、Sb 等元素形成各种钨酸盐和氧化物矿物，例如，钨铜矿、钨铅矿等，但除了铁、锰、钙的钨酸盐类矿物之外，自然界中钨的氧化物大多数只在局部地区发现，并难以被工业利用。铌、钽、钛、锡矿物，如钽铌铁矿、金红石、锡石等常富含钨，而黑钨矿中的铌、钽含量可分别高达百分之几到千分之几，含锡常达十万分之几到百分之几。已报道有金红石最高 WO_3 含量可达5%。虽然 W^{4+} 可以置换 Ti^{4+}，但

Ti^{4+}置换W^{4+}在能量上是不利的，只有当Ti^{4+}浓度较高时才能被“允许”进入黑钨矿晶格，因为钛在高分异花岗岩中含量很低，所以钛在钨矿物中通常并不产生明显富集。此外，六次配位的Al^{3+}（0.057nm）和Ga^{3+}（0.062nm）有与钨相近的半径和电负性。因此，在岩浆结晶分异晚期铁、镁浓度很低的条件下，钨可能置换云母八面体层6次配位的铝和镓，从而在白云母和锂云母中达到较高的含量（超过100×10^{-6}）。钨的硫化矿物非常罕见，据报道有辉钨矿（WS_2）等四种含钨硫化物。

与铁、锰相关的胶体吸附也是表生钨矿中钨的常见存在形式。表生钨矿床是钨矿五大成因类型之一，是目前未被利用的钨资源，典型矿山有广东大宝山、江西塔前、江西枫林等，如江西枫林钨矿矿体含WO_3达到0.6%以上，由于钨分散状态赋存于胶态成因的铁锰矿物中，不能物理分选富集而至今未被利用。湖南衡阳川口钨矿中胶体成因的硬锰矿含WO_3为3%～12%，褐铁矿含WO_3为0%～11%，胶态钨占矿石钨金属7%。这部分钨损失在尾矿中。云南省石屏县大纳顶钨铁矿中原矿含WO_3为0.66%，经查定，褐铁矿含WO_3为1%～5%，原矿中65%的钨赋存于褐铁矿中，难以得到回收利用。这些钨资源一向为人们忽视，由于不能分选而舍弃。因此，极有必要开展胶态钨的赋存状态研究和工艺性质研究，为选冶提取和利用这部分钨资源指明研究方向。

9.2.2 钨矿物种类

已知有20多种钨矿物和含钨矿物，其中只有钨酸盐和钨的氧化物是常见矿物，矿石中常见的钨矿物如表9－3所示。

表9－3 钨矿物类型和种类

<table>
<tr><th colspan="3">矿 物</th><th>分子式</th><th>WO_3含量/%</th></tr>
<tr><td rowspan="11">钨酸盐</td><td rowspan="4">黑钨矿族</td><td>钨铁矿</td><td>$Fe[WO_4]$</td><td>76.5</td></tr>
<tr><td>黑钨矿</td><td>$(Fe,Mn)[WO_4]$</td><td>76.3</td></tr>
<tr><td>钨锰矿</td><td>$Mn[WO_4]$</td><td>76.6</td></tr>
<tr><td>钨锌矿</td><td>$Zn[WO_4]$</td><td>74.02</td></tr>
<tr><td rowspan="6">白钨矿族</td><td>白钨矿</td><td>$Ca[WO_4]$</td><td>80.6</td></tr>
<tr><td>钼白钨矿</td><td>$Ca[(Mo,W)O_4]$</td><td>56.6～80.6</td></tr>
<tr><td>钼钨钙矿</td><td>$Ca[(Mo,W)O_4]$</td><td>0～10.3</td></tr>
<tr><td>钨铅矿</td><td>$Pb[WO_4]$</td><td>50.97（W可被Mo替代）</td></tr>
<tr><td>钨铜矿</td><td>$Cu[WO_4]$</td><td>59.04</td></tr>
<tr><td>铈钨矿</td><td>$Ce[WO_4](OH)\cdot H_2O$</td><td>54.81</td></tr>
<tr><td>斜钨铅矿族</td><td>斜钨铅矿</td><td>$Pb[WO_4]$</td><td>50.97</td></tr>
</table>

续表 9－3

矿　物			分子式	WO_3 含量/%
氧化物	钼铋矿族	钨铋矿	Bi_2WO_6	7～18
	高铁钨华族	高铁钨华	$Ca_2Fe_2^{2+}Fe_2^{3+}(H_2O)_9[WO_4]$	73.75
含水氧化物	水钨华族	钨华	$WO_2(OH)_2$	86.20
		水钨华	$WO(OH)_4$	80.31
		钇钨华	$YW_2O_6(OH)_3$	68.86
	钼铜矿族	铜钨华	$Cu_2[WO_4](OH)_2$	56.71
	水钨铝矿族	水钨铝矿	$Al[WO_4](OH)\cdot H_2O$	74.83
		水钨铝铁矿	$(Al,Fe)[WO_4](OH)\cdot 2.5H_2O$	66.90
		铈钨矿	$Ce[WO_4](OH)\cdot H_2O$	54.80
	未分族	硅钨镁矿	$2MgO\cdot W_2O_5\cdot SiO_2\cdot H_2O$	76.47
硫化物	辉钼矿族	辉钨矿	WS_2	W 74.16

9.3　主要钨矿物的晶体化学和物理化学性质

9.3.1　黑钨矿（Mn，Fe)[WO_4]

（1）晶体化学性质：黑钨矿晶体结构由折线形的［$(Mn,Fe)O_6$］八面体链与［WO_6］八面体链组成，链平行 *c* 轴延伸，链与链之间通过八面体三个角顶彼此相连。由于钨不在钨氧八面体的中心，故钨原子与氧原子间距不完全一样，6个氧原子分为三组，分别编号为1，2，3，如图9－1所示，从中看出它们与钨原子间距。因此 W—O 间距有三组数值，分别是 W－O(6)＝0.191nm（1组），W－O(6)＝0.212nm（2组），W－O(6)＝0.178nm（3组）。同理，铁原子也不在铁氧八面体的中心，铁氧间距也有三组值。即钨铁矿的原子间距 Fe—O(6)＝0.200nm（1组），Fe—O(6)＝0.218nm（2组），Fe—O(6)＝0.211nm（3组）。

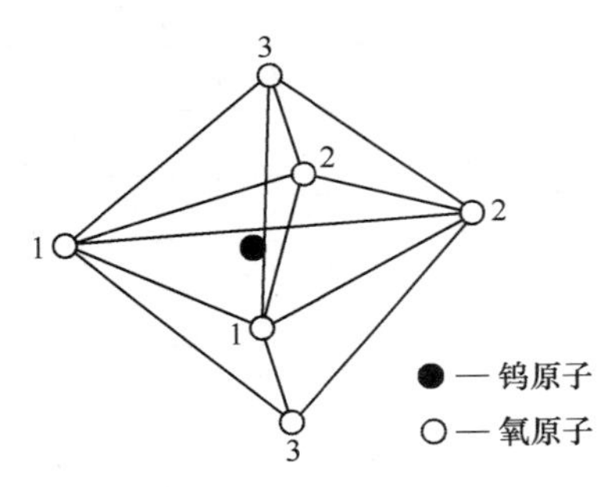

图9－1　钨原子在钨氧八面体中的位置

（2）化学性质：在黑钨矿的化学组成中，锰－铁间呈完全类质同象，根据成分式中锰和铁原子数的不同分为3个亚种，即钨锰矿、钨锰铁矿和钨铁矿，其理论化学成分，钨铁矿 Fe[WO_4]：FeO 为 23.65%，WO_3 为 76.35%；钨锰矿 Mn[WO_4]：MnO 为 23.42%，WO_3 为 76.58%。一般钨铁矿 Mn 原子分数小于 20%，而钨锰矿 Mn 原子分数大于 80%，Mn 原子分数介于 20%～80%之间属钨锰铁矿。自然体系中钨铁矿或钨锰矿比钨锰铁矿（亦称黑钨矿）少见。黑钨矿的类质同象混入物有镁、钙、铌、钪、钇和锡等。

（3）物理性质：黑钨矿晶体一般呈厚板状或短柱状（参见彩图25），钨锰矿有时呈针状、毛发状。颜色随铁、锰含量而变化，含铁越高颜色越深。一般钨铁矿为黑色，钨锰铁矿为褐黑至黑色，钨锰矿颜色较浅，为浅红、浅紫色，金刚光泽至半金属光泽，莫氏硬度 4～5.5，密度 7.18～7.51g/cm^3，亦随铁的含量增高而增大，富含铁者具弱磁性，钨锰矿一般磁性较弱或无磁性。

（4）光学性质：薄片中黑钨矿多呈黑色，当薄片较薄时呈暗红色，二轴晶正光性，钨锰矿：n_p = 2.17～2.20，n_m = 2.22，n_g = 2.30～2.32；钨铁矿：n_p = 2.255，n_m = 2.305，n_g = 2.414。反射光下灰白色，钨锰铁矿的反射率 R = 15.8～18.5，钨锰矿的反射率低于钨锰铁矿，而钨铁矿的反射率高于钨锰铁矿。黑钨矿反射率与闪锌矿相近，比磁铁矿低。双反射清楚。非均质性微弱至清晰可见。内反射深红色，钨锰矿较钨铁矿透亮。以板状晶、内反射深红色为主要鉴别特征，以非均质性与锰铌铁矿相区别。

（5）成因产状：主要产于高温热液石英脉及云英岩化围岩中，也产于高温矽卡岩内接触带中。共生矿物除石英之外，有锡石、辉钼矿、辉铋矿、毒砂、黄铁矿、黄玉、绿柱石、电气石等；钨锰矿也见产于低温热液矿脉中。

9.3.2 白钨矿 Ca[WO_4]－钼钨钙矿 Ca[MoO_3]

（1）晶体化学性质：白钨矿晶体结构较简单，由沿 c 轴方向扁平的［WO_4］四面体与 Ca^{2+} 离子沿 c 轴相间排列而成，原子间距：W—O(4) = 0.178nm，Ca—O(6) = 0.246nm。

（2）化学性质：白钨矿也称钨酸钙矿，理论化学成分：CaO 为 19.4%，WO_3 为 80.6%。白钨矿中钨与钼可呈类质同象，Mo∶W 比例最高达 9∶1，变成钼钨钙矿。钼钨钙矿理论化学成分 CaO 为 28.48%，MoO_3 为 71.52%。

（3）物理性质：白钨矿晶体呈近于八面体的四方双锥状（参见彩图26）或板状晶，矿石中常呈不规则粒状。晶体无色透明，有时为白色、灰白色、浅黄色、浅紫色、浅褐色。含铜白钨矿为深橄榄绿色。油脂光泽。硬度中等（莫氏硬度4.5），密度 5.8～6.2g/cm^3，性脆，具清楚的解理。在紫外光照射下发蓝色至黄色荧光。钼钨钙矿晶体呈锥状，锥面常见条纹，少数钼钨钙矿呈薄板状，集合体呈块状、叶片状、皮壳状等。颜色稻草黄、浅绿黄、褐、浅灰～灰色，浅蓝绿～蓝色、浅蓝黑色等，透明（参见彩图27）。半金属光泽或油脂光泽，叶片状者珍珠光泽。硬度中等略低于白钨矿，莫氏硬度为3.5～4，密度4.23～4.26g/cm^3。

（4）光学性质：薄片中白钨矿无色，突起高，干涉色低，一般为一级黄干涉色，类似石英的干涉色。一轴晶正光性，$n_o=1.920$，$n_e=1.937$。反射光下呈淡灰白色，内反射白色，以内反射白色区别于石榴石的内反射褐红色。

（5）成因产状：白钨矿主要产于：1）接触交代矿床（矽卡岩矿床），与石榴石、透辉石、透闪石、萤石、方解石、白云石、辉钼矿、辉铋矿等共生；2）高至中温热液石英脉矿床，共生矿物有黑钨矿、假象黑钨矿、磁黄铁矿、黄铜矿、石英、长石等；3）斑岩型钨矿（细脉浸染型钨矿；4）沉积变质型层状钨矿床，云南马关县南秧田层状白钨矿矿床即属此类。

9.4 钨矿矿石类型和选矿工艺

9.4.1 钨矿矿石类型

我国是钨资源大国，矿床类型众多，主要分为以下六种类型：

（1）矽卡岩型白钨矿石：多分布在花岗岩类岩体与碳酸盐类岩石和部分碎屑岩的接触带及其附近。矿体呈似层状、凸镜状、扁豆状、弯曲条带状，大者延长、延深均可达数百米到两千米，小者延长、延深仅数米到数十米。矿石除主元素钨之外，常伴生铜、钼、铋、铁、铅、锌等元素，钨矿物以白钨矿为主，不含黑钨矿或含少量黑钨矿，脉石矿物为大量矽卡岩矿物，如石榴石、透辉石、透闪石、阳起石、硅灰石、钙铁辉石、符山石、绿帘石、方柱石等，并含数量不等的富钙脉石——方解石、萤石、磷灰石。主要金属和非金属矿物有白钨矿、黑钨矿、辉钼矿、锡石、黄铜矿、闪锌矿、方铅矿、辉铋矿、磁铁矿、黄铁矿、磁黄铁矿、毒砂和萤石，主要工业矿物白钨矿，往往呈粒状、浸染状分布于矽卡岩矿石中，具有晶形完整、嵌布粒度均匀的特点，主要粒度在0.04～0.5mm之间，大部分钨矿物具有良好的解离性，一般属较易选的矿石，有些矿区钨矿物颗粒太细，则较难选，含钨品位中等到较贫，局部较富。矿床规模从小型到巨大型均有。如湖南瑶岗仙、新田岭、江西宝山等矿床。

（2）云英岩或与矽卡岩复合型钨矿石：有价金属以钨为主，常伴生锡、钼、铋等，钨矿物多为白钨矿和黑钨矿共存，钨矿物嵌布粒度一般在浮选适宜粒度，金属硫化矿物中有时见黄铜矿、闪锌矿等或伴生银矿物；脉石矿物的特点是云英岩型钨锡伴生矿以大量的云母、石英为特征，而矽卡岩复合型钨锡矿则除了云母和石英之外，还含大量的石榴石、透辉石、透闪石等具弱磁性的硅酸盐矿物，并含富钙脉石——萤石、方解石、磷灰石等。具有重要意义的湖南柿竹园钨多金属矿，属于石英细（网）脉－云英岩－矽卡岩复合型矿床，钨矿化在空间上与矽卡岩体分布基本一致，自下而上为云英岩－矽卡岩钨锡钼铋矿体，矽卡岩钨铋矿体，再向上尚有大理岩锡铍矿体。深部花岗岩中有云英岩型钨钼铋矿体。

（3）高温热液石英脉型黑钨矿石（石英大脉型黑钨矿石）：为我国最早发现的钨矿矿石类型，已有百年开采历史。产于花岗岩类岩体与围岩（多数是浅变质的砂岩和板岩）的内外接触带，矿体主要呈独立大脉，但往往有分支复合、尖灭再现、尖灭侧现等，形态较复杂，多呈陡倾斜板状产出，矿体规模相差很大，长度和矿化深度均可由数十米、数百米到一千余米。矿床规模大、中、小型均有。含钨品位多数中等到较富，但分布不均匀，钨矿物和其他金属矿物一般产于石英脉壁或脉中。矿石中所含组分甚多，以石英－黑钨矿－锡石，石英－黑钨矿（及少量白钨矿）－硫化物等矿物组合最多；其次有石英－黑钨矿－绿柱石，石英－黑钨矿－稀土，石英－白钨矿－硫化物，石英－方解石（或萤石）－白钨矿等矿物组合。矿物嵌布粒度通常较粗大，一般为5～15mm，也有少量细至0.1mm以下颗粒，矿石易选，回收率一般达80%以上。有价金属除钨之外，常伴生铋、钼、锡、铍、钪等，矿石中的主要金属矿物有黑钨矿、假象白钨矿，有时有少量白钨矿和钨华，其他金属矿物有辉钼矿、辉铋矿、斜方辉铋矿、自然铋、磁黄铁矿、黄铁矿、白铁矿、毒砂、黄铜矿、辉铜矿、铜蓝、磁铁矿以及极少量的方铅矿、闪锌矿、锡石等。脉石矿物有石英、长石、云母、方解石、萤石、石榴石、磷灰石和锆石等。黑钨矿分布极不均匀，常嵌布在石英中，它很少与硫化矿、云母连生，其结晶粒度粗大，黑钨矿颗粒常被白钨矿交代，形成假象白钨矿。如江西西华山、大吉山、湖南邓阜仙、广东石人嶂、广西长营岭等矿床。这类矿床的产钨量目前占我国首位，现在开采的矿石品位已日趋下降。

（4）石英细脉型钨矿：由比较密集的含钨石英细脉和网脉并常夹有少量含钨石英大脉（一般为数十厘米厚）组成带状的矿体，无论是产于花岗岩还是围岩中的细脉带，沿水平方向一般具有中心部位含脉密度高，含脉率大，往外侧含脉密度逐渐变稀，含脉率递减的特点；沿垂直方向有部分矿床上部和中部是石英细脉带，下部递变为石英大脉。其产出部位、矿体产状和矿石中的矿物组分同石英大脉型矿床很类似，这类矿床的勘探和开采均应按脉带进行。因矿体是由比较密集的含钨石英细脉和不含钨（或含钨甚少）的围岩组成，品位一般较贫，分布较石英大脉型均匀；厚度由数米到数十米。矿床规模多数为大、中型。矿物组成与石英大脉型钨矿石类似，但采矿时常混入围岩成分，矿石易选，但选别效果略低于石英大脉型矿石。如江西漂塘、上坪等矿床。这类矿床目前部分被开采利用。

（5）石英细脉浸染型钨矿（斑岩型钨矿）：主要产于花岗岩或花岗闪长斑岩、石英斑岩中，亦称为斑岩型钨矿。密集的细和微细的含钨石英脉往往网络交织或互相穿切，其中也有部分较大的含钨石英脉。矿体呈巨大块体，有时几乎全岩矿化，少数呈带状分布；矿石中普遍含白钨矿，大多数矿床中还含有黑钨矿，伴生矿物有辉钼矿、辉铋矿、方铅矿、闪锌矿等，有些还伴生有铌钽铁矿、细晶石、锡石。围岩蚀变较复杂，如钾化、钠化、石英绢云母化、云英岩化、硅化等。金属矿物沿细脉分布的较多，部分浸染在脉侧的岩石中，一般含钨石英细脉越多越密集，岩石蚀变越强烈，品位越富，就整个矿床来说，品位多属中等到较贫，分布一般较均匀，规模较大，由大、中型到巨大型。矿石有较易选的，也有较难选的，较易选矿石的回收率也不及石英大脉型。如福建行洛坑、广东莲花山、江西阳储岭等矿床。这类矿床目前只有部分开采利用。

（6）层控型钨矿：矿体受一定的地层层位和岩性控制，其产状与地层产状基本一致，以缓倾斜的较多。含矿层由一层到数层，稳定、厚大、分布范围广，但其中的工业矿体规模差别很大，大矿体长达千米到数千米，小矿体长不足百米。矿床规模多属大、中型。控矿地层已知的有元古代碎屑沉积夹火山岩和碳酸盐岩，寒武系浅变质泥砂质岩夹碳酸盐岩，或炭质板岩夹薄层硅质岩，以及泥盆系石炭系的砂页岩和碳酸盐岩或火山碎屑岩等。由于后期的地质改造作用，富集成矿。有些受侵入体影响，可见矽卡岩化。白钨矿、黑钨矿等一般呈浸染状，少数呈粉粒碎屑状。矿体中有时还有含钨石英细（网）脉和含钨石英大脉，矿物共生组合一般比较简单，较常见的有白钨矿（黑钨矿）－硫化物，另外还见有白钨矿－辉锑矿－自然金等，品位较贫到中等。矿物颗粒较粗时为较易选的矿石，呈浸染状的细粒矿物较多时，为难选矿石。如湖南沃溪、西安、广西大明山、云南南秧田等矿床。这类矿床目前只有达到中等品位且矿石较易选的才被开采利用。

除上述几种主要矿床类型外，云英岩型矿床、伟晶岩型矿床、砂钨矿床等，因品位较低，矿石难选，或因规模小，形态复杂，目前开采得极少，属次要矿床类型。国外还有火山热泉沉淀型、盐湖卤水和淤泥型钨矿床，在我国尚未发现。

9.4.2 钨矿石的选矿工艺

钨矿的选矿以富集黑钨矿和白钨矿为目标，黑钨矿的选别方法以重选和浮选为主。粗粒级一般采用重选回收，细粒级常采用联合流程回收，如重选－磁选法、磁选－浮选法、重选－浮选法等。重选法常用工艺流程为多级跳汰－多级摇床－中矿再磨－细泥单独处理。传统的黑钨重选以跳汰早收、摇床丢尾为主。随着选矿工艺和技术的发展，离心选矿机等新设备被开发出来，并得到广泛应用。黑钨细泥常采用浮选的方法进行回收，常用的捕收剂为甲苯胂酸、苄基胂酸、羟（氧）肟酸、苯乙烯膦酸等。这类药剂都有一定毒性，在制造和使用过程中会造成环境污染。近年来各种羟肟酸，如水杨羟肟酸、苯甲羟肟酸、萘羟肟酸等螯合捕收剂的研制和应用均获得了很好的效果。调整剂则以改性水玻璃和以水玻璃为主的混合抑制剂为主。改性水玻璃比普通水玻璃对萤石、方解石、石英等脉石矿物具有更强的抑制性能，还能有效分散矿泥、降低矿泥对钨矿物的罩盖，改善钨矿物的浮选效果。此外，黑钨矿具有弱磁性，因此采用强磁选工艺也可将黑钨与其他非磁性矿物进行分离。其中，高梯度磁选机对于黑钨细泥的选别具有良好的效果，特别对于小于10微米的微泥回收效果更是优于其他选别方法。

白钨矿一般结晶粒度较细，可浮性良好，回收白钨矿的主要工艺是浮选。白钨浮选可以分粗选和精选。粗选段以最大限度地脱除脉石矿物提高粗选富集比为目的，精选是整个白钨浮选的关键。白钨粗精矿的精选主要采用加温法和731常温法。加温法就是粗精矿在高温条件下加入大量水玻璃并长时间搅拌，其原理是利用矿物表面吸附捕收剂的解析速度的不同，提高抑制的选择性，然后再常温浮选。该方法适应性强、浮选指标较好。但是需要高温加热设备，成本高、工作环境差。731常温法通过控制调整矿浆的pH值，使矿浆中的$HSiO_3^-$保持在一个有利于氧化抑制的浓度范围内，并加入选择性较强的731氧化石蜡皂来捕收白钨矿，经粗选后添加大量水玻璃长时间搅拌再稀释精选。与加温法相比，该方法的成本更低，适应性不如加温法。731常温法主要适用于脉石矿物中不含碳酸钙和萤石的白钨矿石。

9.5 矽卡岩型钨矿石工艺矿物学实例

9.5.1 原矿物质组成

原矿多元素化学分析结果如表9-4所示，从表9-4中可见，有价金属除钨之外，伴生铜、铋等可综合回收，萤石也可综合回收。原矿钨物相分析结果如表9-5所示，主要为白钨矿，极少量黑钨矿。

表9-4 原矿多元素分析结果

元素	WO_3	Bi	Cu	S	Fe	Pb	Zn	Mo
含量/%	0.83	0.052	0.11	2.77	8.38	0.034	0.093	0.0047
元素	CaF_2	$CaCO_3$	Al_2O_3	SiO_2	As	P	MgO	
含量/%	7.58	12.97	6.91	50.23	<0.005	0.036	2.49	

表9-5 钨物相分析结果

相别	白钨矿	黑钨矿	钨华	合计
含量/%	0.79	0.028	0.014	0.832
占有率/%	94.95	3.37	1.68	100.00

采用MLA矿物自动定量检测系统检测，并结合显微镜分析，查明原矿矿物组成如表9－6所示，主要矿物含量如表9－7所示。

表9－6 原矿矿物种类

矿物类型	矿 物 种 类
钨酸盐矿物	主要为白钨矿，微量黑钨矿
金属硫化物	主要是磁黄铁矿，其次是少量至微量黄铜矿、闪锌矿、黄铁矿、方铅矿、镍黄铁矿、辉钼矿
自然元素矿物	自然铋
金属氧化物	微量褐铁矿、钛铁矿、金红石、白钛石、锆石等
磷酸盐矿物	少量磷灰石
碳酸盐矿物	主要是方解石，其次是少量至微量铁白云石、菱铁矿、菱锰矿、菱镁矿等
氧化硅及硅酸盐矿物	主要是钙铁辉石至透辉石、石英、长石、方解石，其次是萤石、石榴石、云母、绿泥石、葡萄石、透闪石、绿帘石、硅灰石等

表9－7 原矿矿物定量检测结果

矿 物	含量/%	矿 物	含量/%	矿 物	含量/%
白钨矿	1.029	绿泥石	2.054	石英	26.748
黑钨矿	0.001	绿帘石	0.601	长石	16.82
黄铜矿	0.278	橄榄石	0.076	白云母	0.913
磁黄铁矿	4.825	蛇纹石	0.014	葡萄石	1.637
黄铁矿	0.161	铁白云石	0.236	硅灰石	0.218
闪锌矿	0.168	镁菱铁矿	0.009	金红石	0.009
方铅矿	0.022	铁菱镁矿	0.028	白钛石	0.008
镍黄铁矿	0.003	铁菱锰矿	0.004	榍石	0.300
自然铋	0.053	褐铁矿	0.065	磷灰石	0.102
辉钼矿	0.002	钛铁矿	0.012	锆石	0.005
钙铁辉石	16.132	沸石	0.038	日光榴石	0.008
透辉石	1.753	萤石	7.561	硅铍石	0.001
透闪石	1.478	方解石	12.95	氟碳钙铈矿	0.005
石榴石	2.559	榍晶石	0.017	钍石	0.002
黑云母	1.073	滑石	0.022	合 计	100.000

结果表明，本例矿石钨矿物以白钨矿为主，只有微量黑钨矿；金属硫化物主要以磁黄铁矿数量最多，达5%左右，少量黄铜矿、黄铁矿、闪锌矿，微量方铅矿、辉钼矿、镍黄铁矿等；铋主要以自然铋的形式产出，粒度极微细，难以回收；脉石矿物以矽卡岩矿物为主，其中磁性脉石——钙铁辉石至透辉石、透闪石、石榴石、绿泥石、绿帘石等约占27%，非磁性脉石——石英、长石、方解石、萤石等约占66%，其中影响白钨矿精选的富钙脉石萤石和方解石含量较高，约占20%。

9.5.2 主要矿物嵌布粒度

将矿石块矿磨制成光片，显微镜下测定白钨矿和黄铜矿的嵌布粒度，测定结果如表9－8所示。由表9－8中结果可知，白钨矿的嵌布粒度较适中，主要粒度范围为0.02～0.32mm，属于适宜浮选回收粒度范围；黄铜矿的粒度粗细不均匀，主要粒度范围为0.01～0.64mm，属于细至微粒不均匀嵌布类型。

表9－8 主要矿物的嵌布粒度

粒级/mm	粒度分布/%	
	白钨矿	黄铜矿
+0.64		5.37
-0.64～+0.32	1.69	6.71
-0.32～+0.16	30.35	4.70
-0.16～+0.08	47.21	14.09
-0.08～+0.04	14.96	19.46
-0.04～+0.02	5.16	34.98
-0.02～+0.01	0.53	13.84
-0.01	0.11	0.86
合　计	100.00	100.00

9.5.3 主要矿物解离度

不同磨矿细度产品中白钨矿和黄铜矿解离度测定结果如表9－9所示。由解离度测定结果来看，本例矿石中白钨矿较易解离，黄铜矿相对较难解离，其中的连生体为黄铜矿与脉石、磁黄铁矿、闪锌矿的连生体。在磨矿细度为－0.074mm占63.27%时，白钨矿的解离度可达91.54%，而黄铜矿的解离度只有83.49%；磨矿细度为－0.074mm占74.58%时，白钨矿的解离度为94.12%，黄铜矿的解离度为 89.36%；磨矿细度为 -0.074mm 占 86.83% 时，白钨矿的解离度接近 98%，而黄铜矿的解离度为 93.94%。

表 9-9　不同磨矿细度下白钨矿和黄铜矿的解离度测定结果

磨矿细度	粒级/mm	产率/%	品位/%		粒级解离度/%	
			WO_3	Cu	白钨矿	黄铜矿
-0.074mm 占 63.27%	+0.1	24.38	0.47	0.071	66.67	45.71
	-0.1 ~ +0.074	12.35	0.76	0.081	85.89	76.02
	-0.074 ~ +0.043	20.94	1.03	0.094	93.63	86.06
	-0.043 ~ +0.02	25.80	1.29	0.13	97.56	95.39
	-0.02 ~ +0.01	8.26	0.69	0.11	98.89	98.06
	-0.01	8.27	0.73	0.11	100.00	99.56
	合　计	100.00	0.87	0.099	91.54	83.49
-0.074mm 占 74.58%	+0.1	13.82	0.26	0.069	75.47	46.54
	-0.1 ~ +0.074	11.60	0.51	0.078	78.80	78.09
	-0.074 ~ +0.043	24.19	0.84	0.092	92.63	87.16
	-0.043 ~ +0.02	29.08	1.17	0.14	97.22	96.42
	-0.02 ~ +0.01	10.57	0.67	0.13	99.23	99.15
	-0.01	10.74	0.73	0.12	100.00	100.00
	合　计	100.00	0.79	0.108	94.12	89.36
-0.074mm 占 86.83%	+0.1	5.03	0.20	0.09	85.00	48.08
	-0.1 ~ +0.074	8.14	0.29	0.055	90.91	83.33
	-0.074 ~ +0.043	23.88	0.70	0.086	95.70	89.82
	-0.043 ~ +0.02	36.53	1.14	0.14	98.78	97.05
	-0.02 ~ +0.01	13.90	0.65	0.12	99.69	99.78
	-0.01	12.52	0.71	0.11	100.00	100.00
	合　计	100.00	0.80	0.111	97.97	93.94

9.5.4　主要矿物选矿工艺特性和嵌布状态

9.5.4.1　白钨矿 $Ca[WO_4]$

矿石中白钨矿具有较完整的晶体形状，呈四方双锥状或等轴粒状，破碎后白钨矿颗粒无色透明、白色，少数白钨矿因铁染而呈透明的淡黄色（参见彩图 28）。油脂光泽。硬度中等（莫氏硬度 4.5），密度 5.8 ~ 6.2g/cm^3，性脆，具清楚的解理。本矿石中白钨矿化学组成如表 9-10 所示。

表 9-10 白钨矿化学成分能谱分析结果

测 点	化学组成及含量/%			
	WO_3	MoO_3	CaO	FeO
1	80.25	0.28	19.47	0.00
2	79.76	0.63	19.61	0.00
3	80.06	0.52	19.42	0.00
4	79.87	0.48	19.65	0.00
5	79.82	0.61	19.57	0.00
6	80.09	0.26	19.65	0.00
7	80.20	0.24	19.56	0.00
8	79.75	0.46	19.39	0.40
9	79.44	0.65	19.07	0.84
平均	79.92	0.46	19.49	0.14

由测定结果可知，本矿石中白钨矿普遍含钼，但含钼量不高，个别白钨矿含铁。白钨矿单矿物分析：WO_3 为 76.70%，Mo 为 0.43%，由于白钨矿中含多种矿物微细包裹体，因此白钨矿单矿物含钨量低于能谱微区分析结果。

在矿石中的白钨矿一般呈自形至半自形粒状单粒或多粒嵌布在辉石、萤石、石英等矿物之间，如图 9-2 所示（另见彩图 29），矿石中的白钨矿中常包含微细粒长石、黑云母、萤石、自然铋、榍石等包裹体，如图 9-3 所示；少量白钨矿呈微细颗粒包裹于葡萄石、石英等脉石矿物中；并见有白钨矿与磁黄铁矿、黄铜矿、自然铋等金属矿物连生。

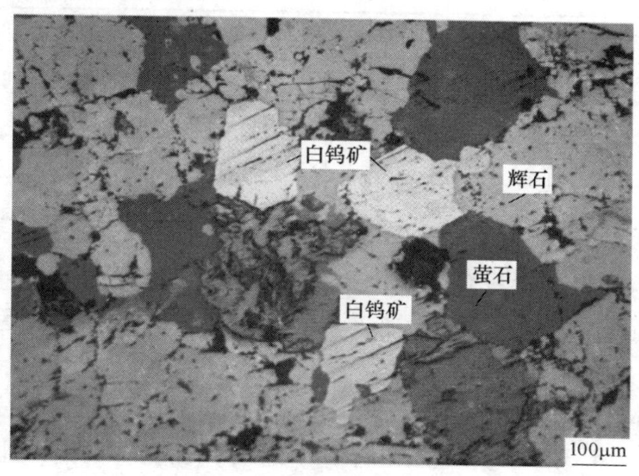

图 9-2 白钨矿呈自形晶颗粒嵌布在辉石和萤石之间（显微镜，反射光）

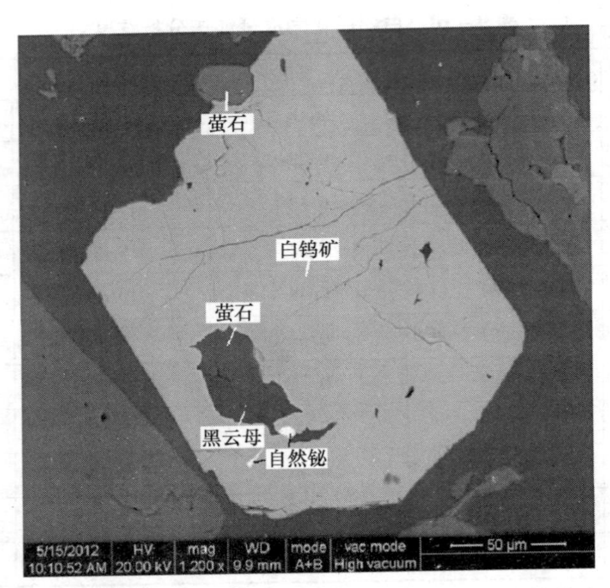

图9-3 白钨矿含萤石、黑云母和自然铋包裹体（扫描电镜放大1200倍）

9.5.4.2 黑钨矿 (MnFe)WO_4

本矿石中含微量黑钨矿。黑钨矿的化学成分扫描电镜能谱分析结果如表9-11所示。由表9-11中结果可知，该黑钨矿的平均化学成分WO_3为76.45%，MnO为8.22%，FeO为15.33%。黑钨矿晶体一般呈厚板状或短柱状，颜色随铁、锰含量而变化，含铁越高颜色越深。莫氏硬度4～5.5，密度7.18～7.51g/cm^3，亦随铁的含量增高而增大，富含铁者具弱磁性。

表9-11 黑钨矿化学成分能谱分析结果

测 点	化学组成及含量/%		
	WO_3	FeO	MnO
1	76.50	15.93	7.57
2	76.39	14.73	8.88
平均	76.45	15.33	8.22

本矿石中的黑钨矿含量极少，仅在少数矿块中偶见，粒度主要分布在0.1～0.08mm，一般呈自形至半自形晶嵌布于脉石中，如图9-4所示（另见彩图30）。

9.5.4.3 黄铜矿 $CuFeS_2$

黄铜矿是本矿石的主要铜矿物，也是回收的目的矿物之一。黄铜矿莫氏硬度3～4，密度4.1～4.3g/cm^3，金属光泽，不透明，性脆。黄铜矿化学成分能谱分析结果如表9-12所示，从表9-12中结果可知，黄铜矿的平均化学成分Cu为

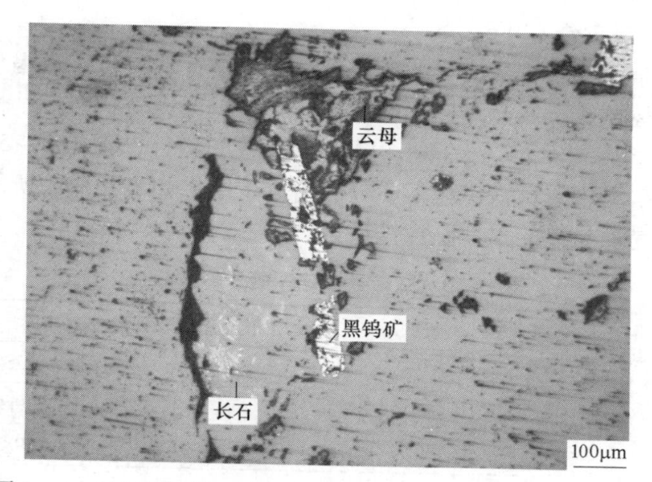

图9－4 自形晶黑钨矿嵌布在长石、石英中（显微镜，反射光）

34.40%，Fe为30.55%，S为35.05%。黄铜矿单矿物分析：Cu为34.23%。

表9－12 黄铜矿化学成分能谱分析结果

测 点	化学组成及含量/%		
	Cu	Fe	S
1	34.44	30.52	35.04
2	34.55	30.45	35.00
3	34.22	30.63	35.15
4	34.61	30.41	34.98
5	34.37	30.57	35.06
6	34.21	30.48	35.31
7	34.50	30.60	34.90
8	34.30	30.61	35.09
9	34.60	30.48	34.92
10	34.23	30.72	35.05
平均	34.40	30.55	35.05

矿石中的黄铜矿主要有以下几种嵌布形式：

（1）黄铜矿浸染状分布在脉石中，粒度粗细不一；

（2）黄铜矿沿磁黄铁矿裂隙充填交代，与磁黄铁矿紧密连生；

（3）少量黄铜矿沿黄铁矿碎裂缝充填交代，这些黄铜矿嵌布粒度较粗；

（4）黄铜矿呈乳滴状包裹于闪锌矿中，这部分黄铜矿数量不多，但将干扰铜锌分离。

9.5.4.4 磁黄铁矿 $Fe_{1-x}S$

磁黄铁矿是本矿石含量最多的硫化矿物，呈暗青铜黄色，带褐色锖色，反射光下呈浅玫瑰棕色。金属光泽，不透明，具不平坦至贝壳状断口，性脆。莫氏硬度3.5～4.5，密度4.6～4.7g/cm^3。具铁磁性或顺磁性，在100～500mT场强进入磁性产品。矿石中磁黄铁矿化学成分能谱分析结果如表9－13所示，具有富铁贫硫特征，属易磁易浮的单斜磁黄铁矿。

表9－13 磁黄铁矿化学成分能谱分析

测点	化学组成及含量/%	
	Fe	S
1	60.36	39.64
2	60.61	39.39
3	60.80	39.20
4	60.82	39.18
5	60.84	39.16
6	60.92	39.08
7	61.21	38.79
8	61.25	38.75
9	61.28	38.72
10	61.32	38.68
11	62.63	37.37
12	63.16	36.84
平均	61.27	38.73

矿石中的磁黄铁矿呈不规则粒状分布于脉石中，常与黄铜矿、闪锌矿连生，有时可见白钨矿充填交代于磁黄铁矿末端。

9.5.4.5 脉石矿物

本矿石中脉石矿物可按其磁性分为磁性脉石和非磁性脉石，磁性脉石包括辉石、石榴石、绿泥石、角闪石、白云母等；非磁性脉石主要是石英、长石、方解石、萤石、葡萄石等。

9.5.5 主要有价金属在矿石中的赋存状态

9.5.5.1 钨在矿石中的赋存状态

根据原矿矿物定量结果和单矿物分析结果，作出钨在矿石中的平衡分配如表9－14所示。从表9－14中可见，以白钨矿矿物形式存在的钨占原矿总钨的95.68%，以黑钨矿矿物形式存在的钨仅占0.09%；分散于磁黄铁矿中的钨占原矿总钨的0.58%；分散于黄铁矿等硫化矿（包括黄铁矿、闪锌矿、黄铜矿、方铅矿等）中的钨占原矿总钨的0.04%；在-0.045mm细度仍包含于磁性脉石中钨占原矿总钨的2.40%，包含于非磁脉石中的钨占原矿总钨的1.21%。钨的最高回收率为96%左右。

表9-14 钨在矿石中的平衡分配（单矿物在-0.045mm粒度完成最终提纯）

矿　物	矿物含量/%	WO_3 含量/%	分配率/%
白钨矿	1.029	76.7	95.68
黑钨矿	0.001	76.44	0.09
磁黄铁矿	4.825	0.099	0.58
硫化矿	0.687	0.051	0.04
磁性脉石	26.799	0.074	2.40
非磁性脉石	66.401	0.015	1.21
其他	0.258	—	—
合　计	100.000	0.825	100.00

9.5.5.2 铜在矿石中的赋存状态

根据原矿矿物定量结果和单矿物分析结果，作出铜在矿石中的平衡分配如表9-15所示。从表9-15可见，以黄铜矿矿物形式存在的铜占原矿总铜的87.09%；分散于磁黄铁矿中的铜占原矿总铜的3.44%；分散于黄铁矿等硫化矿（包括黄铁矿、闪锌矿、方铅矿等）中的铜占原矿总铜的0.49%；在-0.045mm细度仍包含于磁性脉石中铜占原矿总铜的5.64%，包含于非磁脉石中的铜占原矿总铜的3.34%。铜的最高回收率为87%左右。

表9-15 铜在矿石中的平衡分配（单矿物在-0.045mm粒度完成最终提纯）

矿　物	矿物含量/%	Cu含量/%	分配率/%
白钨矿	1.029	—	—
黑钨矿	0.001	—	—
黄铜矿	0.278	34.23	87.09
磁黄铁矿	4.825	0.078	3.44
硫化矿	0.409	0.13	0.49
磁性脉石	26.799	0.023	5.64
非磁性脉石	66.401	0.0055	3.34
其他	0.258	—	—
合　计	100.000	0.108	100.00

9.5.6　影响选矿的矿物学因素分析

（1）本矿石中可回收的金属矿物为白钨矿和黄铜矿，伴生自然铋，此外，该矿中磁黄铁矿、萤石均可综合回收。

（2）矿物检测表明，磁黄铁矿等磁性矿物和磁性脉石——辉石、透闪石、石榴石、绿泥石、绿帘石等约占31%，根据这些矿物的磁性特点，采用强磁预先丢废，有利于精选和增大浮选处理量和节省浮选药剂成本的目的，并可从强磁产品中回收磁黄铁矿。

（3）白钨矿的晶形完整，嵌布粒度处于适宜浮选回收范围；黄铜矿的粒度粗细不均匀，主要粒度范围为0.01～0.64mm，属于细至微粒不均匀嵌布类型。

（4）矿石中白钨矿较易解离，黄铜矿相对解离性较差，黄铜矿主要和脉石、磁黄铁矿、闪锌矿连生。在磨矿细度为-0.074mm占63.27%时，白钨矿的解离度可达91.54%，而黄铜矿的解离度只有83.49%；磨矿细度为-0.074mm占74.58%时，白钨矿的解离度为94.12%，黄铜矿的解离度为89.36%；磨矿细度为-0.074mm占86.83%时，白钨矿的解离度接近98%，而黄铜矿的解离度为93.94%。

（5）钨的赋存状态查定表明，以白钨矿矿物形式存在的钨占原矿总钨的95.68%，以黑钨矿矿物形式存在的钨仅占0.09%；分散于磁黄铁矿中的钨占原矿总钨的0.58%；分散于黄铁矿等硫化矿（包括黄铁矿、闪锌矿、黄铜矿、方铅矿等）中的钨占原矿总钨的0.04%；在-0.045mm细度仍包含于磁性脉石中钨占原矿总钨的2.40%，包含于非磁脉石中的钨占原矿总钨的1.21%。钨的最高回收率为96%左右。

（6）铜的赋存状态查定表明，以黄铜矿矿物形式存在的铜占原矿总铜的87.09%；分散于磁黄铁矿中的铜占原矿总铜的3.44%；分散于黄铁矿等硫化矿（包括黄铁矿、闪锌矿、方铅矿等）中的铜占原矿总铜的0.49%；在-0.045mm细度仍包含于磁性脉石中铜占原矿总铜的5.64%，包含于非磁脉石中的铜占原矿总铜的3.34%。铜的最高回收率为87%左右。

（7）本矿石中具有富铁贫硫特征，属易磁易浮的单斜磁黄铁矿，可采用弱磁选富集回收。

10 钼矿的工艺矿物学

10.1 钼资源简介

钼是一种银白色金属，熔点2617℃，沸点4612℃，密度10.22g/cm^3（20℃），莫氏硬度5~5.5。钼的特殊性能是导电和导热性强，膨胀系数小，约为铜膨胀系数的30%，硬度和强度极限比钨低，加工性能稳定，受压较易加工。钼在冶金工业用于生产各种合金钢的添加剂，并能与钨、镍、钴、锆、钛、钒、铼等组成高级合金。金属钼大量用作高温电炉的发热材料和结构材料，还可用作核反应堆的结构材料。钼的化合物，主要用作催化剂、活化剂和润滑剂。钼在颜料、燃料、涂料、陶瓷、玻璃、农业肥料等方面也有广泛的用途。钼的消费结构为，钢铁工业约占75%（合金钢占29%、不锈钢占34%，其他钢占12%），其他包括超级合金、金属、催化剂、化工产品占25%。

钼在大陆上地壳的丰度为1.5×10^{-6}。具有工业价值的钼矿物主要是辉钼矿（MoS_2），约有99%的钼矿是以辉钼矿状态开采出来的。我国的钼矿资源特点为储量多，居世界前列，但与世界主要钼资源国美国和智利相比，钼品位显著偏低，Mo含量小于0.1%的低品位矿约占全国钼总储量的65%，然而，我国大多数钼矿规模大，可露天开采，辉钼矿结晶粒度粗，属易采易选钼矿；另一特点是，我国的钼矿中，与铜、锡、钨等金属的共伴生矿占多数，综合回收价值高。世界钼资源分布及我国钼资源分布如表10－1及表10－2所示。

表10－1 世界钼资源分布情况

国　家	钼资源分布
中　国	钼矿是中国的优势矿种。中国河南栾川、陕西金堆城是世界著名的钼矿，但相比美国和智利的钼矿，品位显著偏低，Mo品位小于0.1%的低品位矿约占钼储量的65%
美国、智利、加拿大、俄罗斯	主要来自斑岩型钼矿和斑岩型铜钼矿，前者占40%，如美国的阔次芒特、克莱马克斯、亨德逊等，后者占60%，如智利丘其卡马塔等。这些钼矿具有品位高的特点

表 10－2　我国钼资源分布情况

钼矿种类	钼资源分布
辉钼矿	河南栾川、陕西省华县金堆镇、辽宁葫芦岛、吉林、山西、河南、福建、广东、湖南、四川、江西、甘肃、安徽、海南等省均有钼矿，且储量大，开发条件好，产量在全国占有重要地位。陕西金堆城钼矿，属斑岩型钼矿，最低工业品位 0.08%；辽宁杨家杖子钼矿属矽卡岩钼矿，最低工业品位 0.06%，广东白石障钨钼矿，属脉型钼矿，与钨伴生
钼钙矿	产地较少，内蒙古流沙山钼金矿是一处与次火山岩有关的岩浆热液型矿床，可分为蚀变岩型、石英脉型、同化混染型和斑岩型四种类型，钼矿物主要为钼钙矿，其次为辉钼矿，伴生金
沉积型钼矿	主要分布在湖南、贵州一带下寒武统黑色页岩中，沿层产出，属难选矿

10.2　钼在矿石中的主要存在形式和钼矿物分类

10.2.1　钼矿石的主要存在形式

钼与钨在元素周期表中同族，在地球化学分类中，属于过渡性的元素，具有两重亲和性，当钼成低价态时，即 Mo^{4+} 具有亲硫性，形成 MoS_2，当钼呈高价时，即 Mo^{6+} 具亲氧性，形成 $[MoO_4]^{2-}$。在内生成矿作用中，钼主要与硫结合，生成辉钼矿。温度由低到高形成非晶质 MoS_2→胶体 MoS_2→$3MoS_2$→$2HMoS_2$。测温资料说明辉钼矿形成温度有较宽的区间，可自相当高温直到相对较低的温度，而大量形成于高至中温阶段。在热液作用下，MoS_2 在较酸性条件下沉淀，即辉钼矿在酸性条件下最为稳定，当溶液转向中性时，钼变为可溶的硫代钼酸盐和钼酸盐。在低温和常温条件下，Mo^{4+} 在强酸性还原环境中生成胶硫钼矿（MoS_2），它氧化后的产物是蓝钼矿（$Mo_3O_8 \cdot nH_2O$）。外生作用中，钼呈 Mo^{6+}，具较强的活动性。它与铀相似，在接近中性或偏碱性的氧化与还原的过渡环境中稳定，由此生成多种含铀的钼酸盐矿物，如黄钼铀矿 $U(H_2O)_3[MoO_4]_2(OH)_2$，水钙钼铀矿 $Ca\{(UO_2)_3[MoO_4]_3(OH)_2\} \cdot 8H_2O$ 等。铁钼华 $[Fe_2(MoO_4)_3 \cdot nH_2O]$ 是硫化矿石在酸性条件下（pH＝3～5）形成的常见矿物。彩钼铅矿是含钼的铅锌矿在中性条件下的产物。

Mo^{6+} 的离子半径为 0.065nm、Mo^{4+} 的离子半径为 0.068nm，能和钼呈类质同象置换的主要离子有 W^{6+}（0.065nm）和 Re^{6+}（0.052nm），钼常进入白钨矿晶格，形成含钼白钨矿或钼钨钙矿；铼经常置换钼而富集于辉钼矿中，成为工业用铼的主要来源。辉钼矿中的铼含量往往与辉钼矿中 3R 型含量及成矿溶液中的铼含量有关。

10.2.2 钼矿物种类

辉钼矿（MoS_2）是自然界中已知的30余种含钼矿物中分布最广并具有工业价值的钼矿物。其他较常见的含钼矿物还有铁钼华 $Fe^{3+}(MoO_4)_8 \cdot 8H_2O$，钼酸钙矿 $Ca[MoO_4]$，彩钼铅矿 $Pb[MoO_4]$，胶硫钼矿 MoS_2，蓝钼矿 $Mo_3O_8 \cdot nH_2O$ 等。矿石中常见的钼矿物如表 10－3 所示。

表 10－3 钼矿物类型和种类

矿 物			分子式	Mo 含量/%
硫（硒）化物	辉钼矿族	辉钼矿	MoS_2	59.94
		胶硫钼矿	MoS_2	59.94
		硒钼矿	$MoSe_2$	37.79
		铁辉钼矿	$FeMo_5S_{11}$	49.94
氧化物含水氧化物	钼华族	钼华	MoO_3	66.66
		蓝钼矿	$Mo_3O_8 \cdot nH_2O$	含量变化
		铁钼华	$[Fe^{3+}(MoO_4)_8 \cdot 8H_2O]$	51.88
	钼铜矿族	钼铜矿	$Cu_2[MoO4]_2(OH)_2$	35.77
钼酸盐	白钨矿族	钼酸钙矿	$Ca[MoO_4]$	47.63
		彩钼铅矿（钼铅矿）	$Pb[MoO_4]$	26.11
	铀钼矿族	铀钼矿	$U[MoO_4]_2$	34.39
	黄钼铀矿族	黄钼铀矿	$U(H_2O)_3[MoO_4]_2(OH)_2$	25.72
	镁钼铀矿族	镁钼铀矿	$Mg\{(UO_2)_2[MoO_4]_2(OH)_2\} \cdot 5H_2O$	19.03
		水钙钼铀矿	$Ca\{(UO_2)_3[MoO_4]_3(OH)_2\} \cdot 8H_2O$	19.09
		磷钙铁钼矿	$H_6CaFe[PO_4][MoO_4]_4 \cdot 8H_2O$	40.45
	高铁钨华族	水钼铁矿	$Fe_2(H_2O)8[MoO_4]_3$	39.12
	砷钼钙铁矿族	砷钼钙铁矿	$CaFe_2^{2+}(H_2O)_{14}[As_2Mo_5O_{24}]$	33.45

10.3 主要钼矿物的晶体化学和物理化学性质

10.3.1 辉钼矿 MoS_2

（1）晶体化学性质：辉钼矿晶体结构为 S—Mo—S 层平行｛0001｝，以 Mo 为中心的三方柱层，Mo 为六次配位，为居于三方柱角顶的六个 S 所围绕。柱间彼此共棱构成，柱层与空心八面体层相间排列，层内为共价至金属键，层间为余键。层间间距为 0.315nm，层内离子联结紧密，层间结合力明显减弱。辉钼矿存在着多型，辉钼矿—2H 型为两层重复的六方多型，辉钼矿—3R 型为三层重复的多型，也有混合型。X光粉晶衍射可鉴别出多型的种类。实验表明，其多型的出现与形成温度有关，2H型的辉钼矿形成温度高于3R型的辉钼矿。2H型的辉钼矿主要产于伟晶岩和花岗岩内，而3R型辉钼矿主要产于中低温矿床和晚期的铁白云石碳酸盐矿床，一般3R型辉钼矿含铼较高。

（2）化学性质：辉钼矿理论化学成分，Mo为59.94%，S为40.06%。大量化学分析表明，自然体系中辉钼矿几乎都近于理论值，只是在辉钼矿层间夹有杂质矿物或含碳质时，单矿物分析含钼量偏低。辉钼矿中一个重要的微量类质同象为铼的替代，已知最高含量可达2%，俄罗斯的钨钼矿床中的辉钼矿含铼200×10^{-6}，世界上罕见的河南栾川地区的矽卡岩钼钨矿床中的辉钼矿含铼18～25g/t。一般辉钼矿含Re为$10^{-4}\sim10^{-3}$的量级，但多数辉钼矿含铼较低，辉钼矿中铼综合回收要求为钼精矿达到16×10^{-6}。辉钼矿中的铼与钼类质同象替代，铼随辉钼矿进入钼精矿，物理选矿无法进一步分离，一般在辉钼矿冶金过程回收。辉钼矿中硫的类质同象替代为硒和碲，硒在辉钼矿中比在黄铁矿中高3～4倍，碲在辉钼矿中含量与黄铁矿相近，平均为4.3×10^{-6}。

（3）物理性质：辉钼矿为铅灰色，与石墨近似，金属光泽，属六方晶系，晶体常呈六方片状，底面常有花纹，质软有滑感，薄片有挠性（参见彩图31）。密度4.7～4.8g/cm^3，莫氏硬度为1～1.5，熔点为795℃，辉钼矿划在陶瓷素板上为亮灰色，涂釉陶瓷板上的条痕为浅绿灰色或浅绿黑色，加热至400～500℃时MoS_2很容易氧化而生成MoS_3，硝酸和王水都能使辉钼矿MoS_2分解。

（4）光学性质：薄片中不透明。反射光下反射率和双反射极强，R_o白色，R_e暗灰色带暗淡的蓝色调。非均质性很强：45°位置白色带淡粉红色调；偏光正交不完全时暗蓝色。以强金属光泽、微绿的灰黑色条痕、反射下浅蓝的灰白色为鉴别特征，并以此区别于石墨。

（5）成因产状：辉钼矿是自然体系中分布较广的钼矿物，成因上与酸性侵入岩有关，主要工业矿床是热液型和矽卡岩型，赋存于高、中温热液矿床的辉钼矿，共生矿物主要为锡石、黑钨矿、辉铋矿等；矽卡岩矿床中，辉钼矿与白钨矿、石榴石、透辉石、透闪石、黄铁矿及其他硫化物共生；在黑色页岩中呈微细粒辉钼矿存在，富集时可与铜－镍－钒－钛一起，构成黑色岩系中的“五元素矿床”，贵州北部等地的扬子地台黑色页岩中产此类矿床。在表生带，辉钼矿可转变为钼钙矿（具辉钼矿假象）或黄色粉末状钼华。辉钼矿的另一种产出形式为黑色或蓝黑色粉末状或致密块状的非晶质胶硫钼矿，与辰砂或蓝钼矿共生，并极易变化为蓝钼矿。

10.3.2　钼铅矿 Pb[MoO_4]（彩钼铅矿）

（1）晶体化学性质：钼铅矿属四方晶系矿物，与白钨矿等结构，由沿c轴方

向扁平的 [MoO_4] 四面体与 Pb^{2+} 离子沿 c 轴相间排列而成。

（2）化学性质：钼铅矿理论化学成分：PbO 为 60.79%，MoO_3 为 39.21%。钼铅矿中铅可被钙（不大于 6.9%）和稀土（小于 2.2%）代替，钼可被钨、钒（不大于 1.3%）、铀（不大于 11.6%），钨代替钼，Mo∶W 比例可达 1∶1，富钨变种称为钨钼铅矿，钙代替铅，Ca∶Pb 比例可达 1∶1.7。富钙和钒的变种称为钒钼铅矿。

（3）物理性质：钼铅矿晶体呈四方板状，少数呈八面体，集合体粒状、晶簇状（参见彩图 32）。颜色变化较大，有黄色、稻草黄色、蜡黄色、橘黄色至橘红色、灰色等，金刚光泽，断口油脂光泽，透明至半透明。密度 6.5 ~ 7g/cm^3，莫氏硬度为 2.5 ~ 3。

（4）光学性质：薄片中无色透明。一轴晶负光性，n_o = 2.4053，n_e = 2.2826，有时具异常二轴晶，具弱多色性，平行消光。反射光下呈灰色，不易与脉石矿物相区分。在体视显微镜中以颜色和晶形为鉴别特征，或者取一颗钼铅矿置于凹玻片中，加 1 滴 1∶7 硝酸及极微量碘化钾，便会出现柠檬黄色的六边形晶片。

（5）成因产状：多见于铅锌氧化带，常交代白铅矿等；也见于花岗岩体与碳酸盐岩的接触带形成较低温的矽卡岩型（钼）铅矿。与铁锰氧化物 - 硬锰矿、软锰矿、水锰矿及钒铅矿、白铅矿、褐铁矿等共生。

10.4 钼矿石类型和选矿工艺

10.4.1 钼矿石类型

钼矿矿石类型以斑岩型钼矿和斑岩 - 矽卡岩型钼矿为最重要，矽卡岩型、石英脉型次之；沉积型钼 - 铀 - 钒 - 镍矿石有较大的潜在价值，伟晶岩脉型钼矿无独立工业意义。

（1）斑岩型钼矿石：斑岩型钼矿是钼金属的最主要来源，与花岗斑岩相关，是岩浆结晶过程释放的富金属热液形成，也称热液成因辉钼矿石，以辉钼矿 - 石英矿脉形式成矿。大多数为单一钼矿或钼、铜共生矿，矿石中辉钼矿与各种铜的硫化矿物共生，一般该类型的辉钼矿中富含稀散金属铼，应注意铼的评价与冶金回收。矿石钾、钠含量较高，脉石矿物主要为花岗岩的组成矿物——长石、石英、白云母、黑云母，选钼后的尾矿采用强磁除铁后，尾矿可用作陶瓷原料。如陕西金堆城钼矿、江西德兴铜钼矿。

内蒙古流沙山钼矿为斑岩型钼矿的特例，是一座与次火山岩相关的岩浆热液钼矿，伴生钨和金。矿石可分为蚀变岩型、石英脉型、同化混染型和斑岩型四种类型。钼矿物以氧化钼矿物 - 钼钙矿为主，其次为钨钼钙矿、白钨矿。钼钙矿可见交代辉钼矿现象。金与氧化铋和钼钙矿密切相关。

（2）斑岩－矽卡岩复合型钼矿石：其成因与多期成矿作用相关，有价元素除钼之外，常共伴生钨、铋、锡等，主要钼矿物为辉钼矿，共生矿物主要为锡石、黑钨矿、辉铋矿、黄铁矿及其他硫化物等；脉石矿物主要有石榴石、透辉石、透闪石、萤石、石英、长石、方解石等。如湖南柿竹园钨、钼、铋多金属矿。

（3）矽卡岩钼矿石：主要赋存于矽卡岩的外接触带，矿石中辉钼矿与白钨矿共生或伴生，并常有钼呈类质同象进入白钨矿晶格。金属矿物有辉钼矿、含钼白钨矿、钼钨钙矿，有时可见极少量的黑钨矿；其他金属硫化物主要为黄铁矿、闪锌矿，微量黄铜矿等；脉石矿物的种类非常多，主要脉石矿物方解石、白云石、萤石、石英、蛇纹石、透闪石、金云母、透辉石、钙铁榴石，以及少量钙铝榴石、绿泥石、长石等。如河南栾川钼矿、河南卢氏夜长坪钨钼矿等。

（4）脉型钼矿：产于各种岩石（岩浆岩、变质岩、沉积岩）的断裂带中，主要为伴生钼矿，在黑钨矿－石英脉中，常有辉钼矿伴生，与黑钨矿、辉铋矿，有时有黄铜矿，产出于石英脉壁或石英脉中，嵌布粒度较粗。辉钼矿在回收钨的同时，采用浮选工艺综合回收。如广东韶关红岭钨矿等。

（5）碳质铜钼矿石：与沉积岩相关，成矿岩石为含有机碳和碳质页岩，沿层产出。安徽铜陵金口岭的辉钼矿与含碳硅质页岩共生，碳质页岩呈黑色块状，含碳2.94%，密度为2.73g/m^3，碳质呈分散状态存在，不与矿物组合。由显微晶石英、细小碳质颗粒、少量硫化铁、绿泥石组成，碳粒粒径为0.0017～0.064mm。碳质页岩与辉钼矿等具有可浮性，因此要进行碳钼分离。除了铜陵金口岭之外，这种矿石在我国湖南、贵州一带分布，国外也很常见，属极难选矿。

（6）钒铀钼矿石：钼在该矿石中呈次显微晶赋存，颗粒粒径及其细小，难浮选。碳质钒铀钼矿含碳为15%～25%，由于碳与钼的不可分离性，这种矿石十分难选，只能用化学选矿。

10.4.2 钼矿石的选矿工艺

辉钼矿是典型的具有天然可浮性的矿物之一，这种天然疏水性来源于辉钼矿的层状结构。辉钼矿虽然易浮，但是原矿品位较低，一般只有0.01%～0.4%，同时钼精矿的质量要求又较高，精矿中钼含量要求为45%～47%。因此浮选过程中辉钼矿的富集比很高，一般富集比都在400以上，这就要求4～10次的精选。辉钼矿的可浮性好，在粒级达到0.6mm的贫连生体中，只要表面裸露就能顺利上浮。辉钼矿较软，细磨易泥化，影响精矿质量；因此适宜采用粗磨－粗选－精矿再磨－多次精选的流程进行回收。

辉钼矿的捕收剂种类很多，有非极性的烃油，如煤油、柴油、润滑油等，甚至只加起泡剂就能浮游，常以煤油和柴油为主。我国几乎全部使用煤油，煤油不溶于水，难以在水中均匀分散，另外煤油会影响松油的起泡效果，使泡沫层变浅，泡沫稳定性变差。因此有必要对加入的煤油进行乳化，常用的乳化方法有超声波法、机械强烈搅拌法。抑制剂常用糊精。介质调整剂广泛使用水玻璃。

钼钙矿为较少见的钼矿物，往往与辉钼矿或白钨矿共生，在硫化钼或白钨矿选别时，可考虑综合回收。在硫化钼矿床中的钼钙矿主要为辉钼矿氧化产物，往往分布在硫化钼矿床的氧化带内，与辉钼矿共生。回收钼钙矿的实践或研究还不多见，仅见于前苏联矿业研究所对东科恩拉德矿石的研究，巴尔哈什选矿厂对钼钙矿回收实践，钼钙矿浮选工艺分作分别浮选与混合浮选两种。

分别浮选是从辉钼矿浮选尾矿中回收钼钙矿的工艺。1950 年苏联思特里金特等人首先研究并首次用于巴尔哈什选矿厂，以东科恩拉德硫化钼浮选尾矿中回收钼钙矿。钼钙矿捕收剂通常用油酸（约 100g/t），为同时回收辉钼矿，还须加入煤油（200g/t），起泡剂采用二甲酚。浮选生产工艺包括粗选、扫选，粗精矿加水玻璃（1300g/t），经蒸吹（温度 85℃下处理 40min），再过滤、脱药，调浆后进行四次精选。煤油、油酸捕收力较弱，选择性较差，所以泡沫产品中钼钙矿的品位和回收率都较低，无法产出合格的钼精矿，需进一步焙烧－浸出提取钼酸钙（$CaMoO_4$）。辉钼矿、钼钙矿混合浮选在 1963 年进行工业试验。试验在原硫化矿浮选系列上进行，球磨机添加苏打（600g/t）、煤油（200g/t），扫选加入油酸钠（100g/t）与硫酸烷酯（10g/t）混合液，粗选、扫选还补加了煤油，因油酸钠与硫酸烷酯也具起泡性，起泡剂二甲酚用量减少了 50%。蒸吹、精选工艺变化不大。试验证实，混合浮选比分别浮选，钼回收率平均提高 5%。

我国内蒙古流沙金氧化钼矿的开发利用也正在研究之中。

10.5 斑岩型钼矿石工艺矿物学实例

10.5.1 原矿物质组成

该矿为典型的斑岩型钼矿，矿体赋存于花岗斑岩中，原矿化学组成如表10－4 所示，主要有价金属为钼，伴生铼，非金属矿物元素钾、钠含量较高，尾矿可综合利用。钼物相分析如表 10－5 所示，钼主要以硫化钼形式存在。

表 10－4 原矿多元素化学分析结果

元素	Mo	Zn	Pb	Cu	Sn	Au	Ag
含量/%	0.115	0.020	0.012	0.0023	0.012	<0.1g/t	0.95g/t
元素	Re	TFe	SiO_2	Mn	Al_2O_3	CaO	MgO
含量/%	0.095g/t	1.25	72.84	0.052	11.50	1.41	0.92
元素	K_2O	Na_2O	S	As	P	总 C	有机碳
含量/%	5.76	1.83	0.62	0.007	0.039	0.23	0.04

表 10－5 原矿钼物相分析

钼物相	硫化钼	氧化钼	总钼
含量/%	0.114	0.0057	0.1197
占有率/%	95.24	4.76	100.00

经显微镜鉴定和 MLA 矿物自动检测系统检测，原矿矿物组成如表 10－6 所示，原矿矿物组成定量检测结果如表 10－7 所示。检测结果表明，原矿金属硫化矿物除辉钼矿之外，主要为黄铁矿，并有极少量铅、锌、铜的硫化矿物。脉石矿物种类多，最主要为长石、石英，其次为绢云母。

表 10－6 原矿矿物组成

矿物类型	矿 物 种 类
金属硫化物	主要辉钼矿、黄铁矿，微量方铅矿、闪锌矿等
金属氧化物	少量磁铁矿、褐铁矿、金红石，微量黑钨矿、钛铁矿、铬铁矿、锆石、独居石等
自然元素矿物	微量有机碳
脉石矿物	主要为石英、正长石，其次为绢云母、黑云母、绿泥石、白云石等

表 10－7 原矿矿物组成 MLA 检测结果

矿 物	含量/%	矿 物	含量/%	矿 物	含量/%
辉钼矿	0.184	绿帘石	0.087	磁铁矿	0.043
黄铁矿	1.198	黄玉	0.030	钛铁矿	0.042
黄铜矿	0.006	石榴石	0.013	黑钨矿	0.001
闪锌矿	0.035	高岭土	0.146	金红石	0.195
方铅矿	0.010	榍石	0.024	锆石	0.027
石英	40.648	萤石	0.648	磷灰石	0.198
钾长石	30.382	方解石	0.442	独居石	0.007
钠长石	11.793	铁白云石	0.986	氟碳钙铈矿	0.004
斜长石	0.147	菱铁矿	0.719	磷铝锶石	0.006
绢云母	8.901	碳酸钡矿	0.011	刚玉	0.011
黑云母	1.791	重晶石	0.023	其他	0.221
角闪石	0.174	天青石	0.029	有机碳	微量
绿泥石	0.786	石膏	0.012	合 计	100.000

10.5.2 辉钼矿嵌布粒度测定

将矿石块矿磨制成光片，显微镜下测定辉钼矿的嵌布粒度，测定结果如表10－8所示。从测定结果来看，本矿石中辉钼矿嵌布粒度极细微，属微细粒嵌布类型，其中小于0.02mm的辉钼矿占了50%，且小于0.01mm的粒子占有率达20%，微细粒的辉钼矿在磨矿过程不易解离，是该矿难选的主要原因。可利用辉钼矿可浮性好的特点，采用阶段磨矿阶段选别的方式有利于提高精矿品位。

表10－8 辉钼矿嵌布粒度测定结果

粒级/mm	粒级含量/%	累积含量/%
-0.32～+0.16	1.71	1.71
-0.16～+0.08	4.28	5.99
-0.08～+0.04	16.27	22.26
-0.04～+0.02	26.98	49.24
-0.02～+0.01	30.84	80.08
-0.01	19.92	100.00
合 计	100.00	100.00

10.5.3 辉钼矿解离度测定

测定不同磨矿细度产品中辉钼矿的解离度，结果如表10－9所示，由解离度测定结果来看，本例矿石的辉钼矿较难解离，当磨矿细度－0.074mm占64%、71%、80%、87%时，辉钼矿的总解离度分别为74%、80%、85%、90%。主要连生体为辉钼矿与石英连生体，其次为辉钼矿与绢云母连生体。

表10－9 辉钼矿解离度测定结果

<table>
<tr><th>磨矿细度</th><th>粒级/mm</th><th>产率/%</th><th>Mo品位/%</th><th>解离度/%</th></tr>
<tr><td rowspan="4">-0.075mm占64.49%</td><td>+0.075</td><td>35.50</td><td>0.074</td><td>35.32</td></tr>
<tr><td>-0.075～+0.038</td><td>21.70</td><td>0.10</td><td>74.49</td></tr>
<tr><td>-0.038</td><td>42.80</td><td>0.17</td><td>88.39</td></tr>
<tr><td>合计</td><td>100.00</td><td>0.121</td><td>74.34</td></tr>
<tr><td rowspan="4">-0.075mm占71.12%</td><td>+0.075</td><td>28.88</td><td>0.07</td><td>42.96</td></tr>
<tr><td>-0.075～+0.038</td><td>24.10</td><td>0.091</td><td>76.71</td></tr>
<tr><td>-0.038</td><td>47.02</td><td>0.17</td><td>90.05</td></tr>
<tr><td>合计</td><td>100.00</td><td>0.122</td><td>79.86</td></tr>
</table>

续表 10 - 9

磨矿细度	粒级/mm	产率/%	Mo 品位/%	解离度/%
-0.075mm 占 80.17%	+0.075	19.83	0.067	46.36
	-0.075 ~ +0.038	26.60	0.086	77.25
	-0.038	53.57	0.16	93.14
	合计	100.00	0.122	85.06
-0.075mm 占 87.15%	+0.075	12.85	0.065	51.81
	-0.075 ~ +0.038	26.75	0.08	80.21
	-0.038	60.40	0.15	95.82
	合计	100.00	0.12	89.99

10.5.4 主要矿物的选矿工艺特性和嵌布关系

10.5.4.1 辉钼矿 MoS_2

辉钼矿为该矿回收的目的矿物，最大特点是粒度微细，呈微细叶片状、聚片状、鳞片状晶体（参见彩图 33），少数呈揉皱片状。辉钼矿呈铅灰色，金属光泽，莫氏硬度 1 ~1.5，密度 4.7 ~4.8g/cm^3。辉钼矿化学成分扫描电镜能谱分析结果如表 10 - 10 所示。

表 10 - 10 辉钼矿化学成分扫描电镜能谱分析结果①

测　点	化学成分/%	
	Mo	S
1	60.07	39.93
2	59.16	40.84
3	59.87	40.13
4	59.86	40.14
5	59.45	40.55
6	59.95	40.05
7	59.58	40.42
平均	59.71	40.29

①能谱分辨率不足以测得辉钼矿中铼含量。

从微区成分分析来看，本矿石中辉钼矿属正常成分辉钼矿，含微量铼（能谱分辨率不足以测得辉钼矿中铼含量）。辉钼矿单矿物化学分析：Mo 为 56.65%，Re 为 18.54g/t。

本例矿石中辉钼矿的嵌布状态较为复杂，主要有如下嵌布形式：

（1）辉钼矿呈微细薄片状、聚片状、叶片状，稀疏或极稀疏浸染分布在石英、长石、绢云母等脉石中，如图 10－1 所示（另见彩图 33），这些辉钼矿一般片宽为 1～10μm。

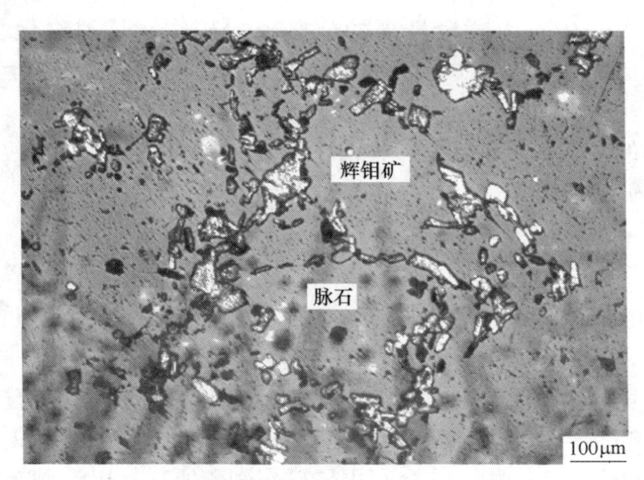

图 10－1　辉钼矿呈微细叶片状稀疏浸染分布在石英中（显微镜，反射光）

（2）部分辉钼矿以呈微细片状零星分布于脉石中。

（3）在矿石裂隙中，少量辉钼矿以较大的叶片状、揉皱叶片状分布，如图 10－2 所示（另见彩图 34），这些辉钼矿在磨矿过程相对易解离，但却因常含易浮有机碳而影响钼精矿品位。

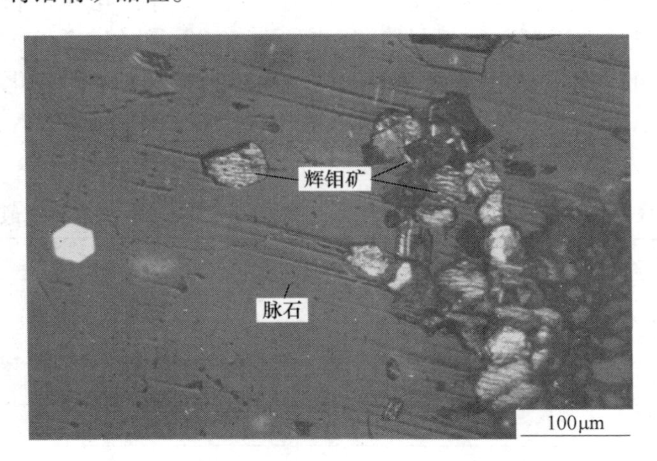

图 10－2　较粗的辉钼矿呈叶片状分布在矿石裂隙中，并与有机碳伴生（显微镜，反射光）

（4）少量辉钼矿与黄铁矿连生，或见辉钼矿呈微细包裹体包含于黄铁矿晶粒中。

本矿石中（1）、（2）、（3）种嵌布形式的辉钼矿由于嵌布分散，粒度微细，在磨矿过程不易解离，其中以（1）的嵌布形式占多数。

10.5.4.2 黄铁矿 FeS_2

黄铁矿为本例矿石中含量最高的金属硫化矿物，其理论化学组成：Fe 为 46.55%，S 为 53.45%。黄铁矿呈浅铜黄色，粉末绿黑色。强金属光泽，不透明，脆性，高硬度，莫氏硬度为 6～6.5，密度为 4.9～5.2g/cm^3。黄铁矿呈自形至半自形晶分布在矿石中，偶见与辉钼矿连生，黄铁矿晶粒中常包含细片状辉钼矿、绢云母等矿物包裹体。

10.5.4.3 其他金属硫化矿物

除辉钼矿、黄铁矿之外，本矿石中其他硫化矿物含量极少，只有极微量的方铅矿、闪锌矿、黄铜矿。

10.5.4.4 脉石矿物

本矿石主要脉石矿物为石英和长石，两者比例约为 1∶1，长石和石英总量约占矿物总量的 83%，次要的脉石矿物有绢云母、黑云母、绿泥石、铁白云石等。可采用强磁选脱除含铁矿物，综合利用尾矿作陶瓷原料，以达到极大降低尾矿堆存率和最大限度提高矿山资源利用率的目的。

10.5.5 矿石中有价金属的赋存状态

10.5.5.1 钼在矿石中的赋存状态

根据原矿定量检测结果和提取单矿物化学分析，作出钼在矿石中的平衡分配如表 10－11 所示。从表 10－11 中看出，在－0.045mm 的细度下，以单体辉钼矿矿物形式存在的钼占原矿总钼的 89.64%，仍包含于黄铁矿等硫化矿物中的钼占原矿总钼的 1.18%，分散于脉石矿物中的钼占原矿总钼 9.18%。即本矿石中钼的理论回收率为 89% 左右。

表 10－11 钼在矿石中的平衡分配（单矿物在－0.045mm 细度完成最终提纯）

矿　物	矿物量/%	含 Mo 量/g·t^{-1}	分配率/%
辉钼矿	0.184	56.65	89.64
黄铁矿/黄铜矿	1.249	0.11	1.18
黑钨矿	0.001	—	—
脉石	97.082	0.011	9.18
其他	1.484	—	—
合　计	100.000	0.116	100.00

10.5.5.2 铼在矿石中的赋存状态

根据原矿定量检测结果和提取单矿物化学分析，作出铼在矿石中的平衡分配如表 10－12 所示。从表 10－12 中看出，赋存于辉钼矿中的铼占原矿总铼的 37.35%，赋存于黄铁矿等硫化矿物中的铼占原矿总铼的 1.01%，赋存于脉石矿物中铼占原矿总铼的 61.64%。

表 10－12 铼在各主要矿物中的平衡分配（单矿物在 －0.045mm 粒度完成最终提纯）

矿 物	矿物量/%	含 Re 量/g·t^{-1}	分配率/%
辉钼矿	0.184	18.54	37.35
黄铁矿/黄铜矿等	1.249	0.074	1.01
黑钨矿	0.001	—	—
脉石	97.082	0.058	61.64
其他	1.484	—	—
合 计	100.000	0.091	100.00

10.5.6 影响选矿矿物学因素分析

（1）本矿石为单一硫化钼矿石，矿物组成较简单，硫化矿物以辉钼矿为主，伴生少量黄铁矿，微量的黄铜矿、方铅矿、闪锌矿。金属氧化物为少量金红石、赤铁矿、钛铁矿等，并含少量有机碳。脉石矿物为石英和长石，两者比例约为 1:1，石英和长石总量约占矿物总量的 83%，次要的脉石矿物有绢云母、黑云母、绿泥石、白云石等。

（2）本矿石中辉钼矿嵌布粒度极细微，属为微细粒嵌布类型，其中小于 0.02mm 的辉钼矿占了 50%，且小于 0.01mm 的粒子占有率达 20%，微细粒的辉钼矿在磨矿过程不易解离，是该矿难选的重要原因。

（3）本矿石辉钼矿的嵌布形式较复杂，不同的嵌布形式产出的辉钼矿粒度大小较为悬殊，大部分辉钼矿以微细片状晶稀疏或极稀疏分布在石英、长石、绢云母中，部分微细粒的辉钼矿包裹于石英、黄铁矿等矿物中。嵌布状态分散，粒度微细为本矿石中辉钼矿的重要特点。因此，磨矿细度将严重影响钼的选矿品位和回收率。

（4）钼的赋存状态查定表明，在 －0.045mm 的细度下，以单体辉钼矿矿物形式存在的钼占原矿总钼的 89.64%，仍包含于黄铁矿等硫化矿物中的钼占原矿总钼的 1.18%，分散于脉石矿物中的钼占原矿总钼 9.18%。由此看出，增加磨矿细度，有利于辉钼矿从脉石矿物中解离出来，有助于提高钼的回收率。

（5）铼的赋存状态查定表明，赋存于辉钼矿中的铼占原矿总铼的 37.35%，赋存于黄铁矿等硫化矿物中的铼占原矿总铼的 1.01%，赋存于脉石矿物中铼占原矿总铼的 61.64%。

（6）本例矿石中含少量有机碳，数量虽少，但有机碳的可浮性与辉钼矿相近，对提高钼精矿品位有一定影响。

11 钒矿的工艺矿物学

11.1 钒资源简介

钒与铌、钽、钨、钼类似，属于高熔点稀有金属。钒金属呈银白色略带蓝色，熔点1890℃，沸点3000℃，密度5.90g/cm^3。钒金属具延展性，含氧、氮、氢时则变脆、变硬。钒在较高的温度下与原子量较小的非金属形成稳定的化合物，在低温下具有良好的耐腐蚀性。钒进入合金后可增强合金的强度，降低热膨胀系数，可耐盐酸、稀硫酸、碱溶液及海水的腐蚀，但能被硝酸、氢氟酸和浓硫酸腐蚀。钒是冶炼合金钢的重要原料，它可提高钢的强度和延展性、韧性。世界钒产量的90%用于冶炼合金钢，钒合金广泛用于交通运输、机械、建筑、输油管、桥梁、压力储罐、钢轨、输电塔等，只有10%的钒用于化学工业的催化剂和玻璃陶瓷工业的着色剂等。

钒在大陆上地壳的丰度为128×10^{-6}，在地壳中，钒的含量并不少，按地壳中元素丰度列居13位，其丰度比铜、锡、锌、镍都高，但钒的分布极为分散，常与其他元素形成复合矿物，或类质同象的方式进入客体矿物的晶格中。含钒矿物种类多，钒常分散赋存于多个矿物中，各矿物含钒量都不高，根据矿物的含钒量，可将钒矿物分为高钒矿物和低钒矿物，前者含V_2O_5为20%～30%，有绿硫钒矿、钒钾铀矿和钒云母等，后者含V_2O_5一般小于5%，主要为含钒云母和钒钛磁铁矿，钒钛磁铁矿含钒很低，V_2O_5一般为0.1%～0.2%，但由于其储量巨大，而成为生产钒的主要矿物资源。世界上已知的钒储量有98%产于钒钛磁铁矿。世界钒钛磁铁矿的储量很大，并且集中在少数几个国家和地区。世界钒资源分布和我国钒资源分布分别如表11－1及表11－2所示。

表11－1　世界钒资源分布情况

钒矿种类	钒资源分布
钒钛磁铁矿	南非、俄罗斯、美国、中国、挪威、瑞典、芬兰、加拿大、澳大利亚，并且集中分布在南部非洲、北美洲等地区。至2008年年底，世界探明的钒金属储量为1300万吨，从储量基础看，南非占46%，俄罗斯占23.6%，美国占13.1%，中国占11.6%，其他国家的总和不足6%。在南非，钒通常赋存在钒磁铁矿的矿层中，平均品位为1.5%
钒云母、含钒云母及其他	主要以钒云母和含钒的各种云母赋存于变质页岩、碳质页岩、磷块岩、含铀砂岩、粉砂岩中。此外，铝土矿以及含碳质的原油、煤和沥青中。莫桑比克变质成因的石墨矿中，贮藏丰富的钒资源，矿石V_2O_5含量为0.3%～0.6%。主要钒矿物为钒云母、含钒的褐铁矿、伊利石等

表 11－2 我国钒资源分布情况

钒矿种类	钒资源分布
钒钛磁铁矿	中国钒资源丰富，是全球钒资源大国，钒钛磁铁矿集中分布在四川的攀枝花市、河北承德市。攀枝花钒资源储量为1906万吨，占全国钒储量的63%，是世界最大的钒资源集中区。承德市2009年探明钒钛磁铁矿80亿吨。广东兴宁霞岚、湖南大福坪、安徽凹山铁矿等也产钒钛磁铁矿
石煤钒矿	石煤是中国独特的一种钒资源，蕴藏量非常丰富，以湖南、浙江、陕西、贵州、山西等地均有产出，钒赋存于含碳质页岩中，含钒矿物为白云母、黑云母、绢云母、伊利石等。品位达到0.8以上，就有开采价值。从石煤中提取钒已成为中国利用钒资源的一个重要发展方向
铀钒矿	主要分布在安徽，是铀钒的综合矿床

11.2 钒在矿石中的主要存在形式和钒矿物种类

11.2.1 钒在矿石中的主要存在形式

钒元素周期表中与铌、钽同族，属于第五副族第四周期元素，在地球化学分类中，属于过渡性的元素，外层电子构型为$3d^34s^2$，化合价变化大，有+2、+3、+4和+5。其中以5价态为最稳定，其次是4价态。钒具亲氧性、亲铁性，能分别以2、3、4、5价与氧结合，少数情况下也具亲硫性，可形成钒的硫化物。在自然体系中，钒的分布极分散，常与其他元素形成含钒的复合矿物，含钒矿物种类繁多，但赋存十分分散，选矿富集难度很大。目前发现的含钒矿物有70多种，但能形成工业矿物的只有少数几种，最重要的钒矿物有钒云母、钒钾铀矿、钒磁铁矿、钒钙铀矿、钒钙铜矿等，在我国钒的工业矿物主要有钒钛磁铁矿、含钒云母等。

11.2.2 钒矿物种类

矿石中常见钒矿物的类型和种类如表11－3所示。

表 11－3 钒矿物类型和种类

矿物		分子式	V含量/%
硫化物	绿硫钒矿	$V(S_2)_2$	28.47
	等轴硫钒铜矿	Cu_3VS_4	13.78
氧化物	钒赭石	V_2O_5	56.01
	钒磁铁矿	FeV_2O_4	45.92
	黑铁钒矿	VOOH	60.72
	三水钒石	$V^{3+}V^{4+}O_2(OH)_3$	55.11
	原氧钒石	$V^{3+}V_2^{4+}O_3(OH)_5$	53.47
	二水钒石	$V_2O_4 \cdot 2H_2O$	50.47

续表 11 - 3

矿物		分子式	V 含量/%
氧化物	复钒矿	$V_4^{4+}V_2^{5+}O_{13} \cdot 8H_2O$	46.48
	绿水钒钙石	$CaV_4^{4+}O_4(OH)_{10}$	42.65
硫酸盐	钒矾	$V_2^{4+}(H_2O)_{15}[SO_4]_3(OH)_2$	14.67
硅酸盐	钒云母	$K\{V_2[AlSi_3O_8](OH)_2\}$	9.94
	磷钙钒云母	$Ca(H_2O)_3[V(OH)_2(PO_4)]_2$	22.75
	钙钒榴石	$Ca_3V_2[SiO_4]_3$	20.46
	硅钒锶石	$Sr_2[V_2(Si_4O_{12})]O_2$	16.62
钒酸盐	钒铋矿	$Bi[VO_4]$	15.72
	单斜钒铋矿	$Bi[VO_4]$	15.72
	钒铅矿	$Pb_5[VO_4]_3Cl$	10.79
	钒钼铅矿	$Pb[(Mo,V)O_4]$	≥1.3
	钒钇矿	$Y[VO_4]$	24.99
	钒铅铈矿	$(Ce^{2+},Pb^{2+},Pb^{4+})[VO_4]$	17.79
	钒钙铜矿	$CuCu[VO_4]OH$	21.62
	羟钒锌铅石 - 羟钒铜铅石	$Pb(Zn,Cu)[VO_4]OH$	12.75
	羟钒铜矿	$Cu_5[VO_4]_2(OH)_4$	16.55
	钒锰铅矿	$PbMn[VO_4]OH$	12.93
	钒钡铜矿	$BaCu_3[VO_4]_2(OH)_2$	17.21
	钒铁铅矿	$Pb_5Fe_2[VO_4]_2O_4$	7.07
	羟铁钒铅矿	$PbFe_2[VO_4]_2(OH)_2$	17.47
	水钒铝矿	$Al(H_2O)_3[VO_4]$	25.41
	羟水钒铝矿	$Al_5(H_2O)_5[VO_4]_2(OH)_9$	15.77
	三斜水钒铁矿	$Fe(H_2O)[VO_4]$	26.96
	水磷钒铝石	$Al_2(H_2O)_5[VO_4][PO_4]$	14.39
	变水磷钒铝石	$Al_2(H_2O)_6[VO_4][PO_4]$	13.70
	水磷钒铝矿	$Al_2(H_2O)_8[VO_4][PO_4](OH)_2$	7.96
	针钒钠锰矿	$Na_2Ca_3Mn_3Mn_3^{4+}(H_2O)_4[VO_4]_6(OH)_8$	19.94
	锰铁钒铅矿	$Pb_2(Mn,Fe)(H_2O)[VO_4]_2$	14.19
	水钒钡石	$Ba_4(Mn,Fe)V_4O_{15}(OH)_2$	18.81
	斜钒铅矿	$Pb_2[V_2O_7]$	18.49
	水钒铜矿	$Cu_3(H_2O)_2[V_2O_7](OH)_2$	21.46
	水钒钙石	$Ca(H_2O)_4[VO_3]_2$	32.86

续表 11-3

矿物		分子式	V 含量/%
钒酸盐	变水钒钙石	$Ca(H_2O)_2[VO_3]_2$	37.17
	水钒锶钙矿	$SrCa(H_2O)_3[VO_3]_2(OH)_2$	25.76
	变水钒锶钙矿	$SrCa[VO_3]_2(OH)_2$	28.34
	水钙钒矿	$Ca_2V^{4+}(H_2O)_3[VO_3]_8$	40.45
	水钒铁矿	$Fe^{3+}[VO_3](OH)_2$	42.47
	针钒钙石	$Ca(H_2O)_9[V_6O_{16}]$	40.00
	变针钒钙石	$Ca(H_2O)_2[V_6O_{16}]$	46.60
	水钒钠石	$Na(H_2O)_3[V_6O_{16}]$	44.17
	钒铀矿	$(UO_2)_2(H_2O)_{15}[V_6O_{17}]$	22.03
	黑钙钒矿	$Ca_2V_4^{4+}[V_6O_{16}](OH)_{18}$	44.24
	柱水钒钙石	$Ca_3V_2^{4+}(H_2O)_9[V_6O_{16}](OH)_{12}$	31.30
	橙钒钙石	$Ca_3(H_2O)_{17}[V_{10}O_{28}]$	36.18
	水钒镁石	$K_2Mg_2(H_2O)_{16}[V_{10}O_{28}]$	37.12
	水钠钒镁石	$Na_4Mg(H_2O)_{24}[V_{10}O_{28}]$	33.83
	水复钒矿	$(Na_2Ca)V_2^{4+}(H_2O)_{14}[V_{10}O_{28}]O_2$	42.77
	水钒钠钙石	$(Na_4Ca)V_2^{4+}(H_2O)_8[V_{10}O_{28}]O_4$	43.69
	水钙钒铀矿	$Ca(UO_2)_2(H_2O)_{16}[V_{10}O_{28}]$	27.91
	钒钾铀矿	$Al\{(UO_2)_2[V_2O_8]OH\}\cdot 11H_2O$	10.07
	变铝钒铀矿	$Al\{(UO_2)_2[V_2O_8]OH\}\cdot 8H_2O$	10.64
	水钒铜铀矿	$Cu\{(UO_2)_2[V_2O_8]\}\cdot 9H_2O$	10.23
	钒酸钾铀矿	$K_2\{(UO_2)_2[V_2O_8]\}\cdot 3H_2O$	11.29
	钒钙铀矿	$Ca\{(UO_2)_2[V_2O_8]\}\cdot 8H_2O$	10.68
	变钒钙铀矿	$Ca\{(UO_2)_2[V_2O_8]\}\cdot 5H_2O$	11.32
	水钒铅铀矿	$Pb\{(UO_2)_2[V_2O_8]\}\cdot 5H_2O$	9.55
	钒铀钡铅矿	$Ba\{(UO_2)_2[V_2O_8]\}\cdot 5H_2O$	10.22
	水钒铀矿	$\{(UO_2)_3[V_2O_8]\}\cdot 6H_2O$	8.88
	黄钒铀矿	$(H_2O)_2\{(UO_2)_2[V_2O_8]\}\cdot 4H_2O$	11.61

11.3 主要钒矿物和含钒矿物的晶体化学和物理化学性质

11.3.1 钒钛磁铁矿 $Fe^{3+}(Fe^{2+},Fe^{3+})_2O_4$

(1) 化学性质：磁铁矿理论化学成分，FeO 为31.04%，Fe_2O_3 为68.96%。

已有的研究表明，磁铁矿化学成分中，Fe^{2+}与镁之间呈广泛的类质同象替代，并有Ti^{4+}和铝替代Fe^{3+}。在磁铁矿晶体结构中，当Ti^{4+}替代Fe^{3+}时，伴随着Mg^{2+}和V^{3+}相应替代Fe^{2+}和Fe^{3+}，Ti^{4+}替代量与Mg^{2+}和V^{3+}的替代量呈正消长关系，与Al^{3+}的替代量呈反消长关系。

（2）晶体结构：钒钛磁铁矿的晶体结构属尖晶石型，氧离子作立方最紧密堆积，堆积层与三次轴方向垂直，Fe^{2+}、Mg^{2+}等2价阳离子为四次配位，充填单位晶胞的1/8四面体空隙，Fe^{3+}、V^{3+}等3价阳离子为六次配位，充填单位晶胞的1/2八面体空隙。整个结构由四面体和六面体所连成，每个角顶为一个四面体和三个八面体所共有。V^{3+}（0.065nm）与Fe^{3+}（0.067nm）离子半径很近似，并且具有较高的化合价能形成坚固的键，因此，钒可以在高温结晶时进入磁铁矿的尖晶石型结构中，成为最稳定的类质同象杂质。从单矿物的化学成分分析也表明，钒主要分布在钛磁铁矿中。

（3）物理性质：钒钛磁铁矿颜色为黑色，半金属光泽，晶体常呈八面体和菱形十二面体，粒状集合体。密度4.9~5.2g/cm^3，莫氏硬度5.5~6，具铁磁性。

（4）光学性质：不透明，光片中反射色灰带玫瑰褐色（一般磁铁矿为灰带褐色），比钛铁矿亮而玫瑰色弱，比赤铁矿色暗而无蓝白色调，比褐锰矿稍暗。均质性，未见内反射。以晶形和具强磁性为主要鉴别特征。

（5）成因产状：产于基性岩和超基性岩中，与钛铁矿、钛辉石、角闪石、长石等共生，四川攀枝花、河北承德、广东兴宁、新疆香山、尾亚等地的钒钛磁铁矿属该类型。印度尼西亚、新西兰等地的海滨砂矿中含丰富的钒钛磁铁矿。

11.3.2 钒云母 $K\{V_2[AlSi_3O_8](OH)_2\}$

（1）化学性质：云母族矿物的成分通式用$X\{Y_{2\sim3}[Z_4O_{10}](OH)_2\}$表示，X组阳离子主要是大阳离子$K^+$，有时有$Na^+$、$Ca^{2+}$、$Ba^{2+}$、$Rb^+$、$Cs^+$等，Y组阳离子主要是Al、Fe和Mg，还有$Li^+$、$V^{3+}$、$Cr^{3+}$、$Zn^{2+}$、$Ti^{4+}$、$Mn^{2+}$等，Z组阳离子主要是位于硅氧四面体层的Si和Al，配位数为4，一般Al∶Si＝1∶3。钒云母为白云母的富钒变体，钒云母中钒替代白云母Y组阳离子中的铝位置，随着钒的替代，铝含量相应减少，同时类质同象混入物镁、铁、钛、钡、铬等，含V_2O_5含量从0到15%，钒的含量很不稳定，根据电子探针资料，不同的颗粒钒的含量不同，表明钒－铝之间的类质同象是广泛的。

（2）晶体结构：由呈八面体配位的阳离子层夹在两个相同的[(Si，Al)O_4]四面体网层之间而组成的。[(Si，Al)O_4]四面体共三个顶角顶连成六方网层，四面体活性氧朝向一边，附加阴离子OH位于六方网层的中央，并与活性氧位于同一平面上。两层六方网层活性氧的指向相对，并沿[100]方向位移 *a*/3

(1.7Å)，使两层的活性氧和 OH 呈最紧密堆积，其间所形成的八面体空隙，为 Y 组阳离子（V、Al 等）所充填，从而构成两层六方网层，中夹一层八面体层的结构层。

（3）物理性质：晶体呈片状、细纤维状，绿色，透明，随着含钒量的增高，颜色由浅绿色向深绿色转变（参见彩图 35）。钒云母莫氏硬度 2.5，密度 2.88g/cm^3。如同白云母，具解理｛001｝极完全。差热分析表明，钒云母在 150℃左右因丢失吸附水有一个吸热谷，380℃的放热反应是由于 V^{3+} 转变为 V^{4+}，矿物的颜色随之由绿色变为灰色，钒价态的转变是通过离子在晶体内电子转移的机理来完成的，氧化过程晶体结构未被破坏。573℃的吸热谷是石英相变的反应，750～850℃的吸热是结构水的丢失，900℃左右的吸热谷是钒云母结构破坏的反应。

（4）光学性质：在透射光下绿色，具多色性：n_g 方向为绿、褐色，n_p 方向为橄榄绿色，二轴晶负光性，$n_g = 1.704$，$n_m = 1.685$，$n_p = 1.615$。

（5）成因产状：存在于富含有机质的炭质板岩，或存在于强经历强变质作用的石墨化岩石中，与石墨、石英等共生。也见于黑色页岩中，与铜－镍－钼－钛一起构成所谓的“五元素矿床”，我国陕西南部、湖北北部等地均有此类矿床；经过变质作用，可形成与石墨共存的石墨云母片岩型钒矿床，莫桑比克某石墨云母片岩型钒矿床即属此类。

11.4 主要钒矿类型和提钒工艺

11.4.1 主要钒矿类型

钒的单独矿床很少。多伴生在磁铁矿、煤矿、铀矿、磷矿、铝土矿等矿床中。主要钒矿矿石包括以下类型。

（1）钒钛磁铁矿型伴生钒矿：钒矿主要产于岩浆岩型钒钛磁铁矿床之中，作为伴生矿产出。该类型世界上钒的最重要来源，除美国从钾钒铀矿中提钒外，主要产钒国家都从钒钛磁铁矿中提取钒。一般的钒钛磁铁矿石中含钒 0.2%～1.5%，分布于钒钛磁铁矿中的钒主要以 $FeO \cdot V_2O_3$ 尖晶石形态存在钛磁铁矿中。矿石矿物组成主要为钒钛磁铁矿、钛铁矿，常含少量磁黄铁矿、镍黄铁矿等，脉石主要为橄榄石、钛普通辉石、斜长石、绿泥石和角闪石。绿泥石中大多含有数量不等的微粒状、丝网状微细磁铁矿包裹体，导致绿泥石的磁性强，并且变化较大，预计对磁选富集磁铁矿和钛铁矿的干扰较大。

（2）钾钒铀矿型钒矿：是钒与铀综合矿床，含 V_2O_3 为 0.2%～1%。主要矿物为钾钒铀矿，是一种钾铀的钒酸络盐，化学式为 $K_2O \cdot 2UO_3 \cdot V_2O_5 \cdot 1 \sim 3H_2O$，呈浅黄色或浅绿黄色，含 V_2O_5 为 20.16%。分布于有机质的沉积岩的风化带（主要是砂岩），或见于沉积铀矿床的氧化带中，是提取铀、钒及镭的矿物原料。美国等地是这种矿物的主要产地，在提铀时可制得 V_2O_5。

（3）石煤型钒矿：在富含碳质浅变质的硅质粉砂岩和碳质板岩地层（亦称石煤地层）中，钒主要赋存于钒云母、含钒云母矿物中，有时也含钙钒榴石等钒矿物，主要产于中国陕西、河南、贵州、湖北、湖南、甘肃等地。矿石主要由微粒石英碎屑、次生石英、含钒云母胶结物和碳质等组成，金属硫化矿物数量较少，以黄铁矿为主，微量的闪锌矿、辉钼矿和硫砷镍矿。

（4）石墨型钒矿：为石煤钒矿热变质作用形成，矿石有价矿物除钒矿物之外，常含可工业利用的石墨。钒矿物种类较多，主要含钒矿物为钒云母、含钒褐铁矿、含钒黏土——高岭土和伊利石，有时有极少量钙钒榴石、钒钛矿、钒电气石、钒铀钡铅矿等。其他金属矿物有微量辉钼矿、黄铁矿、毒砂等。脉石矿物主要石英等。

（5）石油伴生矿型：这种矿寄生在原油中，中美洲国家拥有大量的石油伴生矿，这种资源已日益显示出其重要性。

11.4.2 钒矿石的提钒工艺

目前钒矿的利用以钒钛磁铁矿中的钒和石煤钒矿中的钒为主。钒钛磁铁矿中钒的提取是先从矿石破碎磨矿开始，弱磁选获得钒钛磁铁矿精矿。钒钛磁铁矿精矿有直接提钒或铁渣提钒两种工艺。直接提钒工艺是将钒钛磁铁矿精矿与纯碱混合，高温焙烧后酸浸，固液分离后制得偏钒酸溶液，加热搅拌下用盐酸或硫酸中和，水解后得 V_2O_5。铁渣提钒是将钒钛磁铁矿精矿经高温冶炼，得含钒生铁，经空气吹炼，得富钒渣（主要成分为 V_2O_5 和氧化铁），粉碎富钒渣，除去铁之后，用钠盐和纯碱混合，在氧充足的条件下焙烧，制得偏钒酸溶液，加热搅拌下用盐酸或硫酸中和，水解后得 V_2O_5。

石煤钒矿大多数不经选矿，直接采用水冶法提钒，少数矿石采用强磁选或浮选预富集再水冶提钒。目前常用的提钒方法包括钠盐焙烧－水浸工艺法、酸性浸出－氧化沉钒法、高温活化法。

钠盐焙烧－水浸工艺法首先将原矿粉碎，然后加入焙烧炉高温焙烧，同时加入钠盐，以氯化钠焙烧为例，

$$2NaCl + V_2O_5 + 0.5O_2 = 2NaVO_3 + Cl_2$$

反应过程中产生大量的烟尘、氯气和氯化氢气体，这些高温气体需除尘、降温、碱吸收处理，成本较高，同时 V_2O_5 的产率一般在45%左右。

酸性浸出氧化沉钒法是将废钒催化剂加入盐酸或硫酸中加温浸出，同时加入氯化钾氧化四价钒为五价钒，V_2O_5 的浸出率可达到95%～98%，再用氢氧化钾调整pH值，溶液煮沸得到 V_2O_5 沉淀。

高温活化法是将废钒催化剂直接进行高温活化，然后用碳酸氢铵进行浸出，过滤、浓缩浸出液，再加入氯化铵使钒以偏钒酸铵形式沉淀，煅烧后得到 V_2O_5

产品。此方法的优点是可以利用原料中的钾，无需添加钠化剂，浸出不耗酸、碱，回收率高，一次沉钒即可获得合格产品。缺点是活化过程能耗高，同时会排出二氧化硫废气。

11.5　钒钛磁铁矿型含钒矿石工艺矿物学实例

11.5.1　原矿物质组成

原矿多元素化学分析如表 11－4 所示，本例矿石具有铁高，钛低，富含钒的特点。

表 11－4　原矿多元素化学分析结果

元素	TFe	TiO_2	V_2O_5	SiO_2	Al_2O_3	Fe_2O_3
含量/%	16.92	4.06	0.174	35.97	19.26	10.74
元素	CaO	MgO	S	P	K_2O	Na_2O
含量/%	10.77	6.01	0.37	0.0073	0.232	1.25

经显微镜、扫描电镜和 MLA 自动检测设备查定表明，矿石矿物组成和矿物含量如表 11－5 所示。主要有用矿物为钒钛磁铁矿和钛铁矿，而铜、钴、镍矿物因含量太低，无回收价值。

表 11－5　原矿矿物定量测定结果

矿　物	矿物含量/%	矿　物	矿物含量/%
钒钛磁铁矿	15.12	绢云母	0.63
钒钛磁铁矿（褐铁矿化）	3.46	普通辉石	32.28
褐铁矿	0.09	钛辉石	1.54
钛铁矿（含锰）	2.68	橄榄石	0.20
白钛石	2.29	绿泥石	8.89
黄铜矿	0.04	绿帘石	2.30
黄铁矿	0.79	方解石	0.22
硫钴镍矿	0.02	磷灰石	0.02
石英	0.25	其他	0.25
斜长石	28.93	合计	100.00

11.5.2　钒钛磁铁矿和钛铁矿的嵌布粒度

将矿石块矿磨制成矿石光片，在显微镜下测定钒钛磁铁矿和钛铁矿的嵌布粒度，嵌布粒度测定结果如表 11－6 所示。从测定结果来看，矿石中钒钛磁铁矿属于细粒较均匀嵌布类型，大于0.08mm粒级占80%以上；钛铁矿的嵌布粒度与钒钛磁铁矿相近，但微细粒级钛铁矿较多，约有5%～6%的钛铁矿嵌布粒度小于0.02mm。

表11－6　铁、钛矿物嵌布粒度

粒级/mm	矿物/%	
	钒钛磁铁矿	钛铁矿
－1.28～＋0.64	4.43	7.78
－0.64～＋0.32	16.60	22.56
－0.32～＋0.16	27.23	26.06
－0.16～＋0.08	33.43	22.76
－0.08～＋0.04	13.25	8.66
－0.04～＋0.02	4.34	6.66
－0.02～＋0.01	0.72	4.86
－0.01	0.00	0.66
合　计	100.00	100.00

11.5.3　钒钛磁铁矿和钛铁矿的解离度测定

采用MLA自动矿物检测仪测定了选矿试验中不同磨矿细度下钒钛磁铁矿和钛铁矿的解离度，测定结果如表11－7及表11－8所示。

表11－7　钛铁矿解离度测定结果

样品号	磨矿细度 －0.076mm占有率/%	解离度/%	连生体/%		
			与钒钛磁铁矿	与普通辉石/绿泥石等	与长石
1	32.50	44.16	20.75	50.13	29.12
2	36.50	57.78	21.00	50.84	28.16
3	48.00	74.31	19.90	50.65	29.45
4	62.50	78.15	16.76	51.62	31.62
5	67.50	85.61	19.32	50.52	30.16
6	78.50	89.22	19.51	51.40	29.09
7	90.00	92.98	19.21	51.46	29.33

表 11-8 钒钛磁铁矿解离度测定结果

样品号	磨矿细度 -0.076mm 占有率/%	解离度/%	连生体/%		
			与钛铁矿	与普通辉石/绿泥石等	与长石
1	32.50	47.04	3.64	62.23	34.13
2	36.50	56.90	4.85	61.72	33.43
3	48.00	67.41	4.76	59.98	35.26
4	62.50	77.86	3.85	59.21	36.94
5	67.50	81.90	4.19	59.74	36.07
6	78.50	90.49	4.35	60.69	34.96
7	90.00	94.52	3.59	61.24	35.17

从解离度测定结果来看，本例矿石中钛铁矿、钒钛磁铁矿主要与普通辉石、绿泥石、长石连生，较难解离，在磨矿细度 -0.074mm（-200 目）占 90% 时，钛铁矿的解离度达到93%，钒钛磁铁矿的解离度略高，达到95%左右。

11.5.4 主要矿物的矿物特征和嵌布有关状态

11.5.4.1 钒钛磁铁矿 $Fe^{3+}(Fe^{2+}, Fe^{3+})_2O_3$

钒钛磁铁矿是磁铁矿的富钛和钒的变种。钒钛磁铁矿呈铁黑色，无解理，断口半贝壳状或参差状，莫氏硬度 5.5~6，密度 4.9~6.2g/cm^3。具强磁性。钒钛磁铁矿中常含有 Ti、V、Mn、Mg 等的类质同象混入物，并有铝、钙、硅等机械混入物，并沿解理缝分布钛铁晶石片晶。从显微镜观察钒钛磁铁矿的光学性质，可见本矿石中的钒钛磁铁矿多呈半风化蚀变状态，赤铁矿化、褐铁矿化，以及绿泥石化等，但主体仍为钒钛磁铁矿，采用扫描电镜能谱仪对该钒钛磁铁矿进行微区化学成分检测，能谱如图 11-1 所示，分析结果如表 11-9 所示。

表 11-9 钒钛磁铁矿化学成分能谱检测结果 (%)

检测号	化学组成						
	TiO_2	FeO	V_2O_5	MnO	MgO	Al_2O_3	SiO_2
1	3.05	92.25	1.65	0.00	0.00	3.05	0.00
2	10.77	81.67	1.52	0.00	1.33	3.82	0.89
3	10.01	82.07	1.45	0.32	0.00	5.48	0.67
4	10.80	82.77	1.46	0.26	0.00	4.43	0.28
5	14.14	77.85	1.37	0.44	0.00	4.91	1.29
6	12.54	78.39	1.23	0.45	1.57	5.03	0.79
7	13.44	78.66	1.37	0.50	0.83	5.2	0.00

续表 11－9

检测号	化学组成						
	TiO_2	FeO	V_2O_5	MnO	MgO	Al_2O_3	SiO_2
8	11.40	79.89	1.50	0.38	1.68	5.15	0.00
9	10.18	80.70	1.47	0.00	1.77	4.89	0.99
10	11.19	79.86	1.30	0.42	0.85	5.45	0.93
11	7.95	84.65	1.44	0.16	0.00	4.98	0.82
平均	10.50	81.71	1.43	0.27	0.73	4.76	0.61

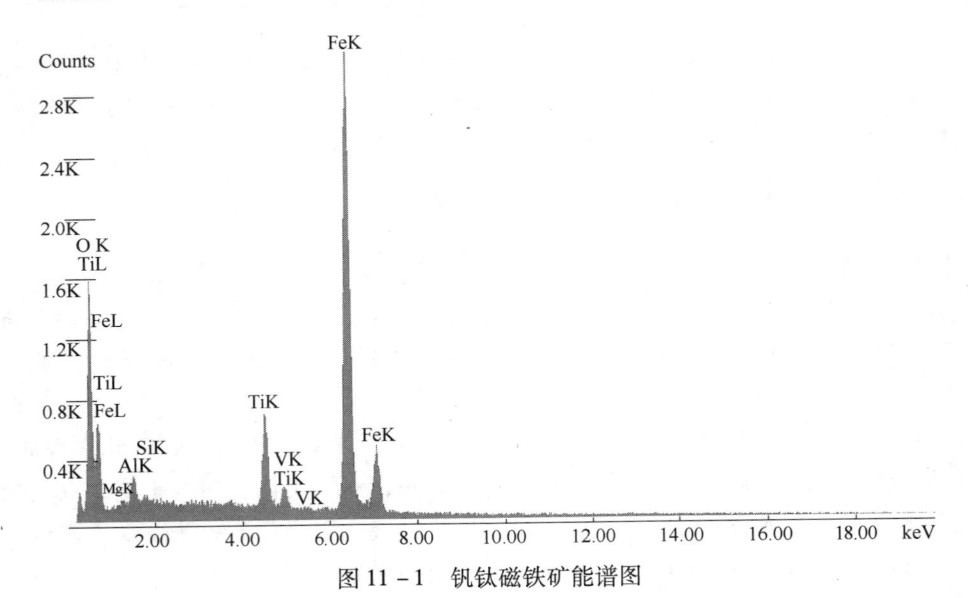

图 11－1　钒钛磁铁矿能谱图

化学成分上具有富铝而含铁偏低的特征，并含较高的钒和少量锰、镁、硅，表明了钒钛磁铁矿经历一定程度的蚀变作用。钒钛磁铁矿单矿物分析：Fe 为 60.98%，TiO_2 为 11.00%，V_2O_5 为 0.82%。

钒钛磁铁矿的嵌布形式较单一，大部分钒钛磁铁矿单独或与钛铁矿形成海绵陨铁结构，钒钛磁铁矿或钒钛磁铁矿与钛铁矿的他形晶集合体分布在自形晶或半自形晶的普通辉石等硅酸盐矿物的晶间隙中。钒钛磁铁矿与钛铁矿呈毗连镶嵌。少量的钒钛磁铁矿以微细粒状包含于辉石中，导致这些辉石的磁性强于其他辉石。

从钒钛磁铁矿的光学性质变化表明具一定的赤铁矿化现象，并呈蜂窝状溶蚀孔，同时，由于热液蚀变作用，部分钒钛磁铁矿边缘或裂隙中分布有铁钛氧化物

（白钛石）的环边，与其连生的钛铁矿蚀变程度略低，未见明显的蜂窝结构。钒钛磁铁矿和钛铁矿边缘常伴生后期生成的黄铁矿。

11.5.4.2 钛铁矿 $FeTiO_3$

钛铁矿常含类质同象混入物镁和锰，同时也含有益金属钒。采用扫描电镜能谱仪对该钛铁矿进行微区化学成分检测，能谱如图 11 - 2 所示，分析结果如表 11 - 10 所示。该钛铁矿含钒、锰、硅、铝等杂质，二氧化钛含量低于正常的钛铁矿（正常钛铁矿 TiO_2 含量 52.66%）。钛铁矿中钒的含量低于钒钛磁铁矿。钛铁矿单矿物分析：TiO_2 为 47.49%，Fe 为 36.69%，V_2O_5 为 0.49%（注：钛铁矿单矿物中含有极少量的难以分离的具弱磁性的褐铁矿化钒钛磁铁矿）。钛铁矿呈铁黑色，半金属光泽，不透明，贝壳状断口。莫氏硬度 5 ~ 6.5，密度 4 ~ 5g/cm^3，性脆。本例矿石中钛铁矿磁性较强，在 200 ~ 400mT 场强可进入磁性产品。

表 11 - 10 钛铁矿化学成分能谱检测结果 （%）

检测号	化学组成						
	TiO_2	FeO	V_2O_5	MnO	MgO	SiO_2	Al_2O_3
1	48.69	49.11	0.97	0.79	0.00	0.00	0.44
2	49.00	47.27	0.67	1.16	0.70	0.00	1.20
3	49.15	47.97	0.62	1.46	0.00	0.00	0.80
4	48.63	47.21	0.76	1.05	1.17	0.00	1.18
5	49.00	47.65	0.70	1.17	0.49	0.00	0.99
6	50.06	47.15	0.57	1.33	0.00	0.63	0.26
7	49.60	48.03	0.00	1.33	0.00	0.34	0.70
8	50.33	47.57	0.71	1.39	0.00	0.00	0.00
9	49.58	48.44	0.32	1.11	0.00	0.00	0.55
10	48.59	48.05	0.61	1.25	0.00	0.70	0.80
11	50.01	47.97	0.75	1.27	0.00	0.00	0.00
平均	49.33	47.86	0.61	1.21	0.21	0.15	0.63

大多数钛铁矿与钒钛磁铁矿连生，两者一同组成海绵陨铁结构，钛铁矿与钒钛磁铁矿毗连镶嵌。相对钒钛磁铁矿而言，钛铁矿呈较弱的氧化蚀变状态，钛铁矿嵌布粒度与钒钛磁铁矿相近，但微细粒级略多于钒钛磁铁矿。

11.5.4.3 含钛普通辉石 $(Ca, Mg, Fe^{3+}, Fe^{2+}, Ti, Al)_2[(Si, Al)_2O_6]$

矿石中辉石的含量占矿物总量的 30% 以上，为该矿石的主要脉石矿物。根据能谱检测结果如表 11 - 11 所示。从该矿物的化学组成中钙、镁和铁、钛含量来看，属于辉石类的含钛普通辉石种属，其特点是富钙、镁，含 FeO 为 7% ~

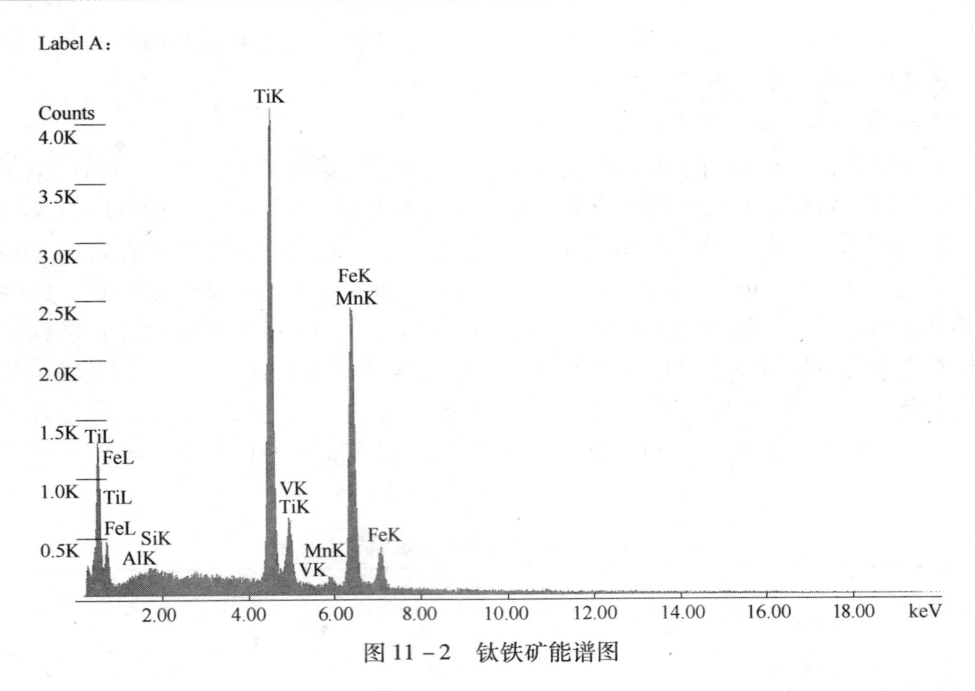

图 11－2　钛铁矿能谱图

8%，含 TiO_2 为 0.5%～1%。普通辉石颜色灰褐色，少数含铁矿物包裹体多的颗粒呈绿黑色，玻璃光泽，解理完全，莫氏硬度 5.5～6，密度 3.2～3.5g/cm³。在试验中发现部分辉石具较强磁性，采用磁力分析仪分选，在 500mT 场强下进入磁性产品（对应表 11－11 中分析号 1～9），磁性与钛铁矿相近，而不含钒钛磁铁矿包裹体的辉石（对应表 11－11 中分析号 10～18）磁性较弱。经显微镜检测和能谱检测，两部分辉石的化学组成差别不大，并且 FeO 含量差别不大，但磁性较强的辉石多含微细粒钒钛磁铁矿包裹体，从化学成分上看，磁性强的辉石普遍含微量 V_2O_5，由此表明，辉石中的微细粒钒钛磁铁矿包裹体是决定辉石磁性变化的主要原因。

表 11－11　普通辉石化学成分能谱检测结果　　（%）

分析号	化学组成							
	TiO_2	FeO	CaO	Al_2O_3	SiO_2	MgO	MnO	V_2O_5
1	0.88	8.04	19.70	2.67	53.85	14.67	0.19	0.00
2	1.22	7.54	20.62	2.90	52.75	14.62	0.25	0.10
3	1.07	7.34	20.38	4.00	52.62	14.35	0.15	0.09
4	1.05	7.91	19.84	4.65	52.31	13.95	0.21	0.08
5	0.77	7.03	20.21	2.75	53.33	15.71	0.2	0.00
6	0.76	7.52	23.88	2.77	50.86	13.96	0.19	0.06
7	0.60	6.95	19.95	1.89	54.55	15.78	0.20	0.08

续表 11－11

分析号	化学组成							
	TiO_2	FeO	CaO	Al_2O_3	SiO_2	MgO	MnO	V_2O_5
8	0.66	8.64	19.86	2.67	52.54	15.43	0.13	0.07
9	0.88	7.62	20.56	3.04	52.85	14.81	0.19	0.06
10	0.52	8.27	20.31	2.20	54.03	14.38	0.28	0.00
11	0.64	8.02	20.54	2.45	53.5	14.66	0.20	0.00
12	0.62	7.01	20.86	1.91	54.10	15.31	0.18	0.00
13	1.01	7.11	19.95	3.09	53.46	15.20	0.17	0.00
14	1.04	7.09	21.44	2.81	52.82	14.54	0.26	0.00
15	0.67	7.76	20.30	3.00	53.45	14.66	0.16	0.00
16	1.01	7.50	20.01	3.68	52.47	15.09	0.24	0.00
17	0.71	7.60	19.35	2.40	54.06	15.72	0.17	0.00
18	0.78	7.55	20.35	2.69	53.49	14.95	0.21	0.00
平均	0.83	7.58	20.45	2.87	53.17	14.88	0.20	0.03

11.5.4.4 白钛石

在本例矿石中发现一些含钛特别高的铁钛氧化物，采用扫描电镜能谱仪对该钛铁矿进行微区化学成分检测，能谱如图 11－3 所示，分析结果如表 11－12 所示。

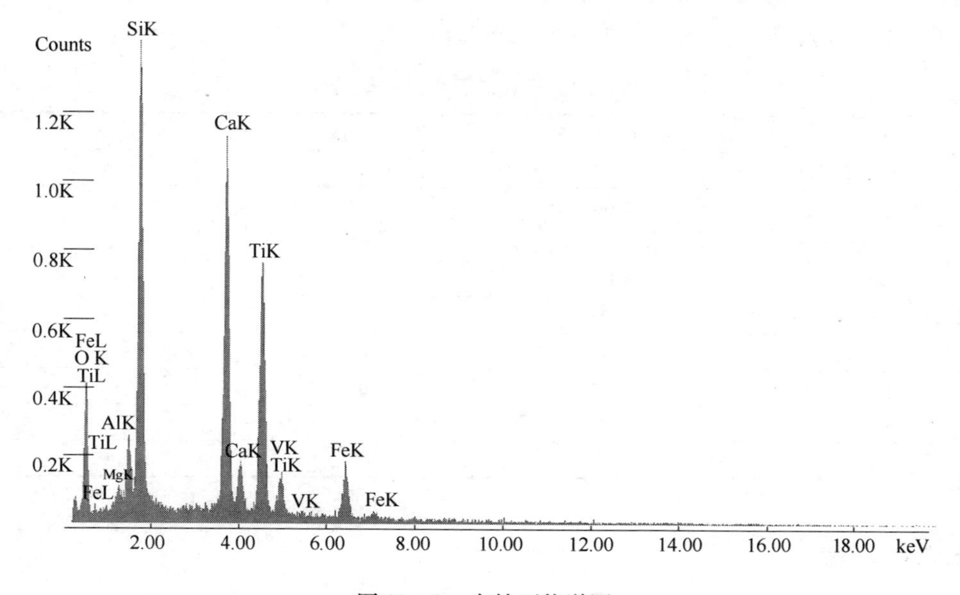

图 11－3 白钛石能谱图

表 11－12　白钛石化学成分能谱检测结果　　（%）

分析号	化学组成						
	TiO_2	Fe_2O_3	V_2O_5	Al_2O_3	SiO_2	MgO	CaO
1	28.55	3.06	0.79	7.15	33.92	0.00	26.53
2	29.02	8.46	0.79	5.06	32.86	1.22	22.59
3	18.08	20.41	1.17	11.03	30.72	4.71	13.88
4	17.73	20.71	1.30	11.89	29.67	5.26	13.44
5	17.78	26.07	1.05	11.59	27.57	4.21	11.73
6	14.28	27.20	0.96	13.02	29.96	4.11	10.47
平均	20.91	17.65	1.01	9.96	30.78	3.25	16.44

这些铁钛氧化物多在钒钛磁铁矿或褐铁矿边缘呈环边结构或充填于钒钛磁铁矿的裂隙中，其成分富含钛、铁、硅、钙，化学成分变化较大，因无法提取单矿物作 X 衍射分析，无法确定其矿物种类，可能为一种热液蚀变矿物或多矿物混合物，暂定名为白钛石。

11.5.5　钒在矿石中的赋存状态

经提取单矿物作钒的化学分析，作出钒在矿石中的平衡分配如表 11－13 所示。由表 11－13 中可见，在磨至 0.076mm 粒度以下时，钒钛磁铁矿中钒占原矿总钒量 75% 左右，钛铁矿中的钒占原矿总钒的 6% ～7% 左右，存在于脉石矿物中的钒占 7% 左右，存在于白钛石中的钒约占 11%。

表 11－13　钒在矿石中的平衡分配

矿　物	含量/%	含 V_2O_5 量/%	分配率/%
钛磁铁矿	18.67	0.82	74.90
钛铁矿（含锰）	2.68	0.20	6.42
白钛石	2.29	1.01	11.32
黄铜矿	0.04	—	—
黄铁矿	0.79	—	—
硫钴镍矿	0.02	—	—
脉石	75.26	0.02	7.36
其他	0.25	—	—
合　计	100.00	0.209	100.00

11.5.6　小结

（1）本例矿石为一较典型的岩浆分异作用成因的钒钛磁铁矿和钛铁矿矿石，

但该矿石经历后期的次生变化，钒钛磁铁矿具弱赤铁矿化、褐铁矿化、绿泥石化，并产出次生的钛矿物——白钛石。由于矿物的次生变化，使铁、钛矿物化学组成、磁性等发生变化，使该矿的选矿分离富集难度增大。

（2）本矿石中钒钛磁铁矿属于细粒较均匀嵌布类型，大于0.08mm粒级占80%以上；钛铁矿的嵌布粒度与钒钛磁铁矿相近，但微细粒级钛铁矿较多，约有5%～6%的钛铁矿嵌布粒度小于0.02mm。

（3）本矿石中钛铁矿、钒钛磁铁矿主要与普通辉石、绿泥石、长石连生，较难解离，在磨矿细度-0.076mm占90%时，钛铁矿的解离度达到93%，钒钛磁铁矿的解离度略高，达到95%左右。

（4）钒的赋存状态查定表明，钒钛磁铁矿中钒占原矿总钒量75%左右，钛铁矿中的钒占原矿总钒的6%～7%，存在于脉石矿物中的钒占7%左右，存在于白钛石中的钒约占11%。

（5）本矿石中钒钛磁铁矿具有程度不一的赤铁矿化和褐铁矿化现象，但颗粒主体仍是钒钛磁铁矿（即未完全变化为赤铁矿或褐铁矿），这使得钒钛磁铁矿磁性和可浮性变化大，尤其是褐铁矿化程度高的钒钛磁铁矿磁性变弱，与钛铁矿相近，从而导致钛铁矿的分选困难。

11.6 石煤型钒矿工艺矿物学实例

11.6.1 原矿物质组成

原矿多元素化学分析结果如表11-14所示。该矿石富含碳，有价金属主要为钒，其次为铁，而铁品位较低，未达到综合回收要求。

表11-14 原矿多元素化学分析结果

元素	V_2O_5	Fe	C	K_2O	Al_2O_3	SiO_2
含量/%	0.96	5.71	4.81	1.14	5.18	78.76
元素	CaO	MgO	Na_2O	TiO_2	P	S
含量/%	1.51	1.16	0.11	0.54	0.482	0.46

该钒矿赋存于浅变质的硅质粉砂岩和碳质板岩中，采用MLA矿物自动定量系统测定原矿矿物组成，测定结果如表11-15所示。

表11-15 原矿矿物组成定量测定结果

矿　物	含量/%	矿　物	含量/%	矿　物	含量/%
片状钒云母	0.824	绿帘石	0.009	纤磷钙铝石	0.110
含碳钒云母	7.630	褐帘石	0.050	黄铁矿	0.443

续表 11－15

矿　物	含量/%	矿　物	含量/%	矿　物	含量/%
纤维状钒云母	12.006	方解石	0.016	闪锌矿	0.003
羟钒铜矿	0.007	白云石	0.013	硫砷镍矿	0.005
钒钡铜矿	0.006	滑石	0.102	辉钼矿	0.002
钙钒榴石	0.150	赤铁矿	0.099	重晶石	0.208
碳质（含石英）	6.448	锐钛矿	0.567	碳酸钡钙矿	0.004
含钒褐铁矿	1.924	磷灰石	2.280	黄钾铁矾	0.469
水钒铁矿	0.022	榍石	0.017	明矾石	0.005
石英	62.712	独居石	0.048	含钴硬锰矿	0.003
长石	1.791	磷钇矿	0.015	软锰矿	0.012
透闪石	1.275	红磷铁矿	0.036	其他	0.044
高岭土	0.626	磷铝石	0.019	合　计	100.000

测定结果表明，主要含钒矿物为纤维状钒云母、含碳钒云母、含钒褐铁矿，少量片状钒云母和钙钒榴石，微量羟钒铜矿、钒钡铜矿等。

11.6.2　主要矿物的物化性质和嵌布状态

11.6.2.1　钒云母 $K\{V_2[AlSi_3O_8](OH)_2\}$

钒云母中 Y 组离子以钒和铝为主，类质同象混入镁、铁、铬等，本矿石中钒云母有 3 种类型。

（1）片状钒云母：数量较少，为次生云母，多与次生石英共生，含量仅占矿物量的 0.824%，但含钒量较高，片状钒云母化学成分如表 11－16 所示，V_2O_5 含量 9%～17%，不同颗粒钒云母的钒含量变化较大，并有较多铬、镁、钡、铁等的替代，平均 V_2O_5 含量 12.90%。片状钒云母呈褐色片状，有时带绿色，质地柔软。在矿石中片状钒云母大多分布在岩层片理弯曲部位，与次生石英伴生，如图 11－4 所示（另见彩图 36）。

表 11－16　片状钒云母化学成分能谱检测结果[①]　　（%）

检测号	化学成分及含量								
	V_2O_3	Cr_2O_3	TiO_2	BaO	FeO	K_2O	MgO	Al_2O_3	SiO_2
1	17.03	2.38	0.59	3.74	0.17	6.89	3.76	16.23	49.21
2	11.09	2.82	0.61	2.88	1.06	7.15	4.3	18.03	52.06
3	10.94	2.32	0.57	2.35	2.59	7.14	4.55	19.76	49.78

续表 11－16

检测号	化学成分及含量								
	V_2O_3	Cr_2O_3	TiO_2	BaO	FeO	K_2O	MgO	Al_2O_3	SiO_2
4	13.27	1.87	0.61	4.02	0.96	7.33	4.13	18.6	49.21
5	9.29	3.56	0.60	3.21	0.43	6.35	3.98	19.94	52.64
6	13.58	1.71	0.59	2.54	0.18	6.40	4.67	17.77	52.56
7	14.82	2.57	0.34	4.73	1.97	6.43	4.29	16.53	48.32
8	13.17	0.74	0.59	5.65	0.2	6.58	3.38	21.55	48.14
9	13.69	2.13	0.53	2.73	0.21	6.36	4.79	17.54	52.02
10	10.23	2.28	0.34	1.48	0.13	6.55	5.36	18.28	55.35
11	14.84	0.7	0.61	1.11	0.14	5.48	4.77	17.18	55.17
平均	12.90	2.10	0.54	3.13	0.73	6.61	4.36	18.31	51.31

①能谱无法测定矿物含水量，故表中结果比实际略微偏高。

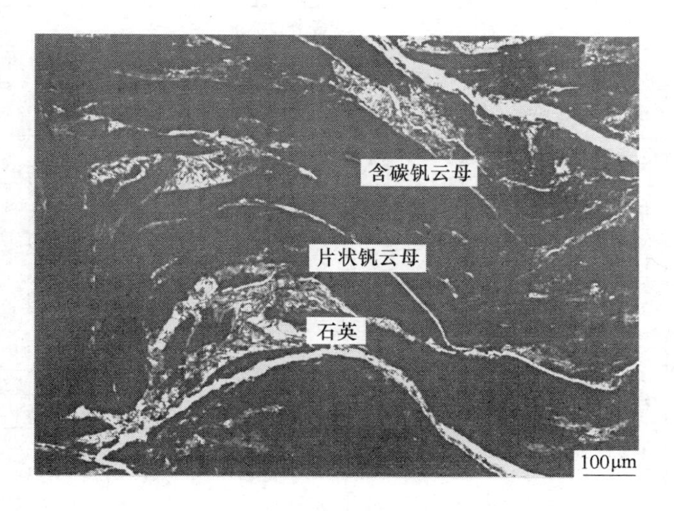

图 11－4　片状钒云母分布在碳质板岩层理弯曲部分，与次生石英共生
（薄片单偏光，放大 160 倍）

（2）纤维状钒云母：数量较多，为硅质粉砂岩的胶结物成分，如图 11－5 所示，含量占矿物量的 12.006%，呈纤维状、丝绢光泽，纤维状钒云母化学成分如表 11－17 所示，V_2O_3 含量 0.1%～8%，大多数在 2%～3% 之间，平均 3.15%（V_2O_5 为 3.82%）。纤维状钒云母与微细粒石英分砂共生，两者不易分离。

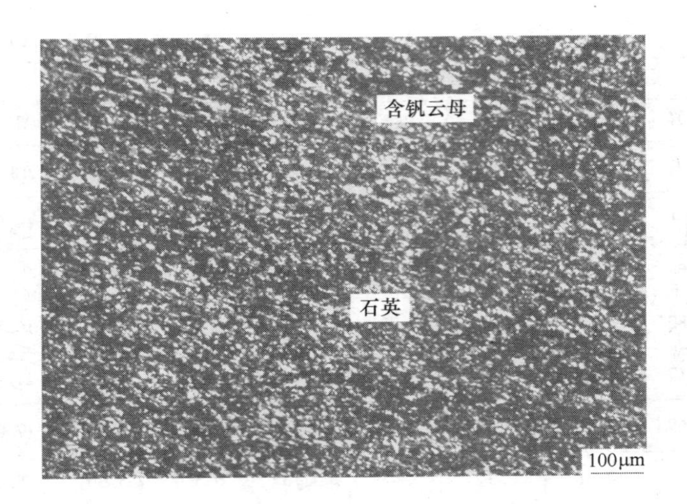

图 11－5 纤维状钒云母与石英粉砂混杂，为粉砂岩的泥质胶结物
（薄片正交偏光，放大 160 倍）

表 11－17 纤维状钒云母化学成分能谱检测结果①） （%）

检测号	化学成分及含量										
	V_2O_3	Cr_2O_3	TiO_2	BaO	FeO	K_2O	MgO	Al_2O_3	SiO_2	P_2O_5	SO_3
1	2.05	0.39	0.42	1.77	0.52	7.36	5.21	27.86	54.42	0.00	0.00
2	3.35	1.30	0.14	1.40	0.14	5.62	5.69	24.52	57.84	0.00	0.00
3	4.07	0.14	0.43	0.11	17.32	4.85	4.27	18.4	48.03	1.20	1.18
4	3.56	0.23	0.24	1.48	0.17	6.91	4.58	27.27	55.56	0.00	0.00
5	8.19	2.96	0.60	1.28	15.07	5.45	3.88	16.96	45.61	0.00	0.00
6	2.85	0.29	0.24	1.76	12.86	6.4	4.31	23.63	47.66	0.00	0.00
7	1.89	0.06	0.10	0.91	0.67	4.72	2.29	15.06	74.3	0.00	0.00
8	3.07	1.44	0.15	1.90	0.35	6.93	4.39	21.86	59.91	0.00	0.00
9	0.12	0.03	0.28	0.00	3.53	8.43	2.17	33.16	52.28	0.00	0.00
10	2.76	0.17	0.23	2.06	0.33	7.65	4.42	28.16	54.22	0.00	0.00
11	2.70	0.00	0.13	1.87	0.34	7.67	4.51	27.55	55.23	0.00	0.00
平均	3.15	0.64	0.27	1.32	4.66	6.53	4.16	24.04	55.01	0.11	0.11

①能谱无法测定矿物含水量，故表中结果比实际略微偏高。

（3）含碳钒云母，矿物含量为 7.63%，呈鳞片状和纤维状钒云母与碳质密切共生，呈黑色，如图 11－6 所示，含碳质钒云母化学成分如表 11－18 所示，V_2O_5 含量0.1%～1.8%，平均0.72%；C含量46%～67%。

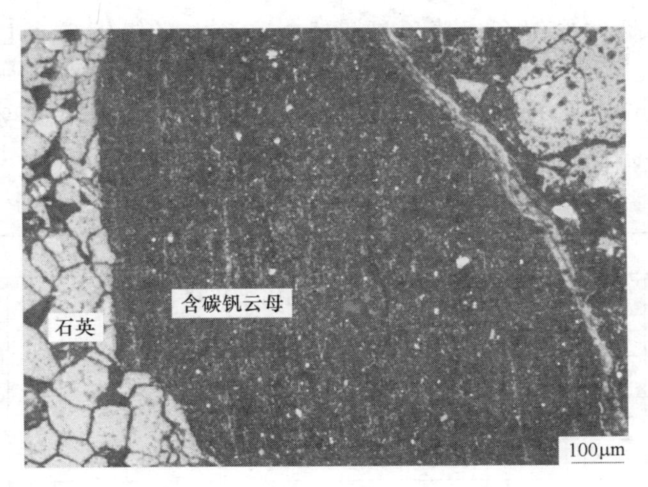

图11－6 钒云母与碳质混杂分布，为碳质板岩的胶结物成分，呈层纹状分布
（薄片单偏光，放大160倍）

表11－18 含碳钒云母化学成分能谱检测结果[①] （%）

检测号	化学成分及含量								
	V_2O_5	BaO	K_2O	MgO	Al_2O_3	SiO_2	Fe	C	S
1	0.70	0.30	0.89	0.48	2.91	36.85	0.33	57.74	0.16
2	0.91	0.27	1.27	0.71	4.20	41.41	0.25	50.88	0.14
3	0.80	0.41	1.93	0.95	5.82	21.22	0.37	67.05	0.17
4	0.96	0.00	0.78	0.46	3.02	27.60	1.59	60.08	1.57
5	0.30	0.00	0.70	0.41	2.63	40.71	0.57	50.18	0.62
6	0.43	0.76	1.73	0.78	5.69	27.45	1.25	58.45	1.4
7	1.84	0.36	1.30	0.93	3.88	22.83	0.24	65.44	0.42
8	0.13	0.29	0.67	0.36	2.04	31.05	0.66	60.88	0.16
9	0.18	0.00	0.64	0.35	2.48	31.76	0.6	62.15	0.21
10	0.88	0.39	1.33	0.86	4.35	45.67	0.19	47.97	0.04
11	1.14	0.56	1.80	1.00	6.16	42.36	0.52	46.65	0.34
12	0.34	0.15	0.83	0.50	2.84	42.44	0.4	52.22	0.44
平均	0.72	0.29	1.16	0.65	3.83	34.28	0.58	56.64	0.47

①能谱无法测定矿物含水量，故表中结果比实际略微偏高。

11.6.2.2 羟钒铜矿 $Cu_5[VO_4](OH)_4$

羟钒铜矿呈橄榄绿色，莫氏硬度5。矿石中羟钒铜矿含量极微，只有0.007%，其化学成分扫描电镜能谱分析结果如表11－19所示。该矿石中的羟钒铜矿含Zn、Fe、Cd、As等杂质，V_2O_5含量较高，为36.93%～40.99%，平均38.89%。羟钒铜矿呈脉状充填于次生石英的缝隙中。

表11－19 羟钒铜矿化学成分扫描电镜能谱分析结果① （%）

检测号	化学成分及含量										
	V_2O_5	CuO	ZnO	FeO	CdO	Sb_2O_3	As_2O_5	SO_3	SiO_2	Al_2O_3	P_2O_5
1	36.93	52.45	2.73	0.34	0.17	1.04	5.71	0.59	0.00	0.00	0.00
2	40.48	59.03	0.00	0.00	0.00	0.00	0.00	0.00	0.49	0.00	0.00
3	40.99	50.99	1.87	1.07	0.88	0.00	0.00	1.02	2.09	1.09	0.00
4	37.16	52.54	0.00	1.88	0.00	0.00	4.82	0.98	0.85	1.28	0.48
平均	38.89	53.75	2.3	1.0967	0.525	1.04	5.27	0.86	1.14	1.19	0.48

①能谱测定结果未含羟钒铜矿的结晶水，各元素含量比实际含量略为偏高。

11.6.2.3 钒钡铜矿 $BaCu_3[VO_4]_2(OH)_2$

矿石中钒钡铜矿如同羟钒铜矿，矿物含量极微，只有0.006%。钒钡铜矿理论化学成分CuO为37.60%，BaO为23.90%，V_2O_5为31.20%，H_2O为3.50%。黄绿色至深橄榄绿色，玻璃光泽，莫氏硬度3～4，密度4.05g/cm^3。钒钡铜矿化学成分扫描电镜能谱分析结果如表11－20所示。个别钒钡铜矿含Fe、Zn、Ca等杂质，V_2O_5含量较高，29.97%～31.52%，平均31.12%。钒钡铜矿见于纤维状含钒云母的片理间缝隙。

表11－20 钒钡铜矿化学成分扫描电镜能谱分析结果① （%）

检测号	化学成分及含量								
	V_2O_5	BaO	CuO	FeO	ZnO	CaO	SO_3	P_2O_5	SiO_2
1	31.87	25.66	41.67	0.8	0.00	0.00	0.00	0.00	0.00
2	29.97	26.62	38.78	1.35	1.07	0.48	0.51	0.59	0.64
3	31.52	26.84	40.98	0.66	0.00	0.00	0.00	0.00	0.00
平均	31.12	26.37	40.48	0.94	0.36	0.16	0.17	0.20	0.21

①能谱测定结果未含钒钡铜矿的结晶水，各元素含量比实际含量略为偏高。

11.6.2.4 钙钒榴石 $Ca_3V_2[SiO_4]_3$

矿石中的钙钒榴石含量为0.150%，一般为椭圆形球状或不规则粒状，翠绿色，但由于含碳质包体通常为暗绿、棕绿色，条痕微带绿色至灰白色，玻璃光泽，透明至微透明，莫氏硬度6.5，密度3.68g/cm^3，弱电磁性。钙钒榴石化学成分扫描电镜能谱分析结果如表 11－21 所示。

表 11－21 钙钒榴石化学成分扫描电镜能谱分析结果 （%）

检测号	化学成分及含量								
	V_2O_3	CaO	Cr_2O_3	FeO	TiO_2	Al_2O_3	SiO_2	K_2O	MgO
1	14.68	31.55	4.13	0.17	0.54	8.62	40.32	0.00	0.00
2	15.81	31.02	5.98	0.28	0.71	6.07	40.13	0.00	0.00
3	18.30	31.99	4.9	0.2	0.88	4.69	39.03	0.00	0.00
4	20.65	32.21	3.29	0.25	0.91	4.04	38.66	0.00	0.00
5	18.55	32.45	2.78	0.17	0.87	6.29	38.89	0.00	0.00
6	16.19	24.81	2.95	0.3	0.67	8.64	43.89	1.66	0.89
7	19.60	32.32	3.09	0.27	0.97	5.02	38.73	0.00	0.00
8	19.96	33.34	0.00	0.00	0.9	7.05	38.75	0.00	0.00
9	18.12	32.14	4.92	0.38	0.94	4.82	38.68	0.00	0.00
10	15.74	32.56	3.75	0.27	0.79	7.87	39.02	0.00	0.00
平均	17.76	31.44	3.58	0.23	0.82	6.31	39.61	0.17	0.09

从表 11－21 可得，V_2O_3 含量 14.68%～20.65%，平均 17.76%（V_2O_5 为 21.56%）。矿石中钙钒榴石多见分布于碳质板岩的裂缝中，与草莓状黄铁矿和碳质共生。

11.6.2.5 含钒褐铁矿 $Fe_2O_3 \cdot nH_2O$

该褐铁矿普遍含钒，钒含量呈变化状态。褐铁矿化学成分扫描电镜能谱测定结果如表 11－22 所示，可见该褐铁矿含钒量 0.44%～30.85%，平均含钒 12.51%。除钒外，褐铁矿还含多种杂质，包括锰、铜、铅、锌、钙、镁、硅、铝、钾、磷、镍、钡等。本例矿石中含钒褐铁矿多见于碳质板岩中，分布于次生石英脉石英晶洞中，如图 11－7 所示（另见彩图 37）。

表 11－22 褐铁矿化学成分扫描电镜能谱测定结果 （%）

测点	化学成分及含量															
	Fe_2O_3	V_2O_5	CuO	Cr_2O_3	ZnO	TiO_2	CaO	SO_3	P_2O_5	SiO_2	Al_2O_3	MgO	NiO	K_2O	As_2O_5	BaO
1	90.03	0.44	0.00	0.00	1.33	0.00	0.30	0.44	1.33	3.88	1.86	0.11	0.27	0.00	0.00	0.00
2	77.42	5.80	0.42	0.06	0.60	2.33	0.56	0.43	3.12	6.05	1.55	1.64	0.00	0.00	0.00	0.00
3	81.84	6.00	0.69	0.03	0.47	1.85	0.58	0.66	4.19	1.34	2.35	0.00	0.00	0.00	0.00	0.00
4	54.14	7.08	1.02	0.00	0.68	0.00	0.00	0.85	1.88	18.13	10.54	1.70	0.27	2.51	0.00	1.21
5	58.3	11.14	0.00	1.61	0.23	0.74	0.69	15.38	4.25	1.40	2.22	0.00	0.00	4.04	0.00	0.00
6	76.03	13.16	0.36	0.00	1.37	0.41	0.29	0.39	3.43	2.07	2.45	0.00	0.05	0.00	0.00	0.00
7	67.93	18.69	1.22	2.76	0.00	0.00	0.60	1.97	2.98	0.78	3.07	0.00	0.00	0.00	0.00	0.00
8	68.12	19.44	0.80	0.00	0.59	0.32	0.28	0.59	2.14	2.12	5.19	0.00	0.41	0.00	0.00	0.00
9	48.95	30.85	0.00	6.19	0.00	0.33	0.00	2.41	9.07	0.81	0.00	0.00	0.00	0.12	1.25	0.00
平均	69.20	12.51	0.50	1.18	0.59	0.66	0.37	2.57	3.60	4.06	3.25	0.38	0.11	0.74	0.14	0.13

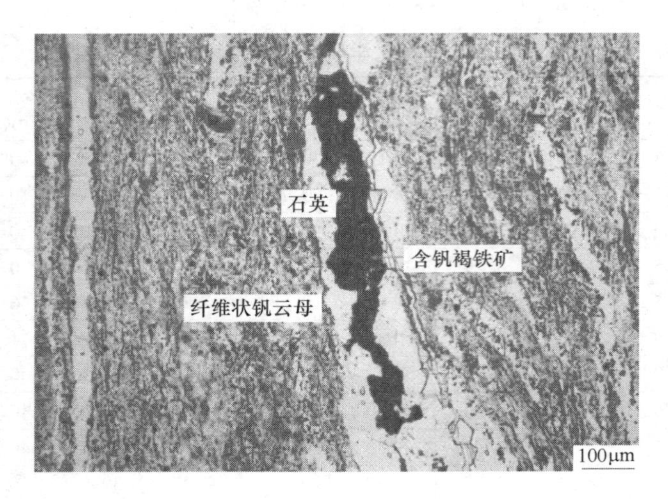

图 11－7　含钒褐铁矿充填于次生石英脉晶洞中，呈脉状分布
（显微镜，单偏光，放大 160 倍）

11.6.2.6　水钒铁矿 $Fe^{3+}[VO_3](OH_2)$

矿石中水钒铁矿含量为 0.022%。水钒铁矿为三价钒酸盐矿物，其化学成分扫描电镜能谱测定结果如表 11－23 所示，矿石中的水钒铁矿含有多种杂质，包括 Cr、Ti、Cu、Ca、K、P、Al、Si，As 等，平均 V_2O_3 含量 44.88%。水钒铁矿与含钒褐铁矿类似，分布于碳质板岩中，呈胶体环带状或与含钒褐铁矿共生。

表 11－23　水钒铁矿化学成分扫描电镜能谱测定结果　（%）

检测号	化学成分及含量											
	V_2O_5	FeO	Cr_2O_3	TiO_2	CuO	CaO	K_2O	SO_3	P_2O_5	Al_2O_3	SiO_2	As_2O_5
1	35.61	34.41	10.41	0.00	0.00	0.00	0.46	2.73	12.73	1.97	0.00	1.67
2	38.23	35.26	6.05	0.00	0.00	0.00	0.57	1.52	8.03	4.61	5.72	0.00
3	42.91	37.29	6.02	1.06	0.00	0.67	0.67	1.10	7.70	1.51	1.06	0.00
4	43.61	33.52	7.01	0.63	0.00	0.82	0.74	1.58	7.78	2.39	1.90	0.00
5	47.44	44.01	2.94	0.00	0.00	0.59	0.66	1.04	0.89	0.94	1.47	0.00
6	48.12	43.07	4.67	0.00	0.00	0.00	0.66	0.60	2.88	0.00	0.00	0.00
7	51.53	39.25	3.30	0.00	0.00	0.00	0.72	0.00	3.12	2.08	0.00	0.00
8	51.62	39.23	3.46	0.00	0.47	0.00	0.69	0.00	2.91	1.62	0.00	0.00
平均	44.88	38.26	5.48	0.21	0.06	0.26	0.65	1.07	5.76	1.89	1.27	0.21

11.6.2.7　石墨和碳质C

该矿石中含碳较高，有两种碳物质，一种是有机碳质物，为粉砂岩和碳质板岩中的胶结物成分，呈尘状与微细石英粉砂和含钒云母紧密连生，其化学成分如表11－24所示。

表11－24　碳质物化学成分扫描电镜能谱测定结果[①]　(%)

测点	化学成分及含量									
	V	C	Ba	K	Fe	S	Al	Mg	Si	O
1	0.00	50.59	0.00	0.04	0.25	0.37	0.44	0.10	22.45	25.76
2	0.18	46.72	0.00	0.71	0.17	0.04	1.83	0.31	20.95	29.09
3	0.36	49.82	0.16	0.08	0.13	0.00	0.66	0.12	23.57	25.10
4	0.03	49.19	0.11	0.69	0.12	0.00	1.34	0.25	21.92	26.35
平均	0.17	49.08	0.07	0.38	0.14	0.10	1.07	0.20	22.22	26.58

①含石英和云母成分。

由于碳质物极微细，能谱测定碳质物成分时难免含有粉砂岩成分，从测定结果表明，碳质物中含钒较低；另一种为石墨，在本矿石中数量较少，偶见于碎裂缝中，微晶石墨集合体呈碎片状分布。

11.6.2.8　黄铁矿FeS_2

黄铁矿为该矿石中主要硫化矿物，其含量为0.443%。黄铁矿呈浅黄铜色，粉末绿黑色。强金属光泽，不透明，脆性，高硬度，莫氏硬度为5，密度为4.9～5.2g/cm^3。矿石中黄铁矿多见于富碳质的黑色岩石中，呈豆荚状或草莓状星点状分布。

11.6.2.9　石英SiO_2

石英为该矿石中含量最多的矿物，有两种石英，其一是呈砂屑状石英，呈微细粒粉砂状，被泥质碳质胶结（泥质物在变质作用下变为云母），因此，粉砂质石英与含钒云母、碳质等紧密连生；其二为次生石英，呈自形至半自形晶，脉状或沿层间缝隙呈带状分布。后者占少数。

11.6.3　矿物磁性分析

为了查明本矿石磁选预富集的可能性，对原矿粒度为－0.074～＋0.043mm粒级的产品，采用WCF－3电磁分选仪进行磁性分析，考虑到样品粒度较细，采用湿式分选，结果如表11－25所示，从表11－25中可见，各磁性产品中主要为含钒的铁矿物，钒品位有较大提高，因云母类矿物磁性较弱，各磁性产品产率很少，因而磁选的回收率很低，80%以上的钒仍存在非磁产品中。

表 11 - 25 矿物磁性分析结果

磁场强度/mT	产率/%	V_2O_5 品位/%	回收率/%	矿物组成
500	2.29	1.99	4.85	含钒褐铁矿、水钒铁矿
700	1.79	2.62	4.99	含钒褐铁矿、水钒铁矿
1000	1.21	2.98	3.86	含铁云母、纤维钒云母、钙钒榴石
1800	1.43	3.05	4.65	含铁云母、钙钒榴石、钒云母等
非磁	93.29	0.82	81.64	石英、钒云母等
合计	100.00	0.937	100.00	

11.6.4 钒在矿石中赋存状态

根据矿石矿物定量检测结果和各矿物含钒量，制成钒在矿石中的平衡分配如表 11 - 26 所示。

表 11 - 26 钒在矿石中的平衡分配

矿物	矿物含量/%	矿物含 V_2O_5 量/%	分配量/%
羟钒铜矿	0.007	38.89	0.29
钒钡铜矿	0.006	31.12	0.20
水钒铁矿	0.022	54.47	1.26
钙钒榴石	0.150	21.56	3.40
含钒褐铁矿	1.924	12.51	25.29
碳（含石英）	6.448	0.30	2.03
含碳钒云母	7.630	0.72	5.77
片状钒云母	0.824	15.66	13.56
纤维状钒云母	12.006	3.82	48.20
石英	62.712	—	—
磷灰石	2.28	—	—
黄铁矿	0.443	—	—
其他	5.548	—	—
合计	100.000	0.952	100.00

从表 11 - 26 中可见，矿石中钒矿物种类较多，但钒矿物数量不多，其中包括羟钒铜矿、钒钡铜矿、水钒铁矿、钙钒榴石，赋存羟钒铜矿、钒钡铜矿、水钒铁矿的钒占原矿总量的 1.75%，赋存于钒钙榴石中钒占原矿总钒 3.40%；赋存于含钒褐铁矿中钒占原矿总钒量的 25.29%，这部分钒易于酸浸回收；赋存于碳质物中的钒占原矿总钒量的 2.03%，赋存于含碳钒云母、片状钒云母、纤维钒云

母中的钒分别占5.77%，13.56%和48.20%（总计67.53%）；约3.40%的钒以钒钙榴石矿物形式存在，由于钒钙榴石属岛状硅酸盐矿物，不易酸浸，将会对钒的回收有一定影响，但钒钙榴石数量不多，影响不太大。

11.6.5 影响选矿的矿物学因素分析

（1）该钒矿成矿岩石为浅变质硅质粉砂岩和碳质板岩，主要由微粒石英碎屑、次生石英、含钒云母胶结物和碳质等组成，金属硫化矿物数量较少，以黄铁矿为主，微量的闪锌矿、辉钼矿和硫砷镍矿。

（2）钒和含钒矿物种类较多，主要含钒矿物为纤维状钒云母、含碳钒云母、含钒褐铁矿，少量片状钒云母和钙钒榴石，微量羟钒铜矿、钒钡铜矿、水钒铁矿等。

（3）钒的赋存状态研究表明，赋存羟钒铜矿、钒钡铜矿、水钒铁矿的钒占原矿总量的1.75%，赋存于钒钙榴石中钒占原矿总钒3.40%；赋存于含钒褐铁矿中钒占原矿总钒量的25.29%，这部分钒易于酸浸回收；赋存于碳质物中的钒占原矿总钒量的2.03%，赋存于含碳钒云母、片状钒云母、纤维钒云母中的钒分别占5.77%，13.56%和48.20%（总计67.53%）。

（4）约3.40%的钒以钒钙榴石矿物形式存在，由于钒钙榴石属岛状硅酸盐矿物，不易酸浸，将会对钒的回收有一定影响，但钒钙榴石数量不多，影响不太大。

（5）矿物磁性分析表明，各磁性产品钒品位有较大提高，但各磁性产品产率很少，即具磁性的矿物量太少，因而磁选的回收率很低，80%以上的钒仍存在于非磁产品中。

12 稀土矿的工艺矿物学

12.1 稀土资源简介

稀土是化学元素周期表中包括了镧系（镧、铈、镨、钕、钷、钐、铕、钆、铽、镝、钬、铒、铥、镱、镥）15个元素及21号元素钪、39号元素钇，共计17个元素的总称。根据物理化学性质的差异性和相似性，稀土元素可分成三个组：轻稀土组（镧～钷）、中稀土组（钐～镝）、重稀土组（钬～镥加上钪和钇），其中从镧到镥15个元素又称为镧系元素。钪虽然与其他稀土元素性质相似，在自然界也常与稀土元素共生，但却不出现于其他16个稀土元素的组合中，表现为“独来独往”的性质，故将钪另外叙述。过去由于分析技术水平低，认为稀土元素在地壳中很稀少，加之分离困难，并由于稀土氧化物多呈土状，而称其为稀土元素。实际上稀土元素并不稀少，铈在大陆地壳中的丰度值为42×10^{-6}，比铜（24×10^{-6}）还高，镧在大陆地壳中的丰度值18×10^{-6}，比铅（12.6×10^{-6}）更丰富。其余的稀土元素，除钷以外都不少于银，而比金丰富得多。

稀土元素被誉为新材料的宝库，是国内外科学家，尤其是材料学专家们最为关注的一组元素。稀土一般不作为结构材料加以应用，而是利用其特殊的电子结构而派生出的各种特殊性质，将其制成各种特殊功能材料加以应用。一般将稀土的应用分为传统用途和高科技用途两大类：

（1）在传统用途方面主要是利用铈族稀土，大量用于冶金工业，在冶炼钢铁时加入稀土氧化物可以去掉钢铁中的杂质，如砷、锑、铋等，用稀土氧化物烧成的高强度低合金钢，可制造汽车部件、输油管、输气管。稀土具有优异的催化活性，用作石油裂解的催化裂化剂，汽车尾气催化净化剂、油漆催干剂、塑料热稳定剂等，稀土在玻璃、陶瓷工业用作玻璃澄清、抛光、染色、脱色剂和陶瓷颜料等。

（2）在高科技方面，钇、铽、铕的氧化物广泛用于彩色电视、各类显示系统的红色荧光体以及制造三基色荧光屏的荧光粉。利用稀土特殊的磁性能制造各种超级永磁铁、核磁共振成像装置、磁悬浮列车以及光电子等，镧玻璃广泛用作各种透镜、镜头材料和光纤材料，铈玻璃用作防辐射材料，钕玻璃有钇铝石榴石，稀土化合物晶体是重要的极光材料。在电子工业上，添加氧化钕、氧化镧、氧化钇等各类稀土陶瓷被用作各种电容器材料。稀土金属用于镍氢充电电池。原子能工业，氧化钇被用于制造核反应堆的控制棒。铈组轻稀土与铝、镁制成的轻量耐热合金被用于航空航天工业。总之，稀土是重要的战略资源，其中很多元素应用于尖端科学。

近年来世界稀土氧化物年消费量为12.5万吨，其中中国消费7.3万吨，居世界第一位，其消费结构包括：高科技材料占48.9%（含永磁体），冶金及机械占9%，玻璃陶瓷占7%，石油化工占6%，农业、轻工业、纺织业占7%，其他占22.1%。

世界稀土资源丰富，但分布不均匀，主要产于中国、美国、俄罗斯、印度、巴西、马来西亚等国。我国是世界上稀土资源最丰富的国家，储量占全世界储量的4/5以上，但是近年来的无节制开采和无限量出口导致稀土资源的大量流失，最新资料表明，我稀土现储量已不到世界总储量的30%，而日本储存从中国购买的稀土已经足够使用30年。近年以来，海外稀土矿相继复产，全球稀土供应格局正在悄悄变化。据悉，美国芒廷帕斯矿已经复产，业内人士认为，这是具有里程碑意义的事件，也许会打破未来我国在稀土市场一家独大的局面。我国轻稀土主要分布在北方地区，此外，在南方地区还有风化壳型和海滨沉积型砂矿，主要为独居石（轻稀土矿物原料），有的富含磷钇矿（重稀土矿物原料）；在赣南一些脉钨矿床（如西华山、荡坪等）伴生磷钇矿、硅铍钇矿、钇萤石、氟碳钙钇矿、褐钇铌矿等重稀土矿物，目前这些稀土资源基本未被综合利用。

世界稀土资源和我国稀土资源分布分别如表12－1和表12－2所示。

表12－1 世界稀土资源分布情况

稀土矿种类	稀土资源分布
氟碳铈矿、独居石原生稀土矿	主要分布于中国、俄罗斯、美国、澳大利亚、印度、巴西等，美国芒廷帕斯矿是全球最大的单一氟碳铈稀土矿，稀土品位为5%～10%，探明储量为147万吨。澳大利亚韦尔德山矿也已经于近年投产，该矿品位高，原矿稀土含量达25%以上，探明储量为140万吨，预计远景储量在600万吨以上，稀土矿物为富钍独居石。据俄罗斯媒体报道，由俄罗斯巨头ICT集团协同俄罗斯国有企业Rostec公司出资10亿美元，促成世界稀土资源储量最大矿区之一的Tomtor稀土矿的投资开发。Tomtor稀土矿占地250平方千米，位于俄罗斯雅库特地区，大约有1.5亿吨稀土储量，包括钇、氧化铌、钪和铽
含独居石、磷钇矿砂矿	以澳大利亚海滨砂矿最丰富，在回收砂矿中锆和钛的同时，综合回收独居石和磷钇矿
离子型中重稀土	目前世界上只有我国的华南，以南岭地区最丰富，由花岗岩风化后形成风化壳离子型稀土矿

表 12－2 我国稀土资源分布情况

稀土矿种类	稀土资源分布
氟碳铈矿、独居石原生稀土矿	我国稀土矿产虽然在华北、东北、华东、中南、西南、西北六大区均有分布，但主要集中在华北区的内蒙古白云鄂博铁－铌－稀土矿区，其稀土储量占全国稀土总储量的90%以上，是我国轻稀土主要生产基地。其他两个重要产地是四川牦牛坪、山东微山湖，属于含稀土氟碳酸盐脉型稀土矿，具有品位高、稀土矿物结晶粒度粗、易选的特点
离子型中重稀土	中重稀土则主要分布在南岭地区的江西、广东、湖南、福建，尤其以江西最丰富，在花岗岩风化壳中，中稀土、重稀土以离子吸附形式赋存于黏土矿物中，最低工业品位稀土总量（REO）0.10%，离子型稀土易采易提取，南岭地区已成为中国重要的中、重稀土生产基地
含独居石、磷钇矿砂矿	主要分布在海南、广东湛江、茂名、广西北海一带的滨海地区，伴生于锆、钛砂矿中，独居石作为副产品综合回收，以独居石矿物计，最低工业品位 300～500g/m^3

12.2 稀土在矿石中的存在形式和稀土矿物种类

12.2.1 稀土在矿石中的存在形式

稀土元素是位于元素周期表中第Ⅲ副族的元素，原子序数从 57 到 71 的镧系 15 个元素，加上原子序数为 21 的钪（Sc）和序数为 39 的钇（Y），共 17 个元素。稀土元素（RE）的共同特性是：（1）它们的原子结构相似；（2）离子半径相近 $(RE)^{3+}$ 的离子半径为 1.06～0.84nm，Y^{3+} 的离子半径为 0.89nm；（3）它们在自然界密切共生，在任何地质体中稀土元素都倾向于成组出现。

在自然界，稀土元素在矿物晶格中多呈 3 价状态出现，也可以有 2 价的铕和镱，4 价态的铈和铽，它们具亲氧性，当硅酸盐相与金属硫化物相共存时，稀土元素优先富集在硅酸盐中。在结合性质上以离子键为特征，只含有少量共价成分。稀土元素在矿石中主要以矿物形式存在，其赋存状态主要有三种：

（1）作为矿物的基本组成元素，稀土以离子化合物形式赋存于矿物晶格中，构成矿物的必不可少的成分。这类矿物通常称为稀土矿物，如独居石、氟碳铈矿等；

（2）作为矿物的杂质元素，以类质同象置换的形式，分散于造岩矿物和稀有金属矿物中，这类矿物可称为含有稀土元素的矿物，如褐钇铌矿、含稀土的磷灰石、萤石等；

（3）呈离子状态被吸附于黏土矿物的表面或颗粒间。这类状态的稀土元素较容易提取。

12.2.2 稀土矿物种类

在自然界稀土元素多以离子化合物形式赋存于矿物晶格中，呈配位多面体形式，最主要以各种含氧盐形式出现，其氧离子配位数一般为 7～12。以往的矿物学中，将稀土矿物分为铈族稀土矿物和钇族稀土矿物，随着测试技术的进步和矿物晶体化学研究的需要，稀土矿物的命名采用以某一最富集稀土的原则，在铈族稀土矿物中，除多数富铈外，出现富镧和富钕的稀土矿物变种，但在钇族稀土矿物中，只有富钇的变种。稀土矿物的特点是化学成分复杂，即使同一矿物种的矿物化学成分也变化很大，尤其是钽铌酸盐类稀土矿物更是如此。稀土矿物种类繁多，按照稀土矿物的化学组成及晶体结构和晶体化学特点，将稀土矿物分为11类，矿石中常见稀土矿物如表12－3所示。

表12－3 稀土矿物种类

矿物		分子式	REO含量①/%
氧化物	方铈矿	CeO_2	100
	铈铌钙钛矿	$(Na,Ce,Ca)(Ti,Nb)O_3$	32.30
	稀土铌钛铀矿	$(RE,U,Ca)_{2-x}(Nb,Ti,Ta)_2O_{6-x}(OH)_{1+x}$	16.63
	铈铀钛铁矿	$(Fe^{2+},La,Ce,U)_{2-x}(Ti,Fe^{3+})_5O_{12}$	6.3
	铈钨矿	$(Ce,Ca)(W,Al)_2O_6(OH)_3$	含量不定
	钇钨矿	$YW_2O_6(OH)_3$	18.71
	黑铝钙石	$(Ca,Ce)(Al,Ti,Mg)_{12}O_{19}$	含量不定
钽铌酸盐类及偏钛钽铌酸盐类	稀土烧绿石	$(RE,Ca,Na)_{2-x}Nb_2O_6(OH)$	10～18
	褐钇铌矿	$YNbO_4$(四方晶系)	39.94
	β－褐钇铌矿	$YNbO_4$(单斜晶系)	35.20
	黄钇钽矿	$YTaO_4$	32.32
	褐铈铌矿	$CeTaO_4$(四方晶系)	46.98
	β－褐铈铌矿	$CeTaO_4$(单斜晶系)	48.50
	钛褐铈铌矿	$Y(Nb,Ta,Ti)(O,OH)_4$	39.16
	铌钇矿	$(Y,U,Fe)_2(Nb,Ti,Ta)_2O_7$	16.13
	钽钇矿	$(Y,Fe)_5[(Ta,Nb)_2O_7]_3$	12.74
	钙钽钇矿	$(Mn,Ca,Fe,Y)_7[(Ta,Nb,Sn)_2(O,OH)_7]_6$	6.26
	黑稀金矿	$Y(Nb,Ti)_2(O,OH)_6$	20.82
	复稀金矿	$Y(Ti,Nb)_2(O,OH)_6$	30.73
	钛稀金矿	$(Y,U)(Ti,Zr,Fe,Nb)_2(O,OH)_6$	26.32
	钙钍黑稀金矿	$(Y,Ce,Th,Ca)(Nb,Ti,Ta)_2(O,OH)_6$	22.56
	稀土铌钙矿	$(Ca,Ce)(Nb,Ti)_2(O,OH)_6$	13.60
	易解石	$(Ce,Th,Y)(Ti,Nb)_2O_6$	34.60
	锆铌铈钇矿	$(Ca,Fe,Ce)(Zr,Ti,Nb)_2O_6$	13.30
	钛钇钍矿	$(Y,Th)Ti_2(O,OH)_6$	28.59

续表 12 - 3

矿 物		分 子 式	REO 含量[①]/%
氟化物	氟铈矿	$(Ce,La,Nd)F_3$	68.82
	钇萤石	$(Ca,Y)(F,O)_2$	含量不定
	氟钙钠钇石	$Na(Y,Ca,Na)_2F_6$	54.00
碳酸盐	斜铁镁铈矿	$Ce_2Mg(CO_3)_4$	59.2
	黄菱锶铈矿	$Na_2(Na,Ce,Ba,Sr,Ca)_4Mg(CO_3)_5$	9.48
	碳铈钠石	$(Ce,Na,Sr,Ca)CO_3$	26.10
	碳钡钇矿	$Na_2(Ba,Y,Ca)_7(CO_3)_9$	11.30
	碳锶钇矿	$CeSr(CO_3)_2(OH)\cdot H_2O$	26.10
	水镧铈石	$Ce_2(CO_3)_3\cdot 4H_2O$	54.42
	镧石	$(La,Ce)_2(CO_3)_3\cdot 8H_2O$	54.65
	水菱钇矿	$Y(CO_3)_3\cdot nH_2O$	50.5
	洛克石	$(Y,Ca)_2(CO)_3\cdot 1.58H_2O$	53.0
	氟碳铈矿	$CeCO_3F$	68.71
	氟碳钙铈矿	$Ce_2Ca(CO_3)_3F_2$	60.30
	氟锥钙铈矿	$Ce_3Ca_2(CO_3)_5F_3$	57.41
	直氟碳钙铈矿	$CeCa(CO_3)_2F$	52.25
	氟碳钡铈矿	$Ce_2Ba(CO_3)_3F_2$	49.39
	黄河矿	$CeBa(CO_3)_2F$	38.25
	氟碳铈钡矿	$Ce_2Ba_3(CO_3)_5F_2$	30.81
硼酸盐	水铈钙硼石	$6(Ca,Na_2)O\cdot Ce_2O_3\cdot 12B_2O_3\cdot 6H_2O$	20.56
	硅硼稀土矿	$Ca_3Tr_2(Ti,Al,Fe)B_4Si_4O_{22}$	34.07
硫酸盐	水氟钙钇矾	$YCa_3Al_2(SO_4)F_{13}\cdot 10H_2O$	18.12
钒酸盐	钒钇矿	$Y[VO_4]$	55.43
砷酸盐	砷钇矿	$Y[AsO_4]$	48.60
	砷铝锶铈石	$(Sr,Ce)Al_3(OH)_6[(As,P,S)O_4]_2$	12.60
磷酸盐	独居石	$CePO_4$	59.34
	富钍独居石	$(RE,Th,Ca,U)(P,Si)O_4$	27.56
	磷钇矿	YPO_4	61.40
	水磷钇矿	$YPO_4\cdot 2H_2O$	52.90
	锶铈磷灰石	$CeNaSr_3(PO_4)_3(OH)$	24.00
	钇磷灰石	$(Ce,Y)_5(PO_4)_3(F,OH)$	10.97
	磷铝铈矿	$CeAl_3(PO_4)_2(OH)_6$	31.69
	磷稀土矿	$CePO_4\cdot H_2O$	61.69

续表 12-3

矿物		分子式	REO 含量[①]/%
硅酸盐	铈磷硅钍石	$(Th,Ce)[(Si,P)O_4]$	24.66
	铈磷灰石	$Ce_3Ca_2[(Si,P)O_4]_3(F,OH)$	46.97
	稀土氟硅酸盐	$(Y,Ce,Ca,Na,Fe)_2[SiO_4](F,OH)_2$	60.67
	黑稀土矿	$Ce_4CaBSi_2O_{11}(OH)$	54.26
	硅铍钇矿	$Y_2FeBe_2[SiO_4]_2O_2$	45.79
	兴安石	$(Y,Ce)Be(SiO_4)(OH)$	60
	钇榍石	$(Y,Ca)(Al,Ti)O[SiO_4]$	12.08
	褐帘石	$(Ca,Ce)_2(Fe,Al,Mg)_3[SiO_4][Si_2O_7]O(OH)$	17.20
	硅钛铈矿	$Ce_4Fe_2Ti_3[Si_2O_7]_2O_8$	46.24
	绿层硅钛铈矿	$CeNa_2Ca_4Ti[Si_4O_{15}F_3]$	18.55
	淡红硅钇矿	$Y_2[Si_2O_7]$	66.82
	钪钇石	$(Sc,Y)_2[Si_2O_7]$	54.73
	硅铈矿	$Ce_3[SiO_4]_2OH$	70.01
	硅稀土矿	$Ce_2AlSi_2O_8F$	62.88
	菱硼硅铈矿	$CeBSiO_5$	59.38
	黄水铈矿	$(La,Ce,Th)_2(Si,P)_2O_7 \cdot H_2O$	17.16
	褐硅硼钇矿	$Y_2Ca_3FeAl[B_3Si_4O_{21}]$	27.99
	硅钠锶镧石	$CeNa_3SrMn_2[Si_6O_{18}]$	20.90
	菱黑稀土矿	$CeNaMn[Si_3O_9]$	23.34
	硼硅钡钇矿	$Y_6BaB_6Si_3O_{25}$	56.82
	钙钇铒矿	$Y_2Ca_2[Si_4O_{12}](CO_3) \cdot H_2O$	36.89
	稀土硅钠钡钛石	$NaBa_2FeCe_2Ti_2Si_8O_{26}(OH)$	22.59
	水硅钛铈矿	$Ce_mTi_nSi_p(O,OH)_q \cdot rH_2O$	22.36
	钛磷稀土矿	$Ce_2TiSiO_7 \cdot 4H_2O$	48.53
	水硅铝钛镧矿	$CeTiAl[Si_2O_7](OH)_4 \cdot 3H_2O$	16.37
	硅铈铌钡矿	$(Ba,Na,K)_7Ce(Ti,Nb,Fe)_3Si_8O_{28} \cdot 5H_2O$	10.60
	褐色铈硅酸盐	$CaMnCe_3Al_2Be_2Si_6O_{23}(OH) \cdot 6H_2O$	36.65
	羟硅钇矿	$Y_5[SiO_4]_3(OH)_3$	65.91
	铈钨华	$(Ce,Nd)W_2O_6(OH)_3$	24.12

①稀土矿物类质同象广泛，故稀土元素含量波动很大，本数据来自《稀土元素矿物鉴定手册》。

12.3 主要稀土矿物的晶体化学和物理化学性质

12.3.1 独居石（Ce，La，Y，Th）[PO_4]

（1）化学性质：独居石又名磷铈镧矿。理论化学成分：Ce_2O_3 为 35.00%，La_2O_3 为 34.73%，P_2O_5 为 30.27%。成分变化很大，镧系元素常成为类质同象成分。矿物成分中稀土氧化物含量可达 50～68%。类质同象元素和化合物有 Y、Th、U、Ca、[SiO_4]$^{4-}$和 [SO_4]$^{2-}$。

（2）晶体结构：独居石晶体结构同孤立的 [PO_4]$^{3-}$四面体组成，Ce 位于 [PO_4]$^{3-}$四面体中，与六个 [PO_4]$^{3-}$四面体联结，Ce 的配位数为 9。原子间距：Ce—O(9)＝0.260nm，P—O＝0.152nm。

（3）物理性质：独居石属单斜晶系，斜方柱晶类。晶体成板状，晶面常有条纹，有时为柱、锥、粒状。颜色黄褐色、棕红色，有时带绿色调（参见彩图 38、39）。半透明至透明。条痕白色或浅红黄色。油脂光泽。莫氏硬度 5.0～5.5。性脆。密度 4.9～5.5g/cm^3。电磁性中弱。在 X 射线下发绿光，在阴极射线下不发光。

（4）光学性质：透射光下黄至无色，弱多色性，正突起很高，糙面显著，二轴晶正光性，正交偏光下双折率很高，干涉色从三级中部至四级。n_g＝1.837～1.849，n_m＝1.788～1.801，n_p＝1.787～1.800。正交偏光下，独居石的干涉色呈密集环带状，以此区别于相似的磷钇矿。

（5）成因产状：主要产于碱性杂岩－碳酸岩中；也常见于花岗岩及花岗伟晶岩中；云英岩与石英岩中；云霞正长岩、长霓岩与碱性正长伟晶岩中；风化壳与海滨砂矿中。具有经济开采价值的独居石来自冲积型砂矿或海滨砂矿床。

12.3.2 氟碳铈矿（Ce，La）[CO_3]F

（1）化学性质：氟碳铈矿理论化学成分：REO 为 74.77%，CO_2 为 20.17%，F 为 8.73%，类质同象代替铈的元素有镧、钕、钐、镨、钍、钇等，其中以铈族稀土为主，当 La 含量大于 Ce 时，也称氟碳镧矿。OH 与 F 为完全类质同象，当 F 含量大于 OH 时，为氟碳铈矿，当 F 含量小于 OH 时，为羟碳铈矿。机械混入物有 SiO_2、Al_2O_3、P_2O_5。

（2）晶体结构：氟碳铈矿晶体结构是典型的由 Ce、F 和 [CO_3]$^{2-}$按立方紧密堆积组成的岛状结构。其中 [CO_3]$^{2-}$三角形平面直立，并围绕 Z 轴旋转作定向排列，[CO_3]$^{2-}$之间近于相互垂直，Ce 为 11 次酸位。原子间距：Ce—(F，O)(11)＝0.251nm，C—O(3)＝0.127nm。

（3）物理性质：氟碳铈矿属六方晶系。复三方双锥晶类。晶体呈六方柱状或板状。细粒状集合体。颜色黄色、红褐色、浅绿或褐色（参见彩图40）。玻璃光泽、油脂光泽，条痕呈白色、黄色，透明至半透明。莫氏硬度4～4.5，性脆，密度4.72～5.12g/cm^3，具弱磁性，含铀、钍时具放射性。

（4）光学性质：在薄片中透明，在透射光下无色或淡黄色、褐色，具微弱多色性，在阴极射线下不发光。正突起很高，正交偏光间双折率极高，干涉色为高级白。一轴晶正光性，n_e = 1.825～1.837，n_o = 1.723～1.735。以高级白干涉色与独居石相区别。

（5）成因产状：氟碳铈矿是分布最广的稀土矿物之一，有内生、变质和外生三种成因类型。常见产出于稀有金属碳酸岩－碱性杂岩、花岗岩及花岗伟晶岩中；与花岗正长岩有关的方解石－石英脉中；表生成因的氟碳铈矿，见于碱性岩风化壳和黏土中。氟碳铈矿在氧化带不稳定，易蚀变为胶态稀土和离子型稀土。氟碳铈矿可与氟碳钙铈矿共生，成为单一的氟碳铈矿型稀土矿，也常与独居石等稀土矿物、铌矿物、铁矿物等共生或伴生，属于复杂类型的铌、铁、稀土矿。

12.3.3 磷钇矿 Y[PO_4]

（1）化学性质：磷钇矿理论成分 Y_2O_3 为61.4%，P_2O_5 为38.6%。阳离子除钇之外，尚有钇族稀土元素类质同象代替，其中以镱、铒、镝、钆为主，并常有锆、铀、钍等元素代替钇，同时伴随有硅代替磷。一般来说，磷钇矿中铀的含量大于钍。

（2）晶体结构：磷钇矿与锆石等结构，属四方晶系，是由［PO_4］四面体和［YO_8］三角十二面体沿 c 轴联结组成，原子间距：Y—O(8) = 0.227nm，Y—O(4) = 0.256nm，P—O = 0.150nm。

（3）物理性质：磷钇矿为复四方双锥晶类，晶体沿 c 轴呈短柱状，与锆石晶形极相似。晶体呈四方柱，四方双锥。常与锆石沿 c 轴呈平行连晶。颜色黄色、红褐色，有时呈黄绿色，亦呈棕色或淡褐色（参见彩图41）。条痕淡褐色。玻璃光泽，油脂光泽。莫氏硬度4～5，密度4.4～5.1g/cm^3，具有弱的多色性，并常因含铀、钍而具放射性。以晶形、柱面解理和突起较低区别于锆石，并以在正交偏光下呈较稀疏的环带状区别于独居石和锆石。

（4）光学性质：在薄片中透明，在透射光下无色或淡黄色、绿色、黄棕色，具微弱多色性。正突起很高，正交偏光间双折率极高，并随含钍量增加而增大，干涉色四级以上，并常呈带状分布。n_e = 1.828，n_o = 1.724。

（5）成因产状：主要产于花岗岩、花岗伟晶岩中。亦产于碱性花岗岩以及有关的矿床中，常见的共生矿物有锆石、独居石等。磷钇矿化学性质稳定，常富集于砂矿中，呈棱角磨圆的卵形颗粒。

12.3.4 褐帘石 $(Ca, Ce)_2(Fe, Al, Mg)_3[SiO_4][Si_2O_7]O(OH)$

（1）化学性质：褐帘石化学成分较复杂，主要有两种类质同象代替，Ca与稀土元素，Al 与 Fe^{3+}，两种类质同象替代是相关的，当钙被高价的稀土代替时，相应地在八面体位的 Al^{3+} 为低价的离子所代替，使电价平衡。一般稀土元素含量为 10% ~27%，其中铈族主要为铈、镧、钕、镨、钐、铕，钇族主要为钆、镝、铒、镱、镥、钬、铥。其他类质同象替代有钙被铀、钍、锰等替代。ThO_2 含量一般 0.9% ~1.5%，UO_2 为 0.00032% ~0.24%。铝被镁、钛、锡、锌、锆、铍等替代，此外，硅也常见被磷替代。褐帘石的变种有钇－褐帘石（Y_2O_3 为 7% ~20%）、铈－褐帘石（Ce_2O_3 为 6% ~10%）、铍－褐帘石（BeO_2 为 2.49% ~5.52%）、稀土－褐帘石（Y_2O_3 为 7% ~20%）、锰－褐帘石（MnO 为 5.37% ~7.0%）、镁－褐帘石（MgO 为 7% ~14.5%）、磷－褐帘石（P_2O_5 为 6.46%）等。

（2）晶体结构：褐帘石属于绿帘石族矿物，单斜晶系，晶体结构中存在两种不同的 Al—O 八面体，Al（Ⅰ，Ⅱ）$(O, OH)_6$ 与 Al（Ⅲ）O_6 共棱连接成链，链沿 b 轴延伸。链间以［Si_2O_7］双四面体和［SiO_4］四面体联结，其间所构成的两种大空隙为大阳离子 Ca、稀土元素等占据，配位数为 7。

（3）物理性质：褐帘石晶体属斜方柱晶类，晶体常呈柱状，颜色浅褐色至沥青黑色（参见彩图 42），条痕褐色，透明至半透明，玻璃光泽，断口沥青光泽，莫氏硬度 5 ~6.5，密度 3.4 ~4.2g/cm^3。含放射性元素铀、钍的褐帘石，由于放射性元素放射 α－射线，使离子健减弱，结构部分被告破坏而呈非晶质状态，往往伴随有 H_2O 进入晶格，密度降低。将它在空气中或惰性气体中加热至 800 ~850℃，可由非晶质状态重新变为晶质。

（4）光学性质：在薄片中透明，在透射光下呈褐色，多色性显著，n_g－深褐、褐黄色，n_m－黄褐、绿褐色，n_p－绿褐、浅黄色，二轴晶负光性，n_g = 1.66 ~1.80，n_m = 1.65 ~1.78，n_p = 1.4 ~1.77。同一切面的褐帘石晶体中，颜色常呈带状分布，并常见带状构造，一般外带的折射率较低，颜色较浅。正突起高。正交偏光间双折射率较强，但由于矿物本身颜色较浓，因此干涉色显褐色。含水或含放射性元素晶格被破坏，这种褐帘石具均质性。

（5）成因产状：褐帘石为分布较广的内生矿物，在花岗岩和碱性花岗岩中常呈副矿物存在，在花岗伟晶岩和碱性伟晶岩中更为常见。在各类岩石中，与不同矿物形成多样的矿物组合。

12.3.5　离子相稀土

离子相稀土是我国南方特有的稀土矿石类型。由富含稀土的花岗岩等原岩在湿热的气候下，经生物和化学风化作用，花岗岩中长石类矿物风化蚀变形成黏土矿物，诸如高岭石、埃洛石和蒙脱石等，作为离子稀土的载体。同时，原岩中所含的稀土矿物，如氟碳铈矿、独居石、褐帘石原生稀土矿物等被淋滤分解形成带羟基的水合稀土离子，随淋滤水的下迁过程中被吸附在黏土矿物上，形成了次生富集的离子相稀土矿。离子相稀土矿中，稀土元素以羟基水合离子状态吸附在高岭土等黏土类矿物中，这些稀土具有可交换性，可采用电解质溶液提取。

离子相稀土矿的形成要具备三个条件。

第一，原岩是铝硅酸盐矿物构成，可提供风化时形成黏土矿物原料；

第二，原岩中含有可风化的稀土矿物，提供稀土来源；

第三，矿床位于温暖湿润、雨量充沛地区，保证原岩风化得以进行。

12.4 稀土矿矿石类型和选矿工艺

12.4.1 稀土矿矿石类型

稀土矿床类型的划分，因稀土元素常与稀有元素共生在一起，故矿床分类一般以稀有、稀土矿床表示。现将以稀土为主并具有工业意义的矿床类型，简述如下。

（1）复杂成因的稀有－稀土矿：具有成矿物质多种来源、成矿阶段多期次和成矿作用多成因的特点，矿物组成十分复杂，稀土与稀有金属共生。稀土矿物有独居石、氟碳铈矿、氟碳钙铈矿、黄河矿、胶态稀土、硅钛铈矿、硼硅铈矿、磷钇矿、氟碳钙石、兴安石、褐帘石。铌矿物有铌铁矿－锰铌铁矿、铌钙矿、烧绿石、易解石、钛易解石、褐钇铌矿、包头矿、铌铁金红石；铁矿物主要为磁铁矿、赤铁矿。脉石矿物主要为白云石、方解石，次为霓石－霓辉石、钠铁闪石、黑云母、金云母、萤石等。白云鄂博型铁铌、稀土矿床属于该类型，是迄今独一无二的超大型稀土矿床，以其规模巨大、储量丰富、铈族稀土品位高而著称于世，具有巨大的经济价值，是我国稀土矿物原料最大的生产基地。

（2）含稀土氟碳酸盐热液脉状稀土矿：这类矿石的形成常与碱性侵入岩有关，以铈族轻稀土为主，稀土矿物主要为氟碳铈矿，其次氟碳钙铈矿、褐帘石，极少量独居石、磷钇矿、铈榍石、钍石等；脉石矿物主要为重晶石、石英、长石，少量钠铁闪石、霓石等。该类型矿床规模大，稀土品位高，为独立的轻稀土矿床，稀土矿物种类较单一，嵌布粒度粗，属易选稀土矿。该类型经济价值巨大，是国外最主要的稀土矿类型。典型矿山有美国加利福尼亚州的芒廷帕斯稀土矿、四川牦牛坪稀土矿、山东微山湖稀土矿。

（3）花岗岩、碱性花岗岩型铌稀土矿：该类型是与花岗岩类岩石有关的岩浆矿床，主要分布在赣南、粤北及湘南、桂东一带，如姑婆山含褐钇铌矿花岗岩。碱性花岗岩型稀土矿床主要分布在川西和内蒙古的东部地区，如内蒙古巴尔哲碱性花岗岩铌、稀土矿床。花岗岩型稀土矿床的特点是，储量大、品位稳定，颇有远景。但品位较低，矿物粒度较细，目前尚未大规模开采利用。然而在其上发育的风化壳矿床和形成的冲积砂矿、海滨砂矿，易采易选，具有重要工业意义，20 世纪 50 ~60 年代已开采这类风化矿，从中回收独居石、磷钇矿、铌钽铁矿、锆石等稀土、稀有元素矿物。

（4）含铌、稀土正长岩 - 碳酸岩型矿床：这种类型矿床也是稀土矿床主要类型之一。具有规模大，品位低，铌和稀土矿物十分复杂，共伴生组分多的特点，属难选矿石。主要矿石矿物以铈族稀土为主。稀土矿物有氟碳铈矿、氟碳钙铈矿、独居石等，铌矿物有铌铁矿、褐钇铌矿、铌铁金红石等，矿物组成十分复杂。如湖北庙亚大型铌稀土矿床，由于技术经济条件方面的原因，尚待开发利用。

（5）化学沉积型含稀土磷块岩矿床：该类矿床是加拿大、南非、俄罗斯等国的主要稀土类型。目前在国内尚未发现该类型作为独立的稀土矿床存在，稀土元素只是作为伴生组分富集在某些磷矿床、铝土矿床和铁矿床中，具有综合回收利用价值。其中在磷块岩中的稀土元素主要呈类质同象形式赋存于胶磷矿或微晶磷灰石中，稀土含量与主元素磷的含量有密切的相关关系，稀土最高含量可达 0.3%，且在稀土配分中，钇族重稀土元素往往有较高的比例。如云南和贵州磷矿是一个特大型中低品位沉积矿床，磷矿储量约 16 亿吨以上，伴生的稀土储量 70 多万吨（稀土含量 0.5‰ ~ 1‰），钇占稀土配分 35% 左右，镨钕约占 20%，铽镝占 2% ~5%，其配分接近价值最高的中钇富铕离子型矿，是继离子型矿后的中重稀土后备资源。

（6）沉积变质型铌、稀土、磷矿床：该类型是近年来发现的一种变质矿床，分布甘肃北部和内蒙古西部。矿床产于前寒武系大理岩中。矿石矿物主要有铌铁矿、铌易解石、铌铁金红石、独居石、磷灰石等。矿床规模较大，以铌为主，稀土和磷可综合回收利用，具有潜在的工业意义。

（7）混合岩型稀土矿床：这种稀土矿床是含独居石、磷钇矿的混合岩或混合岩化花岗岩。20 世纪 70 年代以来在广东、辽宁、内蒙古陆续发现矿化区和矿床。如广东的五和含稀土混合岩矿床，辽宁的翁泉沟混合岩化交代型硼铁稀土矿床，内蒙古乌拉山 - 集宁一带的花岗片麻岩或混合岩中稀土元素含量很高。这种矿床的矿石矿物主要是独居石、磷钇矿、褐帘石和锆石等，辽宁的混合岩中还有铈硼硅石等。混合岩型稀土矿床，一般规模较大，特别是在南方由混合岩型稀土矿床形成的风化壳矿床和海滨砂矿具有重要开采价值。

（8）风化壳稀土矿床：这类矿床广泛分布于南岭和福建一带的花岗岩型、混合岩型稀土矿床和个别含稀土火山岩发育的地区。根据稀土元素的赋存状态，风化壳矿床分为单矿物型和离子吸附型两类。

1）单矿物型风化壳矿床的稀土元素主要以稀土矿物形式出现，其工业矿物种类，视其原岩而定。有的以褐钇铌矿为主，如湖南和广西富贺钟三县的风化壳花岗岩；有的则以磷钇矿和独居石为主。其含矿母岩为含矿花岗岩和混合岩。这类矿床规模大，可露天开采，稀土矿物与石英和高岭土伴生，采选简易，已成为稀土特别是重稀土的主要矿物原料来源。

2）离子吸附型风化壳稀土矿床：是我国特有的新型稀土矿物。所谓“离子吸附”系稀土元素不以化合物的形式存在，而是呈离子状态吸附于黏土矿物中。这些稀土易为强电解质交换而转入溶液，不需要破碎、选矿等工艺过程，而是直接浸取即可获得混合稀土氧化物。故这类矿的特点是：重稀土元素含量高，经济含量大，品位低，覆盖面大，多在丘陵地带，适于手工和半机械化开采，提取工艺简便，加之规模之大，开采容易，已成为我国重稀土、中稀土提取的主要来源。这类矿床在我国南方有较广泛的分布，开发这类矿床经济、社会效益十分显著。

（9）含独居石、磷钇矿海滨砂矿：最重要的海滨砂矿床是在澳大利亚沿海、巴西以及印度等沿海。此外，斯里兰卡、马达加斯加、南非、马来西亚、中国、泰国、韩国、朝鲜等地都含有独居石、磷钇矿的砂矿床。其原岩为含矿花岗岩和混合岩，砂矿富集程度、品位随地貌单元趋新而渐富。矿床规模较小，但易采易选，适于边采边探，易于发挥经济效益。海滨砂矿比冲积砂矿规模大，也易采易选，经济价值巨大。中国的海滨砂矿主要分布在广东、海南、台湾省等沿海一带。矿体赋予第四纪滨海相细粒石英砂中，主要矿物为钛铁矿、金红石、锆石、独居石和磷钇矿等，均可综合开发、综合回收利用。

12.4.2 稀土矿矿石选矿工艺

稀土矿矿石类型多，并且一般为多种有用矿物与脉石矿物组成的复合矿，原矿中稀土氧化物含量常为百分之几至十万分之几。为了除去脉石矿物及有害杂质，提高稀土氧化物含量和综合回收各有用矿物，稀土矿石通常须经选矿处理获得供后续处理的矿物精矿。稀土元素呈单独稀土矿物形态存在，如氟碳铈矿、独居石。根据矿石特性和稀土矿物的可选性，常用各种物理选矿的方法（如重选、浮选、电选和磁选等）处理，获得质量合格的稀土矿物精矿。对于稀土元素呈类质同象形态存在含稀土的其他有用矿物中，如褐钇铌矿、易解石等，常用物理选矿的方法获得相应的其他有用矿物的矿物精矿，然后用化学方法处理该矿物精矿才能将稀土元素与其他有用组分相分离，获得相应的化合物。

原生稀土矿是稀土元素的主要工业来源之一。原生稀土矿均为多金属复合矿，稀土矿物主要为氟碳碳柿矿、独居石、褐钇铌矿、黑稀金矿等。常与重晶石、萤石、碳酸盐、硅酸盐、铁矿物等易浮或密度大的矿物共生。多数稀土矿物的密度比较大（一般为4～5g/cm^{3}左右），性脆易碎，嵌布粒度较细，一般具有弱磁性。原生稀土矿的选矿一般采用阶段破碎磨矿阶段选别流程，以防止过碎过磨，常用单一浮选、浮选－重选或重选－电选－强磁选－浮选联合流程。稀土矿物在强酸和强碱介质中受抑制，故常在弱碱或中等碱度的介质中进行浮选作业，较少在弱酸介质中进行浮选。无机或有机亲水性胶体对稀土矿物有抑制作用，常见的稀土矿物抑制剂为硅酸钠、偏磷酸钠、硫酸铝钾、烤胶、淀粉、糊精、木素磺酸氨及某些牌号的纤维素等。常见的稀土矿物的活化剂为氟硅酸钠、碳酸铵。较好的稀土矿物的选择性捕收剂为 C5－9 异羟肪酸（盐）、环烷基异羟肪酸（铵）、脂肪酸等。

氟碳铈矿是提取轻稀土元素的主要矿物，氟碳铈矿的选矿工艺包括重磁浮联合工艺、全浮选工艺以及选－冶联合工艺。其中比较先进的工艺是高温浮选、高选择性捕收剂浮选和稀土矿物粗细分选工艺。其中美国的帕斯山稀土选厂就采用高温浮选的方法，将矿浆加热到 90℃，用塔尔油作捕收剂，经一次粗选、五次精选获得了 REO 为 60%～63%、回收率为 65%～70% 的氟碳铈矿精矿。重选、磁选、浮选联合工艺在四川攀西地区的稀土选厂得到了广泛的应用。采用单一的重选获得了稀土品位不高，而采用重选－磁选联合的工艺虽然能获得较好的工艺指标，但是大量细粒级的氟碳铈矿由于质量小，随水流冲入尾矿中，造成了稀土资源的严重浪费。土耳其的贝伊利卡赫尔稀土矿由于氟碳铈矿的嵌布粒度微细，选用选冶联合的工艺回收稀土，其流程为先用物理方法分选出粗粒萤石和其他粗粒伴生矿物，得到 REO 含量大于 25% 的稀土粗精矿，再用硫酸浸出、湿法处理分离提取稀土矿物。四川牦牛坪稀土矿中的氟碳铈矿嵌布粒度不均匀，选用稀土矿物粗细分选新工艺，即先将原矿磨至 65% 为 0.147mm（100 目）左右，进入摇床重选，分选出粗粒氟碳铈矿精矿、摇床中矿和尾矿。摇床中矿经烘干后进行磁选，得到三种产品，即中粒氟碳铈矿精矿、磁选尾矿和铁质矿物。磁选尾矿与摇床尾矿合并进行筛分分级，除去粗粒脉石，连生体中矿进行二次磨矿，磨细后矿浆与筛下产品合并并选择性脱泥，脱泥后沉沙浮选得到精矿和尾矿，精矿即为微细粒氟碳铈矿，尾矿含重晶石和萤石，可作为下一步综合利用的原料。

独居石具有开采价值，海滨砂或冲积型矿床是其主要资源。独居石矿物颗粒较粗，矿物组成复杂，矿石中独居石的含量一般为 1%～5%，高者可达 10% 以上，而低者在 0.25%～0.5% 之间，与它伴生的重矿物有磷钇矿、锆石、金红石、钛铁矿等，脉石矿物主要有石英、长石、绿泥石、石榴石等。独居石的选矿工艺以重选、磁选、电选联合流程为主，部分选矿厂采用浮选法回收独居石。这些工艺包括弱磁选－浮选－强磁选，单一浮选，弱磁选－强磁选－电选，重选－磁选，重选－磁选－电选等。在实际生产中，应结合矿石中各种矿物的比重、磁性、导电性差异来选择合适的流程。

离子型稀土矿中稀土元素呈离子吸附态存在于其他矿物表面或晶层间，则只能用化学选矿的方法处理获得相应的稀土氧化物；若稀土元素呈矿物相和离子吸附相存在于矿石中，应视其相应含量的高低采用物理选矿法或化学选矿法处理，或采用物理选矿与化学选矿的联合流程，产出稀土矿物精矿和稀土氧化物。

12.5 碳酸盐热液脉状稀土矿工艺矿物学实例

12.5.1 原矿物质组成

原矿多元素分析如表 12 – 4 所示，稀土配分如表 12 – 5 所示。

表 12 – 4 原矿多元素分析

元素	REO	CaF_2	S	Mo	Fe	P	Pb
含量/%	2.90	3.95	4.78	0.017	3.39	0.15	1.25
元素	$BaSO_4$	SiO_2	MgO	TiO_2	Al_2O_3	F	
含量/%	17.69	39.01	0.65	0.60	6.07	1.75	

表 12 – 5 稀土配分

元素	La_2O_3	CeO_2	Pr_6O_{11}	Nd_2O_3
含量/%	36.43	48.52	3.71	9.83
元素	Sm_2O_3	Eu_2O_3	Gd_2O_3	Tb_4O_7
含量/%	0.89	0.10	0.29	0.05
元素	Dy_2O_3	Ho_2O_3	Er_2O_3	Tm_2O_3
含量/%	0.04	0.03	0.01	0.01
元素	Yb_2O_3	Lu_2O_3	Y_2O_3	合 计
含量/%	<0.01	<0.01	0.08	99.99 +

从表中可见本矿主要有价元素为稀土，以镧、铈等轻稀土为主，其中镧和铈占稀土总量的 85%，中、重稀土含量较低，其他有价元素有铅、钼和硫酸钡、氟化钙。

采用显微镜和 MLA 矿物自动检测技术对本矿石进行矿物查定和定量测定，矿物组成及含量如表 12 – 6 所示。由测定结果可见，本矿石主要为氟碳铈矿，其次氟碳钙铈矿、褐帘石，极少量独居石、磷钇矿、铈榍石、钍石等；铅矿物种类多，有铅硬锰矿、磷铝铅矿和铅钒、白铅矿、彩钼铅矿等；钼矿物仅见极微量的彩钼铅矿；可利用的非金属矿物有重晶石和萤石；硫化矿物数量极微。脉石矿物主要为石英、长石，少量钠铁闪石、霓石等。

表 12 – 6 原矿矿物定量测定结果

矿 物	含量/%	矿 物	含量/%	矿 物	含量/%
氟碳铈矿	3.238	彩钼铅矿	0.042	钠铁闪石	1.240
氟碳钙铈矿	0.118	铋华	0.005	霓石	0.744

续表 12－6

矿　物	含量/%	矿　物	含量/%	矿　物	含量/%
独居石	0.054	褐铁矿	3.323	高岭土	1.787
磷钇矿	0.070	磁铁矿	0.312	绿泥石	0.531
褐帘石	0.190	钛铁矿	0.123	白云石	0.001
铈榍石	0.024	锆石	0.036	磷灰石	0.073
钍石	0.005	金红石	0.216	方解石	0.044
铀烧绿石	0.007	重晶石	16.934	榍石	0.031
黄铁矿	0.006	萤石	2.586	其他	0.092
铅硬锰矿	3.898	石英	20.56	合　计	100.000
磷铝铅矿	0.208	正长石	40.150		
铅矾	0.037	白云母	0.522		
白铅矿	0.063	黑云母	2.843		

12.5.2　主要矿物的嵌布粒度

原矿块矿磨制光片和薄片，显微镜下测定稀土矿物（包括氟碳铈矿、氟碳钙铈矿、独居石、磷钇矿、褐帘石）的嵌布粒度，测定结果如表 12－7 所示。由测定结果表明，氟碳铈矿为主的稀土矿物嵌布粒度较粗，嵌布粒度大于 0.08mm 约占 85%，对重选分离稀土矿物较为有利。

表 12－7　主要矿物的嵌布粒度

粒级/mm	粒度分布/%	累计分布/%
+2.56	3.43	
-2.56 ~ +1.28	1.71	5.14
-1.28 ~ +0.64	19.71	24.85
-0.64 ~ +0.32	13.28	38.13
-0.32 ~ +0.16	22.92	61.05
-0.16 ~ +0.08	22.39	83.44
-0.08 ~ +0.04	12.75	96.19
-0.04 ~ +0.02	3.51	99.70
-0.02 ~ +0.01	0.28	99.98
-0.01	0.02	100.00
合　计	100.00	

12.5.3 稀土矿物的解离度测定

测定碎至0.8mm原矿各粒级产品稀土矿物解离度，测定结果如表12－8所示，从表12－8中可见，0.4mm以上粒级稀土矿物解离度较低，而在0.25mm以下粒级稀土矿物可达到良好的解离。

表12－8 稀土矿物解离度测定结果

粒级/mm	产率/%	REO品位/%	粒级解离度/%
+0.8	10.24	5.41	64.56
-0.8～+0.63	7.00	4.33	70.46
-0.63～+0.4	10.86	3.05	80.30
-0.4～+0.25	9.30	2.56	90.70
-0.25～+0.1	17.14	2.89	96.46
-0.1～+0.043	11.16	3.59	98.67
-0.043	34.30	1.87	100.00
合　计	100.00	2.96	总解离度：86.63

12.5.4 主要矿物选矿工艺特性和嵌布状态

12.5.4.1 氟碳铈矿－羟碳铈矿(Ce,La)[CO_3](F,OH)

氟碳铈矿理论化学成分：REO为74.77%，CO_2为20.17%，F为8.73%。类质同象混合物有La、Nd、Sm、Pr、Y、Th等，OH与F为完全类质同象，根据F含量大于或小于OH，被划分为氟碳铈矿和羟碳铈矿两个亚种。根据扫描电镜能谱半定量测定结果，如表12－9所示，本例矿石中氟碳铈矿主要稀土元素为Ce、La、Nd和少量Gd，不含Th。单矿物分析表明，本矿石中氟碳铈矿含稀土量较高，REO含量为75.99%。氟碳铈矿晶体为六方自形至半自形晶板状，呈淡黄色，少量铁染者呈褐色，玻璃至弱油脂光泽，透明至半透明，莫氏硬度4.3～4.5，密度4.9～5.1g/cm^3。氟碳铈矿与一般碳酸盐矿物类似，溶于盐酸冒气泡，溶于硫酸和硝酸。具弱磁性，在800～1100mT场强下进入磁性产品。

表12－9 氟碳铈矿化学组成扫描电镜能谱半定量测定结果

检测号	化学组成和含量/%							
	Ce_2O_3	La_2O_3	Nd_2O_3	Gd_2O_3	CaO	F	CO_2	SiO_2
1	36.46	27.41	8.09	0.00	0.00	8.50	19.54	0.00
2	36.70	29.35	7.11	0.00	0.00	7.38	18.84	0.62
3	36.39	28.42	8.18	0.00	0.00	7.44	19.57	0.00

续表 12－9

检测号	化学组成和含量/%							
	Ce_2O_3	La_2O_3	Nd_2O_3	Gd_2O_3	CaO	F	CO_2	SiO_2
4	37.86	25.51	9.38	0.00	0.00	7.29	19.96	0.00
5	40.04	21.56	9.86	0.00	0.00	8.19	20.35	0.00
6	37.80	23.27	10.28	0.00	0.00	8.14	19.87	0.64
7	36.41	27.22	7.58	0.00	0.00	8.65	19.72	0.41
8	38.72	23.72	9.70	0.00	0.00	8.20	19.65	0.00
9	38.39	20.78	10.93	0.00	0.00	8.61	20.72	0.58
10	39.74	20.58	12.03	0.23	0.00	8.18	18.81	0.43
11	36.64	26.94	8.21	0.00	0.24	8.26	19.71	0.00
平均	37.74	24.98	9.22	0.02	0.02	8.08	19.70	0.24

本例矿石中氟碳铈矿多呈自形至半自形晶粒状，主要为四种嵌布形式：

（1）氟碳铈矿呈自形晶至半自形晶粒状嵌布在石英、长石之间，如图 12－1 所示（另见彩图 43）；

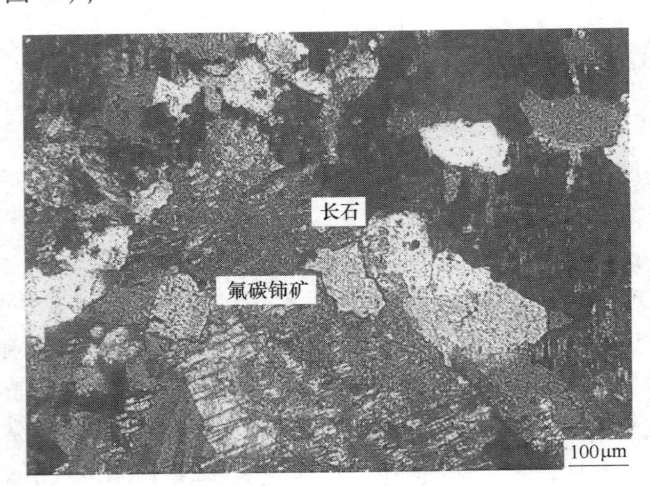

图 12－1 氟碳铈矿呈短板状晶嵌布在长石、石英之间（显微镜，正交偏光）

（2）氟碳铈矿被重晶石交代，呈不规则粒状残晶，如图 12－2 所示（另见彩图 44）；

（3）少量氟碳铈矿充填于黑云母缝隙中；

（4）部分长石、石英中含微细粒氟碳铈矿包裹体。

12.5.4.2 氟碳钙铈矿 $CaCe_2[CO_3]_3F_2$ 和氟碳铈钙矿 $CeCa[CO_2]_2F_2$

氟碳钙铈矿和氟碳铈钙矿属于钙系列的稀土氟碳酸盐矿物，晶体结构与氟碳

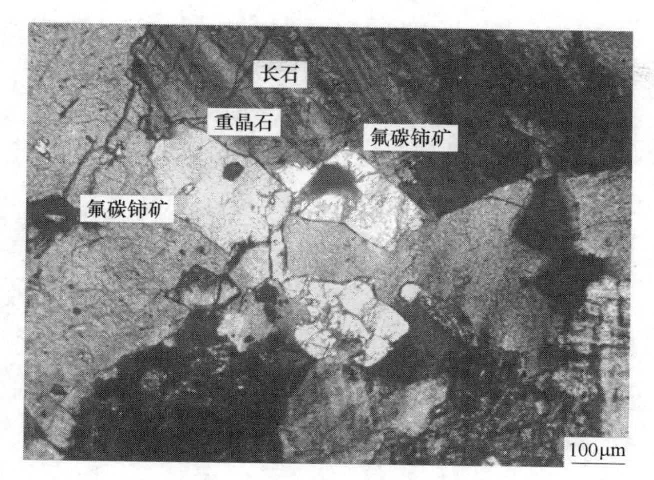

图 12－2 氟碳铈矿为重晶石交代，呈不规则粒状，并见氟碳铈矿微晶包含在重晶石中（显微镜，正交偏光）

铈矿相似，但沿着 c 轴的原子组合排列的形式不同，它相当于组成氟碳铈矿结构的 CeF 层，增加了 Ca 层，沿 c 轴以 2∶1 的形式交替排列而成。氟碳钙铈矿的理论化学成分：REO 为 60.98%，CaO 为 10.44%，F 为 7.07%。氟碳铈钙矿的理论化学成分：REO 为 51.25%，CaO 为 17.62%，F 为 5.90%。根据扫描电镜能谱半定量测定结果，如表 12－10 所示，本例矿石中氟碳钙铈矿和氟碳铈钙矿主要稀土元素为 Ce、La、Nd 和少量 Y，平均 REO 为 61.54%，部分颗粒有放射性元素 Th 的替代。氟碳钙铈矿晶体形状和颜色与氟碳铈矿差别不大，淡黄色、蜡黄色，莫氏硬度略比氟碳铈矿大，为 4.2～4.6，密度略比氟碳铈矿低，为 4.2～4.5g/cm^3。氟碳钙铈矿在盐酸中溶解很慢，溶于硫酸和硝酸。具弱磁性，磁性略弱于氟碳铈矿，在 1000～1400mT 场强下进入磁性产品。

表 12－10 氟碳钙铈矿化学组成扫描电镜能谱半定量测定结果

检测号	化学组成和含量/%							
	Ce_2O_3	La_2O_3	Nd_2O_3	Y_2O_3	CaO	ThO_2	F	CO_2
1	27.55	15.79	12.51	1.82	19.93	0.00	6.74	15.67
2	32.24	18.91	11.05	0.75	9.76	0.28	6.93	20.08
3	33.28	18.70	11.32	0.72	10.64	0.00	6.68	18.66
平均	31.02	17.79	11.63	1.10	13.47	0.09	6.78	18.12

矿石中氟碳钙铈矿和氟碳铈钙矿数量较少，多为交代氟碳铈矿而生成，多分布在氟碳铈矿边缘，如图 12－3 所示（另见彩图 45），少量呈浸染状分布在次生的绿泥石中。

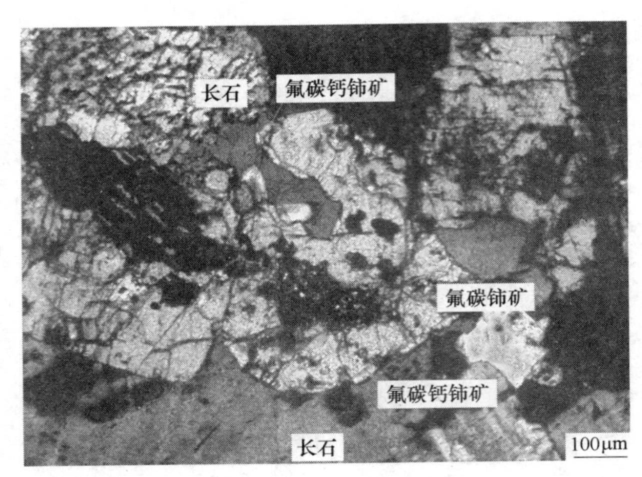

图 12-3 氟碳钙铈矿交代氟碳铈矿，在其边缘呈环边结构（薄片，透射光）

12.5.4.3 独居石 (Ce, La)[PO]$_4$

本例矿石中含有极少量独居石。独居石理论化学成分：REO 为 69.73%，P_2O_5 为 30.27%。独居石的化学成分通常变化较大，镧系元素常类质同象替代，也经常有 Th、Y、U、Ca 的替代。本矿石中独居石化学成分扫描电镜检测结果如表 12-11 所示，该矿独居石中除含 Ce、La 之外，还含 Nd，平均 REO 为 67.47%，P_2O_5 平均含量 32.09%。独居石颜色为黄绿色，透明，弱油脂光泽。莫氏硬度略比氟碳铈矿大，为 5～5.5，密度也比氟碳铈矿高，为 4.9～5.5g/cm^3。独居石难溶于盐酸，溶于硫酸和磷酸，透明，弱磁性，磁性略强于氟碳铈矿，在 700～1000mT 场强下进入磁性产品。

表 12-11 独居石化学组成扫描电镜能谱半定量测定结果

检测号	化学组成及含量/%				
	Ce_2O_3	La_2O_3	Nd_2O_3	SiO_2	P_2O_5
1	33.69	22.13	12.23	0.00	31.95
2	35.75	22.52	9.89	0.00	31.84
3	37.6	15.63	12.97	1.33	32.47
平均	35.68	20.09	11.70	0.44	32.09

矿石中独居石含量极少，见少量独居石分布于脉石矿物之间，具有较完整的晶形，如图 12-4 所示。

12.5.4.4 磷钇矿 Y[PO]$_4$

本例矿石中含有极少量磷钇矿。磷钇矿理论化学成分 Y_2O_3 为 61.40%，P_2O_5 为 38.60%。阳离子除钇外，还有钇族稀土进入，本矿石中磷钇矿较特殊，

图 12－4 独居石呈斜方柱状晶分布在长石和霓石等脉石矿物之间（扫描电镜，BSE）

化学成分扫描电镜检测结果如表 12－12 所示。从表 12－12 中可见，该矿磷钇矿中含有较高的铅。磷钇矿颜色为淡褐色，透明，弱油脂光泽。莫氏硬度 4.5，密度 4.4～5.1g/cm³。具弱磁性，磁性略强于独居石，在 400～600mT 场强下进入磁性产品。

表 12－12 磷钇矿化学组成扫描电镜能谱测定结果

检测号	化学组成及含量/%					
	Y_2O_3	La_2O_3	Nd_2O_3	Gd_2O_3	PbO	P_2O_5
1	21.99	20.16	14.04	1.89	11.05	30.88

12.5.4.5 褐帘石 $(Ca,Mn,Ce,La,Y,Th)_2(Fe^{2+},Fe^{3+},Ti)(Al,Fe)_2[Si_2O_7][SiO_4]O(OH)$

褐帘石为本矿石中次要的稀土矿物。褐帘石为一种含稀土的硅铝酸盐矿物，属原生稀土矿物，其化学组成中主要有两种类质同象替代：Ca→RE 和 Al→Fe，一般稀土元素含量为 10%～27%。本例矿石褐帘石化学成分扫描电镜能谱微区分析结果如表 12－13 所示，平均 REO 含量为 25.28%。褐帘石颜色为褐色、黑褐色，沥青光泽，贝壳状断口，透明至半透明，莫氏硬度 5.5～6，密度 3.4～4.2g/cm³。具电磁性，一般在 650～800mT 场强下进入磁性产品。

矿石中可见褐帘石与钠铁闪石连生，但大多已被交代蚀变，呈残晶分布于重晶石等矿物中。

表 12－13 褐帘石化学组成扫描电镜能谱测定结果

检测号	化学组成及含量/%							
	Ce_2O_3	La_2O_3	Nd_2O_3	CaO	MgO	Fe_2O_3	Al_2O_3	SiO_2
1	15.12	9.66	0.00	9.17	0.74	24.05	8.20	33.06
2	13.99	10.25	3.22	8.89	0.77	19.79	11.05	32.04
3	13.63	9.97	0.00	9.54	0.00	23.44	10.18	33.24
平均	14.25	9.96	1.07	9.20	0.50	22.43	9.81	32.78

12.5.4.6 榍石 $CaTi[SiO_4]O$ 和铈榍石 $(Ca,Ce)Ti[SiO_4]O$

榍石属于含钛的硅酸盐矿物，理论化学成分：CaO 为 28.6%，TiO_2 为 40.8%，SiO_2 为 30.6%，常含多种类质同象混入物，当 Ce 替代 Ca 时，富含铈的榍石称为铈榍石。本例矿石中含有极少量榍石，也有铈榍石，两者比例约1∶1。铈榍石的化学成分如表 12－14 所示，从检测结果来看，矿石铈榍石中 Ce 替代了大部分 Ca，并伴随 Fe 和 Nb 替代 Ti。

表 12－14 铈榍石化学组成扫描电镜能谱测定结果

检测号	化学组成及含量/%					
	Ce_2O_3	FeO	TiO_2	Nb_2O_5	CaO	SiO_2
1	34.63	14.82	21.43	1.80	2.09	25.23
2	33.06	14.79	22.37	2.01	2.39	25.38
3	34.80	14.26	22.57	0.53	2.70	25.14
4	34.32	14.88	21.02	2.09	2.26	25.43
平均	34.20	14.69	21.85	1.61	2.36	25.30

在矿石中见铈榍石交代氟碳铈矿，氟碳铈矿呈残晶状包裹于铈榍石中。

12.5.5 稀土在矿石中的赋存状态

根据矿石矿物定量检测结果和单矿物分析，将稀土在矿石中的平衡分配制成表 12－15。从表 12－15 中可见，以氟碳铈矿和氟碳钙铈矿矿物形式存在的稀土占原矿稀土总量的 87.04%，以独居石矿物形式存在的稀土占原矿稀土总量的 1.24%，以磷钇矿矿物形式存在的稀土占原矿稀土总量的 1.39%。存在于铈榍石中的稀土占原矿稀土总量的0.28%，存在于氟硅铈石中的稀土占原矿稀土总量的 0.10%，存在于褐帘石中的稀土占原矿稀土总量的 1.64%。分散于铅硬锰矿中的稀土占原矿稀土总量的 3.66%，分散于重晶石中的稀土占原矿稀土总量的 2.25%，分散于褐铁矿中的稀土占原矿稀土总量的0.34%，分散于石英、长石等脉石矿物中的稀土占原矿稀土总量的 1.87%。若回收碳酸稀土和磷酸稀土，预测本矿石稀土的最高回收率为89.67%。

表12-15 稀土在矿石中的平衡分配

矿 物	矿物含量/%	矿物含REO量/%	分配率/%
氟碳铈矿/氟碳钙铈矿	3.356	75.99	87.04
独居石	0.054	67.47	1.24
磷钇矿	0.07	58.08	1.39
铈榍石	0.024	34.20	0.28
氟硅铈矿	0.005	61.13	0.10
褐帘石	0.190	25.28	1.64
钍石	0.005	—	—
铀烧绿石	0.007	—	—
石英长石等脉石	71.112	0.077	1.87
重晶石	16.934	0.39	2.25
褐铁矿	3.323	0.30	0.34
含钡铅矾	0.037	—	—
白铅矿	0.063	—	—
彩钼铅矿	0.042	—	—
铅硬锰矿	3.898	2.75	3.66
磷铝铅矿	0.208	2.70	0.19
铋华	0.005	—	—
其他	0.785	—	—
合计	100.000	2.93	100.00

12.5.6 影响稀土选矿的矿物学因素分析

（1）本矿石矿物种类较复杂，稀土矿物种类很多，可分为稀土碳酸盐、磷酸盐和稀土硅酸盐三大类矿物。稀土碳酸盐矿物有氟碳铈矿、氟碳钙铈矿，稀土磷酸盐为独居石、磷钇矿；稀土硅酸盐矿物有褐帘石、氟硅铈矿和铈榍石，其中以氟碳铈矿占绝大多数。铅矿物数量少，但种类很多，共有5个铅矿物：铅硬锰矿、含钡铅矾、白铅矿、彩钼铅矿、磷铝铅矿；脉石矿物有重晶石、石英、长石、白云母、黑云母、钠铁闪石、霓石、萤石等。可综合回收尾矿中重晶石和萤石。

（2）本矿石中氟碳铈矿为主的稀土矿物嵌布粒度较粗，嵌布粒度大于0.08mm约占85%，对重选分离稀土矿物较为有利。

（3）解离度测定结果表明，0.4mm以上稀土矿物解离度较低，而在0.25mm

以下粒级稀土矿物可达到良好的解离。

（4）本矿石中氟碳铈矿主要稀土元素为 Ce、La、Nd 和少量 Gd，不含放射性元素 Th。单矿物分析表明，本矿石中氟碳铈矿含稀土量较高，REO 含量为 75.99%。

（5）稀土赋存状态查定表明，以氟碳铈矿和氟碳钙铈矿矿物形式存在的稀土占原矿稀土总量的 87.04%，以独居石矿物形式存在的稀土占原矿稀土总量的 1.24%，以磷钇矿矿物形式存在的稀土占原矿稀土总量的 1.39%。存在于铈榍石中的稀土占原矿稀土总量的 0.28%，存在于氟硅铈石中的稀土占原矿稀土总量的 0.10%，存在于褐帘石中的稀土占原矿稀土总量的 1.64%。分散于铅硬锰矿中的稀土占原矿稀土总量的 3.66%，分散于重晶石中的稀土占原矿稀土总量的 2.25%，分散于褐铁矿中的稀土占原矿稀土总量的 0.34%，分散于石英、长石等脉石矿物中的稀土占原矿稀土总量的 1.87%。若回收碳酸稀土和磷酸稀土，预测本矿石稀土的最高回收率为 89.67%。

13 稀散金属钪的工艺矿物学

13.1 钪资源简介

钪在元素周期表中第4周期第Ⅲ副族，原子序数为21，原子量为44.956。钪的性质与稀土相似，其化学性质活泼，能与多种元素结合，在空气中容易被氧化而变色。钪具有密度小（2.99g/cm^3）、熔点高（1530℃）的性质。氮化钪（ScN）的熔点可达到2900℃，并且电导率很高。

钪是特殊的稀土元素，它的原子半径在稀土元素中属最小，电子构型中没有4f电子，不存在镧系收缩，未能使原子尺寸减小到相应尺寸，从而导致了钪与稀土元素性质有着显著的差别，这个差别几乎不能使钪进入稀土家族，但由于它在自然界与稀土元素伴生并且有些性质相似，因此，习惯上将钪列入稀土元素。在自然体系中，钪虽然与其他稀土元素可共生于一个矿床中，但在稀土矿物中稀土元素成组出现，如独居石、氟碳铈矿等，可存在多种镧系元素，甚至于钇，但这些稀土矿物中一般不含钪，因此，在选冶过程中钪的走向与其他稀土元素不一致。显然，钪不像其他稀土成员那样彼此关系密切，它有着独特的赋存形式，常常表现为“独来独往”，仿佛是稀土家族中的“另类”。研究钪在矿石中的赋存状态以及工艺矿物学特征，无论是对矿物学理论的发展，还是对矿产资源最大限度利用都具有重要的现实意义。因此，有必要将钪另列一章，单独介绍钪的工艺矿物学。

钪与其所共存元素的离子半径和配位数以及电负性等性质的综合相似性，决定了它可与许多其他离子进行类质同象置换。因此，自然体系中，独立的钪矿床很少，大多以伴生矿形式存在，并且赋存状态十分复杂。在以Al、P、U、Th、Ti、Fe、RE、W和Zr等元素为主要有用组分的矿床（或矿物）中，相当普遍地含有钪，并可作为伴生组分综合回收利用，并成为了钪的主要工业来源。因此，可能将带来我国钪资源找矿的新突破。

由于钪的赋存独特，提取困难，限制了钪的广泛应用。从组成复杂和钪含量很低的原料中富集、分离和提取高纯钪的过程相当复杂，致使钪的产量不大，价格昂贵。20世纪70年代前，钪及其化合物的产量很少，质量不高，用量不多，处于开拓用途的时期。80年代以后，随着高技术和新材料的飞跃发展，钪的各种制品相应地增加了品种，扩大了产量，提高了质量，用途增加。尽管目前钪的高昂价格限制了它的广泛应用，但由于钪本身所具有的优异性能仍使其在电光源、宇航、电子工业、核技术、超导技术、冶金、化工和医疗等重要领域获得广泛的应用，它所起到的作用也是不可替代的，并且钪制品的用量也越来越高，应用前景十分广阔。随着钪及其化合物应用范围的日益扩大，各国对钪的需求量也不断增加。钪的世界消耗量在1985年为100kg（钪的用量以Sc_2O_3计），1990年达350公斤，2007年则已增至1000kg，比1985年的100kg增长十倍，2010年全世界钪的用量就达到了10吨。新的研究表明，氧化钪稳定的氧化锆（ScSZ）替代传统的氧化钇稳定的氧化锆（YSZ）用于固体氧化物燃料电池（SOFC），可使SOFC的功率密度提高一倍，是非常有前景的新型中温固体电解质。钪可用来生产太阳能电池，这种电池可以收集太阳照射在地面的光能量，从而变成电能。这种能量最大的优势就是没有任何对环境的危害，同时转化途径有巨大的能量来源，是自然界能量转化的合理途径，仅这一项就可以造福人类很多年，推动人类社会的发展。如果太阳能电池大面积推广，我国的电力资源的紧缺将会得到大大的缓解。钪铝合金的研究也已进入实用阶段，在A1及A1合金中加入Sc（Sc含量小于0.4%）后，会生成Al_3Sc新相，对铝合金起到变质作用，促进晶粒细化，提高合金再结晶温度（提高幅度达250～280℃），增加合金强度、硬度、塑性、耐热性、耐腐蚀性、加工性及可焊接性并防止合金在高温下长期工作时的脆化现象。俄罗斯生产的钪铝合金已广泛用于飞机制造，美国则用以生产各种体育器械（例如棒球棒、垒球棒和自行车横梁等），日本、德国和加拿大以及中国、韩国等也相继展开对钪合金的研究。铝钪合金被认为是新一代航天航空、舰船、兵器用高性能铝合金结构材料。从钪的市场发展来看，市场需求量逐年递增，产品质量要求日益提高，新的用途开拓进展较快，钪的应用将越来越广泛。

目前，全世界已探明的钪储量约为200万吨，其中90%～95%赋存在铝土矿、磷块岩、钛铁矿及铁硅矿中，少数分布在铀、钍、钨、稀土矿石中。主要分布于俄罗斯、塔吉克斯坦、中国、美国、马达加斯加、挪威等国家。世界钪资源和我国钪资源分布分别如表13－1和表13－2所示。

表13－1　世界钪资源分布情况

国　家	钪资源分布
以俄罗斯为主的独联体国家	独联体国家的钪资源非常丰富，科拉半岛和俄罗斯地台已成为最大的钪资源分布区。科拉半岛的磷灰石中含钪16×10^{-6}，整个矿床钪储量达1.6万吨。其中风化淋滤型稀土（Sc）磷酸盐矿石（Sc－TR－Y－Nb）中，Sc_2O_3含量高达1300×10^{-6}。而俄罗斯地台北部托姆托尔的风化壳淋滤型磷酸盐岩（Sc）矿床中，Sc_2O_3平均含量为650×10^{-6}，最高达1400×10^{-6}。最大的沉积型钪矿床——铝土矿（Sc）矿床中的Sc_2O_3含量达$(10\sim100)\times10^{-6}$。在北乌拉尔和乌克兰地盾的铁钛矿石和辉石岩中亦含有较高的钪含量。独联体国家曾系统地研究了各种类型伴生钪矿床，认为沉积型铝土矿（Sc）矿床与碱性－超基性岩有关的风化淋滤型稀土磷酸岩（Sc）矿床，以及某些铁钛（Sc）矿床是最重要的矿床类型，是钪的主要来源

续表 13－1

国 家	钪资源分布
美 国	美国也是钪资源十分丰富的国家。科罗拉多高原的含铀（Sc）砂岩矿床中含 Sc_2O_3 达 100×10^{-6}；新墨西哥州安布罗斯湖区沉积型铀（Sc）矿床，Sc_2O_3 含量为 15×10^{-6}。犹他州含磷酸盐泥质页岩（Sc）矿床中 Sc_2O_3 含量为 $(10 \sim 500) \times 10^{-6}$，Fairfield 含磷铝石矿床中 Sc_2O_3 含量为 $(300 \sim 1500) \times 10^{-6}$，从中发现了水磷钪石和磷铝锶石，已作为钪矿开采
其他国家	马达加斯加、挪威的钪资源主要集中在富含钪钇石的花岗伟晶岩中。加拿大安大略省铀（Sc）矿床和魁北克奥卡（OKa）碳酸盐型铌（Sc）矿床的岩石中，Sc_2O_3 含量为 $(25 \sim 103) \times 10^{-6}$。南非维特瓦特斯兰德含铀石英砾岩具有较高的钪含量，钛铀矿中 Sc_2O_3 含量为 $(60 \sim 100) \times 10^{-6}$。希腊的帕尔纳斯－基欧纳沉积型铝土矿（Sc）矿床，虽然钪含量仅为 19×10^{-6}，但矿床规模较大；南澳大利亚镭山（Radfum Hill）热液铀钛磁铁矿（Sc）矿床，其 Sc_2O_3 含量达 3000×10^{-6}，U、Th、Sc 可共同回收。捷克、德国等国也拥有一定的钪资源

表 13－2 我国钪资源分布情况

钪资源种类	钪资源分布
已利用的钪资源	目前回收钪主要从一些钨铁及锡的冶炼炉渣中、铁及钨锰铁的熔渣中、钛铁矿高温沸腾氯化法生产四氯化钛的氯化烟尘或氯化后的废熔融物中以及燃煤灰中进行钪的浸出和提取
已探明的钪资源	我国也是钪资源非常丰富的国家，与钪有关的矿产储量巨大，如铝土矿和磷块岩矿床、华南斑岩型和石英脉型钨矿床、华南稀土矿、内蒙古白云鄂博稀土铁矿床和四川攀枝花钒钛磁铁矿床等。其中铝土矿（Sc）矿床和磷块岩（Sc）矿床占优势，其次是钨（Sc）矿床、钒钛磁铁矿床、稀土（Sc）矿床和稀土铁（Sc）矿床 我国铝土矿和磷块岩矿床十分丰富，据估计其中的钪储量约 29 万吨，占所有钪矿类型总储量的51%，可能成为我国钪的重要矿床和主要来源。其他类型含钪矿床的钪储量约 26 万吨，占总储量的 49%。华北地台（主要包括山东、河南和山西）和扬子地台西缘（主要包括云南、贵州和四川），是我国铝土矿和磷矿（包括风化淋滤型磷矿床）十分丰富的地区，其中华北铝土矿的含量为 $(110 \sim 150) \times 10^{-6}$；华南铝土矿的 Sc_2O_3 含量为 $(66 \sim 100) \times 10^{-6}$；西南地区铝土矿的 Sc_2O_3 含量为 $(40 \sim 80) \times 10^{-6}$。黔中小山坝铝土矿的 Sc_2O_3 含量为 $(37 \sim 68) \times 10^{-6}$；贵州林夕铝土矿的 Sc_2O_3 含量为 $(41 \sim 75) \times 10^{-6}$；广西平果那铝土矿的 Sc_2O_3 含量为 75×10^{-6}。从上述资料可以看出，我国铝土矿的 Sc 含量一般高出世界铝土矿钪平均含量（按 Sc_2O_3 为 38×10^{-6}）的 1～4 倍。磷块岩的钪资料甚少，贵州开阳磷矿、瓮福磷矿、织金新华磷矿磷块岩的 Sc_2O_3 含量为 $(10 \sim 25) \times 10^{-6}$。在白云鄂博稀土铁矿中，岩石中的 Sc_2O_3 平均含量为 50×10^{-6}，各种矿石的 Sc_2O_3 含量为 $(40 \sim 160) \times 10^{-6}$，单矿物的

续表 13－2

钪资源种类	钪资源分布
已探明的钪资源	Sc_2O_3 含量一般（100～450）$\times 10^{-6}$，个别达 2000×10^{-6}。攀枝花钒钛磁铁矿是我国大型的钒钛铁矿床，其超镁铁岩和镁铁岩的 Sc_2O_3 含量为（13～40）$\times 10^{-6}$。吕宪俊等对钒钛磁铁矿中钪的赋存状态研究后认为，钛普通辉石、钛铁矿、钛磁铁矿是钪的主要载体矿物。华南斑岩型和石英脉型钨矿具有较高的钪含量，黑钨矿的 Sc_2O_3 含量一般为（78～377）$\times 10^{-6}$，个别达 1000×10^{-6}。广西贫锰矿中含有相当数量的钪，钪的含量为 181×10^{-6}左右，是以离子吸附形式赋存于锰矿物中。有些风化壳淋积型稀土矿中钪的含量很高，并确定 Sc_2O_3 在（20～50）$\times 10^{-6}$为伴生钪矿床，Sc_2O_3 含量大于 50×10^{-6}为独立钪矿床。钪在风化壳淋积型稀土矿中表现出很强的与铈相似类，在矿体中上层钪含量很高，下层钪含量少，与重稀土在风化壳中的迁移富集正相反。钪主要以胶态氢氧化钪沉积在黏土矿中

13.2 钪的地球化学特点

钪在地壳中的平均丰度 36×10^{-6}，比 Ag、Au、Pb、Sb、Mo、Hg 及 Bi 更丰富，而与 B、Br、Sn、Ge、As 及 W 的丰度相当。然而，钪却是典型的稀散元素，在周期表中，钪为 21 号元素，位于第 4 周期第Ⅲ副族，属于该副族最轻的元素，原子量为 44.956。钪的电子构型为 $3d^14s^2$，由于原子结构中没有 4f 电子，离子半径比镧系元素小得多，地球化学行为上也不如钇那样相似于镧系元素，因此，在自然体系，尽管钪与镧系元素可出现在同一矿床中，但却很少与镧系元素发生类质同象替代，同存在于一个矿物中，如独居石，可含多种镧系元素，甚至于含钇，但不含钪。另一方面，钪在元素地球化学分类中，属于亲石元素，在费尔斯曼的对角线系列中，钪的离子半径（0.081nm）与 Li^+（0.082nm）、Mg^{2+}（0.080nm）、Zr^{4+}（0.080nm）、Hf^{4+}（0.079nm）、Fe^{2+}（0.076nm）相似，并且配位数以及电负性等性质也具相似性，因此在地质作用中，Sc^{3+} 可以与这些元素，特别是与 Mg^{2+} 和 Fe^{2+} 发生类质同象替换，因此，在各种地质体中，由于钪广泛的类质同象替代，含钪的矿物多达 800 余种，在花岗岩中常有钪的存在，但 Sc_2O_3 含量大于 0.05% 的矿物却很少。

13.3 钪矿物和钪在矿石中的赋存状态

钪的独立矿物十分稀少，目前已知的钪矿物仅有 16 种，如表 13－3 所示，常见的独立钪矿物如钪钇石（Sc，Y）Si_2O_7、钪绿柱石 $Be_3[Sc, Al]_2Si_6O_{18}$、水磷钪矿 $ScPO_4 \cdot H_2O$ 等，并且这些独立钪矿物的矿源也十分稀少，据报道，20 世纪 20 年代，在挪威和马达加斯加花岗伟晶岩中发现了小型钪钇石矿床。40 年代在美国犹他州发现了含钪磷铝石矿床，并找到了水磷钪石。近几十年来，世界各地再未找到钪的独立工业矿床。

表 13-3 已发现的独立钪矿物

矿物类型	矿物种类	分子式	Sc_2O_3 含量/%
氧化物	Allendeite	$Sc_4Zr_3O_{12}$	42.73
	Heftetjernite	$ScTaO_4$	23.79
	Kangite	$(Sc, Ti, Al, Zr, Mg, Ca)_2O_3$	16.44
	Warkite	$Ca_2Sc_6Al_6O_{20}$	49.74
硅酸盐	Befanamite 锆钪钇石	$Sc_2Si_2O_7$	53.44
	Bazzite 钪绿柱石	$Be_3Sc_2(Si_6O_{18})$	24.05
	Cascandite 硅钙钪石	$Ca(Sc,Fe^{3+})(HSi_3O_9)$	10.78
	Davisite	$CaScAlSiO_6$	29.20
	Eringaite	$Ca_3Sc_2(SiO_4)_3$	28.36
	Jervisite 钠钪辉石	$(Na,Ca,Fe^{2+})(Sc,Mg,Fe^{2+})Si_2O_6$	9.85
	Kristiansenite	$Ca_2ScSn(Si_2O_7)(Si_2O_6OH)$	11.87
	Scandiobabingtonite	$Ca_2(Fe^{2+},Mn)ScSi_5O_{14}(OH)$	12.27
	Thortveitite 钪钇石	$(Sc,Y)_2Si_2O_7$	22.76
磷酸盐	Juonnite	$CaMgSc(PO_4)_2(OH)\cdot 4H_2O$	17.76
	Kolbeckite 水磷钪石	$ScPO_4\cdot 2H_2O$	39.19
	Pretulite	$Sc(PO_4)$	49.28

然而，由于钪可以等价或异价的离子置换形式进入如 Li^+、Fe^{3+}、Fe^{2+}、Al^{3+}、Mg^{2+} 和 Zr^{4+}、Hf^{4+} 等离子作为主要成分的矿物的晶格中，在以铝、磷、铀、钍、钛、铁、稀土、钨和锆等元素为主要有用组分的矿床（或矿物）中，常有钪的富集，并可作为伴生组分综合回收利用，已成为钪的主要工业来源。常见的载钪矿物有钛铁矿、锆石、斜锆石、一水铝石、钒钛磁铁矿、黑钨矿、锡石和煤。

钪的赋存状态十分复杂，可分散于同一地质体的多种矿物中，并且各矿物的载钪量差别较大，我们曾详细考查了某稀土铁矿的尾矿中钪的赋存状态，考查结果表明，该尾矿中有极少量的独立钪矿物——钪钇石，矿物含量仅为 0.0008%，其中赋存的钪仅占尾矿总钪量的 2.07%；铌矿物中以铌铁矿和铌铁金红石较富钪，含 Sc_2O_3 分别为 5800×10^{-6} 和 8300×10^{-6}，但这两矿物含量较少，其中赋存的钪分别占总钪量的 1.53% 和 7.82%，其他铌矿物，如铌钙矿、易解石含 Sc_2O_3 不如铌铁矿和铌铁金红石高，仅有 $(103\sim653)\times10^{-6}$；稀土矿物，如独居石、氟碳铈矿等基本上不含钪；铁钛矿物中以磁铁矿较富钪，含 Sc_2O_3 可达 287×

10^{-6}，钛铁矿含 Sc_2O_3 量为 85×10^{-6}，赤铁矿含 Sc_2O_3 为 16×10^{-6}，赋存于磁铁矿、赤铁矿、钛铁矿中钪分别占 2.80%、1.33% 和 0.21%；霓石 – 霓辉石和镁钠铁闪石在该尾矿中矿物量大，并含较高的钪，含 Sc_2O_3 分别为 500×10^{-6} 和 900×10^{-6}，赋存于霓石 – 霓辉石和镁钠铁闪石中钪分别占总钪量的 32.40% 和 48.33%，总计 80.73%，显而易见，大量的钪赋存于铁镁硅酸盐矿物霓石 – 霓辉石和镁钠铁闪石中，该尾矿中铁镁硅酸盐矿物是钪的主要载体。

显而易见，由于钪的分散性和赋存状态的多样性，给从矿石中提取钪带来相当的难度，目前进入矿物加工流程中的钪，实际回收利用的只占极少数，绝大部分浪费于各加工工序的产品和尾矿中。

13.4　钪的主要矿石类型和提钪工艺

13.4.1　钪的主要矿石类型

由于钪的分散性和赋存状态的多样性，钪的矿石类型也十分复杂，主要伴生钪的矿石类型如下：

（1）沉积型矿石伴生钪：为钪的最主要来源，包括沉积型铀（Sc）矿、铝土（Sc）矿、磷块岩（Sc）矿：

1）钪赋存于含铀的黑色碳质岩石中，据美国矿业局资料，世界铀矿床中，含可回收的钪资源约 1387t；

2）铝土矿是重要的沉积型伴生钪矿床类型之一，从世界含钪矿石和矿物的钪资源状况来看，铝土矿钪含量占 58.3%。在中国含钪矿床类型中，铝土矿中钪含量占 24.5%。生产氧化铝过程，98% 的钪富集于赤泥中，赤泥中含 Sc_2O_3 可达 0.02%，可从赤泥中回收钪；

3）磷块岩中，钪资源量很大，我国磷块岩主要分布于华北地台（主要包括山东、河南和山西）和扬子地台西缘（主要包括云南、贵州和四川），贵州开阳磷矿、瓮福磷矿、织金新华磷矿磷块岩的 Sc_2O_3 含量为 $(10\sim25)\times10^{-6}$；

4）一些煤层中除含镓、锗等金属外，也发现含钪。

（2）与碱性 – 超基性岩有关的稀有、稀土矿石伴生钪：在该类型矿石种类较复杂，矿石中常富集钪，如白云鄂博矿是世界罕见的大型稀土与铁、铌、钍等金属元素共生的综合矿床，含有丰富的钪资源，钪品位达到 100×10^{-6}。

（3）离子型稀土中的钪：华南地区储量巨大的离子吸附型稀土矿中发现了规模较大的富钪矿床，Sc_2O_3 在 $(20\sim50)\times10^{-6}$ 为伴生钪矿床，也有大于 50×10^{-6} 的独立钪矿床。

（4）钒钛磁铁矿石中伴生钪：攀枝花钒钛磁铁矿是我国大型的钒钛铁矿床，其超镁铁岩和镁铁岩的 Sc_2O_3 含量为 $(13\sim40)\times10^{-6}$，钪主要赋存于钛普通辉石、钛铁矿和钛磁铁矿中。

（5）碳酸盐岩型铌矿石中伴生钪：在该类型矿石中，钪主要赋存于斜锆石、烧绿石等矿物中，斜锆石中，含 Sc_2O_3 可达0.07%，烧绿石中达0.05%，在冶炼过程综合回收。

（6）热液型铀（Sc）矿伴生钪矿石：据美国矿业局资料，世界铀矿床中，含可回收的钪资源约1387t。

（7）伟晶岩型铍、铌矿石中伴生钪：在该类型矿石中可见到含钪矿物，从钪的独立矿物为钪钇矿及锆钪钇矿一直到通常含钪0.01%～0.2%的云母和绿柱石。

（8）钨、锡、钽矿石中伴生钪：世界钨矿石中，钪资源量超1000t；我国华南斑岩型和石英脉型钨矿具有较高的钪含量，黑钨矿的 Sc_2O_3 含量一般为（78～377）$\times 10^{-6}$，个别达 1000×10^{-6}。

（9）锰矿石中伴生钪：广西贫锰矿中含有相当数量的钪，含量约为 181×10^{-6}，以离子吸附形式赋存于硬锰矿中。

13.4.2 钪的提取工艺

由于钪在自然体系的分散性，目前钪的回收主要是指在综合处理那些含钪矿物资源时，顺便回收富集在某些中间产品或副产品中的钪。处理含钪矿物资源时钪的走向不同，以致富钪物料特点有所不同。由此可将钪的回收工艺分为三类：

（1）从原生矿中回收钪，其方法一般是先应用一定的选矿方法得到钪精矿，再结合湿法冶金来浸出、提取钪；

（2）从渣中回收钪，其方法一般先浸出钪，再提取钪；

（3）从选冶过程产生的处理液中回收钪，其方法通常是直接用沉淀法、萃取法、离子交换法等来提取钪。

目前原生矿中可回收钪的主要对象是磷块岩、一些稀土矿、云母矿、褐钇铌矿以及一些选钛、选铁的尾矿。

渣中回收钪主要是指从一些钨铁及锡的冶炼炉渣中、铁及钨锰铁的熔渣中、钛铁矿高温沸腾氯化法生产四氯化钛的氯化烟尘或氯化后的废熔融物中以及燃煤灰中进行钪的浸出和提取。从以上渣中回收钪，浸出作业非常关键。钪的浸出率直接影响提钪的回收率，通常应根据渣体系的特点来确定最佳的浸出剂、浸出物料粒度、浸出固液比、浸出时间、浸出温度等。

处理液中回收钪主要是指从钛铁矿硫酸法生产钛白的水解母液中、湿法冶炼锆精矿的处理液中、生产铀的废硫酸溶液中直接提取钪。

13.5　矿石中钪的赋存状态考查实例

13.5.1　矿石概况

某稀有金属矿床赋存于红土型碳酸盐岩风化壳中，该矿属于富含铁、磷和稀有金属的火成碳酸盐杂岩在潮湿热带风化剥蚀作用下在山谷堆积形成的坡积矿床，矿石由未完全固结的、松散的火成碳酸岩风化残余矿物碎屑和表生作用形成的纤磷钙铝石、土状赤铁矿黏土（亦称赭土）组成。呈土状、散粒状、角砾状、泥球状、多孔状构造，砂屑状、泥状结构。有价元素主要为铌、铁、磷、稀土、钪等，原矿主要元素含量：Nb_2O_5 为 0.40%，Ta_2O_5 为 0.013%，REO 为 0.35%，Sc_2O_3 为 119×10^{-6}，Fe 为 31.44%，TiO_2 为 1.52%，ZrO_2 为 0.20%，P_2O_5 为 8.20%，Al_2O_3 为 8.65%，SiO_2 为 12.26%，CaO 为 7.38%，MgO 为 0.50%。

13.5.2　矿石矿物组成

（1）X 射线衍射分析：采用 X 衍射分析定性检测矿石矿物组成，谱图如图 13－1 所示，结果表明，原矿主要矿物为：磁铁矿、磁赤铁矿、赤铁矿、石英、磷灰石、纤磷钙铝石、伊利石等。

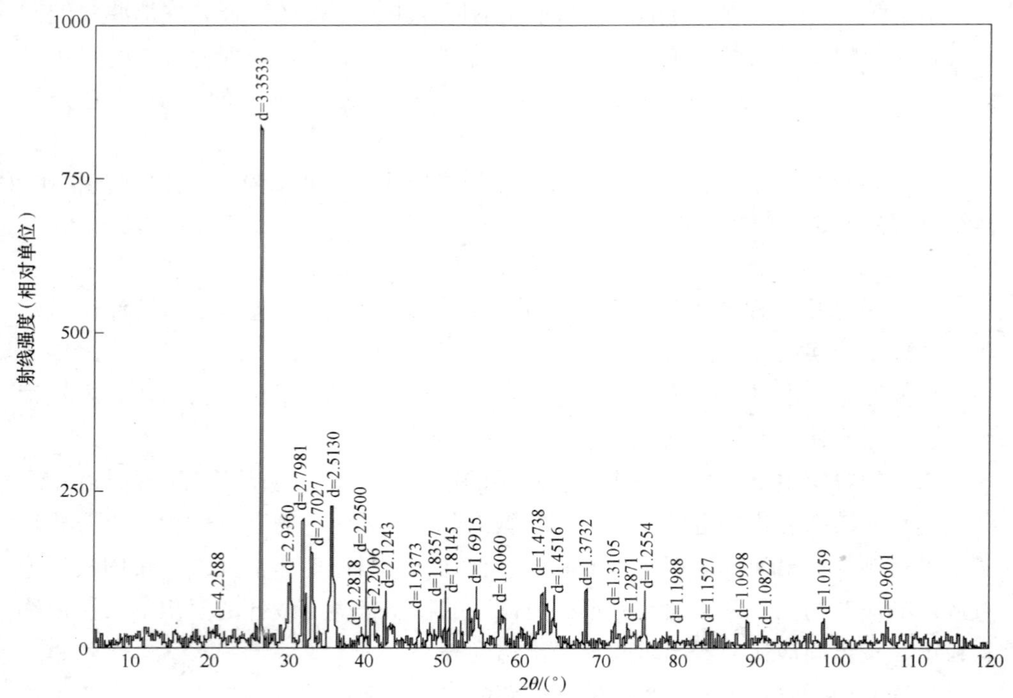

图 13－1　原矿 X 衍射谱图

（2）MLA 全矿物定量检测：采用 MLA 矿物自动检测系统对原矿进行全矿物检测，检测结果如表 13－4 所示。矿石由风化残余矿物和黏土组成，矿物成分较复杂。风化残余矿物包括铌矿物——烧绿石和极少量铌铁金红石；稀土矿物——数量极少，仅见少量独居石和极少量胶态稀土；磷矿物——主要为磷灰石，磷灰石含稀土；锆矿物——主要为锆石，少量斜锆石；铁矿物——大量的磁铁矿和磁赤铁矿、赤铁矿，少量褐铁矿；钛矿物——数量较少，主要为钛铁矿，极少量铌铁金红石、白钛石、钙钛矿；金属硫化物——极微量的黄铁矿和磁黄铁矿；脉石矿物——主要为石英，少量长石，微量白云母、霓石－霓辉石、角闪石、钠铁闪石、电气石、方解石、白云石、绿帘石、绿泥石、蓝晶石、铬铁矿等。X 射线衍射分析表明，黏土（赭土）主要由土状磁赤铁矿、赤铁矿、纤磷钙铝石和少量石英、伊利石组成，结晶粒度基本小于 0.005mm。

表 13－4 原矿矿物组成及含量

矿 物	含量/%	矿 物	含量/%	矿 物	含量/%
烧绿石	0.3075	磷灰石	9.7610	高岭土	0.0345
铌铁金红石	0.0723	土状赤铁矿－纤磷钙铝石等混合物①	50.2367	萤石	0.0011
白钛石	0.0709	石英	7.0443	方解石	0.0057
钙钛矿	0.0102	长石	0.4504	白云石	0.0042
钛铁矿	0.4701	白云母	0.0183	黄铁矿	0.0024
独居石	0.0259	霓辉石－霓石	0.0063	磁黄铁矿	0.0003
胶态稀土	0.0061	角闪石	0.0029	铬铁矿	0.0118
磁铁矿－磁赤铁矿	27.8144	钠铁闪石	0.0026	硬锰矿	0.0587
褐铁矿	3.2179	电气石	0.0085	三水铝石	0.0395
榍石	0.0005	绿帘石	0.0259	其他	0.0251
锆石	0.1566	绿泥石	0.0684	合 计	100.0000
斜锆石	0.0367	蓝晶石	0.0023		

①将－10μm 粒级矿物归入土状赤铁矿－纤磷钙铝石混合物。

13.5.3 矿石中各粒级金属分布

由于矿石由未完全固结的、松散的火成碳酸岩风化残余矿物碎屑和表生作用形成的纤磷钙铝石、土状赤铁矿黏土组成，矿石未经磨矿，采取强搅拌使矿物砂屑与黏土分离，大多数矿物呈自然解离状态。取原矿 500g，浸泡 24 小时，采用 XJT 型搅拌槽充分搅拌，使黏结的粒子充分分散，＋0.043mm 以上采用筛分分级，－0.043mm 采用水析分级。原矿各粒级有价元素含量分布如表 13－5 所示。

显微镜对各粒级进行定性检测，表明 -0.01mm 粒级几乎全部为黏土，而 +0.01mm以上粒级由磁铁矿（含磁赤铁矿）、赤铁矿、褐铁矿、磷灰石、锆石、烧绿石、石英等矿物组成，因此，脱除约35%的 -0.01mm 粒级细泥后，有可能大幅度提高各矿物的选矿分选效果，然而，稀土、铌、磷、铁、钪的损失率分别为47.61%、33.61%、27.94%、28.65%、52.52%，这部分有价元素或可探索水冶提取。

表 13-5　主要金属在各粒级中的分布

粒级/mm	产率/%	元素在各粒级的含量/%				
		REO	Nb_2O_5	P_2O_5	Fe	$Sc_2O_3/10^{-6}$
+1	5.77	0.50	0.213	3.43	50.82	118
-1 ~ +0.5	7.70	0.53	0.218	3.57	50.15	123
-0.5 ~ +0.2	22.73	0.66	0.244	8.05	36.57	110
-0.2 ~ +0.074	14.26	0.34	0.306	10.87	26.73	56
-0.074 ~ +0.043	4.90	0.31	0.574	13.96	21.66	45
-0.043 ~ +0.02	6.54	0.44	0.966	16.91	21.31	49
-0.02 ~ +0.01	3.38	0.60	0.898	14.85	19.83	85
-0.01 ~ +0.005	2.16	0.72	0.953	10.18	22.66	128
-0.005	32.56	0.88	0.325	6.64	25.69	187
合　计	100.00	0.635	0.376	8.52	30.90	121

13.5.4　钪在矿石中赋存状态

根据原矿矿物含量和各矿物的含钪量，计算钪在各矿物中的平衡分配，结果如表13-6所示。从表13-6中看出，钪属于分散元素，主要与锆和铁矿物相关，斜锆石为含钪最高的矿物，其次为黏土，然而斜锆石数量极少，赋存于斜锆石中的钪占原矿总钪的0.12%，赋存于锆石中的钪占原矿总钪的0.06%；赋存于黏土中的钪占原矿总钪的72.80%；赋存于磁铁矿（磁赤铁矿）中的钪占原矿总钪的22.91%，赋存于褐铁矿中钪占原矿总钪的3.70%；其他含铁矿物铌铁金红石、白钛石、钙钛矿中赋存的钪分别占原矿总钪的0.00%、0.01%和0.02%，总计0.03%；磷灰石和石英等矿物表面被黏土污染，其赋存的钪分别占原矿总钪的0.23%和0.06%。

上述结果表明，本例矿石中无独立钪矿物，斜锆石为含钪量最高的矿物，但斜锆石矿物量少，其负载的钪数量极少，主要载钪矿物为磁铁矿 - 磁赤铁矿和黏土（-10μm 细泥），可采取物理选矿方法获取铁精矿和分出 -10μm 细泥，再采取冶金方法从黏土中提取钪，以及根据钪在炼铁炉渣中富集的特点，在铁冶炼渣中提取钪。

表 13-6 钪在矿石各矿物中的平衡分配

矿　物	含量/%	矿物含 Sc_2O_3 量/10^{-6}	钪分配率/%
烧绿石①	0.3075	35	0.09
铌铁金红石	0.0723	0	0.00
白钛石	0.0709	11	0.01
钙钛矿	0.0102	0	0.00
钛铁矿	0.4701	6	0.02
独居石	0.0259	0	0.00
胶态稀土	0.0061	—	—
磁铁矿-磁赤铁矿①	27.8144	104	22.91
褐铁矿①	3.2179	145	3.70
榍石	0.0005	—	—
锆石	0.1566	47	0.06
斜锆石	0.0367	420	0.12
磷灰石①	9.7610	3	0.23
纤磷钙铝石-赤铁矿黏土①	50.2367	183	72.80
石英等①	7.6751	1	0.06
其他	0.1381	—	—
合　计	100.0000	126	100.00

①单矿物分析结果。

14 稀散金属铷、铯的工艺矿物学

14.1 铷、铯资源简介

铷和铯均为碱金属元素，其化学性质十分相近。这两种元素发现得比较晚，金属铷是1860年德国化学家本生和物理学家基尔霍夫用分光镜进行光谱分析时发现的，金属铯直到1882年才由德国塞特伯格和俄国别凯托夫几乎在同时用不同方法独立制得。

金属铷为银白色的轻金属，质软，密度1.53g/cm^3，熔点低（39℃），沸点688℃。铯与铷相似，密度1.9g/cm^3（20℃固态时），熔点低（28.5℃）。铷和铯具有优异的光电性能，同时又是红外技术的必需材料，利用这些光电管、光电池可以实现一系列自动控制。铷和铯的另一重要性质就是所产生的辐射频率具有长时间的稳定性。因此，可作为微波频率标准。一种准确度极高的铯原子钟或铷原子钟，可以准确测量出几十亿分之一秒的时间，它在370万年的走时误差不超过一秒，这对科学研究，交通运输，尤其是导弹、宇宙航天器来说，其重要性不言而喻。铷和铯及其混合金属或合金也有许多的用途。目前铯的应用优于铷，这是因为铯与铷相比铯的化学活性更强，光电效应的临阈波长值更大，因而电子脱出功更小。此外，铯具有独立矿物——铯沸石而利于选冶分离提取。由于铷和铯具有独特的性质，这使它们在不同领域中有着重要的用途。不但有许多传统的应用领域，例如电子器件、催化剂、特种玻璃、生物化学及医药等，近10年来又有较大的发展，而且还出现了一些新的应用领域，特别是在一些高科技领域中，显示出了越来越重要的作用。如磁流体发电、热离子转换发电、离子推进火箭、激光转换电能装置、铯离子云通讯等方面，铷和铯也显示了强劲的生命力。铷和铯的新用途，开辟了铷和铯应用的广阔前景。目前，经济发达国家铷和铯的应用主要集中在高科技领域，有80%的铷和70%的铯用于开发高新技术，只有20%的铷和30%的铯用于传统应用领域。由于世界能源日趋紧缺，人们都在寻求新的能量转换方法，以提高效率和节约燃料并降低环境污染。由于铷、铯极易电离，可用于磁流体发电机、离子推进发动机和热离子发电器。以铯作为高温流体添加剂的磁流体发电机具有效率高、污染小、启动快、造价低和发电费用低等优点。铷和铯在新能量转换中的应用显示了光明的前景，并引起世界能源界的注目。

大陆地壳中铷元素丰度为 8×10^{-6}，铷矿资源储量丰富，却无独立矿物，但铷的赋存是有专属性的，即以类质同象替代钾的方式分散于一些钾矿物中，如钾长石中铷的含量可达3%，黑云母中铷的含量约4.1%，白云母中铷的含量约2.1%，钾盐中铷的含量约0.2%等，光卤石中铷的含量虽不高，但总储量很大；海水中铷含量为0.12g/t，且很多地层水、盐湖卤水中也含铷。铯在大陆地壳的丰度 2.6×10^{-6}，地壳岩石中较地幔中铯含量高，属于壳源元素，通常与碱金属铷和锂共存，铯在花岗质熔体演化至晚期时高度富集，最后形成的富铯矿物包括铯沸石、富铯锂云母等。此外，工业上也从光卤石、盐湖或制盐卤水等提取铯等金属。

世界铷、铯资源和我国铷、铯资源分布分别如表14－1及表14－2所示。

表14－1 世界铷、铯资源分布情况

资源种类	铷、铯资源分布
铷	全球铷的总储量（不包括海水中的铷）约有1077万吨，其中92%以上约1000万吨存在于盐湖中，其余来自花岗伟晶岩。美国、南非、纳米比亚、赞比亚等国铷储量丰富：加拿大 Baenic 湖沉积物中锂云母和铯沸石中含有大量的铷，美国、加拿大地区的铷资源储量就超过2000t；智利的 Salarde Atacama 卤水中含有丰富的铷资源；而其他国家和地区的含铷资源储量有待进一步探明
铯	据美国矿务局资料，世界保有铯储量1万吨，储量基础11万吨，主要分布在加拿大、津巴布韦、纳米比亚。伟晶岩的铯含量为0.3%～0.5%，个别矿脉可达0.7%以上，铯储量几千吨，个别达几万吨。目前95%的铯是从花岗伟晶岩的铯沸石和锂云母（Cs_2O 为0.4%～1%）中提取

表14－2 我国铷、铯资源分布情况

资源种类	铷、铯资源分布
铷	我国铷矿资源非常丰富，中国宜春市锂云母含氧化铷1.2%～1.4%，四川自贡市地下卤水中也含有铷。我国湖北、四川等地的古地下卤水资源以及西藏、青海等地的现代盐湖卤水资源都伴生有丰富的铷，如湖北江汉平原地下盐卤资源和西藏扎布耶盐湖；广州从化红坪山铷矿属世界稀有的岩矿化型矿床，铷以类质同象方式赋存于白云母、长石中，已探明的氧化铷工业储量约为12.14万吨，其中可采储量估计35%；内蒙古锡林郭勒盟白音锡勒牧场东北约15km处，初步探明一处氧化铷储量达87.36万吨的超大型铷矿；西藏地区很多地方的地热水中铷含量也达到单项利用标准
铯	我国的铯主要分布在新疆，占总储量的84%，其次分布在江西、湖北、湖南、四川、河南等地。新疆富蕴可可托海铯主要赋存于含锂伟晶岩，铯含于铯沸石、锂云母、白云母、钾长石及绿柱石中

14.2 含铷铯矿物及其他铷铯资源种类

铷是典型的分散元素，迄今为止，世界上还未发现铷的独立矿物，铷常与钾、锂、铯等矿物共生。世界铷资源主要包括：锂云母、铯沸石、铯锂云母、天然光卤石、天河石（微斜长石的含铯变种）、地热水、盐湖卤水及海水等，详见表 14－3 及表 14－4 所示。

表 14－3 含铷铯矿物类型和种类

矿物类型	矿物种类	化学式	一般 Rb_2O 含量/%	一般 Cs_2O 含量/%
氢氧卤化物	天然光卤石	$KMg(H_2O)_6Cl_3$	一般 < 0.04	
硅酸盐	锂云母	$K\{Li_{2-x}Al_{1+x}Al[Al_{2x}Si_{4-x}O_{10}]F_2\}$	0 ~ 5.4	0 ~ 2
	白云母	$K\{Al_2[AlSi_3O_{10}](OH)_2\}$	0 ~ 1.5	
	黑云母	$K\{(Mg,Fe)_3[AlSi_3O_{10}](OH)_2\}$	0 ~ 2.0	0 － 6
	天河石	$K[AlSi_3O_8]$	1.5 ~ 3.6	0.2 ~ 0.6
	铯沸石	$Cs[AlSi_2O_6]$ 中 83	0.49	42.53
	铯锰星叶石	$(Cs,K,Na)_2\{(Mn,Fe)_7[(Ti,Nb)_2(Si_4O_{12})_2](O,OH,F)_7\}$	0.18	11.60
	绿柱石	$Be_3Al_2[Si_6O_{18}]$	0 ~ 1	0 ~ 1
硼酸盐	硼锂铍矿	$Cs\{Al_4(LiBe_3B_{12})O_{28}\}$		

表 14－4 国内外富含 Rb 的天然盐湖卤水①

产 地	$\rho(Rb)/mg\cdot L^{-1}$
俄罗斯西伯利亚盐湖	21
死海	60
美国索尔顿盐湖	137 ~ 169
中国自贡邓关黑卤	10
中国青海察尔汗盐湖晶间卤水	14
中国西藏扎布耶盐湖晶间卤水	50 ~ 60

①王斌，吉远辉，张建平，等．盐湖 Rb，Cs 资源提取分离的研究进展［J］．南京工业大学学报（自然科学版），2008，30（5）：104 ~ 109.

14.3 主要铯矿物和含铷铯矿物的晶体化学和物理化学性质

14.3.1 铯沸石 $Cs[AlSi_2O_6]$

（1）化学性质：铯沸石是唯一的含铯的独立矿物。原称铯沸石，经研究属沸石类矿物，故称铯沸石。铯沸石化学式 $Cs[AlSi_2O_6]$，通常含有一定量的水，故化学式也可为 $Cs[AlSi_2O_6] \cdot nH_2O$，其中 n 约等于 0.3 时，相当于其组成的理论化学成分：Cs_2O 为 42.53%，Al_2O_3 为 15.39%，SiO_2 为 40.27%，H_2O^+ 为 1.36%。成分中常含有较高的 Na_2O 及少量 Rb_2O、K_2O、Li_2O 和 H_2O。铯沸石中的 Na 含量可达 Cs∶Na = 1∶1。事实上，已知的铯沸石中都含有较高的 Na_2O，并且 H_2O 含量也很不固定。

（2）晶体结构：为等轴晶系，与白榴石等结构，实质上为白榴石与方沸石之间的类质同象过渡矿物。晶格中硅铝氧骨架为垂直于三次轴的 [(Si, Al) O_4] 四面体组成的六元环和垂直于四次轴的四元环，前者较规则，形成主要孔道，平行三次轴，但彼此并不相交。结构中一组（16 个）较大的孔洞为 H_2O 占据，另一组较小的孔洞（24 个）中的 2/3，即 16 个为 Na 或 Cs 占据。H. J. 奈尔（Nel. Am. Min.，1944）根据单位晶胞中 Cs 的原子数与 Na 的原子数之间的反消长关系，认为部分 Cs 可以由 Na 置换，并指出在铯沸石与方沸石之间存在有限的类质同象代替。各地产铯沸石的计算结果，Cs 原子数与 H_2O 分子数的和接近 16（$Cs + H_2O$），可能在 Na^+ 置换 Cs^+ 时，应有相应数量的 H_2O 分子进入晶格，以利于小半径的 Na^+ 置换半径较大的 Cs^+。因此曾提出铯沸石－方沸石矿物的化学组成，可以用 $Cs_{16-x}Na_x[Al_{16}Si_{32}O_{96}] \cdot xH_2O$ 的一般式表示，当 $x=0$ 时，为不含钠和水的纯粹的铯沸石。原子间距：Na—O(4)(H_2O)(2) = 0.260nm，Al—O(6) = 0.192nm，(Al, Si) —O(4) = 0.162nm。

（3）物理性质：铯沸石晶体呈立方体和四六面体的聚形，少见，常呈细粒状或块状产出，颜色为无色，有时微带浅红、浅蓝或浅紫色，玻璃光泽，断口油脂光泽，透明，性脆，莫氏硬度 6.5 ~ 7，密度 2.7 ~ 2.9g/cm^3，其密度与化学组成中含水量相关。铯沸石在 300 ~ 500℃时脱去结晶水，颗粒粗时，脱水往往不完全，脱水后铯沸石转化为非均质体。铯沸石的外表与石英非常类似，但容易风化，表面或裂隙中常有类似高岭土的分解物。此外，铯沸石在偏光显微镜下常呈均质体而区别于石英。

（4）光学性质：在薄片中透明，在透射光下无色，低负突起，折射率随铯含量的减少和含水量的增加而降低，糙面不显著，均质，正交偏光间全黑，n = 1.520 ~ 1.527。铯沸石外观与石英相似，但在显微镜透射光下，低负突起，正交偏光下均质性，与石英易于区别。

（5）成因产状：产于花岗伟晶岩中，比较少见，成因上与钠长石化、沸石化等岩浆期后的残余热液作用有关，与锂云母、透锂长石、锂辉石及石英等矿物共生。

铯沸石是目前提取铯的主要原料，锂云母、微斜长石、天河石等固态矿中的伴生铷，是工业上提取铷产品的主要原料，但其提取工艺过程较复杂、提取成本较高、能耗较大。而从卤水中提取铷的工艺相对简单，成本较低，耗能较少，是目前铷生产工业发展的主要研究方向。目前，从溶液中提取铷的方法主要有沉淀法、离子交换法和溶剂萃取法等。

14.3.2 含铷铯的云母族矿物 $MR_{2\sim3}[(OH,F)_2/AlSi_3O_{10}]$

（1）化学性质：云母族一般化学式为 $MR_{2\sim3}[(OH,F)_2/AlSi_3O_{10}]$，式中 M 为两个单位层间的阳离子 K、Na、Ca，R 为八面体空隙中的 3 价阳离子 Al、Fe^{3+}、Cr 或 2 价阳离子 Mg、Fe^{2+}、Mn、Li^+ 等。在元素周期表中，Rb、Cs 与 K 是同族，并且等价元素，故能发生晶体结构中质点的取代，即类质同象替代，因而 Rb、Cs 是以类质同象代替 K 的方式存在于云母族矿物中，白云母、黑云母、锂云母均可能含数量不等的铷、铯。如江西省宜春钽铌矿中锂云母含 Rb_2O 为 1.2%，新疆拜城县波孜果尔碱性花岗岩中锂云母含 Rb_2O 为 0.68%，黑云母含 Rb_2O 为 0.42%。

（2）晶体结构：云母族矿物具层状构造，由两个（Si，Al）—O 四面体层和一个（Mg，Fe）—（O，OH）八面体层组成。八面体层位于两个四面体层间，四面体层的各个四面体的顶点均指向八面体，并以共同占有的氧原子进行连接而构成一结构单位层，在两个结构单元层间，尚有一层以钾为主的大半径阳离子，起着平衡电荷的作用。铷、铯以类质同象代替钾的方式进入云母晶格。

（3）物理性质：含铷铯的锂云母常呈玫瑰色、浅紫色、白色，透明，玻璃光泽，解理面珍珠光泽。薄片具弹性，硬度在（001）上为 2~3，在垂直（001）上为 4，密度 2.8~2.9g/cm^3。

（4）光学性质：含铷铯的锂云母在透射光下无色，有时呈浅玫瑰色或淡紫色。二轴晶负光性。

（5）成因产状：产于碱性花岗伟晶岩中，与长石、石英、白云母、锂辉石及电气石等矿物共生。

14.3.3 含铷铯的钾长石和天河石

（1）化学性质：钾长石包括透长石、正长石和微斜长石，为钾钠长石的端员矿物，化学成分理论值：K_2O 为 16.9%，Al_2O_3 为 16.4%，SiO_2 为 64.7%。一般钾长石或多或少含有钠长石（Ab）组分，通常可达 20%~50%。铷、锶、铁、铯等常以类质同象替代钾的方式进入钾长石晶格。

（2）晶体结构：长石矿物均具有类似的晶体结构，其中 T—O_4（T 为 Si、Al 等）四面体通过角顶在三度空间连接成骨架，骨架中的大空隙为 M（K、Na、Ca、Ba、Rb 等）阳离子所占据。钾长石的大阳离子 M 主要为 K，它位于 TO_4 骨架的大空隙中，配位数为 9，在结构中，每个 K—O 配位多面体共棱，相距较近。

（3）物理性质：钾长石类矿物中以微斜长石较富铷和铯，并以伟晶岩中的微斜长石更富含铷和铯。微斜长石晶体结构与正长石类似，晶体呈短柱状、板状，通常呈半自形至他形片状、粒状等，有时晶粒直径可达数十厘米以上。颜色为浅玫瑰色、带褐的黄色、肉红色、浅红色等，玻璃光泽、解理面珍珠光泽。莫氏硬度6～6.5，密度2.54～2.57g/cm^3。微斜长石的绿色变种称为天河石，其成分中含铷和铯，一般 Rb_2O 可达1.4%～3.3%，Cs_2O 可达0.2%～0.6%。天河石颜色为呈不均匀的绿色，其呈色的原因尚不十分清楚，可能与铷的含量多少有关，也可能与铷置换钾后的晶体结构缺陷有关。

（4）成因产状：主要产于碱性花岗岩、花岗伟晶岩中，与云母、石英等矿物共生。

14.4 主要铷铯矿石类型和铷铯的提取工艺

14.4.1 主要铷铯矿石类型

目前世界上已知的铷铯矿石有3种类型。

（1）碱性伟晶岩型铷铯矿：该类型矿石很少为单一的铷铯矿，一般主金属为钽、铌、锂，而铷、铯为伴生有价元素。矿物组成中，铌、钽类矿物为钽铌锰矿、细晶石、含钽锡石等，并伴生铯锂云母、锂辉石和少量铯沸石、硅铍石、绿柱石。脉石矿物主要包括钾长石、钠长石、白榴石、霞石、白云母，其次为高岭石、伊利石等黏土类矿物以及少量黄玉、磷灰石、绿帘石、锆石等。铷铯主要赋存于云母、钾长石中，少量赋存于铯沸石中。此类型占世界铷铯矿总采量的98%，在我国主要分布于新疆阿尔泰地区，川滇地区，江西湖南等地。

（2）碱性岩风化壳型铷铯矿：该类矿为碱性岩的风化残积矿或冲积矿，主要发现于广东北部，燕山期花岗岩石广泛分布，形成丘陵地区，极有利于风化作用及渗滤作用，长石大多分解为黏土矿物，钽、铌、锡石等重矿物富集，铷、铯主要赋存于云母中。

（3）古代以及现代含锂铷铯盐类矿：该类矿大部分属于蒸发沉积矿床，如海盐和湖盐及表土型盐类矿床。极少部分属于残积、淋积矿床，如在原生盐类矿床顶部可形成残积的石膏帽，在岩层裂隙中由硫酸水溶液淋积或交代而形成的次生石膏脉等。主要盐类矿物有钾、钠、钙、镁的氯化物、硫酸盐、碳酸盐以及硝酸盐和硼酸盐，如岩盐、钾盐、光卤石、石膏、芒硝、杂卤石、苏打、天然碱、硼砂等，锂、铷、铯以分散元素伴生于这些盐类矿物中。我国的扎布耶盐湖等均产此类矿产，经济价值大。

14.4.2 铷铯的提取工艺

目前我国一般是在锂云母、铯沸石、油田水和光卤石中提取铷和铯，尽管这些资源中铷、铯含量低，但它的储量丰富，又是综合利用的副产品。

从铯沸石中提取铷和铯，从铯沸石中提铷、铯的工艺主要有三种，即矿石的直接还原法、氯化焙烧法和酸分解法。无论哪种方法都要将铷、铯浸取于溶液中，再经过浓缩分离。铯沸石在烧结前，与石灰和氯化钙混合，发生如下反应：

$$2(Cs,Rb)AlSi_2O_6 + 4CaO + CaCl_2 \xlongequal{} 2(RbCl,CsCl) + Al_2O_3 + 4CaSiO_3$$

然后将得到的烧结块溶浸，过滤后加硫酸蒸发以完全除去盐酸。分离沉淀后，再加入 $SbCl_3$ 溶液反应生成铷铯锑盐结晶粉末。溶解结晶后，再用硫化氢除去硫化锑，得到铷、铯的氧化物。

从锂云母中提取铷和铯，锂云母是提取铷和铯的主要矿物，用硫酸分解锂云母精矿后，得到锂、铷和铯的硫酸盐。将这些硫酸盐分步结晶后加入盐酸，得到铷、铯的氯化物，再加入40%的三氯化锑盐酸溶液，析出 Cs_3SbCl_9，铷则留在母液中。

从光卤石中提取铷，天然光卤石是一种复盐，铷的含量只有 0.05% ~ 0.037%。光卤石加入水分解后，氯化镁进入溶液中，大部分的氯化钾则留在沉淀中。蒸发溶液结晶得到人工光卤石，铷富集在人工光卤石中。经过多次的重结晶，可将铷富集到10%，再调整溶液的 pH 值为 2 ~ 3，加入适量的 50% 钼磷酸铵粉末，在常温下充分搅拌，铷即以杂多酸盐 $RbH_2[P(Mo_3O_{10})_4 \cdot xH_2O]$ 的形式沉淀出来。用 9M 的硝酸铵溶液洗涤沉淀，铷又从钼磷酸铵中转入溶液。将富集有硝酸铵的溶液蒸发至干，于 300 ~ 500℃ 灼烧出去铵盐，可获得纯度为 80% 的硝酸铷。

14.5　碱性伟晶岩稀有金属矿中铷、铯的赋存状态研究

14.5.1　原矿物质组成

该矿为低品位钽、铌矿石，伴生有锂、铷、铯等稀有金属，原矿多元素化学分析结果如表 14 - 5 所示。有价金属除钽、铌、锡的品位极低，锂、铷、铯均达到或超出工业品位，尤其以铷超出工业品位要求较多。

表 14 - 5　原矿多元素分析结果

元素	Ta_2O_5	Nb_2O_5	Li_2O	Sn	Fe_2O_3	TiO_2	Rb_2O
含量/%	0.0041	0.0082	0.64	0.052	0.49	0.08	0.22
元素	Cs_2O	BeO	K_2O	Na_2O	SiO_2	Al_2O_3	
含量/%	0.010	0.034	3.52	4.01	73.24	15.65	

经显微镜和 MLA（矿物自动定量检测系统）测定，原矿矿物组成如表 14 - 6 所示。主要铌、钽类矿物为钽铌锰矿和含钽锡石，主要锂矿物为锂云母，并伴生

少量铯沸石、锡石、硅铍石、绿柱石和独居石。硫化矿物数量极少，有磁黄铁矿和黄铁矿；金属氧化矿物有极少量磁铁矿、褐铁矿和钛铁矿；脉石矿物主要为长石、石英、白云母，其次为高岭石、伊利石等黏土类矿物，少量黄玉、磷灰石、绿帘石、锆石等。

表 14-6 原矿矿物定量检测结果

矿　物	含量/%	矿　物	含量/%	矿　物	含量/%
钽铌锰矿	0.0069	褐铁矿	0.0125	铁蛇纹石	0.0059
锡石	0.0509	钛铁矿	0.0018	绿泥石	0.0163
独居石	0.0034	石英	33.3822	高岭土	2.8198
硅铍石	0.0326	钠长石	30.1387	伊利石	1.5082
绿柱石	0.0023	正长石	9.1096	三水铝石	0.0225
铯沸石	0.0157	黄玉	0.5495	萤石	0.0014
锂云母	7.7310	锆石	0.0038	磷锂铝石	0.0977
白云母	13.6844	磷灰石	0.4464	磷铝锰矿	0.0218
金云母	0.0093	钙铁榴石	0.0044	磷铝锶石	0.0636
黄铁矿	0.0031	绿帘石	0.0602	其他	0.1544
磁黄铁矿	0.0186	方解石	0.0038	合　计	100.0000
磁铁矿	0.0129	阳起石	0.0044		

14.5.2 主要矿物的物理化学特征和选矿工艺特性

14.5.2.1 钽铌锰矿 $(Fe,Mn)(Nb,Ta)_2O_6$

铌钽锰矿中铁与锰，铌与钽分别皆为完全类质同象，常有钛、锡、钨等混入，使该类矿物的化学成分相当复杂。根据 A、B 组中铁、锰和铌、钽原子数分为 4 个亚种，即铌铁矿、铌锰矿、钽铁矿和钽锰矿。矿石中铌钽矿物化学成分扫描电镜能谱分析结果分别如表 14-7 所示，属于铌锰矿与钽锰矿之间的过渡矿物，Nb 与 Ta 之间因类质同象替代而变化，Nb_2O_5 为 14% ~68%，Ta_2O_5 为 9% ~70%，大多富锰贫铁，部分钽铌锰矿含钨。钽铌锰矿单矿物分析：Nb_2O_5 为 51.62%，Ta_2O_5 为 28.30%。钽铌锰矿呈薄板至厚板状，颜色为带黑的褐红色，半金属光泽，半透明，参差状断口，性脆，莫氏硬度 4.2 ~7，密度 5.37 ~7.85g/cm^3，密度随钽的含量变化，含钽越多，密度越大。具电磁性，在外加磁场 400 ~900mT 时可进入磁性产品。

表 14 -7 钽铌锰矿扫描电镜能谱定量分析结果

检测号	化学成分及含量/%					
	Nb_2O_5	Ta_2O_5	MnO	FeO	TiO_2	WO_3
1	14.56	70.79	12.60	1.79	0.26	0.00
2	20.95	65.23	11.61	2.21	0.00	0.00
3	35.80	48.47	11.09	4.50	0.14	0.00
4	36.44	48.02	13.23	2.24	0.07	0.00
5	64.25	13.58	10.08	7.78	1.27	3.04
6	65.16	14.55	14.69	3.14	0.49	1.97
7	67.01	9.63	7.34	10.94	0.62	4.46
8	67.02	11.53	9.81	8.75	0.71	2.18
9	67.51	11.24	9.69	8.64	0.54	2.38
10	67.98	9.86	7.02	10.71	0.91	3.52
11	68.31	11.23	13.82	4.00	0.59	2.05
平均	52.27	28.56	11.00	5.88	0.51	1.78

矿石中钽铌锰矿一般呈单粒状嵌布在长石中，并常见钽铌锰矿与锡石共生，两者一同嵌布在长石中，常见细或微细粒钽铌锰矿包裹于云母中。

14.5.2.2 锂云母 $K\{Li_{2-x}Al_{1+x}[Al_{2x}Si_{4-2x}O_{10}](OH,F)_2\}$ 和白云母 $K\{Al_2[AlSi_3O_{10}](OH)_2\}$

本例矿石中同时存在锂云母和白云母。锂云母常有多元素的类质同象替代，成分变化较大，$x=0\sim0.5$，通常铝代替硅，所以锂云母一般含硅量高于白云母，若无铝富硅的变种，称为多硅锂云母，代替钾的有钠、铷、铯等，在八面体的位置代替锂和铝的有 Fe^{2+}（一般 Fe 含量不大于 1.5%）、锰等，氟常被 OH 代替。矿石中锂云母（除锂之外）的化学成分能谱分析结果如表 14 -8 所示，由于能谱不能测定轻元素锂和羟基含量，该结果仅供参考，以单矿物化学分析结果为准。白云母化学成分能谱分析结果如表 14 -9 所示。白云母的钾、钠含量与锂云母差别不大，但白云母明显更富铝而硅较低。由于锂云母和白云母可浮性无差别，只能同时回收，因此富集两种云母进行化学分析：Li_2O 为 3.10%，Rb_2O 为 1.06%，Cs_2O 为 0.045%，Fe 为 1.83%，Nb_2O_5 为 0.018%，Ta_2O_5 为 0.0009%，Sn 为 0.026%。单矿物化学分析结果表明，云母是本矿石中锂、铷、铯的主要载体，含铁量略微超出一般锂云母。

表 14-8 锂云母扫描电镜能谱定量分析结果①

测点	化学成分及含量/%					
	Na_2O	K_2O	MnO	FeO	Al_2O_3	SiO_2
1	0.32	9.03	1.37	3.25	27.16	58.87
2	0.30	9.62	1.54	4.03	26.48	58.03
3	0.35	10.14	1.24	3.92	27.35	57.00
4	0.21	10.16	1.44	3.76	26.44	57.99
5	0.29	9.95	1.52	3.85	28.14	56.25
6	0.29	9.93	1.31	3.06	29.23	56.18
7	0.20	9.90	1.26	4.45	26.37	57.82
8	0.46	9.85	0.44	0.32	31.87	57.06
9	0.21	10.09	1.56	3.70	26.52	57.92
10	0.25	10.10	1.44	3.50	28.73	55.98
11	0.31	10.03	1.58	3.96	27.06	57.06
12	0.27	9.95	1.46	5.46	26.20	56.66
13	0.34	10.00	1.74	4.75	26.04	57.13
14	0.25	10.10	1.62	3.58	26.65	57.80
平均	0.29	9.92	1.39	3.69	27.45	57.27

①能谱不能测锂和 OH，测定结果比实际偏高，仅供参考。

表 14-9 白云母扫描电镜能谱定量分析结果①

测点	化学成分及含量/%						
	Na_2O	K_2O	MnO	FeO	Al_2O_3	SiO_2	Cl_2O
1	0.38	9.81	1.08	3.10	33.60	52.03	0.00
2	0.40	9.73	0.30	4.67	34.50	50.40	0.00
3	0.53	9.81	0.57	2.91	34.92	51.26	0.00
4	0.47	9.76	0.45	3.76	34.58	50.98	0.00
5	0.28	10.07	0.82	2.52	33.59	52.72	0.00
6	0.20	9.20	0.56	3.55	34.72	51.77	0.00
7	0.44	9.30	0.55	2.23	35.99	51.49	0.00
8	0.32	9.33	0.48	6.14	33.13	50.52	0.08
9	0.37	9.44	1.15	3.11	32.29	53.64	0.00
10	0.29	8.66	0.49	1.70	36.37	52.49	0.00
11	0.36	9.17	0.54	2.39	35.67	51.87	0.00
12	0.30	9.27	0.54	2.51	36.23	51.15	0.00
13	0.35	9.27	0.87	2.96	34.64	51.91	0.00
平均	0.36	9.45	0.65	3.20	34.63	51.71	0.01

①能谱不能测 OH，测定结果比实际偏高，仅供参考。

锂云母和白云母均呈叠层片状，显微镜下两种云母无明显差别，银白色，带暗褐色，透明，玻璃光泽，解理面珍珠光泽，薄片具弹性，莫氏硬度 2~3，密度 2.8~2.9g/cm³。

锂云母和白云母作为花岗伟晶岩中的主要矿物之一，呈叠层片状集合体，嵌布于石英、长石之间，如图 14－1 所示（另见彩图 46）。

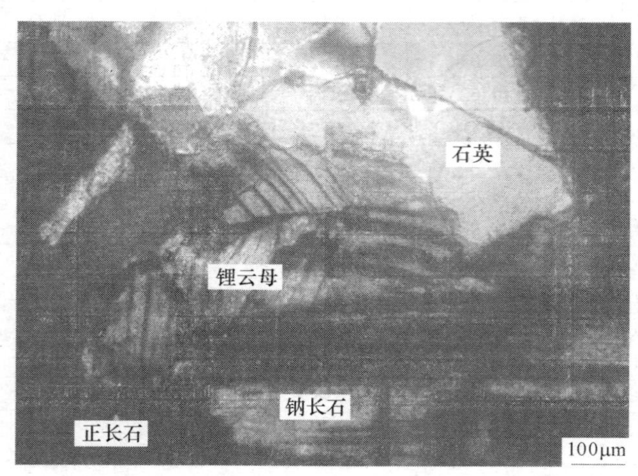

图 14－1 锂云母嵌布在长石、石英之间（显微镜，正交偏光）

14.5.2.3 铯沸石 $Cs[AlSi_2O_6]\cdot nH_2O(n = 0.3)$

铯沸石亦称铯沸石，其理论化学成分：Cs_2O 为 42.53%，Al_2O_3 为 15.39%，SiO_2 为 40.27%，H_2O 为 1.36%。铯沸石化学成分与理论值相差较大，一般有钠、铷、钾、锂等元素类质同象替代，Cs_2O 含量为 27% ~36%。本例矿石中铯沸石为交代白云母生成，其化学成分能谱分析结果如表 14－10 所示，具有富钾的特点。在矿石中一般与白云母呈连晶，如图 14－2（另见彩图 47）、图 14－3、图 14－4 所示，未见单独的铯沸石。显而易见，铯沸石可随白云母富集而得以回收。

表 14－10 铯沸石扫描电镜能谱定量分析结果

测点	化学成分及含量/%					
	Cs_2O	K_2O	FeO	Al_2O_3	SiO_2	F
1	28.91	0.68	0.10	17.95	46.95	5.41
2	24.59	2.19	0.21	19.04	49.51	4.46
3	28.40	0.66	0.37	14.64	50.84	5.09
4	18.39	4.47	0.35	21.51	51.01	4.27
5	23.26	2.71	0.42	20.66	48.27	4.68
6	22.63	3.17	0.35	20.71	48.79	4.35
7	20.70	4.32	0.17	17.16	51.07	6.58
8	21.96	3.48	0.17	16.91	51.75	5.73
9	24.10	1.95	0.39	18.25	49.83	5.48
10	29.79	0.73	0.25	18.18	45.21	5.84
平均	24.27	2.44	0.28	18.50	49.32	5.19

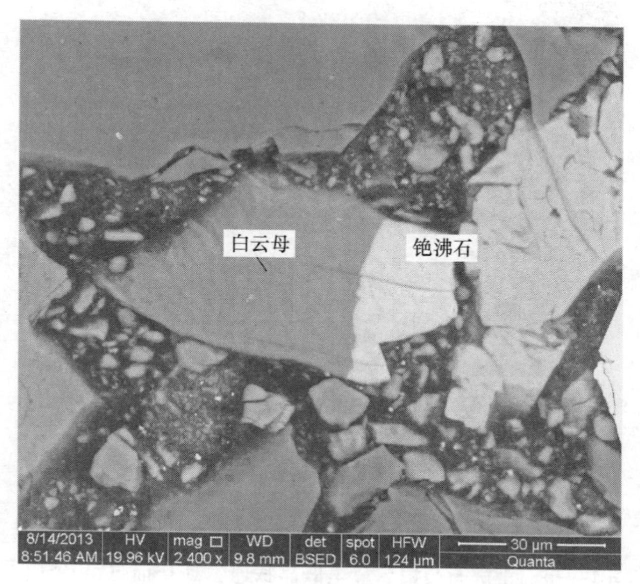

图 14-2 铯沸石交代白云母，两者呈连晶（扫描电镜，BSE）

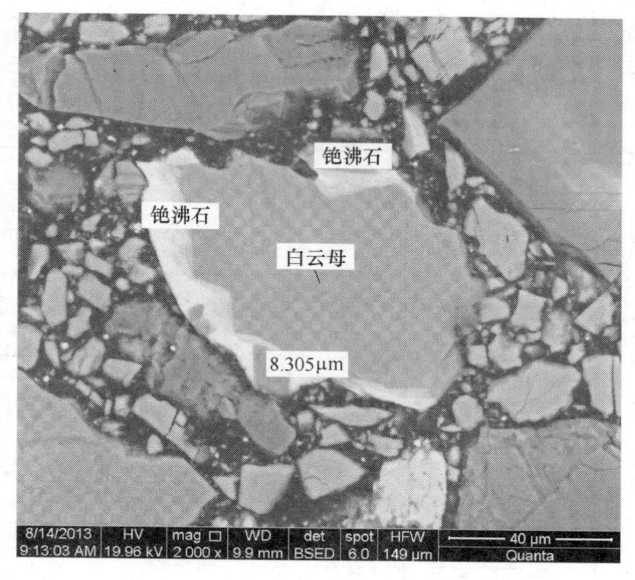

图 14-3 铯沸石在白云母表面呈环边状连晶（扫描电镜，SBE）

14.5.2.4 钠长石 $NaAlSi_3O_8$ 和钾长石 $KAlSi_3O_8$

长石矿物从成分上看，主要为钠、钙、钾和钡的铝硅酸盐，长石的一般化学式可以 MT_4O_8 表示，其中，M 为 Na、Ca、K、Ba 等，T 为 Si、Al 等。本例矿石

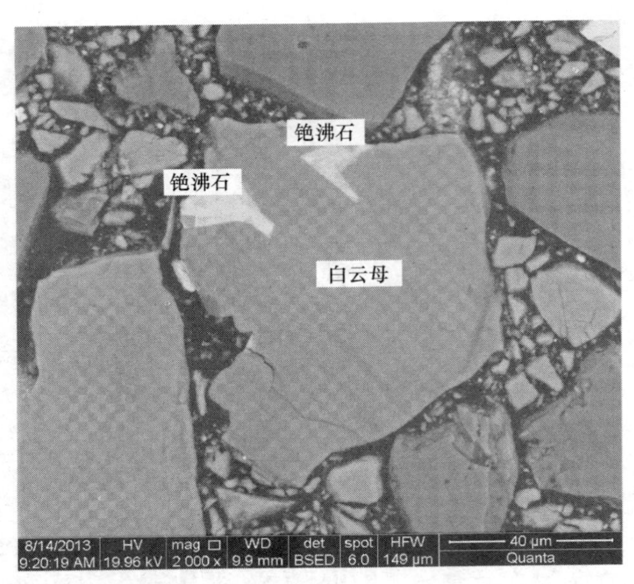

图 14－4　铯沸石与白云母呈嵌晶状连生（扫描电镜，SBE）

中的长石主要是钠长石和钾长石，两种矿物的比例约为 3.3∶1。矿石中的钠长石和钾长石微区化学成分能谱分析结果分别如表 14－11 及表 14－12 所示。由表中结果可知，矿石中的钠长石和钾长石的成分中未见含铷和铯。

表 14－11　钠长石扫描电镜能谱定量分析结果

测　点	化学成分及含量/%			
	Na_2O	Al_2O_3	SiO_2	CaO
1	10.34	20.71	68.84	0.11
2	10.22	20.63	69.00	0.16
3	10.45	20.55	69.00	0.00
4	10.54	20.20	69.25	0.00
5	10.45	20.48	69.07	0.00
6	10.22	20.81	68.80	0.17
7	10.22	20.96	68.76	0.06
8	10.39	20.03	69.59	0.00
9	10.28	20.60	68.97	0.14
10	10.34	20.45	69.16	0.06
11	10.34	20.45	69.16	0.06
12	10.41	20.54	68.96	0.09
平均	10.35	20.53	69.05	0.07

表 14-12 钾长石扫描电镜能谱定量分析结果

测点	化学成分及含量/%			
	Na_2O	Al_2O_3	SiO_2	K_2O
1	0.22	19.36	66.32	14.10
2	0.15	19.45	66.33	14.07
3	0.21	19.47	66.47	13.86
4	0.15	19.37	66.54	13.94
5	0.19	19.43	66.33	14.04
6	0.16	19.41	66.40	14.03
7	0.22	19.37	66.44	13.98
8	0.24	19.35	66.40	14.01
9	0.22	19.23	66.31	14.24
10	0.17	19.39	66.33	14.11
11	0.25	19.42	66.37	13.96
12	0.26	19.38	66.39	13.98
平均	0.20	19.39	66.39	14.03

14.5.3 铷在矿石中的赋存状态

铷在矿石中的平衡分配如表 14-13 所示。由表 14-13 中可见，赋存于云母（包括锂云母、白云母、铯沸石等）中的铷占原矿总铷量的 95.08%；分散于石英、长石等矿物中的铷占原矿总铷 4.92%。从云母中回收铷，铷的理论品位 Rb_2O 为 1.06%，理论回收率 95% 左右。

表 14-13 铷在矿石中的平衡分配

矿 物	含量/%	矿物含 Rb_2O 量/%	Rb_2O 分配率/%
钽铌锰矿	0.0069	—	—
锡石	0.0509	—	—
云母（含铯沸石）	21.4404	1.06	95.08
石英、长石等	78.4146	0.015	4.92
其他	0.0872	—	—
合 计	100.0000	0.239	100.00

14.5.4 铯在矿石中的赋存状态

铯在矿石中的平衡分配如表 14-14 所示。由表 14-14 中可见，赋存于云母

（包括锂云母、白云母、铯沸石等）中的铯占原矿总铯量的86.02%；分散于石英、长石等矿物中的铯占原矿总铯13.98%。铯的理论品位Cs_2O为0.045%，理论回收率86%左右。

表14－14 铯在矿石中的平衡分配

矿　物	含量/%	矿物含Cs_2O量/%	Cs_2O分配率/%
钽铌锰矿	0.0069	—	—
锡石	0.0509	—	—
云母（含铯沸石）	21.4404	0.045	86.02
脉石	78.4146	0.002	13.98
其他	0.0872	—	—
合　计	100.0000	0.011	100.00

14.5.5 影响铷、铯选矿的矿物学因素分析

（1）本矿石为花岗伟晶岩型铌、钽、锂、铷、铯稀有多金属矿床，矿石特点为有价元素种类多，品位低，除铷超出工业品位较多之外，其余金属品位均刚达到工业品位或偏低。

（2）矿物检测表明，本矿石的矿物特点为富含云母、长石、石英，铌、钽类矿物为稀少和钽铌锰矿和含钽锡石。矿石中首次发现铯沸石。

（3）本矿石中云母为锂、铷、铯的重要载体，锂、铷以类质同象方式进入云母晶格。铯沸石交代白云母，因此，白云母也是铯的主要载体。

（4）铷的赋存状态查定表明，赋存于云母（包括锂云母、白云母、铯沸石等）中的铷占原矿总铷量的95.08%；分散于石英、长石等矿物中的铷占原矿总铷4.92%。从云母中回收铷，铷的理论品位Rb_2O为1.06%，理论回收率95%左右。

（5）铯的赋存状态查定表明，赋存于云母（包括锂云母、白云母、铯沸石等）中的铯占原矿总铯量的86.02%；分散于石英、长石等矿物中的铯占原矿总铯13.98%。云母精矿中铯的理论品位Cs_2O为0.045%，从云母中回收铯，理论回收率86%左右。

15 分散元素矿产的工艺矿物学

15.1 分散元素种类和资源简介

分散元素，其含义没有严格的界定，它们是地壳中的一个特殊的群体，有着独特的地球化学特性，一般是指在地壳中丰度极低（多为10^{-9}级），在地质体中极为分散的元素。分散元素包括镓、锗、硒、镉、铟、碲、铼、铊8个元素，它们在自然体系中形成矿物的几率很低，而且产地稀少，一般以分散形式赋存于其专属的载体矿物中。

分散元素在现代工业中有着广泛的用途，并随着技术进步，它们的作用还在不断扩展。

（1）镓主要用在国防科学和高性能的计算机的集成电路以及用于制作光电二极管、激光二极管、光电探测器和太阳能电池等的必备材料。砷化镓是无绳通讯器材的重要原料，并在激光照排和光学仪器方面有着重要的用途。

（2）高纯锗一直用于半导体材料，掺有微量特定杂质的锗单晶，可用于制各种晶体管、整流器及其他器件，锗的化合物用于制造荧光板及各种高折光率的玻璃，锗材用于辐射探测器及热电材料。此外，锗应用于纤维光学、红外光学、聚合催化剂、电子光电和太阳能电池等方面，特别在高耗能和高频率的电子应用器件上，锗有着其他金属难以替代的作用。

（3）镉主要用于电池，以及广泛用于制造颜料、塑料稳定剂、荧光粉、钢件镀层防腐，杀虫剂、杀菌剂等，并可做成原子反应堆中的中子吸收棒。但因其毒性大，镉在各方面的用途有减缩趋势，部分镍－镉电池正被锂电池代替，并且各国都加大了对镉电池监管和回收的力度。

（4）铟的应用随着IT产业的迅猛发展，主要用于笔记本电脑、电视和手机等各种新型液晶显示器（LCD）以及接触式屏幕、建筑用玻璃等方面，而作为透明电极涂层的ITO靶材（约占铟用量的70%）用量的急剧增长，使铟的需求正以年均30%以上的增长率递增，而且目前还没有新的替代材料；铟可作为包覆层或与其他金属制成合金，以增强发动机轴承耐腐蚀性；铟有优良的反射性，可用来制造反射镜；银铅铟合金可作高速航空发动机的轴承材料。易熔的伍德合金中每加1%铟，可降低熔点1.45℃。铟化合物半导体有锑化铟（通讯激光光源、太阳能电池)、磷化铟和锑化铟（红外检测、光磁器件、太阳能转换器等）。此外，铟合金可作反应堆控制棒，能够敏感地检测中子辐射，在航天工业，用于登陆舱材料，着陆时不脆化、不开裂。

(5) 硒主要应用于玻璃工业和电子仪器方面，用于制作褪色玻璃、钠钙硅玻璃和建筑用硒平板玻璃（可降低太阳热辐射），高纯硒制作感光接收器，用于复印机、打印机的磁鼓（硒鼓）；硒的其他用途也十分广泛，含硒黄铜代替了含铅的输水管道材料避免铅污染饮用水，镉硫硒化物的红色颜料稳定性好，广泛用于陶瓷、橡胶和涂料行业，硒加入铅、铜、合金钢中可提高合金的机械切削性能；此外，硒还是人和动物体内必需的微量元素，硒对一些有毒元素（如镉、汞、砷、铊）有拮抗作用，并且是预防癌症的有效物质。

(6) 碲的最大用途是作为钢和铁的添加剂，铁和钢中加入碲可改善其切削加工性能，并增加其硬度；铅中加入少量碲能增加铅的硬度，强度及耐腐蚀性；80%的碲用于冶金工业；碲是半导体材料，将碲加入硒为本底的感光接收器的合金中，可增加光的传导速度；高纯碲可作温差电材料的合金组分；超纯碲单晶是新型的红外材料；碲化铋是良好的制冷材料。此外，碲可作为化学工业的催化剂和橡胶的添加剂，玻璃的着色剂。

(7) 铼的主要用途是作为石油的改进催化剂，用铼生产高辛烷，可用于无铅汽油，目前，世界上催化剂上用的铼占总消耗量的60%以上；其次铼作为发动机的高温组件，含铼的钼、钨合金被认为是最耐高温的材料，已成为航天、军工等方面的重要材料；在超级合金的生产中，加入铼可提高镍基合金在高温下的强度；同时铼还用于热电偶、电子接头、金属电镀涂层、真空管、坩埚、电磁铁和半导体材料的生产。

(8) 铊主要用于制作以铊为本底的超导材料，铊还应用于电子、合金、玻璃制造和制药方面，新的研究表明，铊在心血管成像探测冠心病方面有着重要的应用前景。铊金属和铊的混合物是剧毒物质，必须严格控制。

我国的分散元素矿产资源丰富，按同等的资源相比，我国的镓、铟、锗的储藏量居世界第一位，铟产量超过了全球产量一半以上。硒在地球上含量很低，一般来说很难形成独立经济矿床，常作为伴生矿物产出，但在一定条件下可以形成独立的或者共生的硒矿床，硒都是恩施市的别名，硒都是迄今为止“全球唯一探明独立硒矿床”的所在地，境内硒矿蕴藏量居世界第一，也是世界天然生物硒资源最富集的地区，被誉为“世界第一天然富硒生物圈”，是全球唯一获得“世界硒都”称号的城市。

世界分散元素资源和我国分散元素资源分布分别如表15－1及表15－2所示。

表 15－1 世界分散元素资源分布情况

资源种类	分散元素资源分布
锗	世界锗资源比较缺乏，锗资源丰富的国家有中国、哈萨克斯坦、刚果（金）等，哈萨克斯坦阿塔苏河铁矿石中伴生锗储量1500t，煤中所含锗资源量估计有4500t，另外在含锗的铅锌多金属矿中，仅刚果（金）的基普希和纳米比亚的楚梅讪矿床总的锗储量就达4500t
镓	据美国矿务局资料，世界铝土矿中伴生镓储量10万吨，闪锌矿中伴生镓储量6500t
铟	世界铟储量仅有1692t，储量基础3012t。主要分布在加拿大、美国、秘鲁和俄罗斯。铟主要来源于精炼锌的副产品。20世纪90年代，全球从锌等主矿产冶炼的炉渣、滤渣、残渣和烟尘中提取的铟及再生铟，年产量约120～140t
铊	世界铊的储量约377t，储量基础644t，主要产于美国。此外，世界煤灰中的铊，估计有64万吨
铼	世界铼资源很丰富，世界铼储量共计1.3万吨，其中伴生于铜矿中的约9500t，伴生于钼矿的3500t。主要分布在美国、智利、墨西哥和秘鲁。大多数铼产于斑岩铜－钼矿和斑岩钼矿，其次产于砂页岩铜矿，如哈萨克斯坦杰兹卡兹甘砂岩铜矿，以及砂岩型铀矿，如美国科罗拉多高原含铀（钪）砂岩矿床
镉	据美国矿业局估计，世界锌储量中伴生镉约53.5万吨，储量基础97万吨。美国、澳大利亚、加拿大、日本、墨西哥等是镉的主要资源国
硒	世界硒资源分布十分广泛，据美国矿业局估算，已开发的铜矿床中伴生硒储量8万吨，储量基础13万吨，主要集中在美国、中国、比利时、加拿大、智利、荷兰、印度、墨西哥、秘鲁、瑞典、前南斯拉夫、利比亚等国。此外，未开发的铜矿及其金属矿床中含有丰富的硒，估计其资源量在30多万吨
碲	碲在自然界与硒共生，但碲的资源远比硒少，世界铜矿中伴生碲储量2.2万吨，储量基础3.8万吨，主要分布于美国、加拿大、秘鲁、日本。此外，碲还伴生于铅矿、煤矿和金矿中

表 15－2 我国分散元素资源分布情况

资源种类	分散元素资源分布
锗	我国锗矿资源比较丰富，锗资源主要分布在内蒙古、广东、云南、甘肃、四川、山西、吉林、贵州等八省（自治区），占全国锗资源总量的96%。锗主要伴生于铅锌矿中，占总储量的70%，如热液交代型铅锌矿床（湖南水口山）、层控铅锌矿床（云南会泽、广东凡口）。云南临沧的帮卖锗矿床，是我国乃至于世界上罕见的含煤地层中的独立锗矿床。该矿床原为一个含铀的煤矿，但锗的价值远远超过煤，品位高达0.01%～0.09%，并成为我国主要的锗资源基地之一。矿产品已经出口到日本等国。近年来，内蒙古自治区也发现规模很大的锗矿床
镓	我国有丰富的镓资源，产于铝土矿的伴生镓占50%以上，其次为钼、铜、铅锌、铁和煤矿中伴生镓。镓资源主要集中在广西、河南、山西、贵州、云南等省（自治区）。沉积铝土矿是镓的主要资源类型，代表性矿床如广西平果铝土矿，山西阳泉铝土矿、孝义铝土矿等

续表 15-2

资源种类	分散元素资源分布
铟	我国铟资源较丰富，主要分布在云南、广西、湖南、青海、内蒙古、广东、黑龙江、福建等省（自治区）。铟主要与锌伴生，约占总储量50%，其次与铜、铁等多金属矿伴生，约占30%，其余与汞、钼、铁、锡等伴生。赤铁矿石中含 In 可达 0.1%，可作为铟矿单独开采
铊	我国的铊资源丰富，主要分布在云南、广东、安徽、湖北、广西和辽宁等省（自治区），其中，50%的资源储量集中在云南，代表性的矿区有云南兰坪金顶铅锌矿
铼	我国是铼的主要资源国之一，主要分布在陕西、黑龙江、河南、湖南、广东、福建等省，几乎全部伴生于铜-钼矿、钼矿中，可分钼-铼矿、铜-钼-铼矿、钼-铀-铼矿三种，分别占总量的68%、31%和1%
镉	我国的镉资源丰富，主要集中在云南、四川、广东、广西、湖南、甘肃、内蒙古、青海、江西等省（自治区）。已探明的伴生镉矿山中，大中型矿床占60%，占资源储量的98%。代表性矿山包括：广西河池大厂、江西大余漂塘。兰坪金顶铅锌矿是我国特大型伴生镉矿床
硒	我国是硒的主要资源国之一，主要集中分布在甘肃、广东、黑龙江、湖北、青海五省，占总储量的80%。湖北恩施是迄今为止“全球唯一探明独立硒矿床”所在地，境内硒矿蕴藏量居世界第一，还是世界天然生物硒资源最富集的地区，被誉为“世界第一天然富硒生物圈”，是全球唯一获得“世界硒都”称号的城市。甘肃金川-白银地区、长江中下游地区、粤北地区是硒的重要产地。铜镍硫化物矿床（甘肃金川）中的硒资源，占全国储量的50%，其余产于斑岩型铜矿床（江西德兴铜矿）、矽卡岩铜或铅锌多金属矿床（江西九江城门山）和热液型矿床（广东曲江大宝山）中
碲	我国的碲资源丰富，主要集中在广东、江西、甘肃三省，多产于热液型多金属矿床，矽卡岩型铜矿和岩浆铜镍硫化矿床中，这三类矿床分别占中国总碲储量的45%、44%和11%。四川省石棉县大水沟碲矿是世界上唯一已报道的独立碲矿，碲主要以辉碲铋矿矿物产出，其次为叶碲铋矿。广东曲江大宝山、江西九江城门山和甘肃金川为我国3个大型-特大型伴生碲矿床。此外，碲还产于斑岩型铜矿床，矽卡岩型铅锌金金属矿床、火山沉积型铁矿及热液型石英-金矿床和汞-锑矿中

15.2　分散元素的地球化学特点及其在矿石中的赋存状态

镓、锗、镉、铟、硒、碲、铼、铊8个分散元素，它们在地壳中的丰度值分别为 15×10^{-6}、1.25×10^{-6}、0.2×10^{-6}、0.1×10^{-6}、0.05×10^{-6}、0.01×10^{-6}、5×10^{-10}、0.75×10^{-6}，在8个分散金属中，镓的丰度最高，但镓的独立矿物最少，锗、铟、镉、铊的丰度值也相对较高，硒、碲丰度值较低，但独立矿物则相对多，铼是丰度值最低的元素。分散元素的地球化学性质受其电子构型和地质地球化学作用制约，具有亲石、亲铁、亲硫和亲有机质等多重地球化学性质。丰度低和多重亲和性是导致这些元素在地质体中趋于分散的重要原因。

（1）镓位于元素周期表第4周期第Ⅲ主族中，与铝同族，电子构型为$4s^24p^1$，与锌的电子构型类似，镓在与硫结合（即在6次配位）时的离子半径与硫化矿床中常见的锌、锡、铜、Fe^{2+}、Fe^{3+}、锑等元素的离子半径接近，因此，镓在自然体系中通常能够进入锌和铁组成的矿物；另一方面，在与氧结合时，镓为+3价，Ga^{3+}的离子半径与铝和Fe^{3+}离子相近，即镓在氧化环境中地球化学性质与铝和铁，尤其是铝极为相似，具有亲石（氧）性，这是镓与其他分散元素明显不同的特点，这也是镓与高丰度的铝相随，更广泛地出现于各种地质作用过程中，更趋于分散的原因。

（2）锗位于元素周期表第4周期第Ⅳ主族，电子构型为$4s^24p^2$，锗与硅同族，并与硅的原子半径和化学性质相似，与氧化合时为+4价，锗在地壳中的地球化学行为最明显的趋势是替代矿物晶格中的硅，广泛分散在硅酸盐、黏土和碎屑沉积物中。锗以类质同象进入各种硅酸盐矿物中的能力是有差别的，在火成岩和变质岩中，锗具有富集在岛状硅酸盐、链状硅酸盐和层状硅酸盐的倾向，而在架状硅酸盐中含量降低。锗的亲硫性表现为强还原条件下，Ge^{4+}易被还原成Ge^{2+}，而Ge^{2+}的离子半径（0.080nm）与Zn^{2+}（0.083nm）很接近，使Ge^{2+}易进入闪锌矿晶格而富集。锗与硫化合时表现为+2价，具亲硫性质，锗的亲硫性使其富集在某些硫化矿物中，在闪锌矿、硫砷铜矿、黝锡矿、硫银锡矿和锡黝铜矿中常含较高的锗，并以闪锌矿中含锗最为常见，含锗量最高，锗在闪锌矿中得以富集。在硫银锡矿中，锗替代+4价，四面体配位的锡，最高锗含量大于1%。此外，锗还可形成GeS_3^{2-}和GeS_4^{4-}等形式的硫锗酸根类质同象进入含锗硫盐类矿物中。已有的研究表明，Ge^{4+}的离子半径与Fe^{3+}（0.067nm）、Ti^{4+}（0.064nm）、Cr^{3+}（0.064nm）、Al^{3+}（0.057nm）、V^{4+}（0.052nm）、Mn^{4+}（0.052nm）相近，可以6次配位置换矿物中的这些离子，因此也具有亲铁性，因而锗可产于沉积铁矿床和铝土矿床，如湖南宁乡铁矿。国内外许多煤层中都发现了锗的富集。庄汉平等指出，褐煤中的锗主要赋存于有机相中，占总锗的89.73%~98.28%；Pokrovski等人的实验表明，25~90℃时，锗与邻苯二酚、柠檬酸和草酸等易形成稳定螯合物，表现出锗亲有机质特性。

（3）镉位于元素周期表中第5周期第Ⅱ副族（锌副族），电子构型为$4d^{10}5s^2$，镉易失去2个电子成为+2价离子，镉比镓和锗更具亲硫性，并且镉与铜、银、金相似，电离势较高，不易氧化。镉与铜类似，在自然体系中，有+1价和+2价两种价态。镉与锌两者的离子半径相近，而且四面体共价半径和构造类型也相似，因此与锌有着相似的地球化学行为，但镉比锌更具亲硫性质，比锌的离子半径略大，因此，它们形成硫化物时，同属闪锌矿型，四面体配位，它们紧密共生；但它们形成氧化物时，氧化镉为氧化钠型，酸位数为6，氧化锌则仍为四面体配位，因此，含镉闪锌矿氧化后，镉与锌分离。多金属矿床的闪锌矿是镉的主要富集体，由于镉与锌相比，具有较低的能量系数和较大的离子半径，镉进入闪锌矿之后，减低晶格的自由能，所以镉常富集于晚期的低温闪锌矿中，微晶或胶体结构的闪锌矿，镉含量明显高于粗晶闪锌矿，同时纤闪锌矿也常见更富集镉。通常认为镉含量与闪锌矿的形成温度也相关，一般中温或低温条件下形成的闪锌矿中镉含量最高，高温形成的闪锌矿中含镉量较低。此外，镉的含量与闪锌矿的颜色也具相关性，一般浅色闪锌矿含镉更高。在热液成矿作用中，镉除了与锌紧密相关之外，也存在于铅、铜等矿物中，黄铜矿、硒化铅和碲化铅等矿物中发现含镉，并且镉更倾向于进入含硫盐的矿物晶格之中，硫砷铜矿、黝铜矿也是镉的载体矿物。在弱氧化环境中，镉比锌的硫化物更稳定，含镉的闪锌矿溶解后，镉形成次生的硫化镉，可呈薄膜状存在于残余硫化矿物的表面；在强氧化环境中，镉则形成氧化镉或碳酸钙（菱镉矿）等氧化矿物，同时也可呈硫酸盐进入水体，并且可进行长距离搬运，只有在强碱性环境下才发生沉淀。此外，镉能被土壤胶体溶液强烈吸附，或与黏土矿物微粒呈悬浮的形式迁移到海洋中。镉是重金属有毒元素，其环境污染性一直是众多学者研究的焦点。镉是如何对自然环境造成污染的呢？在某些存在闪锌矿的矿石中，由于 Zn^{2+}（离子半径为 0.083nm，相对电负性为 1.6）与 Cd^{2+}（离子半径为 0.097nm，相对电负性为 1.7）的地球化学性质非常相似，在自然体系中 Cd^{2+} 往往以类质同象的形式进入了闪锌矿晶格，在地表强氧化环境下，矿石发生氧化作用后，Zn^{2+} 和 Cd^{2+} 都转入到硫酸盐，即形成 $ZnSO_4$ 和 $CdSO_4$ 中：

$$ZnS + 2O_2 = ZnSO_4 \qquad ZnS + H_2SO_4 = ZnSO_4 + H_2S$$

$$CdS + 2O_2 = CdSO_4 \qquad CdS + H_2SO_4 = CdSO_4 + H_2S$$

$ZnSO_4$ 和 $CdSO_4$ 的溶解离大，能溶于水中发生迁移，只有在强碱性条件下才会沉淀，粮食、瓜果、蔬菜在生长过程中如果吸收并聚集了 Cd^{2+}，人食用之后镉就进入了人体，人若长期食用含镉食物和水，镉在人体骨骼中聚积，就会导致镉中毒并患上“骨痛病”。

（4）铟位于元素周期表中第 5 周期第Ⅲ主族，与镓同族，铟的电子构型为 $4d^{10}5s^25p^1$，容易失去 3 个电子成为 3 价阳离子，铟离子最外层具有 18 个电子，属于铜型离子，因而，地球化学上将其归于亲硫元素，其原子价有 +1 价、+3 价，在自然体系，3 价铟才能形成稳定化合物，In^{3+} 的离子半径为 0.081nm，与六次配位的 Sn^{4+}（0.071nm）、Zn^{2+}（0.074nm）、Fe^{2+}（0.072nm）、Cu^{2+}（0.072nm）、Sb^{2+}（0.067nm）较为接近，而与 Pb^{2+}（0.124nm）差别较大，因此，铟与锡和锌的关系最密切，最易进入四面体配位晶格的硫化矿物，如闪锌矿、黝锡矿和黝铜矿中。

（5）硒位于元素周期表中第 4 周期第Ⅵ主族，与硫和氧同族，硒的电子构型为 $4s^24p^4$，常见化合价为 +4 价和 +6 价，也可以得到 2 个电子而成为 2 价阴离子。硒的性质与硫相似，但金属性比硫强，硒与硫的地球化学参数比较接近，硒常替代硫而形成广泛的类质同象。中温条件下，硒可与大多数金属和非金属反应，生成各种二元化合物。只有亲硫（铜）元素和亲铁元素与硒具有相容性，硒很少与亲石元素结合。能与硒结合的元素有 28 种之多，铜居于首位，其次是硫。

（6）碲位于元素周期表中第 5 周期第Ⅵ主族，与硫和氧同族，碲的电子构型为 $4d^{10}4s^{2}4p^{4}$，与硒类似，碲与硫的性质也相似，但金属性更强，属于亲硫（铜）元素组和亲氧（铜）元素组。碲的常见化合价为 +4 价、+6 价和 -2 价，碲主要富集于硫化物中，在贫硫的条件下，可形成独立碲矿物，如在某些金矿中，但分布很少。

（7）铼是分散元素中丰度最低的元素，位于元素周期表中第 6 周期第Ⅶ副族，与锰同族，铼的电子构型为 $4f^{14}5d^{5}6s^{2}$，铼的常见化合价为 -1 价、+2 价、+4 价、+6 价和 +7 价，铼的地球化学性质与钼十分相似，因此，铼常类质同象替代钼，出现于辉钼矿中，含量为 $n\times10^{-6}\sim1.88\%$。铼具有低丰度、高度亲铁，中等的亲铜型元素和中等不相容地球化学习性，因此，铼在自然体系中可分散于早期结晶的硅酸盐矿物，形成不具工业意义的富集；在超基性岩，在有大量铂族元素矿物结晶时，铼可进入铂族元素矿物形成较高程度的富集；斑岩铜钼矿和含碳质的辉钼矿床铼的富集往往是与辉钼矿相关，但除了辉钼矿含铼之外，黄铜矿中也常含铼，一般含量低于辉钼矿。

（8）铊位于元素周期表中第 6 周期第Ⅲ主族，铊的电子构型为 $6s^{2}6p^{1}$，具有 18 个电子组成的外电子层，铊的常见化合价为 +1 价和 +2 价，铊与钾、铷、铜、锑、铅、汞、银、锌、锡、金等铜型元素的地球化学性质相似，在成岩过程，铊以类质同象进入长石、云母等含钾和铷的矿物中，表现其亲石性的一面；同时铊又是亲硫元素，在低温热液成矿过程中，铊表现强烈的亲硫性，铊除了形成独立铊矿物及以类质同象进入方铅矿、黄铁矿、闪锌矿、辉锑矿、黄铜矿、毒砂、辰砂、雄黄、雌黄和硫盐类矿物中；在表生条件下，铊形成硫酸铊矿、硫代硫酸铊矿及以微量元素形式进入石膏、水绿矾、铁铅矾、铅矾、铅铁矾、胆矾、明矾等硫酸盐或水合硫酸盐矿物中。

15.3 分散元素矿物

分散元素在自然体系均可形成独立矿物，但一般产地稀少或含量稀少，多数只有矿物意义，而未富集成具有工业开采的独立矿床，迄今只发现有很少见的独立镓、锗、镉、铊矿，但矿床规模都不大，它们主要以分散状态赋存在有关的金属矿物中。

分散元素的常见矿物如表 15 -3 所示。

表 15-3 主要分散元素的常见矿物

矿物类型	矿物种类	化学式	Ga 含量/%
镓矿物	硫镓铜矿（灰镓矿）	$CuGaS_2$	35.4
	羟镓石	$Ga(OH)_3$	$Ga_2O_3$49.7
矿物类型	矿物种类	化学式	Ge 含量/%
锗矿物	硫锗铜矿(锗石)	$Cu_3(Fe,Ge)S_4$	6.20 ~ 10.19
	灰锗矿	$Cu_2(Fe,Zn)GeS_4$	含量不定
	硫银锗矿	$Ag_8(Sn,Ge)S_6$	< 6.44
	硫锗铁铜矿	$Cu_6Fe_2GeS_8$	5.46 ~ 7.75
	锗磁铁矿	$(Ge,Fe)Fe_2O_4$	25.68
	羟锗铁石	$FeGe(OH)_6$	28.97
矿物类型	矿物种类	化学式	Cd 含量/%
镉矿物	自然镉	Cd	99 ~ 100
	硫镉矿	CdS	77.81
	镉黄锡矿	Cu_2CdSnS_4	9.3 ~ 18.2
	镉黝铜矿	$Cu_{10}Cd_2Sb_4S_{13}$	12.75
	镉黑辰砂	$(Hg,Cd,Zn)S$	含量不定
	硒镉矿	CdSe	58.74
	方镉矿	CdO	87.5
	菱镉矿	$CdCO_3$	65.8
矿物类型	矿物种类	化学式	In 含量/%
铟矿物	自然铟	In	100
	硫铟铁矿	$FeIn_2S_4$	55.54
	硫铟铜矿	$CuInS_2$	47.4
	硫铜铟锌矿	$(Cu,Fe)_2Zn(In,Sn)S_4$	含量不定
	硫铟银矿	AgInS	45.08
	大庙矿	$PtIn_2$	54.08
	伊逊矿	Pt_3In	16.41
	羟铟石	$In(OH)_3$	69.2
矿物类型	矿物种类	化学式	Se 含量/%
硒矿物	自然硒	Se	100
	硒铁矿	$(Fe,Cu)Se$	56.95
	辉硒银矿	Ag_4SeS	14.55
	硒锑矿	Sb_2Se_3	49.31

续表 15 - 3

矿物类型	矿物种类	化学式	Se 含量/%
硒矿物	碲硒铜矿	$Cu(Se,Te)_2$	29.23
	β硒铜矿	Cu_2Se	38.32
	硒铜矿	Cu_2Se	38.32
	硒铋银矿	$AgBiSe_2$	33.26
	方硒钴矿	$Co^{2+}Co_2^{3+}Se_4$	64.11
	硒铜铊矿	$Tl_2(Cu,Fe)_4Se_4$	32.79
	硒镉矿	$CdSe$	41.26
	硒铅矿	$PbSe$	27.59
	硒铊铜银矿	$Cu_7(Tl,Ag)Se_4$	34.45
	硒钼矿	$Mo(Se,S)_2$	38.15
	铁硒铜矿	$CuFeSe_2$	56.95
	白硒铁矿	$FeSe_2$	73.87
	硒铜银矿	$AgCuSe$	31.54
	硒金银矿	Ag_3AuSe_2	23.28
	六方硒钴矿	$CoSe$	57.26
	硒铋矿	$Bi_2(Se,S)_3$	20.26
	硒黝铜矿	$Cu_6[Cu_4Hg_2]Sb_4Se_{13}$	40.25
	脆硫铋矿	$Bi_4(S,Se)_3$	11.81
	硒砷镍矿	$NiAsSe$	37.14
	硒硫铋铜铅矿	$Cu_2Pb_3Bi_8(S,Se)_{16}$	19.09
	硒碲铋矿	Bi_2Te_2Se	10.5
	硒碲镍矿	$NiTeSe$	29.77
	蓝硒铜矿	$CuSe$	55.41
	直硒镍矿	$NiSe_2$	72.9
	硫硒铋矿	Bi_4Se_2S	15.39
	硫硒砷矿	$As_2(Se,S)_3$	37.44
	硒砷铜矿	Cu_3AsSe_3	47.15
	硒银矿	Ag_2Se	26.79
	辉硒铋矿	$Bi(Se,S)$	14.93
	硒铜钯矿	$(Pd,Cu)_7Se_5$	39.89
	硒钯矿	$Pd_{17}Se_{15}$	39.57
	副硒铋矿	$Bi_2(Se,S)_3$	20.26

续表 15－3

矿物类型	矿物种类	化 学 式	Se 含量/%
硒矿物	硒铋铜铅矿	$PbCuBi_{11}(S,Se)_{18}$	19.91
	硒铜钴镍矿	$(Ni,Co,Cu)Se_2$	72.34
	硒金铜银矿	$(Ag,Cu)_4Au(S,Se)_4$	20.73
	硒锑铜矿	Cu_3SbSe_4	50.27
	硒铋汞铜矿	$Cu_3HgPbBiSe_5$	32.84
	硒硫银金矿	$AuAg(S,Se)$	10.96
	碲硒铋铅矿	$PbBi_2(Se,Te,S)_4$	11.16
	硒硫铋铅矿	$CuPb_8Bi_{9-10}(S,Se)_{22}$	18.14
	硒铊铜矿	Cu_6TlSe_4	35.04
	硒锑银矿	$Ag_5Sb(Se,S)_4$	17.88
	碲硒铋矿	Bi_2TeSe_2	22.45
	方硒锌矿	$ZnSe$	54.71
	灰硒汞矿	$HgSe$	28.25
	方硒钴矿	$CoSe_2$	72.82
	硒铜钴镍矿	$Cu(Co,Ni)_2Se_4$	63.55
	碲铋铜铅矿	$Cu_2PbBi_4(Se,S,Te)_8$	11.66
	辉硒铅铋矿	$Pb_5Bi_8Se_7S_{11}$	15.3
	斜硒镍矿	Ni_3Se_4	64.2
	复硒镍矿	$(Ni,Co)SeO_3 \cdot 2H_2O$	35.6
	蓝硒铜矿	$CuSeO_3 \cdot 2H_2O$	34.86
	硒钴矿	$CoSeO_3 \cdot 2H_2O$	35.58
	铜铅铀硒矿	$Pb_2Cu_5(UO_2)_2(SeO_3)_6 \cdot 2H_2O$	21.81
	水硒铜铀矿	$Cu_4(UO_2)(SeO_3)_2(OH)_6 \cdot H_2O$	17.58
	氧硒石	SeO_2	71.16
	硒钡铀矿	$Ba(UO_2)_3(SeO_3)_2(OH)_4 \cdot 3H_2O$	11.93
	水硒铁石	$Fe_2(SeO_3)_3 \cdot 4H_2O$	41.95
	白硒铅矿	$PbSeO_3$	23.63
	硒铜铅矿	$Pb_2Cu_2(Se^{6+}O_4)(Se^{4+}O_3)(OH)_4$	17.96
矿物类型	矿物种类	化 学 式	Te 含量/%
碲矿物	硫碲铋铅矿	$PbBi_2Te_2S_2$	27.02
	碲铅矿	$PbTe$	38.11
	硫锑碲银矿	$Ag_8(Sb,As)Te_2S_3$	19.44

续表 15－3

矿物类型	矿物种类	化 学 式	Te 含量/%
碲矿物	碲铜金矿	$(Au,Ag)_4Cu(Te,Pb)$	7.59
	亮碲锑钯矿	Pd_3SbTe_4	21.62
	碲金矿	$AuTe_2$	56.44
	硫碲银矿	Ag_4TeS	21.59
	碲汞矿	HgTe	38.88
	粒碲银矿	AgTe	54.19
	斜方碲铁矿	$FeTe_2$	82.05
	高台矿	Ir_3Te_8	63.9
	碲铋齐	Bi_7Te_3	20.74
	碲银矿	Ag_2Te	37.16
	硫铋碲矿	Bi_2TeS	22.09
	氯碲铅矿	$PbTeCl_2$	31.45
	针碲金铜矿	$CuAuTe_4$	66.21
	黄碲钯矿	Pd(Te,Bi)	23.23
	白碲金银矿	$(Au,Ag)Te_2$	62.61
	碲铋铂钯矿	PtBiTe	24
	斜方碲钴矿	$CoTe_2$	81.24
	马营矿	IrBiTe	24.13
	碲镍矿	$NiTe_2$	81.3
	碲钯矿	$(Pd,Pt)(Te,Bi)_2$	26.18
	方铋钯矿	PdBiTe	28.8
	铋碲铂钯矿	$(Pt,Pd)(Te,Bi)_2$	26.18
	亮碲金矿	$(Au,Sb)_2Te_3$	54.57
	杂碲金银矿	$AuAgTe_2$	45.57
	碲金银矿	Ag_3AuTe_2	32.9
	弃碲铋矿	Bi_4Te_3	31.41
	硫碲铅矿	$PbTe_3(Cl,S)_2$	58.22
	碲铜矿	Cu_7Te_5	58.92
	碲铅铋矿	$(Bi,Pb)_3Te_4$	44.98
	双峰矿	$IrTe_2$	57.04
	六方铋钯矿	Pd(Bi,Te)	23.23
	碲钯银矿	$Ag_4Pd_3Te_4$	40.47

续表 15 - 3

矿物类型	矿物种类	化学式	Te 含量/%
碲矿物	六方硫铋碲矿	Bi_3Te_2S	27.91
	针碲金银矿	$(Au,Ag)_2Te_4$	62.61
	碲银钯矿	$(Pd,Ag)_3(Te,Bi)$	13.03
	碲锑矿	Sb_2Te_3	61.12
	碲铋矿	Bi_2Te_3	47.8
	碲硫铋镍矿	$Ni_9Bi(Te,Bi)S_8$	5.49
	斜碲钯矿	Pd_9Te_4	34.77
	碲汞钯矿	Pd_3HgTe_3	28.8
	辉碲铋矿	Bi_2Te_2S	36.19
	三方碲铋矿	$BiTe$	37.91
	碲铋银矿	$AgBiTe_2$	44.61
	巴碲铜石	$Cu(TeO_3)$	53.36
	水碲铜矿	$Cu_5(TeO_3)_2(OH)_6 \cdot 2H_2O$	31.62
	赤路矿	$Bi_3Te^{6+}Mo^{6+}O_{10.5}$	12.53
	水碲铜铅矿	$(Cu,Sb)_3(Pb,Ca)_3(TeO_3)_6Cl$	44.05
	铀碲矿	$(UO_2)Te_3^{4+}O_7$	50.05
	碲铁矿	$Fe_2^{3+}(TeO_6) \cdot 3H_2O$	32.77
	碲锌钙锰石	$(Mn^{2+},Ca,Zn)Te_2^{4+}O_5$	65.66
	砷碲锌铅石	$Pb_3Zn_3(AsO_4)_2(TeO_6)$	9.67
	绿铁碲矿	$Fe_2^{3+}[TeO_3]_3 \cdot 2H_2O$	39.47
	碲铅石	$Pb(TeO_3)$	33.33
	蓝硅孔雀石	$(Ni,Mg,Fe,Mn)_3Te_3O_9 \cdot 5H_2O$	50.22
	碲铅铜石	$Pb^{2+}Cu_3^{2+}Te^{6+}O_6(OH)_2$	19.47
	磷碲锌铅矿	$Pb_3Zn_3(PO_4)_2(TeO_6)$	10.36
	碲锰铅石	$PbMn^{4+}Te^{6+}O_6$	26.27
	水碲铁矿	$Fe^{3+}(Te_2^{4+}O_5)(OH)$	62.54
	碲汞矿	$(Hg^{2+})(Te^{4+}O_3)$	22.12
	碲铀铅矿	$Pb(UO_2)(TeO_3)_2$	30.81
	副碲铅铜矿	$Pb^{2+}Cu_3^{2+}Te^{6+}O_6(OH)_2$	19.47
	副黄碲矿	TeO_2	79.95
	平谷矿	$Bi_6Te_2^{4+}O_{13}$	14.86
	碲铁矾	$Fe_2^{3+}(TeO_3)_2(SO_4)(H_2O)_2 \cdot H_2O$	41.63

续表 15－3

矿物类型	矿物种类	化学式	Te 含量/%
碲矿物	氧碲铜矿	$Cu(Te_2^{4+}O_5)$	64
	氯碲铁石	$Fe_2(TeO_2OH)_3(TeO_3)Cl$	59.87
	水碲铅矾	$Pb_8(TeO_4)_5(SO_4)_3 \cdot 8H_2O$	20.93
	碲铀矿	$(UO_2)(TeO_3)$	28.63
	碲铋矿	$Bi_2Te^{4+}O_5$	20.4
	水碲铁石	$Fe^{3+}(TeO_3)(OH) \cdot H_2O$	47.89
	碲锌锰矿	$(Mn,Zn)_2Te_3^{4+}O_8$	8.71
	黄碲矿	TeO_2	79.95
	黄钾铁矾	$Cu_5Zn_3(TeO_4)_4(OH)_8 \cdot 7H_2O$	33.09
	碲锌钙石	$Ca_3Zn_3(TeO_6)_2$	33.42
	碲铜石	$Cu_3(TeO_4)(OH)_4$	28.34
矿物类型	矿物种类	化学式	Re 含量/%
铼矿物	Dzhezkasganite	$Cu(Re,Mo)S_4$	含量不定
	未命名	Re_2S_3	79.5
	未命名	$(Cu,Fe)(Re,Mo)_4S_8$	含量不定
	未命名	$Cu(Re_3Mo)S_8$	57.35
矿物类型	矿物种类	化学式	Tl 含量/%
铊矿物	硒铜铊矿	$Tl_2(Cu,Fe)_4Se_4$	42.43
	硫锑铊矿	$Tl_2(Cu,Fe)_6SbS_4$	40.19
	斜硫汞铊矿	$TlHgAsS_3$	35.48
	硫铊金银矿	$TlAg_2Au_3Sb_{10}S_{10}$	8.02
	硒铊铜银矿	$Cu_7(Tl,Ag)Se_4$	11.15
	铜锑铊矿	$Cu_2(Sb,Tl)$	35.22
	硫砷铊矿	Tl_3AsS_3	78.18
	硫砷铊汞矿	$(Cs,Tl)(Hg,Cu,Zn)_6(As,Sb)_4S_{12}$	3.36
	细硫砷铅矿	$AgTlPbAs_2S_5$	24.64
	红铊铅矿	$TlPbAs_5S_9$	19.02
	硫砷铜铊矿	$Tl_6CuAs_{16}S_{40}$	32.52
	辉砷铊铅矿	$TlPbAs_2SbS_6$	23.34
	红铊矿	$TlAsS_2$	59.51
	斜硫砷铊矿	$Tl(Sb,As)_5S_8$	21.45
	辉铁铊矿	$TlFe_2S_3$	49.57

续表 15 - 3

矿物类型	矿物种类	化学式	Tl 含量/%
铊矿物	硫锑砷铊矿	$Tl_2Sb_6As_4S_{16}$	20.94
	硫铁铊矿	$TlFeS_2$	63.01
	硫银锑铅矿	$Pb_8(Ag,Tl)_2Sb_8S_{21}$	5.65
	硫锑铜铊矿	$TlCu_5SbS_2$	35.2
	硒铊铜矿	Cu_6TlSe_4	22.67
	萸铊铁铜矿	$Tl_2Cu_3FeS_4$	52.17
	硫镍铁铊矿	$Tl_6(Fe,Ni,Cu)_{25}S_{26}Cl$	34.26
	硫锑汞铊矿	$TlHgSb_4S_7$	18.31
	硫砷锑铊矿	$Tl_4Hg_3Sb_2As_8S_{20}$	28.16
	砷铜铊铅矿	$(Cu,Ag)TlPbAs_2S_5$	25.31
	三斜硫锑铊矿	$TlSbS_2$	52.37
	褐铊矿	Tl_2O_3	89.49
	铊明矾	$TlAl[SO_4]_2 \cdot 12H_2O$	31.96

（1）镓的独立矿物极稀少，主要有灰镓矿和羟镓石两种，主要载体矿物有一水铝石和闪锌矿；一水铝石的镓含量为（50 ~ 500）$\times 10^{-6}$之间，三水铝石的镓含量一般低于 50×10^{-6}。据涂光炽等人的统计，闪锌矿含镓量为（1 ~ 3000）$\times 10^{-6}$，不同成因类型的闪锌矿含镓量存在巨大差异，高温热液型闪锌矿含镓最低，一般为（1 ~ 20）$\times 10^{-6}$，低温热液型和热水沉积型闪锌矿的含镓量较高，一般为（30 ~ 2000）$\times 10^{-6}$，其他金属、非金属矿物如方铅矿、黄铜矿、黄铁矿、磁黄铁矿等含镓量很低，一般低于 10×10^{-6}，初步统计表明，硫化矿床中70% ~ 80%的镓都存在于闪锌矿中。闪锌矿的富镓性表现了镓元素在富硫的还原环境中锌和镓均以六次配位形式进入闪锌矿。具有低温闪锌矿的含镓性明显高于高温闪锌矿，浅色闪锌矿的含镓性明显高于深色闪锌矿。

（2）锗的独立矿物有 26 种，但最主要的有锗石、灰锗矿、硫银锗矿、硫锗铁铜矿、锗磁铁矿等 6 种；锗的载体矿物有闪锌矿、硫砷铜矿、黝锡矿、硫银锡矿等。

（3）镉的独立矿物数量不多，但类型较广，从自然元素至氧化物均有出现。镉的独立矿物主要有自然镉、硫镉矿、硒镉矿、方镉矿、菱镉矿等；富镉变种矿物主要有镉黄锡矿、镉黝铜矿、汞黑辰砂；镉的载体矿物有闪锌矿、纤锌矿、方铅矿、黝铜矿、硫锑铅矿、车轮矿、菱锌矿、硅锌矿、硬锰矿和褐铁矿等。广东省鹤山市白云地矿区的铁闪锌矿含 Cd 为 0.45%，大宝山铜多金属矿中铁闪锌矿含 Cd 为 0.24%。

（4）铟的独立矿物主要有自然铟、硫铟铁矿、硫铟铜矿、硫铜锌铟矿、硫铟银矿、大庙矿、伊逊矿和羟铟石等7种。铟的矿物专属性特别明显，铟的最重要载体是闪锌矿，含 In 可达（500～3000）$\times 10^{-6}$，其他含铟矿物还有黝锡矿、黝铜矿和锡石等。

（5）可与硒结合形成矿物的元素非常多，有过渡元素类的铁、钴、镍、铜、锌、钼，分散元素类的碲、铊、镉，贵金属元素类的钯、铂、金、银，碱金属元素类的钠、钾、镁、钙，非金属元素的氢、氧、硫、碘、氯，其他元素砷、锑、铋、铀、铅、汞等，因此，硒矿物的矿物种类极多，根据涂光炽等人（2004）对硒矿物的总结，硒矿物有102种之多，可分为9大类：

自然元素：自然硒；

氧化物：氧硒石；

卤化物：奥兰地石；

硒化物：共有60种，包括硒银矿、硒镍矿、硒汞矿等；

硫盐类：共有19种，如辉硒铅铋矿、砷硒黝铜矿等；

硒酸盐：2种，如黄硒铅矿；

亚硒酸盐：16种，如蓝铜硒矿；

复合硫酸盐：1种，即硒铅矾；

复合碘酸盐：仅发现1种。

在这102种硒矿物中，硒化物有60种，占绝大多数，首次在中国发现的硒矿物有两种，即硒锑矿和单斜蓝硒铜矿。

（6）碲矿物与硒矿物类似，自然界已发现90种碲矿物，其中包括：

自然元素：2种，自然碲和碲硒矿；

硫化物及含硫盐类：11种，辉碲铋矿、硫碲铋矿等；

碲化物：39种，包括金、银、铅和铋的碲化物，其中金、银碲化物较普遍，占碲化物总量的70%以上，主要有碲金矿、碲银矿、碲铂矿、碲铋矿、楚碲铋矿、碲铅矿等；

氧化物和含氧盐：20种，如硫碲铅矿 $Pb[(Te,S)]O_4$。

（7）铼是极度分散的元素，在自然体系中很少生成独立的铼矿物，发现的几个仅有铼矿物也是产地稀少。迄今只发现辉铼矿（ReS_2）和铜铼硫化矿（$CuReS_4$）两种独立的铼矿物，铼多伴生于钼、铜、锌、铅等矿物中。世界上第一个发现的铼矿物——Dzhezkasganite，亦即铜铼硫化矿产于哈萨克斯坦中部的含铜砂岩型铜矿物床中，其中铼已在局部达到工业品位。

（8）铊在自然体系多呈分散状态，但在特殊成矿环境下也可形成铊矿物，甚至富集成矿。迄今为止，已发现的铊的独立矿物有48种，其中硫盐类矿物33种，硫化矿物7种，硒化物3种，硫酸盐类3种，硫氯化物1种和氧化物1种。

铊呈独立矿物是铊主要赋存形式，其次铊常以类质同象的方式进入方铅矿、黄铁矿、闪锌矿、辉锑矿、黄铜矿、毒砂、辰砂、雄黄、雌黄和硫盐类矿物中，富铊的黄铁矿称铊黄铁矿。在表生条件下，铊除了形成表生矿物，如硫酸铊矿和硫代硫酸铊矿等之外，还可进入石膏、水绿矾、铁铝矾、胆矾、明矾等硫酸盐矿物中，铊明矾的含 Tl_2O_3 可高达 33.25%。

15.4　分散元素矿产的矿石类型

镓、锗、镉、铟在自然体系中它们密切共生，并主要以类质同象形式存在，在自然界中主要呈分散状态分布于其他元素组成的矿物中，通常被视为多金属矿床的伴生组分，形成独立矿物的几率很低，伴生于有关的主金属矿床或煤中，它们的富集成矿具有矿床类型专属性。

15.4.1　锗矿石类型

锗矿床可分为伴生锗矿床和独立锗矿床两大类。独立锗矿床类型包括：

（1）铜-铅-锌-锗矿床，如玻利维亚中南部锗矿床；

（2）砷-铜-锗矿床，如西南非特素木布矿床（Ge 为 8.7%）；

（3）锗-煤矿床，如内蒙古乌兰图嘎超大型锗矿床（Ge 金属储量 1600t），云南监沧褐煤锗矿等。

伴生锗矿床包括：

（1）含锗的铅锌硫化物矿床，如云南会泽铅锌矿床，主要矿体中锗含量达 $(25\sim48)\times10^{-6}$，广东凡口铅锌矿床等，锗主要以类质同象方式赋存于闪锌矿中；

（2）含锗的沉积铁矿床和铝土矿床，如湖南宁乡铁矿；

（3）含锗有机岩（煤、油页岩、黑色页岩）矿床，如内蒙古五牧场区次火山热变质锗-煤矿床（锗最高可达 450×10^{-6}，煤灰中可达 1%）和俄罗斯东部滨海地区的锗-煤矿床（如金锗-煤矿床、巴甫洛夫锗-煤矿床、什科托夫锗-煤矿床等，为热液-沉积成因）。

15.4.2　镓矿石类型

镓分布范围较广，主要矿床类型包括：

（1）含镓的热液矿床，以铅锌矿床中赋存的镓最有意义，主要含镓矿物是闪锌矿，含镓一般为 0.001%～0.1%；

（2）含镓的铝土矿矿床，是镓的重要来源；

（3）某些沉积铁矿和沉积变质铁矿；

（4）煤矿中，含镓 0.003%～0.005%。此外，在明矾石矿床中，镓的含量相对较高，有一定远景。

15.4.3 镉矿石类型

据含镉矿床的元素组合特征可将含镉矿床分为：

（1）Zn－Pb－Cd－S 型（铅锌型），以兰坪金顶超大型铅锌矿和贵州牛角塘镉锌矿床为代表，澳大利亚 Lady Loretta 铅锌矿也属于这种类型。该种类型矿床是目前 Cd 的最重要来源；

（2）Ag－Pb－Zn－Cd 型（银铅锌型），如江西冷水坑、内蒙古甲乌拉、查干布拉根、河南破山和辽宁四平山门等银矿床，Cd 含量一般都达 $n\times10^{-2}\sim n\times10^{-3}$，最高达 0.26×10^{-2}。随着银矿的大量开发，该类型矿床将成为 Cd 的重要来源之一；

（3）Ag－Mn－Cd 型（银锰型），如内蒙古额仁套勒盖银锰矿床和广西凤凰山银锰矿，Cd 含量为 $n\times10^{-2}\sim n\times10^{-3}$；

（4）Sn－W－Cd－Zn－S 型（锡石硫化物型），以都龙、大厂、漂塘钨矿、箭猪坡钨矿及日本的 Kaneuchi 钨矿、Fujigatemi 等钨矿床为代表；

（5）Fe－Cd－S 型（硫铁矿型），以广东阳春黑石岗硫铁矿为代表。

15.4.4 铟矿石类型

铟矿床主要属内生矿床，铟的富集具有显著的专属性，铟趋向于富集于高温热液矿床，在不同类型的矿床中，铟富集与锡关系密切，而在同一矿床中，铟与锌关系密切。重要矿床类型包括：

（1）含铟的各种类型锡石－硫化物矿床，其中铟含量一般为 0.01%～0.1%，该类型是铟的重要富集体，最著名的有广西大厂锡锌锑矿、云南都龙锡锌矿、云南澜沧含锡富铟锡（铅）锌矿；

（2）含铟的铅锌矿床，主要赋存于闪锌矿中。这些矿床中铟主要赋存于闪锌矿中，闪锌矿通常含铟 0.004%，高的可达 0.1% 或更高；黄铜矿中一般为 0.002% 左右，高可达 0.1%；锡石和黝锡矿等中一般为 0.002%～0.05%。

15.4.5 硒矿石类型

在自然体系中，硒在岩浆成因的有关矿床中，以类质同象方式进入硫化物晶格，主要是黄铁矿、镍黄铁矿的晶格中，无独立矿物存在；在伟晶作用中，可在伟晶岩晚期，伴随硫化物的形成，硒可少量存在其中；火山及喷气活动中，硒可进入自然硫晶格，发生数量不等的替代；在气成热液作用中，硒可发生一定程度的富集，如某些锡矿、钨矿和铁矿中，出现含硒矿物，但在矽卡岩型的矿床中，硒全部存在于晚期热液硫化物阶段，以类质同象进入硫化物晶格，极少形成硒的独立矿物；岩浆后热水溶液活动是硒最主要的成矿阶段，硒能大量地呈类质同象或独立矿物形式出现，所有热液硫化物矿床和含金矿床均有硒的富集。因此，硒的矿床类型非常复杂，主要可分为以下四种类型：

（1）岩浆成因的硒矿床：岩浆熔离铜－镍硫化矿床为最主要的硒矿床，矿床中硒以类质同象方式存在于硫化矿物晶格中，个别富集于黄铜矿中，各种硫化矿物中硒的含量为（2～100）$\times 10^{-6}$，个别达 170 $\times 10^{-6}$。如甘肃金川的白家嘴子金硒铜镍硫化矿。该类型矿床是目前硒的最主要来源。

（2）火山成因的硒矿床：该类型硒矿床中硒主要赋存于自然硫中，它们组成固溶体，如夏威夷群岛的自然硫中含硒达 5.18%，利帕里群岛的自然硫含硒 1.03%。此外，硒呈硒化物和硒酸盐形式赋存于火山灰层中，如美国怀俄明州的硒矿，硒平均含量 0.03%～0.05%。

（3）热液成因硒矿床：可分十种类型。

1）石英－黑钨矿－铋矿类型，硒主要赋存于硫化矿物中，其中铋硫化物是硒的重要载体，含硒可达 0.02%，一般硒比碲低；

2）锡石－石英－铋矿类型，硒和碲富集于矿化作用晚期，以铅、铋和银的硫盐形式存在；

3）黄铜矿－辉钼矿类型（细脉浸染型铜钼矿或斑岩铜矿），是伴生硒的重要类型之一。硒的矿化与辉钼矿、黄铜矿、黄铁矿相联系，仅为为数不多的硒矿物，如硒铜银矿、红硒铜矿，通常硒在晚期矿物中较富集，硒可作为副产提取；

4）黄铁矿型（海相火山－热液矿床），硒主要以类质同象赋存于黄铁矿、黄铜矿，如甘肃白银厂；

5）辉钴矿－硒化物－碲化物类型，以硒化物和碲化物与其他金属硫化物共生，常见有硒银矿、辉碲铋矿、硒铅矿、硒铋矿等；

6）硒化物矿床类型（独立硒矿床），矿石中以硒化物为主，该类型非常罕见；

7）沥青铀矿－硒化物类型，多数高温和中温热液铀矿含硒，通常形成铜、铅、汞和铋的硒化物；

8）金硒矿类型，以硒化物、碲化物与金矿物共生；

9）方铅矿－闪锌矿类型，主要产于火山沉积地层中，硒不形成独立矿物，而呈类质同象方式进入方铅矿、闪锌矿、黄铁矿晶格中，其含量可达 0.02%；

10）辰砂－辉锑矿类型，矿体产于砂岩或石英岩中，灰硒汞矿－黑辰砂形成类质同象，有时有碲化物。

（4）外生硒矿床：

1）铁帽型残积类型，含硒的硫化矿石氧化后，硒主要成单质（自然硒）或铁的化合物（黄钾铁矾）形成沉积下来，通常氧化带的含硒量与原生矿石几乎相等，硒也可在淋滤带与硫酸盐一起局部富集，并以类质同象方式赋存于黄钾铁矾和自然银中；

2）钾钒铀矿铀黑类型，本类矿石可分为淋滤的钾钒铀矿和黑色沥青质、碳质页岩型的沉积铀矿。硒矿物有自然硒、硒铁矿、硒铅矿、硒铜银矿等，并与钾钒铀矿、钒云母、石膏等共生；

3）砂岩铜矿类型，矿体呈透镜状、似层状，硒主要呈类质同象赋存于辉铜矿、黄铜矿中，矿体顶板可见硒的独立矿物，如红硒铜矿、辉硒银矿、硒铅矿、硒铜银矿等；

4）黑色岩系类型，可分为伴生硒矿和独立硒矿两种，伴生硒矿主要是镍钼矿床、银钒矿床和钒矿床中伴生硒；独立硒矿仅见于湖北恩施渔塘坝硒矿床，被认为是中国沉积型独立硒矿的典型例子，该矿岩性为浅海沉积相黑色薄层碳质硅质岩，硒主要呈分散形式产出。

15.4.6 碲矿石类型

碲的地球化学性质与碲相似，但碲比硒金属性更强，碲在自然体系中主要富集于硫化物中，尤其是含铋的硫化矿中，仅在贫硫的条件下，可形成独立碲矿物。碲的主要矿石类型包括：

（1）伴生矿床。碲以矿物形式或类质同象形式伴生于各种金属矿中，可在冶炼过程综合回收来的。按照矿种划分，作为伴生组分的碲，主要在下述类型矿床中提取：

1）斑岩铜矿及铜—钼矿床（美国、秘鲁、智利等）和铜—镍硫化物矿麻（美国、加拿大等）；

2）铜黄铁矿矿床（独联体国家、加拿大、日本、瑞典等）；

3）层状砂岩铜矿床（扎伊尔、赞比亚等）；

4）贵金属矿床（美国、日本、菲律宾等）；

5）黄铁矿多金属矿床；

6）锡石-硫化物矿床；

7）热液铀矿床；

8）碳酸盐岩中的层控铅~锌矿床；

9）低温汞、锑矿床。

（2）独立矿床。世界上只有一个碲独立矿床，那就是位于我国四川省石棉县大水沟的独立碲矿床。矿体赋存于磁黄铁矿脉和白云石脉中，碲含量一般为 0.05% ~n%，伴生金，主要碲矿物为辉碲铋矿，约占总含量的 70% ~80%，其次为楚碲铋矿、硫碲铋矿、碲铋矿，少量六方碲银矿、碲金矿、自然碲，偶见软碲铜矿。与磁黄铁矿、黄铁矿、黄铜矿和方铅矿等共生，主要脉石矿物为碳酸盐矿物、白云母、角闪石、长石、绿泥石等。

15.4.7 铼矿石类型

在8个分散元素中，铼是丰度最低且分散性最高的元素。目前有报道的独立铼矿床仅有一个，即哈萨克斯坦 Dzhezkasganite 含铜矿砂岩型铜矿。铼以类质同象赋存于斑铜矿、黄铜矿、方铅矿、辉铜矿和闪锌矿中。铼的最主要工业类型是与斑岩铜钼矿伴生，主要以类质同象同存于辉钼矿中，其次赋存于黄铜矿中；其次是超基性岩中与铂族元素矿床伴生的铼。

15.4.8 铊矿石类型

铊的矿床类型很多，主要为伴生铊矿：

（1）天河石花岗岩矿床，铊赋存在天河石及云母中，铊与铷、铯伴生；

（2）稀有金属花岗伟晶岩矿床，铊主要存在于晚期形成的矿物中，如锂云母、铯沸石、天河石；

（3）含锂的锡、钨、云英岩矿床，铊主要集中在含锂的云母中；

（4）热液硫化矿床，主要属于中—低温热液矿床，如黄铁矿矿床、黄铁矿—多金属矿床、铅—锌矿床及锑—砷—汞矿床等有铊的相对富集，如贵州省的滥木厂汞铊矿；

（5）外生矿床、某些钾盐矿床以及沉积或风化成因的锰矿石中常含铊。此外，煤中伴生铊，可从煤灰中提取铊。

15.5 层控铅锌矿中锗和镉的赋存状态

层控铅锌矿为一典型的中低温热液成因的层控铅锌矿床，原矿分散元素含量：Ge 为 30×10^{-6}，Cd 为 360×10^{-6}，Ga 为 5×10^{-6}，锗和镉含量较高，达到综合回收含量要求，而镓的含量较低。矿石中含有大量的闪锌矿，闪锌矿呈块状、不规则粒状产出，颜色较浅，呈浅褐红色（参见彩图48）。经电子探针检测，分散元素镉和锗主要赋存于闪锌矿中，其他矿物基本不含镉和锗。单矿物分析表明，闪锌矿含镉量达到 1400×10^{-6}、含锗量 120×10^{-6}，两者已达到工业要求，可在锌精矿中综合回收。

根据原矿矿物含量和各矿物含锗量，作出锗的平衡分配见表15－4，从表15－4中可见，矿石中的锗基本上都富集在闪锌矿中，只有极少量赋存于氧化锌矿物——菱锌矿和异极矿中，其他矿物基本不含锗。

表 15-4 锗在矿石中的平衡分配

矿 物	矿物量/%	含 Ge 量/10^{-6}	分配率/%
方铅矿等	6.96	<5	—
闪锌矿	24.38	120	98.65
黄铁矿等	39.22	<5	—
白铅矿、铅矾	1.15	<5	
菱锌矿、异极矿	2.06	21	1.35
脉石及其他	26.23	<5	—
合 计	100.00	297	100.00

根据原矿矿物含量和各矿物含镉量，作出镉的平衡分配见表 15-5，从表 15-5 中可见，闪锌矿含镉量达到 1400×10^{-6}，如同锗一样，矿石中的镉基本上都富集在闪锌矿中，只有极少量赋存于氧化锌矿物—菱锌矿和异极矿中，其他矿物基本不含镉。

表 15-5 镉在矿石中的平衡分配

矿 物	矿物量/%	含 Cd 量/10^{-6}	分配率/%
方铅矿等	6.96	<10	—
闪锌矿	24.38	1400	97.41
黄铁矿等	39.22	<10	—
白铅矿、铅矾	1.15	<010	—
菱锌矿、异极矿	2.06	440	2.59
脉石及其他	26.23	<10	—
合 计	100.00	350	100.00

显而易见，在进行锌矿石工艺矿物学研究时，要特别关注闪锌矿中分散元素的含量，为了保证低含量的分散元素化验精度，须分离出单矿物进行化学分析，采用能谱仪、电子探针等仪器的分析结果只能作为参考值。

15.6 斑岩型铜钼矿中铼的赋存状态

本矿石属于斑岩型铜钼矿，原矿主要有价元素：Cu 为 0.37%，Mo 为 0.026%，Re 为 0.09×10^{-6}。矿石中有用矿物主要为黄铜矿和辉钼矿，其他金属硫化矿物有黄铁矿和微量方铅矿、闪锌矿、斑铜矿、硫砷铜矿、铜蓝等。脉石矿物主要为石英、钾长石、斜长石、钠长石，少量白云母、黑云母、绿泥石、高岭土、石膏等。

经显微镜定量和提取单矿物化学分析，计算出铼在各矿物中的平衡分配如表 15-6 所示。由表 15-6 中可见，本矿石中铼在辉钼矿中高度富集，单矿物分析表明，辉钼矿含铼达到 146×10^{-6}。平衡计算表明，辉钼矿中赋含的铼占原矿总铼的64%左右，分散于黄铜矿中的铼约占2%，分散于黄铁矿中的铼占原矿总铼4%，分散于脉石中的铼占原矿总铼的29%左右。预计本矿石中铼的最高回收率为64%。

表15－6　铼在各主要矿物中的平衡分配

矿　物	矿物量/%	矿物含 Re 量/10^{-6}	分配率/%
黄铜矿（含砷黝铜矿等）	1.138	0.147	1.75
辉钼矿	0.042	146.5	64.50
黄铁矿	2.141	0.194	4.35
闪锌矿	0.009	—	—
方铅矿	0.005	—	—
脉石	96.665	0.029	29.40
合　计	100.00	0.0954	100.00

15.7　热液型铜多金属矿中硒、碲矿物

广东某斑型铜多金属矿有价元素包括：Cu 为 0.50%，Fe 为 20.56%，S 为 18.13%，Zn 为 0.40%，Bi 为 0.041%，Se 为 0.0012%，Te 为 0.013%。矿石矿物组成十分复杂，矿物种类有 40 多种，矿物类型和矿物种类如表 15－7 所示。经采用 MLA 矿物自动检测系统全面查定矿石中硒、碲矿物，发现本矿石中含有三方碲铋矿（BiTe），亦称楚碲铋矿，其化学成分能谱检测结果如表 15－8 所示，以平均含量计算得到三方碲铋矿的晶体化学式：$(Bi_{0.927}Cu_{0.034}Fe_{0.039})_{1.000}(Te_{0.834}-Se_{0.057})_{0.853}$，硒部分代替碲，铋与碲摩尔比为 1:0.853，存在碲亏损的特征。三方碲铋矿颜色银灰色，金属光泽，不透明，莫氏硬度 3.1。反光显微镜下白色，中等非均质性。在矿石中三方碲铋矿多与黄铜矿连生（图 15－1），或见于黝铜矿中呈微细包裹体。显而易见，由于碲、硒矿物与铜矿物紧密连生，在选矿过程将进入铜精矿，得以富集后，在铜冶炼过程综合回收碲和硒。

表15－7　原矿矿物类型和种类

矿物类型	矿　物　种　类
稀散元素矿物	三方碲铋矿
金属硫化矿物	主要黄铜矿、黄铁矿、磁黄铁矿、闪锌矿，少量白铁矿、铜蓝、含锌黝铜矿，微量方铅矿、辉铋矿、辉钼矿、特硫铋铅银矿
自然元素矿物	微量自然铋
钨酸盐矿物	少量白钨矿
金属氧化矿物	少量磁铁矿、褐铁矿、菱铁矿，微量金红石、磷钇矿等
脉石矿物	主要石英、绢云母、长石、透辉石、绿帘石、绿泥石、石榴石，少量白云石、方解石、蛇纹石等

表 15-8 三方碲铋矿化学成分能谱分析结果

分析号	化学成分/%				
	Bi	Cu	Fe	Se	Te
1	66.52	0.50	0.48	0.88	31.62
2	61.55	0.73	0.77	1.97	34.98
3	61.66	0.86	0.88	1.57	35.03
平均	63.24	0.70	0.71	1.47	33.88

图 15-1 三方碲铋矿与黄铜矿连生（扫描电镜，BSE 图像）

参考文献

[1] 汤集刚. 选矿工艺矿物学，当代世界的矿物加工技术与装备——第十届选矿年评 [M]. 北京：科学出版社，2008.

[2] 王倍，等. 工艺矿物学在选矿工艺研究中的作用和影响 [J]. 矿物学报，2011（增刊）：730-732.

[3] 印万忠，等. 硅酸盐矿物浮选原理研究现状 [J]. 矿产保护与利用，2001（3）：18-22.

[4] Lotter N. O. et al. Modern Process Mineralogy：Two Case Studies [J]. Minerals Engineering，2011，No. 24：638-650.

[5] Lotter N. O. Modern Process Mineralogy：An integrated multi-disciplined approach of flowsheeting [J]. Minerals Engineering，2011，No. 24：1229-1237.

[6] 贾木欣. 国外工艺矿物学进展及发展趋势 [J]. 矿冶，2007（2）：95-99.

[7] 梁学谦. 单矿物分选学问题的研究 [J]. 矿产与地质，1990（1）：82-85.

[8] 程寄皋，等. 体视学在工艺矿物定量中的应用 [J]. 武汉冶金科技大学学报，1996（2）：135-137.

[9] 周正. 单矿物分选学 [M]. 广州：广东科技出版社，1996：7-10.

[10] 邱柱国，等. 矿相学 [M]. 北京：地质出版社，1982：228-253.

[11] 许时，等. 矿石可选性研究 [M]. 北京：冶金工业出版社，1983：5-32.

[12] 李英堂，等. 应用矿物学 [M]. 北京：科学技术出版社，1995：216-260.

[13] 邹健. 选矿工艺矿物学研究及其在冶金矿山的应用 [J]. 金属矿山，1992（5）：42-46.

[14] 程传良，等. 加强工艺矿物学研究，合理利用矿产资源 [J]. 甘肃冶金，2003（增刊）：167-168.

[15] 牛福生，等. 图像处理技术在工艺矿物学研究中的应用 [J]. 金属矿山，2010（5）：92-96.

[16] 阴秀琦. 关于我国稀有金属保护性开采的战略性思考 [J]. 中国矿业，2010（10）：17-21.

[17] H. 索罗多夫. 大型富稀有金属矿床的形成条件 [J]. 地质科技动态，1998（8）：1-5.

[18] 林德松. 稀有金属碱性交代岩矿床研究概述 [J]. 矿产与地质，1994（3）：183-188.

[19] 矿产资源工业要求手册编委会. 矿产资源工业要求手册（修订本）[M]. 北京：地质出版社，2014.

[20] 韩吟文，等. 地球化学 [M]. 北京：地质出版社，2003：14-91.

[21] 王濮，等. 系统矿物学 [M]. 北京：地质出版社，1982：163-649.

[22] 符剑刚，等. 从含铍矿石中提取铍的研究现状 [J]. 稀有金属与硬质合金，2009（1）：41-44.

[23] 李爱民，等. 含铍矿物浮选研究现状与展望 [J]. 稀有金属与硬质合金，2008（3）：58-61.

[24] 袁立迎．可可托海3#矿脉第四矿带矿石钽铌的选别［J］．新疆有色金属，2011（6）：57－58.

[25] 何建璋．可可托海三号脉铍矿石的综合利用［J］．新疆有色金属，2003（4）：22－24.

[26] 吴永驹．宜章界牌岭条纹岩铍矿床特征及其找矿意义［J］．湖南地质，1993（2）：95－97.

[27] 冉明佳，等．云南香格里拉麻花坪钨铍矿聚矿构造及成矿时代分析［J］．四川有色金属，2011（2）：21－27.

[28] 朱文龙，等．国内外锂矿物资源概况及选矿技术综述［J］．现代矿业，2010（7）：1－4.

[29] 李健康，等．四川甲基卡伟晶岩锂多金属矿床成矿流体来源研究［J］．岩石矿物学杂志，2006（1）：45－52.

[30] 张超达．四川甲基卡稀有金属矿锂铍浮选研究［J］．四川有色金属，1994（1）：22－26.

[31] 王敏华，等．新型捕收剂浮选锂辉石和绿柱石［J］．中南大学学报（自然科学版），2005（5）：807－811.

[32] 何建璋．新型捕收剂在锂铍浮选中的应用［J］．新疆有色金属，2009（2）：37－38.

[33] 邓国珠．世界钛资源及其开发利用现状［J］．钛工业进展，2002（5）：9－12.

[34] 朱俊士．中国钒钛磁铁矿选矿［M］．北京：冶金工业出版社，1996：217－341.

[35] 董天颂．钛选矿［M］，北京：冶金工业出版社，2009：6－22.

[36] 何忠兴．海南钛锆资源开发现状和发展对策［J］．有色金属技术经济研究，1995（2）：35－37.

[37] 熊炳昆，等．我国锆铪矿产资源可持续发展研究［J］．稀有金属快报，2004（5）：2－7.

[38] 周少珍，等．钽铌矿选矿的研究进展［J］，矿冶，2002（增刊）：175－180.

[39] 高玉德，等．钽铌资源概况及选矿技术现状和进展［J］．广东有色金属学报，2004（2）：87－92.

[40] 涂春根，等．南美重要的锡、铌、钽矿山——巴西皮延伽矿［J］．稀有金属快报，2007.

[41] 李淑文．钽铌资源与生产现状［J］．中国有色冶金，2008（1）：38－41.

[42] 张培善，等．我国钽铌稀土矿物学及工业利用［J］．稀有金属，2005（2）：206－210.

[43] 涂春根，等．对我国钽铌企业积极分享国外钽铌资源的分析［J］．稀有金属快报，2007.

[44] 张培善，等．白云鄂博稀土、铌钽矿物及其成因探讨［J］．中国稀土学报，2001（2）.

[45] 梁冬云，等．蚀变花岗岩型钽铌矿石的工艺矿物学研究［J］．有色金属（选矿部分），2004（1）：1－3.

[46] 梁冬云，等．碱性花岗岩型铌矿石工艺矿物学研究［J］．矿冶，2006（增刊）：110－112.

[47] 许德清．钨矿工艺矿物学回顾［J］．中国钨业，1999（5－6）：90－94.

[48] 邱显扬，等．现代钨矿选矿［M］．北京：冶金工业出版社，2012：18－22.
[49] 张春明．中国钨矿资源节约与综合利用的思考［J］．中国钨业，2011（2）：1－5.
[50] 李东升．钨的地球化学研究进展［J］．高校地质学报，2009（1）：19－34.
[51] 韦星林．赣南钨矿成矿特征与找矿前景［J］．中国钨业，2012（2）：14－21.
[52] 邢水清，等．柿竹园难选钨矿工艺矿物学研究［J］．北京矿冶学院学报，1993（3）：79－83.
[53] 李爱民，等．赣南某白钨矿工艺矿物学特征与选矿流程试验研究［J］．中国钨业，2010（4）：23－26.
[54] 梁冬云，等．假象白钨矿和黑钨矿工艺矿物学特征及对选矿的影响［J］．有色金属（选矿部分），2010（2）：1－4.
[55] 梁冬云，等．某钨铜共生矿工艺矿物学研究［J］．中国钨业，2013（4）：15－17.
[56] 洪秋阳，等．矽卡岩型钨钼伴生矿工艺矿物学研究［J］．中国钨业，2013（5）：20－22.
[57] 李波，等．石英细脉型复杂钨钼多金属矿工艺矿物学研究［J］．中国钨业，2013（5）：28－31.
[58] 张文钲．我国钼矿资源的特点及其选矿现状［J］．中国地质，1986（08）．
[59] 杜科让．我国钼矿资源开采利用现状及存在的问题分析［J］．科技资讯，2011（19）．
[60] 陈建华．冯其明．钼矿的选矿现状［J］．矿产保护与利用，1994（06）．
[61] 周勃．国外钼矿资源的分布与开发［J］．中国钼业，1995（01）．
[62] 董允杰．国内外钼矿综合利用概况［J］．世界有色金属，1997（05）．
[63] 宁振茹，等．国内外钼矿综合利用概况及对我国钼矿综合利用的建议［J］．中国钼业，1998（04）．
[64] 聂琪，试论我国钼矿选矿方法及研究现状［J］．云南冶金，2010（02）：12－17.
[65] 徐永新，等．某含钙钒榴石的石煤的工艺矿物学和钒的赋存状态［J］．有色金属，2010（3）：106－109.
[66] 刘明培，浅析攀枝花钒钛磁铁矿钒的分布规律［J］．矿业工程，2009（5）：9－11.
[67] 张祖光，攀枝花钒钛磁铁矿中稀散金属开发利用前景［J］．攀枝花科技与信息，2011（3）：20－24.
[68] 龚荣洲，等．攀枝花钒钛磁铁矿主要成矿元素的地球化学特征的能量因子［J］．中国有色金属学报，2000（6）：905－908.
[69] 肖六均，攀枝花钒钛磁铁矿资源及矿物磁性特征［J］．金属矿山，2001（1）：28－30.
[70] 施泽民，等．四川牦牛坪稀土矿区的氟碳铈矿［J］．矿物岩石，1993（3）：42－47.
[71] 张培善，等．中国稀土矿主要矿物特征［J］．中国稀土，1985（3）：1－6.
[72] 中国科学院贵阳地球化学研究所．稀有元素矿物鉴定手册［M］．北京：科学出版社，1972：31－81.
[73] 地质科学研究院地质矿产所稀有组．稀土矿物鉴定手册［M］．北京：地质出版社，1973：27－118.
[74] 张培善，等．中国稀土矿物学［M］．北京：科学出版社，1998：8－14.
[75] 宋学信．钪的地球化学与铁矿石成因［J］．矿床地质，1982（2）：53－57.

[76] 张玉学. 分散元素钪的矿床类型与研究前景 [J]. 地质地球化学, 1997 (4): 93-97.
[77] 廖春生, 等. 新世纪的战略资源——钪的提取与应用 [J]. 中国稀土学报, 2001 (4): 289-297.
[78] 张忠宝, 张宗华. 钪的资源与提取技术 [J]. 云南冶金, 2006 (5): 23-25.
[79] 林河成. 金属钪的资源及其发展现状 [J]. 四川有色金属, 2010 (2): 1-5.
[80] 王普蓉, 等. 钪的回收和提取现状 [J]. 稀有金属, 2012 (3): 501-506.
[81] 廖元双, 等. 铷的资源和应用及提取技术现状 [J]. 云南冶金, 2012 (4): 27-30.
[82] 曹冬梅, 等. 提铷技术研究进展 [J]. 盐业化工, 2011 (1): 44-47.
[83] 杨磊, 等. 某铷矿的工艺矿物学研究 [J]. 矿产综合利用, 2010 (6): 25-27.
[84] 牛慧贤. 铷及其化合物的制备技术研究与应用展望 [J]. 稀有金属, 2006 (4): 524-527.
[85] 闫明, 等. 卤水中分离提取铷、铯的研究进展 [J]. 盐湖研究, 2006 (3): 67-72.
[86] 黄万抚, 等. 铯的用途与提取分离技术 [J]. 稀有金属与硬质合金, 2003 (3): 18-20.
[87] 董普, 等. 铯盐应用及铯(碱金属)矿产资源评价 [J]. 中国矿业, 2005 (2): 30-34.
[88] 赵元艺, 等. 西藏搭格架热泉型铯矿床地球化学 [J]. 矿床地质, 2007 (2): 163-174.
[89] 涂光炽, 等. 分散元素地球化学及成矿机制 [M]. 北京: 地质出版社, 2004.
[90] 钱汉东, 等. 碲矿物综述 [J]. 高校地质学报, 2000 (2): 181-187.
[91] 张乾, 等. 分散元素铟富集的矿床类型和矿物专属性 [J]. 矿床地质, 2003 (1): 309-316.
[92] 叶霖, 等. 镉的地球化学研究现状及展望 [J]. 岩石矿物学杂志, 2005 (4): 339-348.
[93] 银剑钊, 等. 世界首例独立碲矿床赋矿围岩的地质地球化学研究 [J]. 长春地质学院学报, 1996 (3): 322-326.
[94] 章明, 等. 锗的地球化学性质与锗矿床 [J]. 岩石矿物地球化学通报, 2003 (1): 82-87.
[95] 李晓峰, 等. 铟矿床研究现状及展望 [J]. 矿床地质, 2007 (4): 475-480.
[96] 刘文辉, 等. 中国煤中锗和镓 [J]. 中国煤田地质, 2002 (增刊): 64-69.

彩图 1　伟晶岩中绿柱石晶体（标本）

彩图 2　云英岩中蓝柱石晶体（体视显微镜）

彩图 3　金绿宝石假六方三连晶（显微镜，正交偏光）

彩图 4　条纹岩中金绿宝石集合体颗粒（体视显微镜）

彩图 5　碱性花岗岩中兴安石颗粒（体视显微镜）

彩图 6　柱状晶绿柱石嵌布于萤石中，绿柱石柱面可见横纹（显微镜，单偏光）

彩图 7　伟晶岩中锂云母（标本）

彩图 8　伟晶岩中锂辉石（标本）

彩图 9　金红石嵌布于角闪石和石榴石之间（显微镜，单偏光）

彩图 10　微细粒金红石浸染状分布于角闪石和石榴石中（显微镜，单偏光）

彩图 11　海滨砂矿中金红石颗粒（体视显微镜）

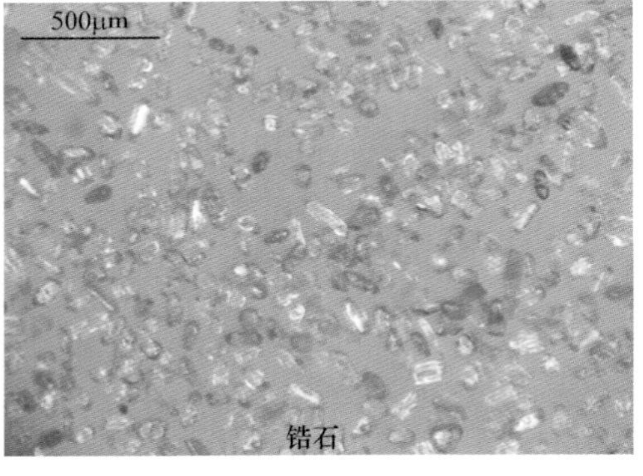

彩图 12　海滨砂矿中锆石，粒度大小均匀（体视显微镜）

彩图 13　花岗伟晶岩风化壳中富铪锆石
（体视显微镜）

彩图 14　碱性花岗岩晶洞中锆石晶簇
（扫描电镜 SEI 图像）

彩图 15　钠长石花岗岩中钽铌铁矿，呈柱状、板状晶体（体视显微镜）

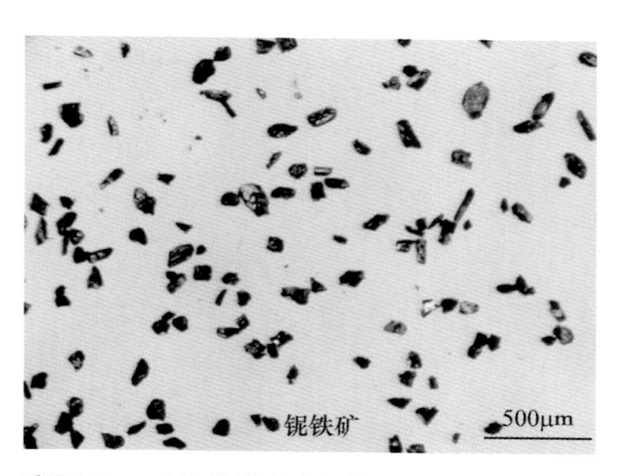

彩图 16　碱性花岗岩中铌铁矿呈柱状、板状、针状晶体（体视显微镜）

彩图 17　碱性花岗岩中锰铌铁矿，呈板状心形、扇形晶体（体视显微镜）

彩图 18　正长岩中烧绿石的八面体晶体呈棕红色（体视显微镜）

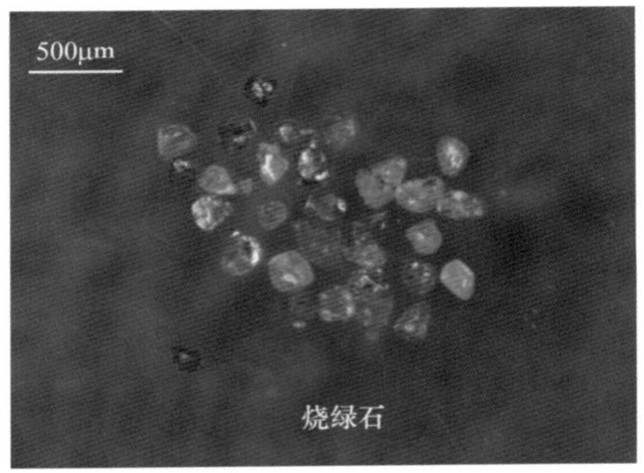

彩图 19　霞石岩中含硅烧绿石，呈棕黄色、红棕色（体视显微镜）

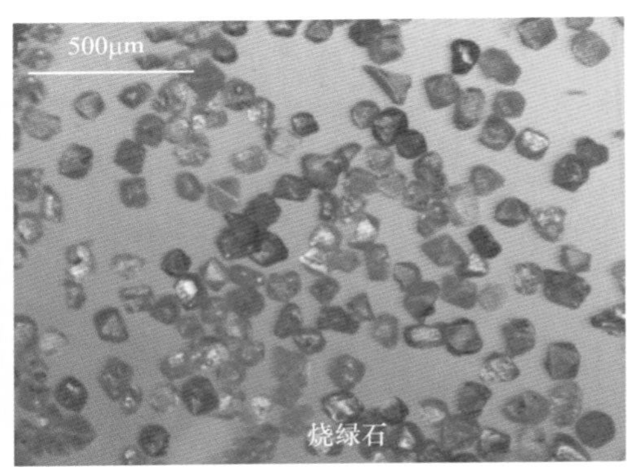

彩图 20　碳酸岩风化壳中红土型铌多金属矿中烧绿石晶体，呈棕黄色，含铀的烧绿石呈灰黑色（体视显微镜）

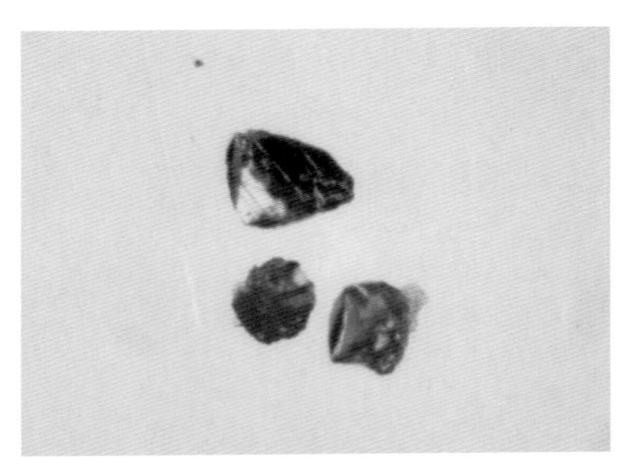

彩图 21　正长岩中含铀烧绿石晶体呈亮黑色（体视显微镜）

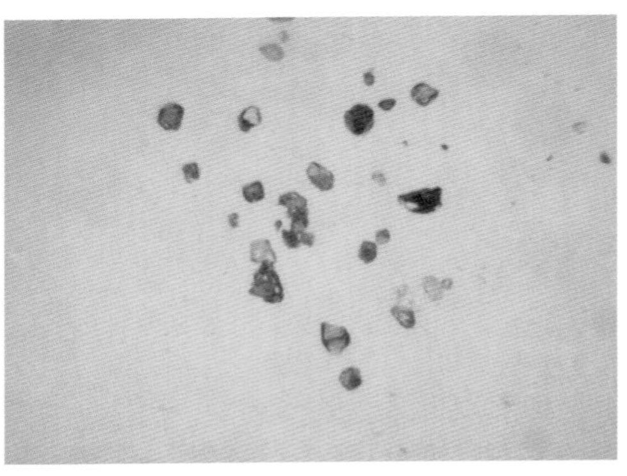

彩图 22　钠长石化花岗岩中铀细晶石颗粒，呈褐色至深褐色（体视显微镜）

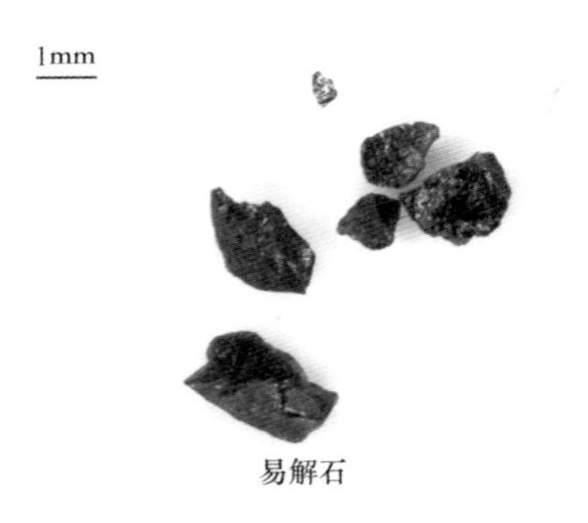

彩图 23　碱性花岗岩中易解石颗粒，呈棕褐至褐黑色（体视显微镜）

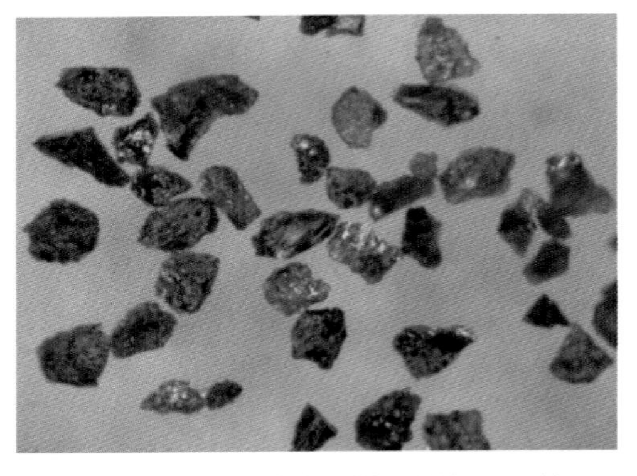

彩图 24　碱性花岗岩中钍 - 易解石颗粒，呈褐红色（体视显微镜）

彩图 25　石英脉型钨矿中黑钨矿颗粒，呈厚板状（体视显微镜）

彩图 26　水晶中的白钨矿，具四方双锥晶形（体视显微镜）

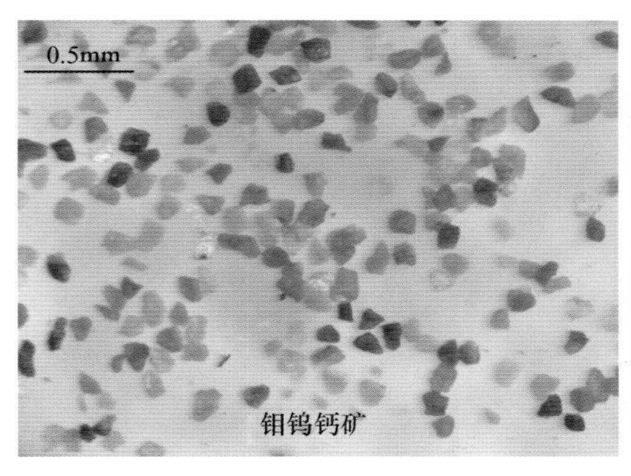

彩图 27　氧化带中钼钨钙矿颗粒，呈稻草黄、蓝绿、蓝黑等颜色（体视显微镜）

彩图 28　破碎后的白钨矿颗粒（体视显微镜）

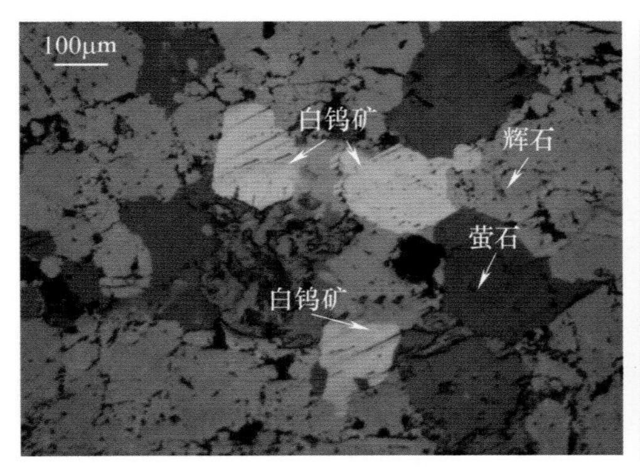

彩图 29　白钨矿呈自形晶颗粒嵌布在辉石和萤石之间（显微镜，反射光）

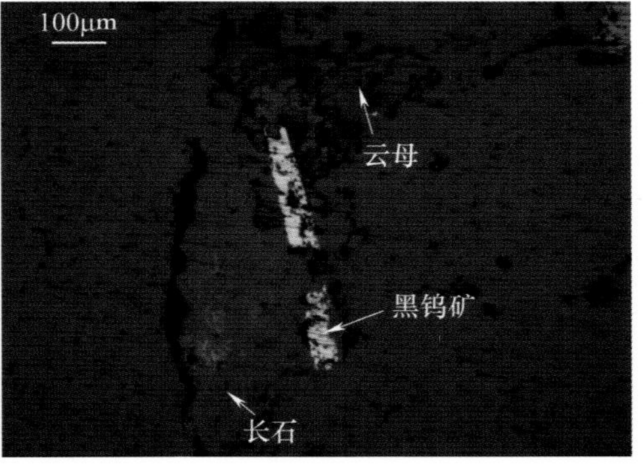

彩图 30　自形晶黑钨矿嵌布在长石、石英中（显微镜，反射光）

彩图 31　辉钼矿片状晶体
（体视显微镜）

彩图 32　板状钼铅矿的晶簇，与硬锰矿共生
（体视显微镜）

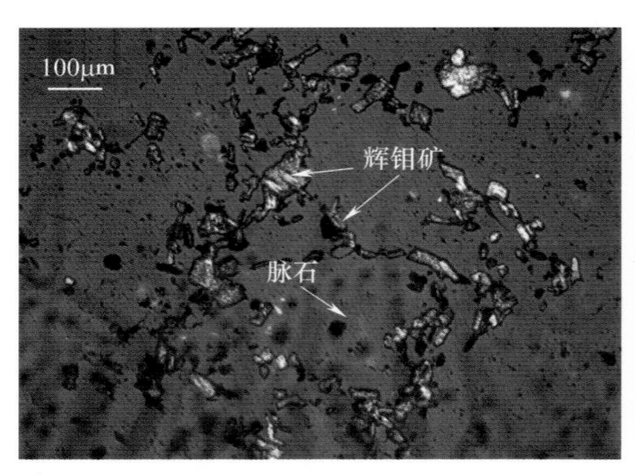

彩图 33　辉钼矿呈微细叶片状稀疏浸染分布在石英中（显微镜，反射光）

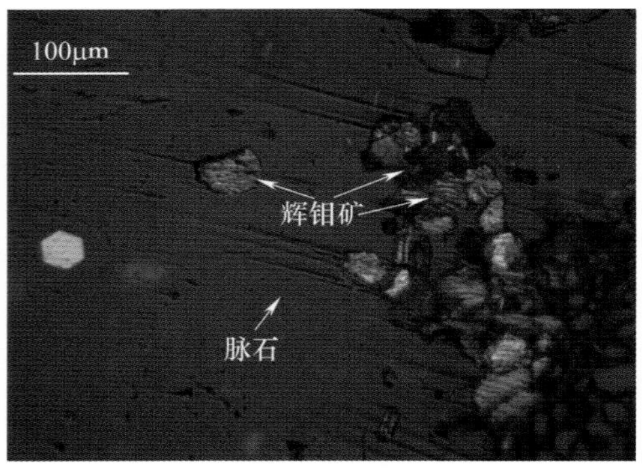

彩图 34　较粗的辉钼矿呈叶片状分布在矿石裂隙中，并与有机碳伴生
（显微镜，反射光）

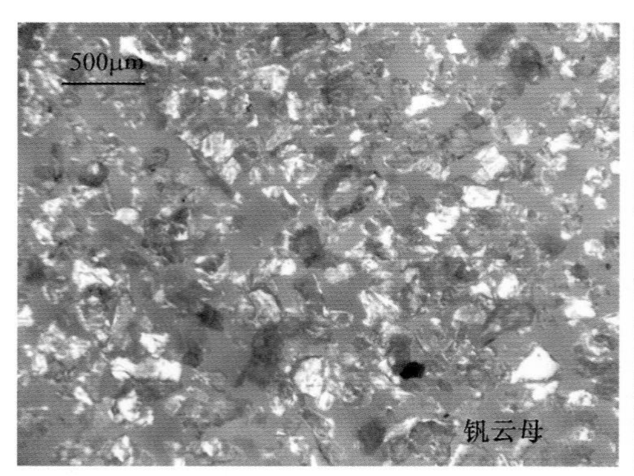

彩图 35　石墨钒矿中片状钒云母晶体
（体视显微镜）

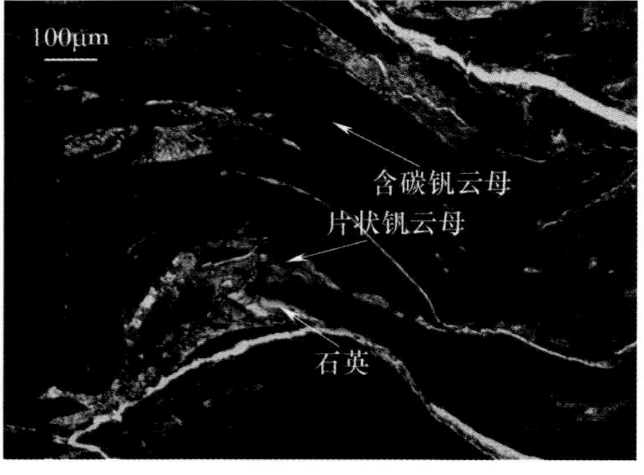

彩图 36　片状钒云母分布在碳质板岩层理弯曲部分，与次生石英共生
（显微镜，单偏光）

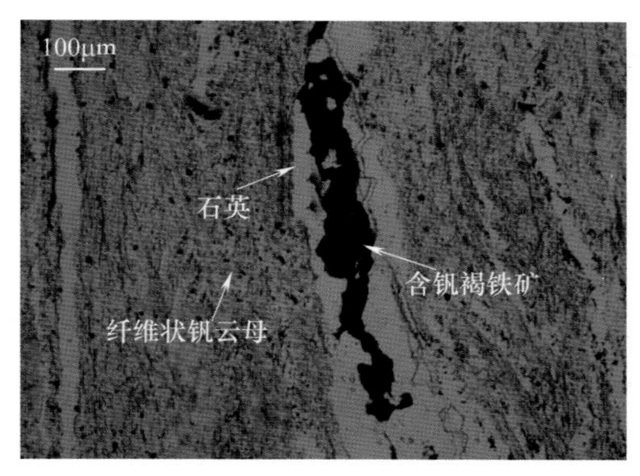

彩图 37　含钒褐铁矿充填于次生石英脉晶洞中，呈脉状分布（显微镜，单偏光）

彩图 38　碱性岩稀有金属矿中独居石，颜色为黄褐色（体视显微镜）

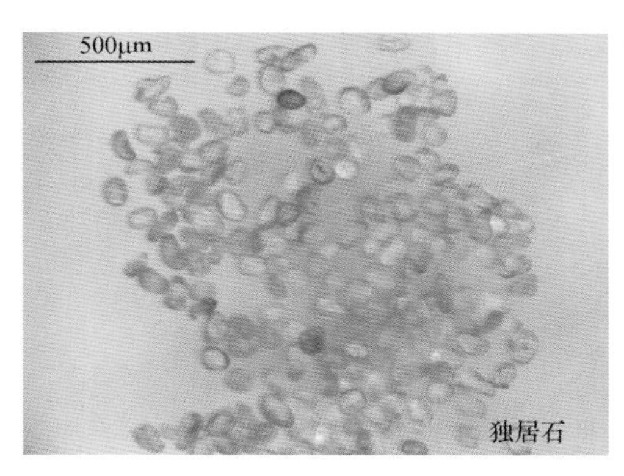

彩图 39　海滨砂矿中独居石，次圆粒状，颜色为黄褐色，带绿色调（体视显微镜）

彩图 40　碳酸盐热液脉状稀土矿中氟碳铈矿，呈淡黄褐色（体视显微镜）

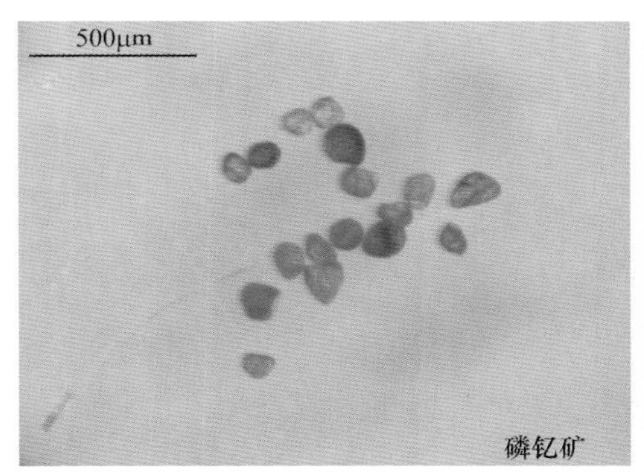

彩图 41　海滨砂矿中磷钇矿，圆至次圆粒状，颜色为黄绿至淡褐色（体视显微镜）

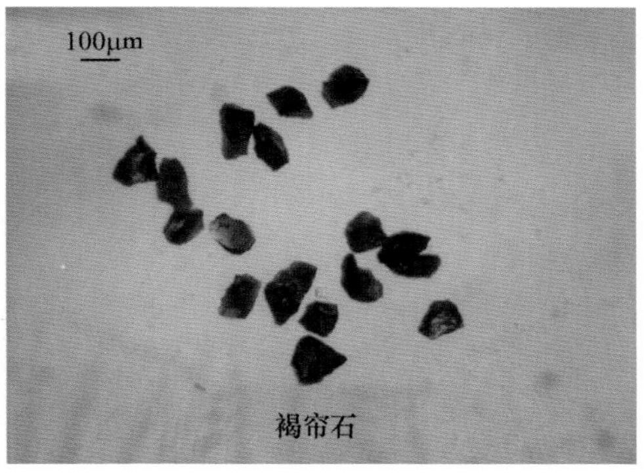

彩图 42　碱性杂岩中褐帘石颗粒，颜色为褐色至沥青黑色（体视显微镜）

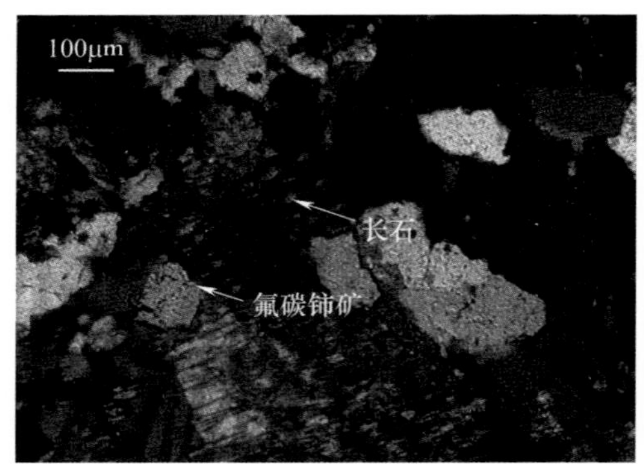

彩图 43　氟碳铈矿呈短板状晶嵌布在长石、石英之间（显微镜，正交偏光）

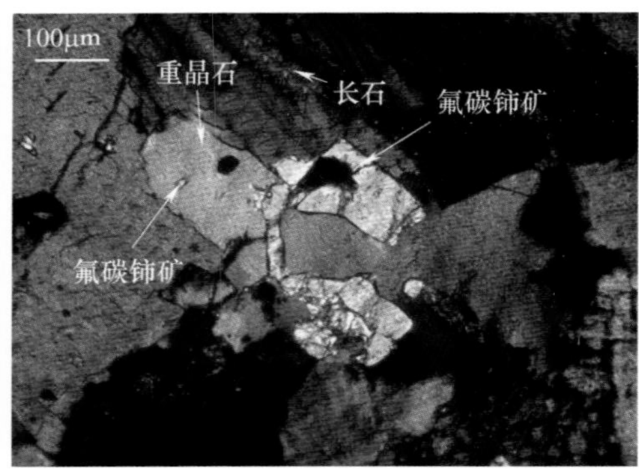

彩图 44　氟碳铈矿为重晶石交代，呈不规则粒状，并见氟碳铈矿微晶包含在重晶石中（显微镜，正交偏光）

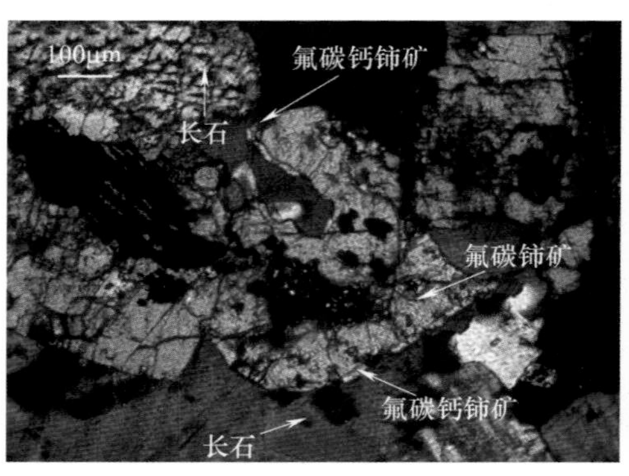

彩图 45　氟碳钙铈矿交代氟碳铈矿，在其边缘呈环边结构（显微镜，正交偏光）

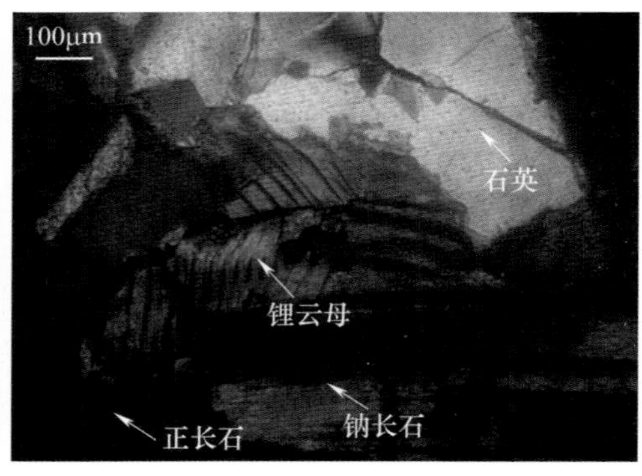

彩图 46　锂云母嵌布在长石、石英之间（显微镜，正交偏光）

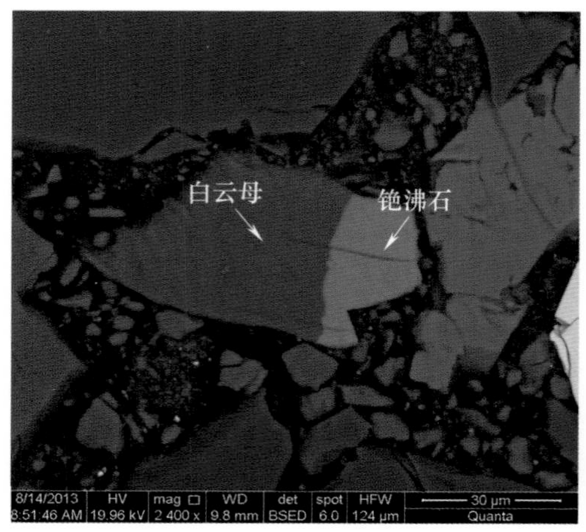

彩图 47　铯沸石交代白云母，两者呈连晶（扫描电镜，BSE）

彩图 48　层控铅锌矿中含锗和镉的浅色闪锌矿（体视显微镜）